AF879264

Advanced Geostatistics in the Mining Industry

NATO ADVANCED STUDY INSTITUTES SERIES

Proceedings of the Advanced Study Institute Programme, which aims at the dissemination of advanced knowledge and the formation of contacts among scientists from different countries

The series is published by an international board of publishers in conjunction with NATO Scientific Affairs Division

A	Life Sciences	Plenum Publishing Corporation
B	Physics	London and New York
C	Mathematical and Physical Sciences	D. Reidel Publishing Company Dordrecht and Boston
D	Behavioral and Social Sciences	Sijthoff International Publishing Company Leiden
E	Applied Sciences	Noordhoff International Publishing Leiden

Series C – Mathematical and Physical Sciences

Volume 24 – Advanced Geostatistics in the Mining Industry

Advanced Geostatistics in the Mining Industry

Proceedings of the NATO Advanced Study Institute held at the Istituto di Geologia Applicata of the University of Rome, Italy, 13–25 October 1975

edited by

M. GUARASCIO
Istituto di Geologia Applicata, Università di Roma, Rome, Italy

M. DAVID
Dept. de Genie Mineral, Ecole Polytechnique, Montreal, Canada

C. HUIJBREGTS
Centre de Morphologie Mathématique, ENSMP, Fontainebleau, France

D. Reidel Publishing Company

Dordrecht-Holland / Boston-U.S.A.

Published in cooperation with NATO Scientific Affairs Division

Library of Congress Cataloging in Publication Data

Nato Advanced Study Institute, Rome, 1975.
Advanced geostatistics in the mining industry.

(NATO advanced study institutes series: Series C,
Mathematical and physical sciences; v. 24)
Bibliography: p.
1. Mines and mineral resources—Statistical methods—Congresses. 2. Geology, Economic—Statistical methods—Congresses. I. Guarascio, M., 1944– II. David, Michel. III. Huijbregts, C. IV. Title. V. Series.
TN153.N33 1975 622'.02'8 76–13915

ISBN-13: 978-94-010-1472-4 e-ISBN-13: 978-94-010-1470-0
DOI: 10.1007/978-94-010-1470-0

Published by D. Reidel Publishing Company
P.O. Box 17, Dordrecht, Holland

Sold and distributed in the U.S.A., Canada, and Mexico
by D. Reidel Publishing Company, Inc.
Lincoln Building, 160 Old Derby Street, Hingham, Mass. 02043, U.S.A.

TABLE OF CONTENTS

FOREWORD

When Prof. Matheron was asked to delineate the history of geostatistics, he objected that such discipline is still too "young" to be treated from a historical point of view. The more and more increasing practical applications requiring newer and newer methodologies would rather suggest the necessity of emphasizing the steps taken and the results obtained up to now. The reason of certain epistemological choices as well as the difficulties and success in establishing a dialogue with the people most likely to benefit from the results of geostatistics are necessary premises to understand the present status of this discipline. The human bearing of characters of the persons that have introduced and studied this science blending theory with economic practics is a factor playing a not inconsiderable role in the development of geostatistics.

These concepts were the guidelines in organizing the ASI-Geostat 75. Canada, France and Italy are three different situations in an industrial and academic context, especially in the interaction between these fields. Yet it was our impression that the time had come to assemble experts, scholars, and other people interested in geostatistics in order to evaluate its present position on various levels in the different countries and to discuss its future prospects. Prof. Matheron and Mr. Krige as well as other prominent people were of the same opinion.

The Programme of the Institute was organized in such a way as to introduce in a logical order the various arguments in order to balance theoretical and methodological lessons. Experts in the various fields of geostatistics were invited to deal with the items of the programme. Twenty-nine nations were represented testifying to the fact that geostatistics has already an international audience on both the academic and industrial world.

The result of the Institute is this book which is hoped to give a comprehensive view of the present state-of-the art of geostatistics.

Acknowledgements

We are very grateful to the Scientific Affair Division of NATO for being the main sponsor of the ASI-Geostat 75. The Institute would not have been possible, however, without additional generous help from the Ecole Polytechnique, Montreal; the National Research Council of Canada; the Ecole des Mines, Paris; and from the CNR-CS per la Geologia Tecnica at the University of Rome.

We are especially grateful to the Istituto di Geologia Applicata of the University of Rome for providing unlimited secretarial facilities.

Particularly, we would like to thank Dr. Francesca Esu Cugusi (CNR-CS per la Geologia Tecnica) for her precious contribution.

We also wish to express our gratitude to all contributors and participants who with their overwhelming performance have contributed to the success of the ASI-Geostat 75.

Massimo Guarascio
Michel David
Charles Huijbregts

Rome, December 1975

LIST OF PARTICIPANTS

AGTERBERG, Fritz: Chief Geomathematics Section, Geological Survey of Canada, Energy-Mines and Resources Canada, 601 Booth Street, Ottawa, Ontario K1A 0E8, Canada

ALFARO, Marco: Head Geomathematics Dept., Centro de Calculo, Escuela Tecnica Superior de Minas, Rios Rosas 21, Madrid 3, Spain

AMARANTE, Manuela: Geologist, Serviço Fomento Mineiro, Rua Amieira, S. Mamede Infesta, Portugal

ANDOLFATO, Ugo: Geologist, Agip S.p.A.-Attività Minerarie, 20097 S. Donato Milanese (MI), Italy

ARVIDSSON, Sven: Mining Engineer, National Swedish Industrial Board, Bureau of Minerals, Box 16315, S-103 26 Stockholm 16, Sweden

BELISLE, Jean Marc: Research Assistant, Dept. de Genie Mineral, Ecole Polytechnique, C.P. 6079 Succ. A, Montreal, Quebec H3C 3A7, Canada

BILLETTE, Noel: Student, Dept. de Genie Mineral, Ecole Polytechnique, C.P. 6079 Succ. A, Montreal, Quebec H3C 3A7, Canada

BILODEAU, Michel: Lecturer, Dept. of Mining & Metal Eng., McGill University, P.O. Box 6070 Station A, Montreal, Quebec H3C 3G1, Canada

BONDURANT, Ellen J.: Student, Colorado School of Mines, Golden, Colorado 80401, U.S.A.

BORGMAN, Léon: Prof. of Geology and Statistics, Geology Dept. and Statistics Dept., University of Wyoming, Laramie, Wyoming 82070, U.S.A.

BOTMAN, A.G.: Mining Engineer, Mining Dept., Intern'l Institute for Aerial Survey and Earth Sciences, 3 Kanaalweg, Delft, The Netherlands

BROOKER, Peter: Lecturer, Dept. of Economic Geology, University of Adelaide, Adelaide, South Australia 5000

BUTZ, Todd: Student, University of Missouri, Rolla, Missouri, U.S

CAMELLINI, Paolo: Statistician, Italminiere, Via Santa Teresa 5, Rome, Italy

CETINCELIK, Muammer: Head of Nuclear Section, Mineral Research and Exploration, Institute of Turkey, MTA-Ankara, Turkey

CHILES, Jean Paul: Mining Engineer, Centre de Morphologie Mathématique, 35 rue Saint Honoré, 77305 Fontainebleau, France

CLARK, Isobel: Lecturer, Dept. of Mining and Mineral Technology, Imperial College of Science and Technology, London SW7, U.K.

CLARK, Malcom: Research Associate, Dept. of Geography, London School of Economics, Houghton St., London WC2A 2AE, U.K.

CLARK, Tom: Student, Mining Dept., Colorado School of Mines, Golden, Colorado 80401, U.S.A.

COLADON, Marc: Ing. de Mines, CEA-GAM, Avenue de Montredon 92, Marseille 13008, France

CORTEZ, Leopoldo: Assistant Professor, Nucleo de Tratamento de Minerios, Instituto Superior Tecnico, Av. Rovisco Pais, Lisboa 1, Portugal

COSTER, William: Geologist, Occidental Minerals Corporation, Wheat Ridge, Colorado, U.S.A.

DAGBERT, Michel: Research Associate, Dept. de Genie Mineral, Ecole Polytechnique, C.P. 6079 Succ. A, Montreal, Quebec H3C 3A7, Canada

DAMAY, Jacques: Ing. de Mines, Chef de Projects, Société Penarroya, 1 Blv de Vaugirard, 75751 Paris XV-Cedex 1, France

DAVID, Michel: Associate Professor, Dept. de Genie Mineral, Ecole Polytechnique, C.P. 6079 Succ. A, Montreal, Quebec H3C 3A7, Canada

DELFINER, Pierre: Ing. de Recherches, Princeton University, Princeton, New Jersey, U.S.A. / Centre de Morphologie Mathématique, Fontainebleau, France

DESSENIBUS, Armando: Research Assistant, Facoltà d'Ingegneria, Università di Trieste, Via Valerio 21, Trieste, Italy

DIETZEL, Gerard: Dr. Geology and Mathematics, Brunei Shell Petroleum Co. Ltd., Seria, State of Brunei, Borneo

DOWD, Peter A.: Research Associate, Mining Dept., Leeds University, Leeds LS2 9JT, Yorkshire, England

EL KHAIER, Abdelhak: Mining Engineer, Office Cherifien des Phosphates, 305 Bd. Mohammed V, Rabat, Marocco

FLINT, David: Geologist, Dept. of Geology, University of Alberta, Edmonton, Alberta, T6G 2E1 Canada

FRIGIERI, Toni Fabrizio: Mining Engineer, AGIP S.p.A.-Attività Minerarie, 20097 S. Donato Milanese (MI), Italy

GASPAROVIC, Nevenka: Mathematician, INA, Proleterskish Brigada 78, Zagabria, 41000 Yugoslavia

GUERARDI, Sergio: Geologist, Società RiMin, Via Po 51, Rome, Italy

GONZALEZ, Jorge Alberto: Director, System Dept., CENTROMIN-PERU, Casilla 2412, Lima, Peru

GUARASCIO, Massimo: Assistant Professor, Istituto di Geologia Applicata, Università di Roma, Via Eudossiana 18, Rome, Italy

HAAS, André: Ing. de Mines, SNPA-Dept. Recherche en Géophysique, Ave. du Prt. Angot, 64000 Pau, France

HILL, Geoffrey: Statistician, CSIRO Australia, (H.O. Canberra), Math. and Statistics, Private Bag 1, Glen Osmond, South Austalia

HOFMÄNNER, F.: Mining Engineer, Holderbank, Management und Beratung AG. Technische Stelle, CH-5113, Holderbank (AG), CH.

HOWARTH, Richard: Research Associate, Dept. of Geology, Imperial College, London SW7 2BP, England

HUIJBREGTS, Charles: Research Associate, Centre de Morphologie Mathématique, ENSMP, 35 rue St. Honoré, 77305 Fontainebleau, France

IANNELLO, Pasquale: Geologist, ITALSIDER, S.p.A., Via Corsica 4, Genova, Italy

IPPATI, Filiberto: Mining Engineer, SICAI, Viale Liegi 33, Rome, Italy

JOURNEL, André: Maitre de Recherches, Centre de Morphologie Mathématique, 35 rue St. Honoré, 77305 Fontainebleau, France

JOUSSELIN, Claude: Ingenieur, SNPA-Recherches en Géophysique, Ave du Prt. Angot, 64000 Pau, France

KHATTAB, Khattab M.: Mathematical Geologist, International Nickel Co. of Canada Ltd., Exploration Dept., Copper Cliff, Ontario POH 1NO Canada

KRIGE, Daniel G.: Financial Engineer, Anglo Transvaal Cons., Anglovaal House, 56 Main Street, Marshalltown, TVL, South Africa

LALLEMENT, Bernard: Ing. de Mines, BRGM-Orléans la Source, B.P. 6009, 45100 Orléans, France

LEACH, Brian: Consultant, AMDEL, Flemington Street, Frewville, Adelaide, South Australia

LE DU, Raymonde: Student, Dept. de Genie Mineral, Ecole Polytechnique, C.P. 6079 Succ. A, Montreal, Quebec H3C 3A7, Canada

LEYMARIE, Pierre: Geologist, Centre de Recherches Petrographique et Géochimiques - C.O. 1, Vandoeuvre 54500, Nancy, France

LLANA, Agustin Horacio: Mining Engineer, Shell International Petroleum, MIJ. B.V. - P.O. Box 162, The Hague, The Netherlands

MAIGNAN, Michel: Ing. de Mines, Swiss Aluminium Ltd., Feldeggstr. 4 - CH-8034, Zurich, Switzerland (CH)

MARBEAU, Jean Paul: Ing. de Recherches, Centre de Morphologie Mathématique, 35 rue St. Honoré, 77305 Fontainebleau, France

MARECHAL, Alain: Maitre de Recherches, Centre de Morphologie Mathématique, ENSMP, 35 rue St. Honoré, 77305 Fontainebleau, France

MATHERON, Georges: Professor, Director, Centre de Morphologie Mathématique, ENSMP, 35 rue St. Honoré, 77305 Fontainebleau, France

MATULICH, Angelo: Chief Geologist, Texasgulf Canada, Box 2002, Timmins, Ontario P4N 6M5, Canada

MIGUEZ MARIN, Felix: Geologist, Centro de Calculo de la Escuela Tecnica Superior de Ingenieros de Minas, Rios Rosas 21, Madrid 3, Spain

MOUSSET-JONES, Pierre: Associate Professor, Mackay School of Mines, Reno, Nevada 89507, U.S.A.

MUGE, Fernando: Mining Engineer, Nucleo de Tratamento de Minerios, Instituto Superior Tecnico, Ave. Rovisco Pais, Lisboa 1, Portugal

NISKANEN, Pentti: Mining Engineer, Outokumpu Oy., P.O. Box 10280-00101, Helsinki 10, Finland

ORFEUIL, Jean Pierre: Ing. de Recherches, C.M.M.-ENSMP, 35 rue St. Honoré, 77305 Fontainebleau, France

PARKER, Harry McDougal: Geologist, The Hanna Mining Co., 100 Erieview Plaza, Cleveland, Ohio 44114, U.S.A.

PEREIRA, Henrique: Mining Engineer, Nucleo de Tratamento de Mineiros, Instituto Sup. Tecn., Av. Rovisco Pais, Lisboa 1, Portugal

PRELLER, Alejandro: Project Engineer, Fraser Espanola, S.A., Orense 25, Madrid 20, Spain

QUINLAN, Terry: Geologist and Mathematician, Geopeko Limited, Chatswood, Australia

RASPA, Giuseppe: Research Associate, Istituto di Geologia Applicata, Universitã di Roma, Via Eudossiana 18, Rome, Italy

RENDU, Jean Michel: Mining Engineer, Anglovaal Ltd. Anglovaal House, 56 Main Street, Marshalltown, TVL, South Africa

REYES, Italo: Mining Engineer, Aceries Paz del Rio, S.A., Bogotà, Colombia

RIVERON, Etienne: Geologist, CEA-Direction des Productions, Ave. du Gl. de Gaulle, 92260 Fontenay, France

ROADIFER, Roy: Mining Engineer, Mobil Oil Corporation, 221 Nassau Street, Princeton, New Jersey 08540, U.S.A.

ROGADO, José Quintino: Prof. of Mining, Instituto Superior Tecnico, Av. Rovisco Pais, Lisboa 1, Portugal

ROYLE, Allen Graham: Lecturer, Mining Dept., University of Leeds, Leeds LS2 9JT, Yorkshire, England

RUTLEDGE, Robert W.: Manager, Systems and Computers, CSR Ltd., Box 483, G.P.O. , Sydney 2001, Australia

SABOURIN, Raymond: Mining Engineer, Energy Mines and Resources Canada, 601 Booth Street, Ottawa, Ont. K1A 0E8, Canada

SANDEFUR, Robert L.: Mining Engineer, Utah International Inc., 550 California St., S. Francisco, California 94104, U.S.A.

SANS, Henri: Ing. Consultant, Servicios Industriales PENOLES, Piso 14, Apartado postal 686, Mexico 1 D.F., Mexico

SINCLAIR, Alastair J.: Prof. of Geology, Dept. of Geological Sciences, University of B.C., Vancouver, B.C. V6T 1W5, Canada

SINDING LARSEN, Richard: Mining Geologist, Geological Survey of Norway, P.B. 3006, 7001 Trondheim, Norway

STEPHENS, Michael: Prof. of Statistics, Dept. of Mathematics and Applied Mathematics, McMaster University, Hamilton, Ont., Canada

SWITZER, Paul: Prof. of Statistics, Dept. of Statistics, Standford University, Standford, California 94305, U.S.A.

TACIER, Jean Daniel: Geologist, Eidg. Technische Hochschule, Lehrstuhl fur math. Statistik, Claussiusstr. 55, 8006 Zurich, Switzerland (CH)

UCCELLA, Lucio: Project Engineer, Soc. Min. Pertusola, Piazzale Flaminio 9, Rome, Italy

VALERA, Roberto: Prof. of Mining Geology, Dept. of Geology and Mineral Deposits, Università di Cagliari, Cagliari, Sardegna, Italy

VAN DER GEEST, P.A.G.: Mining Engineer, Koninklijke - Shell Exploratic en Productie Laboratorium, Postbus 60, Rijswijk, The Netherlands

WELLS, Howard: Prof. of Mining, University of the Witwatersrand, Dept. of Mining Engineering, 1 Jan Smuts Ave., Johannesburg 2001, South Africa

WHITTEN, Timothy E.H.: Prof. of Geological Sciences, Northwestern University, Dept. of Geological Sciences, Evanston, Illinois 60201, U.S.A.

P A R T I

BASIC CONCEPTS

LES CONCEPTS DE BASE ET L'EVOLUTION DE LA GEOSTATISTIQUE MINIERE

G. Matheron

Centre de Morphologie Mathématique, Ecole Nationale Supérieure des Mines de Paris, Fontainebleau, France

1. INTRODUCTION

Puisque nous allons passer ensemble ces deux semaines de travail à faire le point de l'état actuel de la Géostatistique, la tradition voudrait peut-être que je commence par retracer l'évolution historique de cette discipline. Toutefois, on n'écrit l'histoire que lorsqu'elle est terminée, et la géostatistique me paraît aujourd'hui bien vivante. Néanmoins, il n'est peut-être pas inutile d'inventorier et d'analyser quelques-unes des difficultés qu'elle a rencontrées sur son chemin et qui ont ralenti son développement.

Ces difficultés, dont certaines sont encore actuelles, ne sont pas et n'ont jamais été de nature mathématique. Les mathématiques que l'on utilise en géostatistique - du moins dans la géostatistique des estimations linéaires, que l'on pourrait appeler géostatistique classique, par opposition à la nouvelle géostatistique non linéaire en voie de formation - ces mathématiques sont très simples, et même tout-à-fait élémentaires. Ces difficultés ont été et sont peut-être toujours de nature conceptuelle ou même psychologique. De fait, on est frappé de l'extraordinaire lenteur et de la timidité avec laquelle des idées qui nous paraissent aujourd'hui toutes simples et toutes naturelles ont fait leur entrée en scène. Rétrospectivement, il semble bien que ce qui était difficile, ce n'était pas de résoudre les problèmes, mais d'arriver à les bien poser.

Au point de départ de la géostatistique, il y a une intuition à caractère topo-probabiliste, celle d'un phénomène, une minéralisation par exemple dont la distribution dans l'espace présente un

M. Guarascio et al. (eds.), Advanced Geostatistics in the Mining Industry, 3-10.

caractère mixte, partiellement aléatoire et partiellement structuré il y a des zones riches et des zones pauvres, donc un certain degré de continuité dans l'évolution spatiales des teneurs ponctuelles, mais le comportement local reste beaucoup trop chaotique et imprévisible pour qu'il soit possible d'ajuster un modèle fonctionnel simple. D'où l'idée d'interpréter le phénomène en termes de fonction aléatoire (et au fond c'est cela la géostatistique). A chaque point x de l'espace on associera une variable aléatoire Z(x). Pour deux points différents x et y, on aura deux V.A Z(x) et Z(y) différentes mais non indépendantes. Et c'est justement leur degré de corrélation qui sera chargé de refléter la plus ou moins grande continuité de la minéralisation.

Le concept de F.A qui prend ainsi en charge, à la fois et synthétiquement, ces deux aspects aléatoire et structural de la réalité apparaît bien comme l'outil préadapté à la description de ces phénomènes. Or cet outil était disponible dès les années 30, sous une forme peut-être pas aussi élaborée et sophistiquée qu'aujourd'hui, mais tout-à-fait suffisante pour les besoins de la géostatistique. Mais il faut du temps pour que les idées fassent leur chemin. C'est seulement au début des années 50 avec les travaux de l'Ecole d'Afrique du Sud (D.G. Krige, M. Sichel etc...) que l'on voit s'introduire dans la mine des concepts topo-probabilistes : le mot même de F.A n'est pas encore utilisé, mais l'essentiel est là, puisqu'il s'agit de méthodes statistiques qui tiennent compte des relations géométriques entre échantillons et panneaux à estimer. La terminologie de F.A (sauf erreur de ma part) n'a fait son entrée en scène qu'avec les travaux de B. Matern, à la fin des années 50,(et notamment Matern, 1959). Malheureusement, Matern travaillait dans le domaine de l'estimation des forêts, et son livre n'a été connu que beaucoup plus tard dans les milieux miniers, à une époque où la géostatistique était déjà constituée (G. Matheron, 1957) et formalisée (G. Matheron, 1962). On est d'ailleurs surpris de constater, en relisant cet ouvrage pourtant remarquable qu'une notion aussi simple et aussi fondamentale que la variance d'estimation n'y est pas encore clairement dégagée. Le mot même de Géostatistique fait son apparition avec G. Matheron, 1962.

1.1 Difficultés rencontrées dans le développement d'une Géostatistique linéaire.

A cette émergence lente et difficile, nous apercevons plusieurs sortes de raisons, les unes historiques, d'autres simplement psychologiques, et d'autres encore qui correspondent à des problèmes de fond, à de véritables difficultés méthodologiques, ou épistémologiques qui n'ont été vraiment élucidées qu'à la fin des années 60 ou au début des années 70.

Des raisons historiques d'abord. Au début des années 50, la théorie générale des F.A. existait déjà, mais les applications qui en étaient faites et qui étaient pratiquement seules accessibles aux mineurs concernaient le cas trop particulier des séries temporelles (F.A à une seule dimension : le temps). Or, passer d'une à 2 ou 3 dimensions pose des problèmes de fond. En particulier les modèles markoviens, presque seuls à être utilisés à l'époque, n'ont pas d'équivalents naturels dans l'espace à 2 ou 3 dimensions. La discrétisation d'un phénomène essentiellement continu contribuait aussi à embrouiller les idées. Il a fallu aux géologues beaucoup de temps pour réaliser qu'il existait d'autres fonctions aléatoires que les chaînes de Markov. Ajoutons aussi que la croyance très répandue à cette époque en la validité universelle de la loi lognormale polarisait l'attention sur un point d'importance secondaire et masquait les problèmes de fond. (Je n'ai rien contre la loi lognormale, et vous verrez que la géostatistique non linéaire attache à nouveau une grande importance aux lois de distribution : mais à l'époque cette préoccupation trop exclusive a certainement retardé le développement de la géostatistique linéaire, qui n'est liée, elle, à aucune loi de distribution particulière).

J'aperçois ensuite des raisons psychologiques (encore en partie actuelles) qui tiennent à la difficulté de la communication entre mathématiciens d'une part, mineurs et géologues de l'autre. Les mathématiciens qui disposaient de l'outil F.A ne s'intéressaient guère aux problèmes de la mine, dont ils ne soupçonnaient pas la complexité, et ils cherchaient (en économie surtout) des champs d'application plus transparents pour eux. Les problèmes de la mine sont d'ailleurs très difficiles à comprendre pour un mathématicien pur. Aujourd'hui encore, on voit de bons statisticiens commetre des erreurs grossières et proposer des formulations absolument inadéquates faute simplement de voir où se situent les véritables problèmes. De leur côté les mineurs, conscients de la complexité réelle de leurs problèmes, n'avaient aucun goût pour ce qui leur semblait des spéculations abstraites, détachées de la pratique et pour tout dire inutilisables, et préféraient se fier à leur expérience pratique. Quant aux géologues, à l'époque, la seule vue d'une intégrale sur un tableau noir suffisait à les mettre en fuite.

Avec l'entrée en scène des ordinateurs, la situation se modifie peu à peu dans un sens à la longue bénéfique.Car le mineur découvre progressivement par leur intermédiaire que les mathématiques sont opératoires et conduisent à des solutions pratiques,numériques des problèmes bien posés.Mais encore faut-il qu'ils soient bien posés.Ce qui sort de l'ordinateur ne vaut pas mieux que le programme que l'on y a entré, et le problème est de savoir quel programme choisir, et qui le choisira. Notre dialogue de sourds à 3 personnages (le mathématicien, le mineur et le géologue) risque maintenant de s'enrichir d'un quatrième interlocuteur : l'informaticien. Il n'est pas bon, l'expérience le prouve, de laisser le champ libre à un informaticien pur. Dans le cas le plus défavorable (exceptionnel, heureusement, je veux bien), l'informaticien n'a ni la culture du mathématicien, ni l'intuition du géologue, ni l'expérience pratique du mineur, et son seul but est d'élaborer un programme syntaxiquement correct, c'est-à-dire qui tourne et sorte des chiffres peu importe lesquels. Cela explique que dans certains cas l'informatique donne des résultats moins bons que les méthodes d'estimation traditionnelles (sans même parler de la Géostatistique). Bien sûr, ce n'est pas la faute de l'ordinateur, mais du programme, ou plutôt du modèle implicite qui a guidé la rédaction de ce programme. Je pense par exemple à certaines méthodes d'interpolation mécanique qui conduisent à des résultats franchement absurdes. Tout ceci n'est en aucune façon une critique de l'informatique, qui res l'outil indispensable sans lequel il serait hors de question de lancer, par exemple, un krigeage un peu complexe, mais a seulement pour but de souligner qu'on ne peut en aucune façon faire l'économie de la conceptualisation. Puisqu'il faut de toute façon adopter un modèle, mieux vaut le faire en connaissance de cause et en choisir un qui soit réellement adapté à la réalité que l'on veut représenter.

Ces diverses raisons, historiques et psychologiques, n'expliquent qu'en partie la lenteur avec laquelle les modèles topo-probabilistes ont fait leur entrée en scène. Il y avait aussi des problèmes de fond. Il faut bien voir, en effet, qu'un gisement minier est un phénomène unique, déterminé (même s'il nous est partiellement inconnu) et qu'il ne va pas de soi de l'assimiler à une réalisation d'une F.A (c'est-à-dire au résultat d'un tirage au sort effectué sur une population infinie de gisements considérés comme possibles). En particulier, se pose le problème de <u>la possibilité de l'inférence statistique</u> : à partir d'un échantillonnage très fragmentaire d'une réalisation unique d'une F.A, est-il réellement possible de reconstituer, au moins en partie, la loi de probabilité (ou même seulement la fonction de covariance) de cette F.A.? Pour pouvoir répondre affirmativement à cette question, on croit souvent qu'il est nécessaire d'introduire des hypothèses très fortes, du type stationnarité et ergodicité, qui sont très souvent soit manifestement contraires à la réalité (ex. : décroissance des teneurs à partir d'un coeur riche dans un porphyry) soit à tout le moins invérifiables. Heureusement, il n'en est rien. Une analyse de plus en plus fine des prérequisites réellement nécessaires à la résolution d'un problème donné a permis d'affaiblir considérablement ces hypothèses. Les modèles aujourd'hui utilisés (F.A localement intrinsèque d'ordre 0 ou même d'ordre plus élevé) sont suffisamment généraux pour être compatibles avec toutes les situations que l'on rencontre en pratique, et permettent néanmoins une inférence statistique sérieuse de ce que l'on a réellement besoin de connaître pour résoudre les problèmes d'estimation (globale et locale).

La chance a voulu que, d'entrée de jeu, deux circonstances imposent à la géostatistique d'utiliser des variogrammes (plutôt que des covariances) c'est-à-dire des F.A intrinsèques (plutôt que des F.A stationnaires). Et cet heureux point de départ a grandement facilité l'effort d'élucidation et de généralisation qui a conduit à la situation actuelle. La première circonstance, ce sont les résultats expérimentaux de l'Ecole d'Afrique du Sud, en particulier cette courbe d'allure logarithmique où D.G. Krige (1952) présentait la variance expérimentale d'échantillons de taille fixée dans des zones de plus en plus grandes du gisement (panneaux, quartiers, concessions, le Rand tout entier, etc...). La seconde circonstance, c'était le modèle à homothétie interne élaborée par De Wijs (1951), et qui permettait de retrouver cette loi logarithmique de la variance. Les résultats expérimentaux aussi bien que le modèle de De Wijs, étaient incompatibles avec la stationnarité, et conduisaient, en particulier, à attribuer à la F.A une variance a priori infinie. Par contre, ils s'expliquaient sans difficulté dans le cadre du modèle : F.A intrinsèque à variogramme logarithmique appelé depuis De Wijsien (G. Matheron, 1957). Cette heureuse habitude contractée dès la naissance de travailler avec des variogrammes plutôt que des covariances a permis à la géostatistique d'éviter l'enlisement dans les pseudo-problèmes de la stationnarité et de l'ergodicité. Nous reviendrons plus longuement dans les jours qui viennent sur ces questions méthodologiques.

2. NAISSANCE D'UNE GEOSTATISTIQUE NON LINEAIRE

Ainsi s'est constituée au fil des ans cette géostatistique linéaire maintenant classique, qui résout bien les problèmes d'estimation globale(d'un gisement entier) ou locale, par krigeage, de grands panneaux (par grands panneaux, il faut ici entendre des panneaux de taille adaptée à la maille de reconnaissance). Mais pendant le même temps, la pratique même de leur métier mettait les géostatisticiens en contact plus étroit avec les problèmes réels, presque quotidiens, de la mine. L'estimation des grands panneaux est un préalable, nécessaire à la décision de mise en exploitation, mais rien de plus. Dès que la décision est prise, on voit surgir une foule de problèmes non linéaires que l'ancienne géostatistique était mal préparée à résoudre.

Par exemple, elle ne permet pas de prévoir les possibilités d'homogénéisation par exploitation simultanée de plusieurs chantiers, avec stockage intermédiaire éventuel. Ce sont là des problèmes typiquement non linéaires, qui relèvent d'une combinatoire complexe et que l'on ne sait pas, en général, résoudre théoriquement.

Le mineur, à dire vrai, n'en demande pas tant. Si on lui fournissai une image fidèle de son gisement exactement informée au niveau des blocs élémentaires (correspondant par exemple à la production journalière), il saurait bien, par tatonnement et approximations successives, trouver une solution raisonnable (non exactement optimale peut-être, mais cela n'a pas beaucoup d'importance). Naturellement, cette image exacte reste inaccessible. Mais il est possible de la remplacer par une simulation dite conditionnelle qui rendra les mêmes services en pratique. Il s'agit d'une réalisatio d'une autre F.A, assujettie à respecter les informations expérimen talement connues (histogrammes, variogrammes et valeurs numérique des teneurs aux points où l'on a prélevé des échantillons). Ces techniques, que la Géostatistique maîtrise depuis quelques années déjà, ont constitué une première voie d'accès dans le domaine du non linéaire.

Mais c'est à propos des problèmes de sélection et de coupure optimale que le besoin d'estimateurs non linéaires se fait le plu impérieusement sentir. Il en est déja ainsi au niveau global, lor qu'il s'agit d'estimer non plus les ressources totales, mais les réserves réellement récupérables en fonction d'un critère de sélection (une teneur de coupure par exemple). On arrive ainsi à un notion capitale, apparue assez tôt d'ailleurs (avec les travaux de Lasky (1950) sur les porphyry copper notamment) celle de relation tonnage/teneur (nous disons plus généralement aujourd'hui : paramétrage des réserves). Cette relation peut être présentée sou diverses formes équivalentes. La plus simple consiste à construir le tonnage T(x) et la teneur moyenne du minerai récupérable en fonction de la teneur de coupure x choisie.

Or cette courbe se présente sous un aspect formellement iden à une fonction de répartition (loi de distribution cumulée) et la tentation est grande d'assimiler la relation tonnage-teneur et la fonction de répartition des teneurs. Mais ce n'est pas si simple. D'abord, en aucun cas, il ne peut s'agir de la loi de distributio des teneurs des échantillons (les carottes) mais tout au plus de celles des blocs ou unités minimales d'dxploitation sur lesquels portera la sélection effective (leur taille dépend d'ailleurs du mode d'exploitation adopté). D'où déjà un premier problème (non linéaire) que l'on sait d'ailleurs résoudre : prévoir l'histogram des petits blocs connaissant par exemple celui des carottes.

Mais ce n'est pas tout. Le seul cas où serait légitime cette identification de la relation tonnage/teneur avec la loi des bloc est le cas (jamais réalisé sauf peut-être dans le cas des gisemen d'Uranium) où les teneurs des blocs seraient parfaitement connues moins au moment de l'exploitation) et où aucune contrainte géomét ne pèserait sur la sélection. En pratique, il est rarement possib d'aller extraire n'importe où un petit bloc riche en laissant en place ses voisins, et d'autre part les teneurs réelles ne seront, en général, pas connues exactement, mais seulement estimées (par exemple à partir de l'échantillonnage des trous de tir). On voit apparaître deux notions clés, déterminantes pour la relation tonnage/teneur :

- celle du support de la sélection (la taille des petits blocs) et les contraintes géométriques qui pèsent sur elle (très fortes, Par exemple, dans une exploitation à ciel ouvert). Parfois, aussi, la sélection opère à plusieurs niveaux distincts. Par exemple, une première sélection consiste à choisir les panneaux à extraire ou a abandonner. Ensuite, à l'intérieur de chacun des panneaux retenus, une seconde sélection choisira les blocs à envoyer au minerai ou au stérile.

- la notion enfin de l'information sur la base de laquelle la décision de sélection sera prise. Il faut noter (c'est là la source de la plupart des difficultés) que cette information future (les trous de tir par exemple) n'est en général pas encore disponible, au moment où on fait la prévision.

La formulation précise du problème nécessite en principe la loi de probabilité simultanée des deux variables : teneur d'un bloc et teneur de son estimateur futur. On voit que la prévision d'une relation globale tonnage/teneur n'est pas une opération aussi simple qu'on pourrait le croire, en particulier ce n'est pas du tout une opération linéaire. Si l'on veut faire la même opération au niveau local, les choses se compliquent encore plus puisque cette fois la loi à deux variables (teneur d'un bloc donné et celle de son estimateur futur) doit être prise conditionnellement à l'information actuellement disponible dans le voisinage de ce bloc.

Cette formulation un peu compliquée donne peut-être une impression de subtilité gratuite, dépourvue de caractère pratique. Il n'en est rien, malheureusement. L'élaboration d'un projet de carrière, ou même simplement la planification d'une exploitation au niveau de la production mensuelle par exemple posent des problèmes de cet ordre. Ce sont véritablement les besoins de la pratique qui sont en train de susciter cette géostatistique non linéaire. Naturellement, le premier objectif à viser - si l'on désire éviter le reproche de byzantinisme gratuit - consiste à simplifier au maximum la formalisation mathématique et à élaborer des méthodes d'approximation permettant de court-circuiter autant que faire se peut les calculs inutiles. Tel est le but des techniques basées sur le krigeage disjonctif et les fonctions de transfert, qui feront l'objet de plusieurs communications. Il y a là un ensemble de techniques et de méthodes, actuellement encore en cours d'élaboration, mais qui semblent d'ores et déjà opératoires. Seuls, l'avenir et l'expérience nous diront si elles répondent réellement aux espoirs que nous fondons sur elles.

REFERENCES.

1. KRIGE, D.G., 1951. A statistical approach to some mine valuation and allied problems on the Witwatersrand. Thesis, University of the Witwatersrand.

2. KRIGE, D.G., 1951. A statistical approach to some basic mine valuation problems on the Witwatersrand. J. Chem. Metall. Min. Soc. of S. Africa (December 1951).

3. KRIGE, D.G., 1952. A statistical analysis of some of the bore hole values in the Orange free state gold field. J. Chem. Metall Min. Soc. of S. Africa, 53, N° 3.

4. LASKY, S.G., 1950. How tonnage and grade relations help predict ore reserves. E.M.J., Avril 1950.

5. LASKY, S.G., 1945. The concept of ore reserve. Mine and Metal lurgy, Octobre 1945.

6. MATERN, B., 1959. Spatial Variation. Almaenna Foerlaget, Stoc holm, 1960.

7. MATHERON, G., 1957. Théorie lognormale de l'échantillonnage systematique des gisements. Annales des Mines, Décembre 1957.

8. MATHERON, G., 1962. Traité de Géostatistique Appliquée, Editions Technip, Paris. Tone I, 1962 - Tome II, 1963.

9. De WIJS, H.J., 1951. Statistics of ore distribution. J. Of th Royal Netherlands Geol. and Min. Soc., 1, Nov. 1951 ; 2, Janv. 1953.

LE CHOIX DES MODELES EN GEOSTATISTIQUE

G. Matheron

Centre de Morphologie Mathématique, Ecole Nationale Supérieure des Mines de Paris, Fontainebleau, France

A. BUTS DE LA GEOSTATISTIQUE

En géostatistique minière, comme au fond en n'importe quelle discipline scientifique à caractère appliqué, on poursuit un double objectif :
- d'une part, on cherche à synthétiser l'information disponible, à dégager les grands traits structuraux du phénomène auquel on s'intéresse (ici un gisement minier) et à s'en faire une représentation conceptuelle (un "modèle") aussi clair que possible.
- d'autre part, on cherche à résoudre efficacement des problèmes de caractère très pratique, concernant par exemple l'estimation de telle ou telle caractéristique du gisement à partir d'un échantillonnage fragmentaire.

Aux yeux des exploitants, le second de ces objectifs est, de loin, le plus important. C'est aussi le point de vue du géostatisticien appliqué : peu lui importe au fond le modèle mathématique qu'il utilise, pourvu que ce modèle lui permette d'aboutir sans frais de calcul excessif à des solutions correctes des problèmes qui lui sont posés (c'est-à-dire, par exemple, à des estimations que l'expérience confirmera au moins statistiquement).

Néanmoins, le premier objectif conserve une importance décisive. Par lui-même, d'abord, car après tout le géostatisticien comme l'exploitant ont tout à gagner à se faire une idée claire de la réalité à laquelle ils ont à faire face. Ensuite (et, si l'on veut, surtout) comme voie d'accès à la solution des problèmes pratiques. Car c'est seulement dans la mesure où l'on disposera d'un modèle mathématique bien adapté à la réalité que l'on pourra élaborer des méthodes d'estimation efficaces.

M. Guarascio et al. (eds.), Advanced Geostatistics in the Mining Industry, 11-27.

B. L'INSTRUMENT PROBABILISTE

On sait qu'en géostatistique minière l'outil mathématique utilisé est de caractère essentiellement probabiliste. Plus précisément, les phénomènes régionalisés auxquels on s'intéresse (les minéralisations) y sont interprétés comme des réalisations de fonctions aléatoires. On peut ici se poser deux questions : pourquoi des modèles probabilistes, plutôt, par exemple, que des modèles déterministes avec équations différentielles, etc...? En second lieu quelle est la signification épistémologique de ce choix?

En ce qui concerne la première question, on peut tout d'abord très pragmatiquement répondre que l'on choisit de recourir à des modèles probabilistes parce que les modèles déterministes échouent au moins en ce qui concerne les problèmes de prévision précise. Echec partiel, d'ailleurs. Il est hors de doute que la géologie apporte des informations précieuses concernant la morphologie du gisement et les lois au moins qualitatives de la distribution spatiale de la minéralisation. Bien loin de sous-estimer cet appor le géostatisticien en tient le plus grand compte et s'efforce dans la mesure du possible de travailler dans le cadre structural préalablement défini par le géologue. Il n'en reste pas moins que la géologie permet rarement à elle seule une prévision quantitative suffisamment précise pour les besoins de la pratique, et ne peut pas non plus fournir d'indications sur la précision de ces prévisions. De fait, et bien qu'ils se conforment aux structures d'ensemble que décrit la géologie, les phénomènes métallogéniques présentent aussi une irrégularité et une variabilité si capricieus au niveau local qu'ils semblent rebelles à toute représentation par un modèle fonctionnel simple.

C'est cet aspect localement chaotique qui suggère presque irrésistiblement une interprétation probabiliste. Précisons bien que ce recours aux techniques probabilistes n'implique aucun présuppos métaphysique particulier. Il ne s'agit pas ici d'invoquer je ne sais quel Hasard que l'on se représenterait comme l'antithèse du Déterminisme. Le concept de hasard - c'est-à-dire, à proprement parler, de ce qui n'est ni voulu ni prévu par l'homme - est beaucoup trop anthropomorphique pour présenter la moindre utilité dans une discipline positive. Il s'agit simplement d'un choix méthodologique ou, si l'on veut, d'une <u>décision</u> épistémologique : puisque nous n'arrivons pas à représenter la réalité à l'aide d'un modèle déterministe ou fonctionnel suffisamment simple nous décidons de recourir à l'arsenal que nous fournit la théorie des probabilités.

Il s'agit donc ici d'une décision à caractère constitutif (au sens Kantien), et nullement d'une hypothèse susceptible d'être réfutée par l'expérience. On ne peut, en effet, imaginer aucune expérience, aucune observation, dont le résultat nous permettrait d'affirmer : ce gisement n'est pas une réalisation d'une fonction aléatoire. En contrepartie, évidemment, cette "hypothèse" probabiliste ne nous apporte par elle-même aucune information positive. C'est seulement sur les démarches ultérieures que l'on pourra porter un jugement : pour aller plus loin, nous devrons préciser de quelle FA il s'agit, supposer par exemple qu'il s'agit d'une FA stationnaire à covariance exponentielle. C'est à ce moment seulement que s'introduiront des hypothèses véhiculant une information positive et, corrélativement, susceptibles d'un contrôle expérimental. Par elle-même, l'interprétation probabiliste n'est rien de plus qu'un cadre conceptuel dans lequel nous décidons de travailler parce qu'il nous permet de poser en termes opératoires les problèmes auxquels nous nous intéressons et que nous ne saurions ni formuler, ni a fortiori résoudre, dans un cadre "déterministe".

C. LES MODELES DE F.A.

La démarche principale va donc consister à choisir, parmi toutes les FA possibles, celle que nous chargerons de représenter notre gisement minier, et c'est ici que nous nous heurtons au difficile problème de l'inférence statistique. Habituellement, en effet, on définit une FA Z(x) par sa loi spatiale, c'est-à-dire par la donnée de toutes les lois de distribution :

$$P\,[Z(x_1) < z_1 \;;\; Z(x_2) < z_2 \;; \ldots\; Z(x_n) < z_n]$$

pour tous les entiers n = 1,2... et pour tous les choix possibles des points d'appui $x_1, \ldots x_n$. Il n'est évidemment pas possible de procéder à l'estimation de toutes ces lois à partir de l'information disponible, qui est constituée d'un nombre fini d'échantillons prélevés dans le gisement. Contrairement à ce qui se passe en physique, par exemple, où l'on a en principe la possibilité de répéter aussi souvent que l'on veut une même expérience et où l'on peut ainsi disposer de plusieurs réalisations d'une même FA, nous avons ici affaire à une réalisation unique échantillonnée en un nombre fini de points de prélèvement.

Par conséquent, nous devons d'une façon ou d'une autre introduire des hypothèses limitatives, ayant pour objet de diminuer le nombre des paramètres à estimer et de rendre possible l'inférence statistique. Cela veut dire qu'au lieu de chercher notre FA Z(x) dans l'ensemble infiniment trop vaste de toutes les FA possibles, nous nous imposerons de la chercher dans une famille $\mathfrak{F}$ beaucoup plus restreinte où nous n'aurons plus à estimer qu'un petit nombre de paramètres. Nous dirons qu'une telle famille $\mathfrak{F}$ constitue un modèle de FA. Naturellement, il y aura des modèles plus ou moins généraux, et des classes de modèles $\mathfrak{F}_0 \supset \mathfrak{F}_1 \supset \ldots$ allant du plus général au plus particulier.

Par exemple, la famille des FA stationnaires et gaussiennes

constitue un modèle $\mathcal{F}_o$ relativement général. Pour définir une FA dans $\mathcal{F}_o$, il faut se donner
1/ l'espérance m et 2/ la fonction de covariance centrée $\sigma(h)$. La famille des FA stationnaires gaussiennes à covariance exponentielle constitue un modèle $\mathcal{F}_1 \subset \mathcal{F}_o$ beaucoup plus spécifique : une FA dans $\mathcal{F}_1$ est définie par trois paramètres numériques seulement (l'espérance, la variance et la portée).

Au lieu de FA, on considérera souvent des classes d'équivalence de FA, et on appellera encore modèle une famille $\mathcal{F}$ de classes d'équivalence de FA. Par exemple, dans les problèmes d'estimation linéaire, on n'a besoin de connaitre que les moments d'ordre 1 et 2 d'une FA. On appelle alors FA d'ordre 2 la classe de toutes les FA ayant une espérance m(x) et une covariance $\sigma(x;y)$ données. La famille des FA stationnaires d'ordre 2 (peu importe alors qu'elles soient gaussiennes ou non) constitue ainsi un modèle $\mathcal{F}'_o$ où un individu est spécifié par la donnée d'une constante m et d'une fonction $\sigma(h)$. De même, les FA stationnaires d'ordre 2 à covariance exponentielle constituent un modèle $\mathcal{F}'_1 \subset \mathcal{F}'_o$ beaucoup plus particulier, où un individu est défini par la donnée de 3 paramètres seulement.

Ceci dit, la question cruciale est évidemment : comment choisir un modèle $\mathcal{F}$ de FA ou de classes de FA et, à l'intérieur de $\mathcal{F}$, comment choisir l'individu Z(x) particulier que l'on veut charger de représenter la réalité? En fait, il n'y a pas de règle générale et la réponse (non univoque) que l'on peut apporter à cette question dépend à la fois des caractéristiques des données et du type de problèmes que l'on veut résoudre. En gros, le modèle $\mathcal{F}$ doit vérifier quatre conditions :

a/ L'inférence statistique c'est-à-dire l'estimation numérique des paramètres définissant un individu $Z \in \mathcal{F}$, doit être raisonnablement possible à partir des données expérimentales disponibles Une fois connues les caractéristiques des données (taille et implantation des prélèvements) et choisi le modèle $\mathcal{F}$, c'est là un problème qui relève en principe de la statistique mathématique : celle-ci nous apprend s'il est possible ou non de former des estimateurs un peu sérieux des paramètres en question. Dans la pratique, on utilise des règles simples (qui peuvent d'ailleurs se justifier théoriquement). Par exemple, si l'on veut estimer une fonction de covariance dans sa totalité, il est nécessaire que les données soient assez nombreuses et surtout couvrent un champ de dimension nettement plus grande que la portée. Par contre, s'il s'agit seulement d'estimer les premiers points d'un variogramme, les conditions sont beaucoup moins contraignantes.

b/ Le modèle doit être opératoire, c'est-à-dire permettre de résoudre effectivement le problème auquel on s'intéresse lorsque les paramètres définissant l'individu $Z \in \mathcal{F}$ sont connus. On voit ainsi que la définition du modèle à utiliser est étroitement liée à la nature du problème que l'on veut résoudre. C'est là un point important, sur lequel nous reviendrons : les paramètres définissant un individu Z dans le modèle $\mathfrak{F}$ doivent contenir tout ce qu'il faut pour résoudre ce problème, et il est inutile qu'ils contiennent davantage. Cette condition étant vérifiée, la résolution effective du problème relève de la théorie des probabilités (pour sa mise en équation) et de l'informatique (pour la résolution numérique)

c/ Le modèle doit être compatible avec les données expérimentales. Celà relève, en principe, de tests statistiques. Mais il ne faut pas surestimer la puissance de ces tests. Il y a des caractères trop généraux pour qu'il soit possible de les tester. C'est le cas, par exemple, de la stationnarité. N'importe quelle fonction f définie sur un domaine borné peut, en effet, être raisonnablement considérée comme la restriction à ce champ limité d'une fonction périodique dont les périodes (selon les 3 axes de coordonnées) définissent un parallélépipède grand vis-à-vis de ce champ. Moyennant une translation par un vecteur aléatoire (uniformément réparti dans le parallèlépipède des périodes), cette fonction périodique devient une FA stationnaire (et périodique) dont la fonction donnée f peut, très raisonnablement, être considérée comme une réalisation: aucun test de stationnarité ne donnera une réponse négative. En contrepartie, évidemment, la portée de cette covariance sera grande vis-à-vis du champ, et les conditions imposées en a/ ne seront pas vérifiées : bien que l'on puisse très bien considérer f comme une réalisation d'une FA stationnaire de ce type, on n'aurait pas les moyens de procéder à une inférence statistique significative de la covariance correspondante.

On ne fera donc pas porter les tests sur des caractères trop généraux. Au lieu de tester la stationnarité en général, on procèdera d'abord à l'ajustement d'un modèle particulier de covariance (suggéré par la covariance expérimentale) et on examinera ensuite si les données sont compatibles avec cette covariance estimée. On examinera par exemple si les variogrammes expérimentaux sont, ou non, significativement différents dans les différentes portions du gisement. S'ils le paraissent, on remplacera le modèle "FA stationnaire" par un modèle plus vaste "FA quasi-stationnaire" tenant compte de ces déformations du variogramme. En pratique, d'ailleurs, on ne pourra que rarement procéder à des tests sophistiqués : soit, tout simplement, parce qu'il n'en existe pas, ou encore, s'il en existe, parcequ'ils sont beaucoup trop compliqués pour être utilisables économiquement, ou enfin parceque leur mise en oeuvre nécessiterait une information dont nous ne disposons pas (pour tester des moments d'ordre 2, il faudrait connaitre la loi spatiale entière, ou au moins tous les moments d'ordre 4). On peut, certes, regretter cette absence de tests bien formalisés, et il y aura sans aucun doute des recherches à mener à bien dans ce domaine. Mais à l'usage il apparait qu'un géostatisticien averti s'en passe relativement bien, et diagnostique sans trop d'ambiguité la présence ou l'absence de dérive, la stationnarité ou la quasi-stationnarité du phénomène etc... C'est là, si l'on veut, cette part d'empirisme ou de savoir-faire que l'on est bien obligé de tolérer dans une discipline à caractère très appliqué, faute de pouvoir tout formaliser. Mais cela ne signifie nullement que le géostatisticien s'abandonne à l'arbitraire de la subjectivité. Ses prévisions sont, en effet, soumises au contrôle le plus rigoureux qui soit : celui de la pratique, et de la confrontation avec les résultats effectifs de l'exploitation.

d/ C'est là la quatrième condition, et finalement la plus décisive : les prévisions auxquelles conduit le modèle retenu doiven être vérifiées (statistiquement) par l'expérience.

En géostatistique minière, il est rarement possible de faire immédiatement des vérifications à partir des échantillons disponibles, parce que l'on s'intéresse surtout à la prévision des caractéristiques de tel ou tel panneau, inconnues par définition au moment de la prévision. On peut parfois faire la prévision pour des panneaux déjà exploités, à condition que les résultats de leur exploitation aient été correctement enregistrés. Par contre, en cartographie automatique où l'on s'intéresse à la prévision de points, c'est là une procédure de vérification courante : on krige chaque point expérimental, comme s'il était inconnu, à partir de ses voisins. Comme on connait les vraies valeurs, on connait aussi l'erreur de krigeage. On norme cette erreur en la divisant par l'écart-type de krigeage calculé, et on obtient ainsi une population dont la variance expérimentale (si le modèle ajusté est bien adapté à la réalité) doit être voisine de l'unité. En pratique, on trouve des valeurs de l'ordre de 0.95 à 1.05. Du point de vue pragmatique, c'est un résultat extrêmement rassurant quant à la valeur du modèle utilisé, puisque le test porte précisément sur le problème que l'on veut résoudre (la prévision d'un point).

En géostatistique minière, la vérification est en général à plus long terme, mais elle est particulièrement stricte, puisque les prévisions seront confirmées ou, au contraire, impitoyablement démenties par l'exploitation ultérieure. Il s'agit bien sûr d'une vérification statistique, mais, si elle porte (et ce n'est pas rar sur plusieurs centaines ou milliers de panneaux krigés, c'est une vérification décisive (on doit vérifier à la fois que les erreurs de krigeage on une moyenne à peu près nulle, et que la variance es de l'ordre de grandeur de la valeur théorique). Or, sur la base d'une expérience de plus de quinze ans portant sur plus d'une cent de gisements de types divers, les échecs ont été exceptionnels. Il arrive, évidemment, de temps à autre, que l'on se trompe lourdemen sur le choix des modèles lorsque les données sont trop rares, trop mal réparties et de qualité douteuse, mais en pareil cas toutes le méthodes échouent, sauf coup de chance. A ma connaissance, dans tous les cas où un géostatisticien averti a travaillé sur des données suffisantes et où la vérification a pu être faite, les prévisions (en moyenne et en variance) se sont trouvées confirmées et se sont révélées significativement meilleures que les prévisions fondées sur d'autres méthodes. C'est là, évidemment, le critère décisif et la justification ultime de la géostatistique minière telle qu'elle s'est développée à ce jour.

D - LES CRITERES DU CHOIX D'UN MODELE.

Nous venons d'introduire la notion de modèle de FA ou de classe de FA, et nous avons donné en passant quelques indications brèves sur la manière dont un modèle donné peut être soumis au contrôle de l'expérience. Il reste, maintenant, à examiner la question cruciale : comment choisir un modèle, compte tenu des quatre conditions a/, b/, c/ et d/ énumérées plus haut. Notons tout de suite qu'il n'y a pas de réponse univoque. Sur la base d'une expérience de plus de 15 ans, nous avons peu à peu sélectionné , et au besoin, inventé , différents modèles mathématiques suffisamment simples pour se prêter au calcul numérique, et répondant aux exigences de tels ou tels types de problèmes pratiques. Il est clair que l'on peut en imaginer beaucoup d'autres encore (et on le fera certainement), mais ceux-là ont l'avantage d'avoir supporté victorieusement l'épreuve de la pratique.

Il n'est pas facile d'analyser en détail la démarche qui permet au géostatisticien averti de choisir presque d'instinct le modèle adapté à ses données et à son problème. Trop de facteurs entrent en jeu. Mais on peut cependant indiquer quelques fils directeurs. La règle d'or, déjà mentionnée à propos de la condition b/, peut s'énoncer sous forme lapidaire : pas de zèle inutile dans le choix d'un modèle. Sachant que l'on veut résoudre tel problème par telle méthode, on sait que l'on a besoin de connaitre numériquement tels et tels paramètres et rien d'autre. La règle consiste alors à faire entrer dans la définition du modèle les paramètres dont on a besoin et, si possible, rien de plus. En terme de logique traditionnelle, on doit viser l'extension la plus grande possible, et, corrélativement, la compréhension la plus faible possible. Car il sera d'autant plus facile de vérifier la condition a/ que le nombre des paramètres dont l'inférence doit impérativement être possible sera plus réduit ; inversement la condition c/ de compatibilité avec les données sera d'autant plus facile à respecter que sera plus vaste la famille de FA (le modèle) à l'intérieur de laquelle s'exercera notre choix.

Avant d'esquisser une description générale, examinons deux exemples particuliers : le premier correspond au problème simple de l'estimation globale, et le second à la procédure automatisée utilisée en cartographie pour l'ajustement des FA intrinsèques d'ordre k (FAI-k).

D.1 Exemple de l'estimation globale.

Pour estimer la teneur moyenne globale d'un gisement, on se contente en général d'un estimateur linéaire très simple (moyenne arithmétique des teneurs des échantillons pondérés par des puissances et, si la maille n'est pas régulière, par des zones d'influence). Il n'y a pas lieu de kriger, car on sait que, pour une estimation globale, le gain de précision qu'apporterait un krigeage serait très faible (l'intérêt principal du krigeage résulte d'ailleurs du fait qu'il évite une erreur systématique lorsque l'on procède à une sélection des panneaux les plus riches, mais il s'agit seulement ici d'estimer la moyenne globale, et cette cause d'erreur systématique est absente).

Dans le cadre très général du modèle $\mathcal{F}_o$ des FA (non stationnaires) d'ordre 2, le géostatisticien se pose alors la question cruciale : de quoi ai-je réellement besoin pour calculer ma varianc d'estimation?

Au premier abord, si l'on regarde les formules théoriques, la réponse semble être : j'ai besoin de connaitre la covariance (non stationnaire) $C(x;y)$. S'il en était réellement ainsi, il n'y aurait aucun espoir de vérifier la condition a/, car on ne peut pas faire l'inférence d'une covariance non stationnaire à partir d'une réalisation unique. On devrait alors chercher des modèles $\mathcal{F}_1 \subset \mathcal{F}_o$ plus particuliers (par exemple FA stationnaire d'ordre 2). Mais alors c'est la condition c/ (compatibilité avec les données) qui risquerait dans certains cas de ne plus être vérifiée.

Mais il n'en est rien. Une analyse plus fine montre que l'on n'a pas réellement besoin de connaitre explicitement la covariance non stationnaire (voir [9] : la moitié de ce fascicule est, en un sens, consacrée à la démonstration de ce résultat). Il suffit, en fait, de connaitre la pseudo-covariance stationnaire $\bar{C}(h)$ définie comme la valeur moyenne de $C(x;x+h)$ lorsque le point x parcourt le domaine que l'on veut estimer. Or, pourvu seulement que ce domaine soit suffisamment grand vis-à-vis de la portée de $\bar{C}(h)$, et que les données y soient réparties de manière pas trop hétérogène, l'inférence statistique de $\bar{C}(h)$ est très raisonnablement possible. D'autre part le modèle $\mathcal{F}_o$ (FA d'ordre deux sans condition de stationnarité) est suffisamment général pour être compatible avec n'importe quelles données. Par suite, le modèle $\mathcal{F}_o$ convient.

On peut même aller plus loin. Si la maille est petite, on s'aperçoit qu'il n'est pas nécessaire de connaitre $\bar{C}(h)$ tout entière, mais seulement le comportement du pseudo-variogramme $\bar{\gamma}(h) = \bar{C}(o) - \bar{C}(h)$ au voisinage de l'origine. L'allure du variogramme expérimental nous donne une idée de ce comportement, que l'on caractérise, par exemple, par un effet de pépite, C_o, et un terme linéaire $a|h|$, soit deux paramètres seulement à estimer.

On remplace alors le modèle $\mathcal{F}_o$ par le modèle $\mathcal{F}_1 \subset \mathcal{F}_o$ "famille des FA non stationnaires d'ordre 2 dont le variogramme moyen $\bar{\gamma}$ dans le champ des données présente un effet de pépite et un comportement linéaire à l'origine". La condition a/ est alors pratiquement toujours vérifiée (l'inférence de C_o et a est toujours raisonnablement possible puisqu'il s'agit par hypothèse d'une maille petite vis-à-vis du domaine à estimer). La condition c/ l'est également (bien qu'ici $\mathfrak{F}_1$ soit moins vaste en extension que $\mathfrak{F}_o$) puisque c'est justement le comportement du variogramme expérimental qui a suggéré le modèle $\mathfrak{F}_1$ (effet de pépite et comportement linéaire). Le modèle est opératoire (condition b/) puisque l'on sait (c'est le point de départ) que pour les petites mailles la variance d'estimation globale ne dépend que du comportement de $\bar{\gamma}$ autour de $h = 0$. Quant à la condition d/, il faudra évidemment attendre les résultats de l'exploitation pour savoir si elle est respectée, mais l'expérience nous a montré qu'il en a été régulièrement ainsi jusqu'à ce jour.

Ainsi, dans le cas particulier très favorable de l'estimation globale, une analyse plus fine de ce que l'on avait réellement besoin de connaitre pour résoudre le problème posé montre que ce minimum se réduit à peu de chose ($\bar{C}$, ou même les deux paramètres C_o et a) et que l'inférence statistique de ce minimum indispensable est possible dans le cadre d'un modèle suffisamment large pour être toujours compatible avec les données. Si l'on ne s'intéresse qu'à une estimation globale, il n'y a pas lieu de chercher plus loin. Il est, en particulier, parfaitement inutile de s'interroger sur la stationnarité, l'ergodicité, etc... du modèle utilisé qui n'a en aucune façon besoin d'être stationnaire, ni, à plus forte raison, d'être ergodique.

D.2 Identification automatique d'une covariance généralisée.

En cartographie, le problème posé est, par exemple, d'estimer $Z(x)$ en un point x différent des points expérimentaux (on peut aussi estimer le gradient, tel ou tel type de moyenne mobile, etc... mais il n'y a pas lieu d'en parler ici), à l'aide d'une combinaison linéaire optimale des données expérimentales. A nouveau ici, le modèle $\mathfrak{F}$ de départ est la famille des FA (non stationnaires) d'ordre 2, et la réponse à la question : de quoi ai-je besoin pour résoudre ce problème? est : la covariance non stationnaire $C(x;y)$. A nouveau aussi, dans le cadre du modèle $\mathfrak{F}$, la condition a/ ne peut pas être vérifiée (l'inférence de $C(x;y)$ n'est pas possible). Il faut donc remplacer $\mathfrak{F}$ par un modèle moins vaste. On peut penser au modèle $\mathfrak{F}_{St}$ des FA stationnaires d'ordre 2, pour lequel a/ est en général verifié. Mais alors, c'est la condition c/ (compatibilité avec les données) qui risque de ne plus l'être. Car, très souvent, en cartographie, le but est de préciser une structure particulière (un dôme, etc...) et, du fait même qu'il s'agit d'une structure particulière, la stationnarité n'est pas recevable.

Il s'agit donc de trouver des modèles plus vastes que $\mathcal{F}_{St}$ (pour respecter la compatibilité avec les données) et moins vastes que $\mathcal{F}$ tout entier (pour que l'inférence statistique reste possible). Comme on ne peut pas modifier le problème posé (il s'agit toujours d'estimer Z(x)), on va restreindre la classe des estimateurs dans laquelle on se propose de chercher un estimateur optimal. Au prix d'une restriction consentie sur l'optimalité, on diminuera ainsi les prérequisites dont la connaissance est nécessaire pour résoudre le problème (condition b/) et par voie de conséquence on peut espérer que l'inférence de ces prérequisites redevienne raisonnablement possible (condition a/).

Tel est le point de départ de la théorie des FA intrinsèques d'ordre k [10]. En se laissant guider par le formalisme du krigeage universel, on limite l'ensemble des combinaisons linéaires où l'on se propose de chercher un estimateur à la classe des combinaisons vérifiant les conditions d'universalité à l'ordre k. Cela revient à dire que l'erreur (Z(x) moins estimateur) doit être une combinaison linéaire autorisée, i.e. dont les coefficients annulent tous les polynomes de degré inférieur ou égal à k. Corrélativement, il suffit d'imposer la stationnarité aux seules combinaisons linéaires autorisées à l'ordre k, et non à la FA elle-même. Le modèle $\mathcal{F}_k$ ainsi obtenu (les FAI-k) est constitué des FA (non stationnaires) d'ordre 2, dont les combinaisons linéaires autorisées à l'ordre k sont stationnaires par translation. Pour k = 0, le modèle $\mathcal{F}_0$ (FAI-0 dans la nouvelle terminologie) est constitué des FA à accroissements stationnaires d'ordre 2, et un individu $Z \in \mathcal{F}_0$ est spécifié par la donnée d'un variogramme γ . Ce modèle est utilisé en géostatistique minière depuis déjà près de 20 ans (cf. [3], 1957) et les FAI-k en constituent une généralisation naturelle

De même que le variogramme d'une FAI-0 permet de calculer la variance de toute combinaison linéaire pour laquelle la somme des coefficients est égale à 0, on démontre qu'à chaque FAI-k est associée une fonction K(h) appelée covariance généralisée dont la donnée permet de calculer la variance de toutes les combinaisons linéaires autorisées à l'ordre k. Ainsi, un individu $Z \in \mathcal{F}_k$ est spécifié par la donnée d'une covariance généralisée (d'ordre k). En pratique, dès que k = 1 ou 2, le modèle $\mathcal{F}_k$ est assez vaste pour être compatible avec à peu près n'importe quelles données. Il reste à voir qi la condition a/ est respectée, c'est-à-dire si l'inférence statistique de K(h) est possible.

Comme il s'agissait de mettre au point une procédure entièrement automatisée (donc comportant en particulier une identification automatique de la covariance généralisée K(h) elle-même) il a fallu imposer une restriction supplémentaire au modèle $\mathcal{F}_k$. (Ce n'est certainement pas là une situation définitive). On a remplacé $\mathcal{F}_k$ par le modèle (moins vaste) $\mathcal{F}'_k \subset \mathcal{F}_k$ des FAI-k à covariances généralisées polynomiales, c'est-à-dire de la forme :

$$K(h) = C_o\delta - a_o|h| + a_1|h|^3 - .. - (-1)^k a_k|h|^{2k+1}$$

où $C_o\delta$ est un effet de pépite d'amplitude C_o, et les a_i sont des paramètres (assujettis à certaines conditions, pour que K(h) soit effectivement une covariance généralisée, mais ces conditions sont automatiquement vérifiées si C_o et les a_i sont $\geq$ 0).

On a donc là un modèle à (k+2) paramètres, dont l'inférence statistique est possible en pratique (condition a/) et d'ailleurs grandement facilitée par le fait que les paramètres à estimer interviennent linéairement (c'est la raison pour laquelle on a retenu ce modèle à covariances polynomiales). A l'usage, il est apparu qu'on obtenait un accord raisonnable avec les données (condition c/) sans dépasser l'ordre k = 1 ou 2. Le modèle est opératoire (condition b/) puisque la donnée de K(h) permet de calculer les variances de toutes les combinaisons linéaires autorisées à l'ordr k, et donc de déterminer l'estimateur linéaire optimal dans la classe correspondante. Quant à la condition d/, on a déjà indiqué qu'elle se prêtait à une vérification facile grâce au procédé qui consiste à kriger les points connus à l'aide de leurs voisins. En pratique, ce contrôle donne le plus souvent une réponse positive (pas toujours cependant, et il y a des types de données qui se prêtent mal à une représentation par un modèle à covariance polynomiale).

Ici encore, la démarche a consisté à diminuer le nombre des préréquisites dont la connaissance est nécessaire à la solution du problème posé, et dont par suite l'inférence statistique doit impérativement être possible (condition a/). Comme il s'agit d'un cas moins favorable que l'estimation globale, cette diminution des préréquisites est acquise au prix d'une restriction de l'optimalité (puisqu'on impose aux estimateurs des conditions d'universalité de plus en plus restrictives lorsque k augmente). La tactique à observer consiste donc à choisir pour k la valeur la plus faible possible réalisant un accord acceptable avec les données expérimentales. C'est cette tactique qui est à la base de la procédure automatique. Elle permet de choisir sans ambiguité un modèle de FAI-k respectant les 4 conditions que nous nous sommes imposées.

D.3 Les critères du choix.

A la lumière des deux exemples précédents, nous voyons se dessiner en gros la démarche aboutissant au choix d'un modèle de FA.

(1) Le point de départ est le problème qu'il s'agit de résoudre. C'est là une contrainte absolue, non susceptible d'être affaiblie.

(2) L'étape suivante consiste à faire l'inventaire des méthodes susceptibles de résoudre ce problème, et l'analyse fine des

préréquisites minimaux permettant de mettre effectivement en oeuvre chacune de ces méthodes.

(3) Il faut ensuite disposer d'une gamme de modèles de FA bien étudiés sur le plan théorique et suffisamment variés pour répondre aux exigences des différents problèmes que l'on rencontre en pratique.

(4) Pour chaque méthode inventoriée en (2), en commençant par les plus puissantes, et pour chaque modèle inventorié en (3), on regarde si, dans le cadre de ce modèle, l'inférence statistique des préréquisites minimaux nécessaires à la mise en oeuvre de cette méthode est raisonnablement possible ou non à partir des données disponibles. Si la réponse est oui, (condition a/) on examine alors si le modèle, après ajustement des paramètres, est compatible avec les données expérimentales (condition c/). Souvent, le modèle est suffisamment vaste pour que cet accord soit pratiquement toujours réalisé (c'est le cas dans les 2 exemples ci-dessus, et aussi, en géostatistique minière, pour le problème de l'estimation locale par krigeage dans le cadre du modèle : FA d'ordre 2 localement stationnaire ou localement intrinsèque ; par contre, pour d'autres types de problèmes plus exigeants, la stationnarité stricte est nécessaire, et l'accord n'est plus automatique). Si la réponse est à nouveau oui, les conditions a/, b/ et c/ sont respectées. Si l'on peut, comme en cartographie, controler aussi la condition d/, il faut évidemment le faire aussi (en pratique, on constate que la réalisation de c/ entraine le plus souvent celle de d/). On dispose alors d'un modèle opératoire adapté à la solution du problème posé.

Avant d'illustrer cette analyse un peu formelle, notons que rien ne nous garantit, dans un cas particulier donné, qu'il existe sur nos listes une méthode et un modèle pour lesquels les quatre conditions sont respectées. De fait, lorsque les données sont rares, de mauvaise qualité et mal réparties, on peut très bien aboutir à la conclusion que la géostatistique ne peut pas résoudre raisonnablement le problème posé : il faut alors le reconnaitre franchement. Il n'y a certes rien de déshonorant à cela. C'est au contraire le fait de présenter comme précises et "scientifiques" les évaluations grossièrement approchées à 100% ou 200% dont on doit bien se contenter en pareil cas qui serait définitivement contraire à l'éthique de la géostatistique.

Il nous reste à examiner la mise en oeuvre de cette démarche pour quelques problèmes typiques.

D.4 Le Problème de l'estimation locale.

Le problème est ici celui de l'estimation optimale de la teneur de panneaux donnés. Examinons d'abord les méthodes possibles. La plus puissante consiste à former l'espérance conditionnelle de la teneur du panneau lorsque celles des prélèvements sont connues. Mais (sans parler des difficultés à peu près inextricables auxquelles se heurterait le calcul effectif de ces espérances conditionnelles) les préréquisites sont prohibitifs. Il faut, en effet, connaitre la totalité de la loi spatiale, dont l'inférence statistique (condition a/) n'est jamais possible en dehors du cadre de modèles particuliers (FA à loi spatiale gaussienne ou lognormale) rarement compatibles avec les données (condition c/).

Une méthode moins puissante (mais nettement plus puissante que les estimateurs linéaires) est le *krigeage disjonctif*, où l'on prend comme estimateur une somme de fonctions mesurables d'une seule variable. Les préréquisites sont encore très exigeants (il faut connaitre toutes les lois à 2 variables) et l'inférence statistique n'est possible que sous des conditions assez sévères (stationnarité stricte en particulier). Néanmoins, on rencontre déjà des cas pratiques assez nombreux où la méthode est utilisable.

Nous entrons ensuite dans la classe des *estimateurs linéaires*, associés à des modèles de FA d'ordre 2 (on n'a plus besoin de la loi spatiale). Il y a trois groupes d'estimateurs linéaires :

- *Les estimateurs linéaires affines*, du type

$$Z = m + \Sigma \lambda_i (Z(x_i) - m_i)$$

où m est l'espérance du panneau et m_i celle de l'échantillon x_i. Pour que l'inférence statistique de m, de m_i et de la covariance soit possible, il faut une stationnarité assez stricte, et le modèle correspondant est celui des FA stationnaires d'ordre 2. En pratique, et même si on arrive à vérifier la condition c/, ces estimateurs ne sont pas utilisés : car, du fait qu'il faut aussi estimer l'espérance m par une combinaison linéaire $\Sigma \lambda_i^! Z(x_i)$ avec $\Sigma \lambda_i^! = 1$, l'estimateur affine rentre toujours, en réalité, dans la classe suivante :

- *Les estimateurs linéaires autorisés à l'ordre 0*, du type :

$$Z = \Sigma \lambda_i Z(x_i) \quad \text{avec} \quad \Sigma \lambda_i = 1$$

C'est le type le plus fréquemment utilisé en géostatistique minière. A titre de préréquisite, il faut connaitre le *variogramme* :

$$\gamma(x;y) = \frac{1}{2} E(Z(x) - Z(y))^2$$

Pour que l'inférence statistique soit possible (condition a/) on peut adopter le modèle des FAI d'ordre 0 : car alors $\gamma(x;y) = \gamma(x-y)$ et l'inférence est raisonnablement possible au moins pour les premiers points de $\gamma(h)$ (seuls nécessaires pour effectuer un krigeage sur un voisinage limité du panneau à estimer). Mais la condition c/ n'est pas toujours vérifiée.

C'est pourquoi on élargit le modèle "FAI d'ordre 0" en lui substituant le modèle "FA localement intrinsèques d'ordre 0"(9).

Dans ce modèle, $\gamma(x;y)$ est de la forme :

$$\gamma(x;x+h) = \varpi(x) \quad \gamma(h) \qquad (|h| \leqslant R)$$

où $\varpi(x)$ est une fonction lentement variable dans l'espace à l'échelle des données, et R la dimension du voisinage sur lequel on veut faire porter le krigeage. En pratique, $\varpi(x)$ est assimilable à une constante sur chaque boule de rayon R, donc peut faire l'objet d'une estimation locale, tandis que $\gamma(h)$ peut être estimé sur la totalité des données. L'inférence statistique (condition a/) est donc possible dans la plupart des cas usuels en géostatistique minière, et le plus souvent la compatibilité avec les données (condition c/) est réalisée de manière satisfaisante. On voit que ce modèle (qui est de loin le plus utilisé en pratique) ne nécessite pas l'hypothèse de la stationnarité stricte, et encore moins celle de l'ergodicité.

Le cas échéant, on peut utiliser des modèles moins exigeants encore du type "FA localement intrinsèque d'ordre k". C'est très souvent le cas en cartographie, beaucoup plus rarement en géostatistique minière.

Une remarque, en passant, à propos du phénomène expérimental connu sous le nom d'effet proportionnel. Lorsque l'on construit des variogrammes locaux dans les différentes portions d'un gisement, on constate souvent que le variogramme expérimental local γ_{loc} est, en gros, proportionnel au variogramme expérimental général γ avec un facteur de proportionnalité α lié à la teneur moyenne locale m_{loc} :

$$\gamma_{loc}(h) = \alpha(m_{loc}) \; \gamma(h)$$

(par exemple, $\alpha = (m_{loc}/m)^{\beta}$ et β de l'ordre de 2). Ce phénomène d'effet proportionnel est automatiquement pris en compte par le modèle "FA localement intrinsèque d'ordre 0", qui justement introduit un variogramme local proportionnel ou variogramme général, et ne soulève donc aucune difficulté particulière. Notons toutefois que l'existence d'un effet proportionnel n'est pas forcément incompatible avec un modèle du type FA stationnaire (non gaussienne). Par exemple, on sait qu'une FA stationnaire lognormale présente nécessairement un effet proportionnel, avec un coefficient α approximativement proportionnel au carré de la moyenne locale.

On constate parfois aussi l'existence d'effets proportionnels différentiels, affectant, par exemple, de manière différente l'eff de pépite à l'origine et le reste du variogramme. Le modèle "FA localement intrinsèque" doit alors être modifié en conséquence, sans que cela soulève d'ailleurs de difficultés particulières.

D.5 Problèmes plus complexes.

Examinons maintenant quelques cas de problèmes plus complexes, exigeant davantage de préréquisites, et pour lesquels les méthodes sont souvent encore en cours d'élaboration. Malheureusement, faute de place, nous devrons nous contenter d'une revue assez brève.

- Examinons d'abord les simulations conditionnelles [2]. Il s'agit de construire une réalisation d'une FA possédant le même histogramme et les mêmes moments d'ordre 1 et 2 que la réalité et conditionnée par les points expérimentaux (i.e. cette réalisation doit prendre aux points de prélèvement les valeurs réelles expérimentalement connues). Ici, les modèles de FA d'ordre 2 ne sont plus suffisants, puisque l'on doit respecter de plus une condition portant sur l'histogramme. A l'heure actuelle, nous ne résolvons bien ce problème que dans le cadre du modèle "FA stationnaire" pour lequel l'inférence statistique des préréquisites (l'espérance, la covariance, et l'histogramme, i.e. la loi de probabilité de Z(x)) est raisonnablement possible. Mais, naturellement, ce modèle n'est pas compatible avec n'importe quelles données. En pratique, on peut se contenter d'une stationnarité assez approximative (car le conditionnement a pour effet de caler automatiquement la réalisation sur les points expérimentaux). On peut aussi utiliser le modèle FAI localement intrinsèque, à condition de simuler séparément $Z(x)/\sqrt{\varpi(x)}$ (modèle intrinsèque) et le facteur $\varpi(x)$ (modèle fonctionnel).

Liés aux questions de sélection optimale, de définition d'un toit et d'un mur d'exploitation optimaux dans des conditions économiques données, de choix d'un contour optimal de carrière, etc.. nous voyons aujourd'hui surgir une série de problèmes importants, dont la solution, en cours d'élaboration, met en jeu, impérativement, des estimateurs non linéaires. Il s'agit le plus souvent d'estimer, non plus seulement la valeur probable, mais la loi de probabilité elle-même d'une variable à support non ponctuel conditionnellement à l'information disponible. Par exemple, dans la méthode dite des fonctions de transfert, le gisement est découpé en panneaux, ou blocs, contenant quelques dizaines ou centaines de sous-blocs sur lesquels portera la sélection effective au moment de l'exploitation. Il faut alors prévoir, compte tenu de l'information actuellement disponible, le nombre de ces sous-blocs dont la teneur dépassera telle ou telle teneur de coupure, et la teneur moyenne des sous-blocs ainsi sélectionnés. Il s'agit donc bien d'estimer la loi conditionnelle de variables à support non ponctuel. La méthode, en cours d'élaboration, repose sur le krigeage disjonctif, et présuppose (au stade actuel) des préréquisites assez sévères (stationnarité, etc..). L'une des tâches des années à venir consistera à affaiblir progressivement ces préréquisites en raffinant les méthodes, de manière à hausser le modèle correspondant à un niveau de généralité suffisant pour garantir son adaptation à la plupart des situations pratiques. L'évolution à venir de cette nouvelle géostatistique (celle des estimateurs non linéaires) s'annonce ainsi comme la répétition, à un niveau de complexité supérieure, de celle qui a conduit l'ancienne géostatistique linéaire à abandonner le cadre trop rigide de l'hypothèse stationnaire et ergodique pour lui substituer peu à peu les modèles quasi-universels aujourd'hui en usage (FAI localement intrinsèques d'ordre 0 ou d'ordre plus élevé).

E - CONCLUSIONS PROVISOIRES

Les procédures qu'utilise la géostatistique pour le choix et l'ajustement d'un modèle probabiliste, telles que nous venons d'en esquisser une description sommaire, paraitront peutêtre peu orthodoxes aux yeux des spécialistes de la statistique mathématique, mais je crois par contre qu'elles recevront l'assentiment des physiciens et des praticiens. Ici, en effet, on accorde une priorité absolue à la réalité physique qu'il s'agit d'appréhender, et les modèles probabilistes jouent le rôle de simples auxiliaires auxquels on n'attribue aucune valeur essentielle. Le problème principal n'est pas d'examiner si les données expérimentales sont en accord avec tel ou tel modèle - encore que de cela aussi, naturellement, il faille s'assurer.- mais bien de trouver un modèle adapté à la fois à la réalité et au problème posé, et permettant la résolution effective de ce problème. Puisque (dans le cadre de l'interprétation probabiliste) nous avons affaire à une réalisation unique, ce qui nous intéresse ce ne sont pas les propriétés de la FA elle-même, mais bien celles de cette réalisation particulière qui seules correspondent à la réalité physique. Ou encore, pour exprimer cela dans un langage probabiliste, nous nous intéressons non pas à la loi spatiale de la FA elle-même, mais plutôt à celle de la FA conditionnée par l'information disponible, puisque c'est sur la base de cette loi conditionnelle que nous élaborons nos estimations. De ce point de vue, deux modèles très différents devront être regardés comme équivalents s'ils conduisent à des lois conditionnelles suffisamment semblables pour conduire aux mêmes prévisions. Certaines caractéristiques du modèle (par exemple le comportement d'un variogramme au voisinage de l'origine) correspondant à des propriétés physiques objectives de la minéralisation (le degré plus ou moins élevé de la régularité de la variation des teneurs dans l'espace) se montrent étonamment rebelles au conditionnement et doivent être ajustées avec le plus grand soin. D'autres, au contraire (le comportement à plus long terme du variogramme, par exemple) se laissent facilement caler par le conditionnement, de manière à se réajuster d'elles-mêmes aux données expérimentales. Pour ces dernières, les propriétés du modèle a priori (avant le conditionnement) sont relativement indifférentes. De telles observations, à caractère mi-empirique, mi-théorique, rejoignent de très près les préoccupations actuelles de la statistique mathématique concernant la robustesse des estimateurs. Ainsi, et malgré peut-être la différence des points de départ, il n'y a pas opposition entre la géostatistique et la statistique mathématique contemporaine. Au contraire, une des voies de recherche les plus intéressantes consistera sans doute à transposer à l'étude de la robustesse des modèles de la géostatistique les méthodes élaborées dans un contexte bien différent par la statistique mathématique.

REFERENCES

(On n'a cité ici que des textes comportant des considérations de nature épistémologique sur la Géostatistique et ses démarches).

1. A. Journel - 1975 - From geological reconnaissance to exploitation - A decade of Applied Geostatistics. CIMM Bulletin, Canada, June 1975.
2. A. Journel - 1974 - Simulations Conditionnelles - Théorie et Pratique, Thèse de Docteur-Ingénieur, Université de Nancy, 110 p.
3. G. Matheron - 1957 - Théorie lognormale de l'échantillonnage systématique des gisements, Annales des Mines, Vol. 9, pp. 566-584.
4. G. Matheron - 1963 - Principles of Geostatistics, Economic Geology, Vol. 58, pp. 1246-1266.
5. G. Matheron - 1965 - Les Variables Régionalisées et leur estimation, Masson et Cie, Paris, 306 p. (voir surtout l'introduction).
6. G. Matheron - 1967 - Elements pour une Théorie des Milieux Poreux, Masson et Cie, Paris,166 p.(Introduction et passim)
7. G. Matheron - 1968 - Osnovy Prikladnoï Geostatistiki - Moscou Editions Mir, 408 p. (Introduction et passim)
8. G. Matheron - 1969 - Structures aléatoires et Géologie mathématique, Congrès de l'ISI, Londres, Septembre 1969, 15 p.
9. G. Matheron - 1971 - The Theory of Regionalized Variables and its Applications, Cahiers du Centre de Morphologie Mathématique, Fasc. N° 5, ENSMP, Paris, 212 p.
10. G. Matheron - 1973 - The Intrinsic Random Functions and their Applications, Advances in Applied Probability, Dec. 1973, N° 5, pp. 439-468.
11. G. Matheron - 1975 - Random Sets and Integral Geometry, John Wiley and Sons (Interscience) New York, 1975, 282 p. (voir surtout Introduction).

PART II

KRIGING

THE PRACTICE OF KRIGING

M. David

Département de Génie minéral, Ecole Polytechnique,
Montréal, Canada

ABSTRACT. This paper intends to present the author's experience in the field of practical implementation of kriging programs. Too many comparisons leading to wrong conclusions have been made by well intentioned people who stick to strict algorithms and brute force method. After having reviewed the basic theory and the program structure it commands, all time consuming points will be examined and solutions proposed in the area of file search, linear system solution and covariance computations. It will then be shown how these concepts together with techniques like punctual, random, or irregular block kriging will lead to the practical production of useful kriging plans, provided the right question has been asked.

1. INTRODUCTION

As a technique in ore reserve estimation, kriging as we know it is already 15 years old, and still puzzling most of the mining people. As a statistical technique, it has nothing new, since it can be expressed as plain regression with or without correlated residuals (Watson 1971), as such it has been briefly tested in simple problems, most of the time in two dimensions, and generally found to only have a marginal advantage in the quality of the estimate, and a definite drawback in its computer cost. There is no doubt that these comparative exercises are correct, for the particular situations tested, and with the programs used. It is also true that if a brute force method is applied, simply following the standard kriging algorithm, the computing cost will be more than for other methods. Before we proceed, let us have a look at a few figures. It should be remembered that to us kriging is an engineering tool, geared to solve real economic problems. Let us considerer for a moment a typical open pit, mining 10 Mt

M. Guarascio et al. (eds.), Advanced Geostatistics in the Mining Industry, 31-48. *All Rights Reserved.*

ore per year. If it is expected to obtain an average grade of 0.50% and if the real grade is only 0.49%, the missing revenue is 1 Million dollars. Then a marginal improvement in grade prediction means a lot to today's mining companies. Establishing how much should be spent to obtain a good ore reserve inventory is certainly not easy and beyond the scope of this paper; one can state however that most companies will be reluctant to pay $5,000. for a computer run, while $500.00 is a very reasonable figure. This means that for a typical case where about 50,000 blocks are to be estimated, 10¢ a block is unacceptable, and 1¢ should be the target. Talking dollars at a meeting on the application of the theory of random functions may seems strange. It is felt however that it is an absolutly necessary step if kriging is to be made a successful technological innovation, rather than rejoigning the 96% of "working" innovations which remain dead for ever. This having been made clear, the next point which should be made cristal clear too is that one cannot hope to run an efficient kriging program without having a deep understanding of all geostatistical concepts, mining problems and computer problems. A possible way to examine these problems and some of their solutions is to start from the basic kriging equations, see the basic programming they command and the successive problems occuring. This is what will be done here. Then the actual design of kriging plans will be dis cussed and we will see how far we are from the magic unique package.

2. THE BASIC SYSTEM

When the grade is a stationnary order - 2 random function, in other words, when there is no drift or trend ($E(z(x))=m$) and when the covariance of the grade at two points x and y is only a functi of (x-y): $K(x,y) = K(x-y)$, then the variance of the grade of a point exists and one can use the following arithmetic: (already repeated many times, without maybe realizing the set of restrictions which we mentionned above).

Let x_i,(i=1, 2 ... n) be n samples the grade of which are known to be $Z(x_i)$. The purpose of kriging is to obtain the best linear estimator of the average value of Z(x) in a domain v (block panel, whole deposit or more simply a point) of size (volume, surface or length) v from components of Z(x) known on the discrete set of points $S = x_1, \ldots, x_n$ within or around v.
The random variable which is estimated is:

$$Z_v = 1/v \int_v z(x)dx \qquad \text{or} \qquad Z_v = Z(x_o)$$

if v is reduced to a point x_o , and the estimator has the form:

$$Z^* = \Sigma \lambda_i Z(x_i)$$

Two conditions are imposed on Z^* and thus on the λ_i:
- Z^* must be an unbiased estimator: $E(Z - Z^*) = 0$
- the variance of the difference $Z - Z^*$ must exist and be minimal with respect to the λ_i's.

$$\mathrm{VAR}\left[Z_v - Z^*\right] = \mathrm{VAR}\left[Z_v\right] - 2\sum_{i=1}^{n} \lambda_i \,\mathrm{COV}\left[Z_v, Z(x_i)\right] + \sum_{i=1}^{n}\sum_{j=1}^{n} \lambda_i \lambda_j \,\mathrm{COV}\left[Z(x_i), Z(x_j)\right] \qquad \text{(Eq. 1)}$$

Thus kriging amounts to finding the set of weights λ_i which minimizes $\mathrm{VAR}\left[Z - Z^*\right]$ under the condition $E\left[Z - Z^*\right] = 0$.
The condition leads to the well known constraint $\sum \lambda_i = 1$
The minimisation of the variance under this condition, immediatly leads, using Lagrange method of equating to zero the derivatives of

$$\mathrm{VAR}\left[Z_v - Z^*\right] + 2\mu\left[\sum \lambda_i - 1\right]$$

with respect to the n unknown λ_i's and the Lagrange multiplier μ, to the following system of linear equations:

$$\begin{cases} \sum_j \lambda_j \sigma_{ij} - \mu = \sigma_{vi} & \forall i \\ \sum_i \lambda_i = 1 \end{cases}$$

When only a variogram exists (the variance of a point is infinite), this is the intrinsic hypotheses and it has been shown many times (Matheron, 1971, p. 129) that the previous system can be used, simply replacing σ_{ij} by $-\gamma_{ij}$ and σ_{vi} by $-\bar{\gamma}_{v,x_i} = \frac{1}{v}\int_v \gamma(x - x_i)\,dx$

, in other words:

$$\begin{cases} \sum_{j=1}^{n} \lambda_j \gamma_{ij} + \mu = \bar{\gamma}_{vi} \\ \sum \lambda_j = 1 \end{cases}$$

when the hypotheses of universal kriging apply the system becomes

$$\begin{cases} \sum_{j=1}^{n} \lambda_j \gamma_{ij} + \sum_{\ell=0}^{k} \mu_\ell f_\ell(x_i) = \bar{\gamma}_{vi} & \forall i \quad i = 1, \dots n \\ \sum_i \lambda_i f_\ell(x_i) = \frac{1}{v}\int_v f_\ell(x)\,dx & \forall \ell = 0, \dots k \end{cases}$$

Having recognized this basic set of equations one now sees that the structure of a kriging program is very simple and should be as follows:

3. THE BASIC STRUCTURE OF A KRIGING PROGRAM

One has on hand:
- a file of samples, with their grades and coordinates
- a file of blocks to be estimated from the first file
- a variogram equation

Now for each block the following process should be repeated:
- The sample file is searched for samples having an influence on the block
- The covariances between these samples should be computed
- The covariance of these samples and the block should be computed
- These covariances should be arranged in a linear system form
- The linear system of equations should be solved
- The solution is the set of weights one is after
- The grade is obtained by multiplying that set of weights by the grades of samples retained
- The precision on the grade estimation is computed after formula (1).

Hence it is very simple to write a kriging program. One is given in David (1974) for instance. Making it efficient is a totally different story. Many variations and computer tricks have already been given to partially answer that problem, like random kriging (Marechal and Serra (1970)), the cluster method, (David (1971)) point and block kriging, small and large blocks asymptoti formulae, (Matheron (1962), Serra (1967)). Some of them are usef other are just obsolete style exercices. What we will do here is to review some time saving concepts, and then sum up the most use considerations. One last economical remark before we start. We stated at the beginning that using a program which cost 10¢ per block is not admissible for a company; this should however be weighted against the number of blocks which are to be estimated. If less than one thousand blocks are to be estimated it is obviou useless to spend time to develop a fancy program which will reduc cost from $100. to $20.

4. THE PROBLEMS AND POSSIBLE SOLUTIONS

Whatever the type of data file and block file, all programs have in common the search for neighbouring samples, the computati of covariances and the solving of a linear system of equations. These are the time consuming points.

4.1 How many samples should one use?

Given the kriging equations, there is no indication of the number of samples to consider to estimate a given block. The common belief that one sample further apart from the block than the range in that direction (if it exists) has a zero influence is simply wrong. Even if negligible, the influence of these samples is not zero and sometimes many negligible weights may add up to cause a significant change in grade estimation. Rather than computing one weight for each available sample, one may wish to pool together all samples which are far apart from the block. This means one may wish to use an estimator like: $Z^* = \sum_i \lambda_i x_i + \lambda_n \bar{x}$ where $\bar{x}$ is the average of all available samples.
This estimator used by Serra, Marechal and others is the minimum mean squared error estimator as noticed by Parker (1975). Note that in 1951, Krige's original estimator was $Z^* = \lambda_1 x_1 + \lambda_2 \bar{x}$
The subtle distinction between both estimators comes from the fact that in the minimum mean squared estimator, the average which is introduced is the real mean μ rather than the estimated mean $\bar{x}$. Since μ is unknown however, $\bar{x}$ is necessarily used, making both estimators to coincide. Note also that this is the reason for the introduction of the condition $\sum \lambda_i = 1$. Now, discussions occur as to decide which $\bar{x}$ should be used; is it the average of the next 10,000 samples, or only 100 closer ones? This has to do with the domain of validity of the variogram equation which one is using. If this domain is the whole deposit, then the average of the deposit may be used. If not the local average within the local area of validity of $\gamma(h)$. Introducing the mean grade into the equation will lead to the same system of equations. The only care to give is in the computation of the σ_{in}, σ_{2n} and σ_{nn} coefficients since the nth sample in this is now the mean $\bar{x}$ of all sample, rather than a single point. This is not largely used in practice: one would rather consider all samples falling within the range of validity of the variogram this number is usually smaller than 30 samples. A much more important point is the following one: How to find the closest samples for a block?

4.2 Searching the data file

This searching problem is not particular to kriging; it occurs for any weighted average method. We do not know however much literature about it.

The shadow effect

In most sophisticated weighted average programs, the search around a block is performed by octant in the plane or cones in space, in order to insure a balanced representation of all directions in space rather than taking the first N neighbours. This is to avoid the shadow effect when clusters of samples occur in some directions and not in others.

This is an unnecessary step in kriging since if clusters of samples occur, the introduction of the covariances between samples automatically splits the influence among the constituents of the cluster avoiding its overrepresentation. We still face however the problem of efficiently scanning the data file to find the neig bours.

Sorting the data file.

It is of course totally unfeasable to scan the complete file for each block, recording the close ones. A good solution is fir: of all to sort all the samples, on ascending x, y, z depending on the order in which the blocks will be estimated; this ranking, co bined with a maximum tolerable distance allows a limited scanning of the file; as soon as a given number of blocks has been examine one stops scanning. It is obvious that the sorting procedure can adapted to take into account the shape of blocks, the existing an sotropies, and shape of the overall area to be estimated, in orde to minimize the searching procedure. This sorting procedure may also be repeated and combined with the building of several intermediate data files. This is usually possible since the total number of sample values is commonly less than 10,000. We call this "successive trimmings". One first take for each level to be estimated the sample subset influencing it; then for each row of the level this subset is trimmed again to a few rows and finally for each block an ultimate cut is done parallel to lines. This elementary sorting technique is the one which saves the most. Working on an unsorted data file array often means multiplying the cost by 3. Now, sorting 10,000 samples is not an easy task eithe At least there is a whole branch of computer sciences devoted to this and all computer centers are constantly improving their algorithms.

One should also take advantage of the fortunate case where samples and blocks have the same size and where there are less than 10,000 or so of them. They can all be arranged in arrays an just using indices one gets a direct access to the necessary samp completly eliminating the search. This is the common case in the cluster method. It is a trick which can also be used even when the samples are drilled on a regular grid, even uncomplete. One then have an intermediate data file like the actual value file (A.V.F.) of Gauthier and Gray (1972). It is always interesting t use, at least for internal computations, a system of integer coor dinates; the generation of such a file is very quickly done by av raging all what falls within a block, and assigning it as coordin tes, the indices of that block.

In this case it is useful to record at the same time as grade, the total length of core which generated that grade, to avoid giving to a 100' intersection the same weight as to an occasional 5' piece of core. Such extreme cases do not occur frequently. Most of the time the maximum length is not more than double the minimum; in which case there is no need to worry about these different lengths. An occasion where one should worry is when the samples are really of different quality; one should then record, as well as the grade of the sample, its quality, which most probably will be expressed by a variance. Having prepared and searched the data file we now have to compute the various required covariances and solve the system.

4.3 Computing the covariances.

We will first of all see how to compute them when one has to, and then see how to avoid computing them. This was discussed in David and Blais (1972). Fig. (1) will remind that what is to be done is to take random points within one volume, random points within the second, compute the distance between each pair of point having one in a block and the other in the next, compute the associated variogram value and then take the average. This can be a terribly expensive process if the samples are small and the blocks large. Thus the first thing to do it to take large samples, the height of a block, and look at the problem in 2-D instead of 3. On figure (2) we see that if we take as a point a 50' long sample, then its covariance with the 50' block is the covariance of a point and a square, provided the variogram we use is the variogram of 50' samples. Now to compute the 2-D covariance, the square is itself replaced by a lattice of points (figure(2)). To compute a single

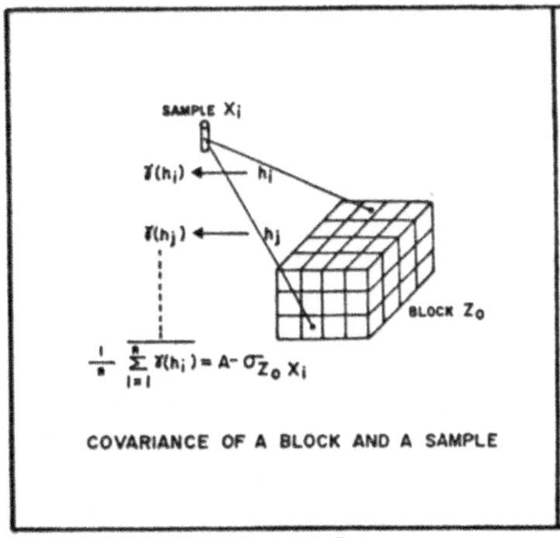

Figure 1.

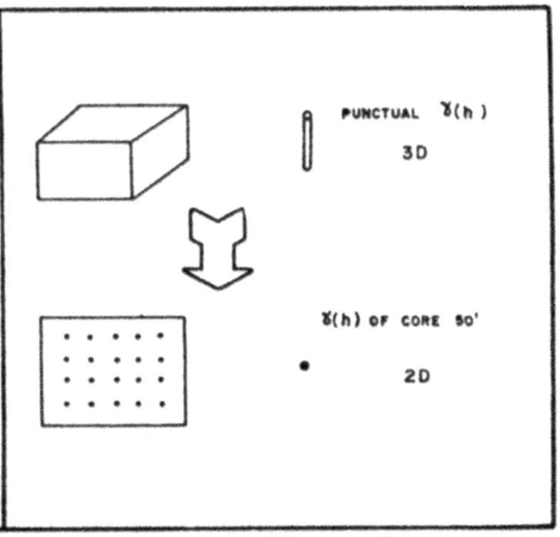

Figure 2.

covariance, one hundred points are necessary to get a few percent precision, however, such a precision is totally irrelevant for kri ging. We have no interest in covariances, rather in estimation of blocks and in this case, it is found that 16 points or even 9 and sometimes 4 are plenty to obtain a stable block estimate. This means in fact that rather than estimating the grade of the block, we estimate the average grade of 16 mesh points or 9 or 4 in the block. This number of mesh points within a block should be made a parameter of the kriging program and it is very easy for each new mine or new estimation to find the appropriate number to be used.

Not computing covariances, the design of kriging plans

In a number of situations one may avoid computing these covariances however the disadvantages involved are not always worth the trouble they can save. Three methods can be recognized: pun tual kriging, random kriging, regular sampling grid. These metho together with the previous tools which we have seen are the basis for the design of kriging plans. They deserve a full paragraph of their own which will be seen later.

4.4 Solving the linear system of equations

Except in the uncommon case where samples weights are computed once for all, this is the critical part of the program, and where big mistakes have been made. There exist many commercial subroutines for linear system solving, the most common ones being SIMQ of SSP, GELSE of SSP, LEQT1F and LEQT1S of IMSL. Some accep a full matrix, some other take advantage of the particular structure of the matrix of coefficients. For a long time it was belie ved by people doing geostatistics that handling symmetrical matri ces was an advantage. In fact the only advantage is for storage, which is absolutly an infra marginal cost in our program. It was even found with a lot of distress that the particular techniques which have to be used to handle a symetric matrix are more time consuming than methods using a full matrix. For instance a compa rison between LEQT1F (full) and LEQT1S (symetric) shows that the full mode method is quicker. After having studied all these meth and many more, it was concluded that what makes the kriging syste really interesting is that the term on the diagonal is always the largest in the line, since it is the variance. Having recognized this, one can completly short cut all the routines which start by a pivot search! This shows at the same time that when one seems to be wise by substracting the variance to all terms in the matri only the ink to write the variance is saved. It makes it necessa again to start a search for the pivot! Having recognized this tr vial but capital thing we wrote our own subroutine which is only

13 cards long! The gain in time is about 30%. Going beyond this apparently seems to be a non trivial problem. A possible avenue is relaxation methods in combination with a distance weighting method. At present it has not been investigated yet. If it is to be done one should also probably consider that kriging matrices are almost always ill-conditionned, resulting in sensitivity problems. In addition it has long been known that linear estimates are deceiptively robusts. A major change in the coefficients of the linear combination enhances only a relatively small change in its variance. Examples were given in David (1973) and Newton (1973). An illustration of it can be seen in figure (3), where the variance of all possible combinations estimating block B of figure (3) from the samples around it, has been plotted. It is seen to have a relatively flat minimum. Rather than using this to say that any linear estimator would be just as good, we should be happy about it, especially when we consider the difficulty which there is in accurately defining variogram parameters. This leads us to the problem of selecting the best variogram. A possible way would be to simply take each data point and estimate it by kriging using different variogram models, compute the residual sum of squares or any other fitting criterion and select that model which minimizes the criterion. We have done this treacherous test on the data of the Prince Lyell deposit, which are given in David (1974). This will be presented for oral discussion and in appendix.

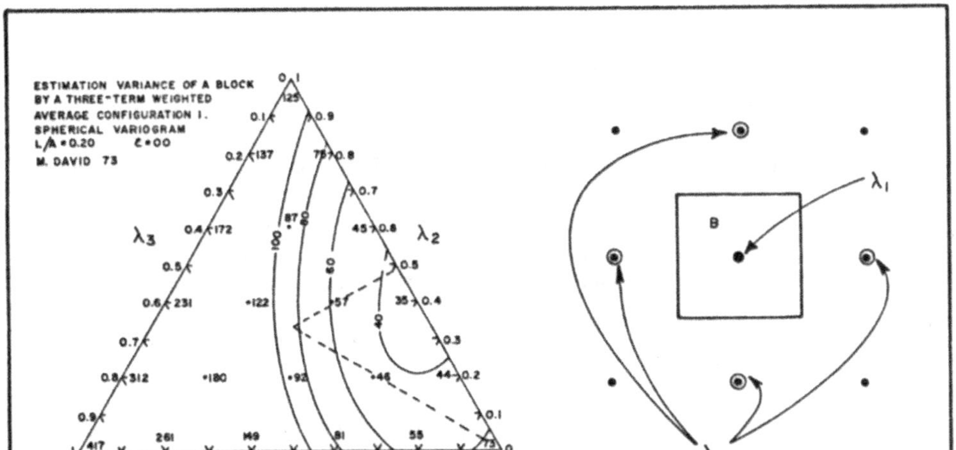

Figure 3.

5. THE DESIGN OF KRIGING PLANS

Since the first time the idea of kriging has been presented at a meeting, there has been people asking for "the program" to do it. There is no such thing yet, that is, which would yield an economic solution in any case. What we have just reviewed should be considered as basic tools or components to be assembled into any efficient program. We still have to add to this list another series of tools which we announced when we mentionned the possibility of not computing covariances. This and a couple of other tricks like getting rid of the regular block concept are what a geostatistician should consider to tailor a special kriging plan for each new mine he has to estimate. As we said before, a brute force program will always work. It will be far too expensive however. A brute force method, to which one add some refinments described in the previous remarks will of course always work. Its cost will probably be acceptable. We can quote several mines whei it generates block estimates for 1¢, 2¢ each. The experienced geostatistician will try in addition to take advantage of some pai ticular situations and save even more, mostly by avoiding the com· putation of covariances. These are the punctual kriging, random kriging, and fixed sampling design techniques which we previously announced. They are especially useful for debugging a kriging problem, like testing the effect of the variation of such and sucl parameter.

5.1 Punctual kriging

When the block to be estimated is reduced to a point, the co· variances are all reduced to a single variogram reading. This re: ly saves time; besides this, it allows the recombination of point into blocks of any shape, yielding the best estimation for these blocks. The problem is that recombining the estimation variances into a single one to get the precision on the big block is expensive enough to be beyond the capabilities of most computers, thus ruling out punctual kriging for most of mining applications, at least when an idea of the precision on each block is desired.

5.2 Regular sampling grid

When the sampling is very regular so that all the possible configurations of blocks and samples are limited to a small number, then, the computations have to be performed for a few geometric situations only, and then the same coefficients, and hence the same weights apply for all similar situations (figure (4)). This is however seldom the case and even then, the time required to make use of these simplifications is often more than ignoring them; the man-time spent to compute all the weights for each of

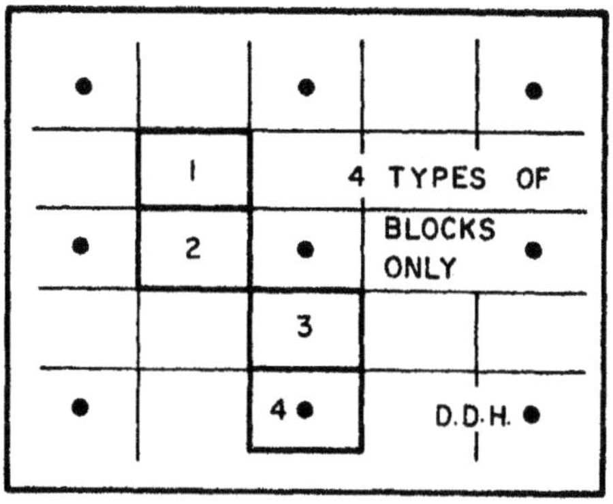

Figure 4.

the particular situation is often more than the computer time saved, at least when only one mineral inventory file is to be produced.

5.3 Random kriging

This technique is described by Marechal and Serra (1970) and Huijbregts (1975). Briefly speaking the exact location of samples within aureolae around the block is not considered, but rather only their presence or absence. The search problem is reduced to a yes or no test and the limited number of possible patterns give a set of covariances which are computed once for all as in the regular grid case. A typical example of application is the one given by Bubenicek and Haas (1967). They discuss in 2-D the estimation of one block on the basis of the information contained within the block, within its first 8 neighbours (first aureola) and then its next 16 neighbours, (second aureola). Then taking only into account the number of intersections present in each aureola (n, p, q) they produce a series of weights corresponding for each aureola to the 9 possible situations. The only excuse to produce such charts is the too often deceived hope that production people will be able to use them. Experience shows that they don't and that the only alternative which they will accept to their own judgement is an entirely automatic procedure, in other words an inventory produced once a year for instance, by the computer people.

The trick might be useful to computer people. We will however no longer be talking about charts! The example is taken from Marechal and Serra (1970) and is illustrated in figure (5). The problem is to produce estimated values for small blocks, or points within block P. Rather than performing a search of the "good" neighbours for each point, it is decided to keep only these samples

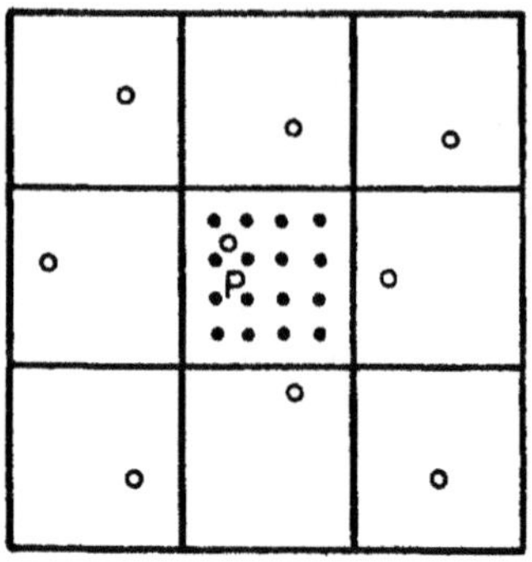

Figure 5.

falling within the aureola of 9 blocks. Now all points within P will be estimated from the same samples so that the sample covariance matrix is the same for all of them, thus saving considerab[le] time on the linear system solving procedure. Marechal used this in conjunction with the introduction of the mean, as we discussed it earlier. Writting all the necessary covariances for that system of equations might be a good test to find out whether one rea[lly] understands geostatistics. Note that this solution offers the pos[s]ibility of cheaply computing the estimation variance.

A good example of random kriging in 3-D is given by Huijbreg[ts] in David (1974). It concerns a porphyry molybdenum deposit which is "randomly" proven by drill holes. The blocks which are estimated are 100' x 100' x 30' and their grade is obtained as a weighted average of the information inside the block V_1 itself (n_1 intersections of average length ℓ_1, averaging t_1), the information within the aureola V_2 of 300' x 300' x 210' around the block (n_2 intersections of average length ℓ_2, averaging t_2) and finally th[e] mean grade t_3 of the whole deposit V_3. Some precautions are tak[en] to avoid overvaluation due to the preferential location of the drill holes (they are more numerous in rich areas). This means one sets bounds on the minimum information required to estimate a block. Now the kriging equations are the same as usual except that the covariances are now no longer simple ones. The estimato[r] is $t^* = \lambda_1 t_1 + \lambda_2 t_2 + \lambda_3 t_3$
and the system of equations becomes:

$$\begin{cases} \lambda_1 \sigma_{T_1T_1} + \lambda_2 \sigma_{T_1T_2} + \lambda_3 \sigma_{T_1T_3} = \sigma_{T_1V_1} \\ \lambda_1 \sigma_{T_1T_2} + \lambda_2 \sigma_{T_2T_2} + \lambda_3 \sigma_{T_2T_3} = \sigma_{T_2V_1} \\ \lambda_1 + \lambda_2 + \lambda_3 = 1 \end{cases}$$

Now $\sigma_{T_1T_1}$ is the variance of a cluster of n_1 intersections of length ℓ_1, $\sigma_{T_1T_2}$ is the covariance of n_1 intersections of length ℓ_1 within V_1 with n_2 intersections of length ℓ_2 within V_2 ; $\sigma_{T_1T_3}$ is the covariance of a cluster and the whole deposit, it is zero, similarly for $\sigma_{T_2T_3}$, computing these coefficients shows the men from the boys in geostatistics!

5.4 The estimation of stopes or irregularly shaped blocks

In several cases, when one has to make mining plans, a few hundreds of large stopes are laid out and they will be mined without respect for possible internal waste. The question then arise to obtain the best estimate for the grade of that block and its precision. As a first remark we should say that if there are more than five D.D.H. intersections in that block, an almost optimum value is obtained by simply averaging the different samples available. Unfortunatly it is not always that easy, the number of drill holes per stopes is not that high. The second remark is about the shape of the stope. If we consider figure (6), it is totally irrelevant to try and work out two different estimators for block A and block B. Thus, stopes will be considered to be blocks, limited by two polygons in horizontal planes.

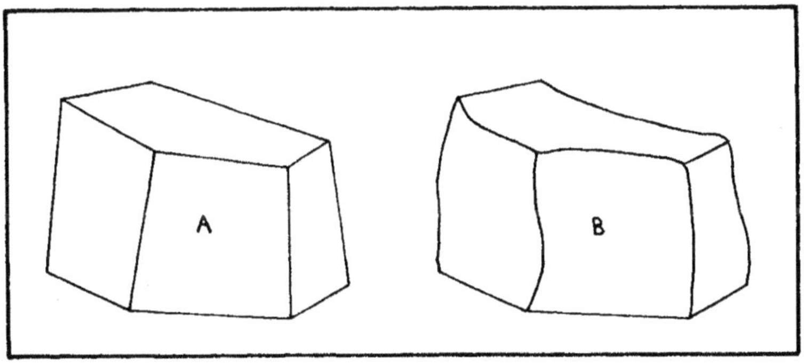

Figure 6.

The main problem now occuring is the computation of the covariance of samples and the stope, and the variance of the stope. This again is achieved by a simulation method, random points are taken within the stope and then the integral is numerically computed, so that the only problem left is to find a routine which decides whether a point is inside or outside the block. This is the subroutine which will make the difference between a good program and an expensive one. This is a common computing problem and is known as the inside-outside problem. Such a method has been successfully used for several Canadian deposits. Experience has shown so far that having about 200 points within a stope is sufficient. There exist programs which pretend to achieve a better precision by usin up to 100,000 points. This is of course totally ridiculous and very expensive; spending a lot does not necessarily means having a better precision. Obtaining the precision on the estimation is simply done by taking the kriging variance, which poses no special problems.

5.5 Kriging with digitizers and C.R.T.'s

The next obvious step is to be able to directly input into the computer any block shape. This is very conveniently done usin a digitizer or a Cathode Ray Tube and a light pen or a graphic tablet. A description of such a program is given by P. Dowd (1973) and a film produced by P. Dowd and M. David illustrates this. Experience shows that less than one hour is sufficient to train a geologist to use such a light pen system. It is fairly expensive in its first version but could certainly be improved. However the introduction of interactive graphic systems in mining companies is a very slow process. Impressive results where obtained in combining geological interpretation (drawing of sections) and kriging to estimate the grade of blocks. This procedure avoids the overestimation which is automatically generated when the geologists contours the high values and deny any influence to the low grades surrounding them.

Conclusion

This overview can show the distance which can exist between somebody who simply understands geostatistics and can use a krigin program and somebody who has a deep understanding of all its theoretical and practical implications. The danger of misuse or unefficient use of the tool as well as of incompetent scepticism shoul not be underestimated. Another point where a deep understanding of all what is implied by geostatistics is needed, is the use whic people make of the data bank or mineral inventory file which we deliver them. In most cases, the block by block data base which is obtained by kriging is the basis of many manipulations and bloc reconstructions, like recombining a few of them to obtain next month production, or tallying all those above a given cut-off, do to a certain depth. In other words one already sees that it is n used for the purpose it was made; this should already give us a hint to some forthcoming problems!

6. THE USE OF KRIGING PLANS: GRADE-TONNAGE CURVE, SHORT TERM PLA NING AND VANISHING TONNAGES.

Kriging provides the optimum answer to one question: to get the best grade for a given block, knowing a given set of samples. In fact one sees that as soon as mining people receive the data base, they start to recombine the values to answer other questions. Some of these manipulations may lead to optimum estimators under certain circumstances, some may not, again simple reasoning can show what is correct and where one should expect problems. We will only discuss monthly production prediction and the problem of vanishing tonnages.

6.1 Recombining small blocks into larger blocks

A typical example is given in figure (7) where one bench contribution to a month production is shown.

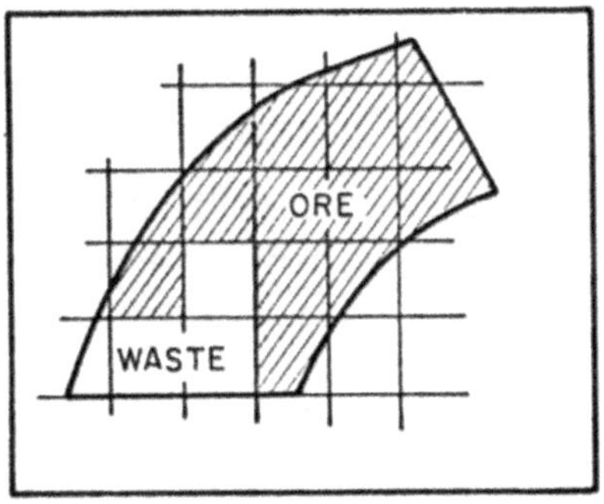

Figure 7.

Kriging is the only method of estimation which is such that the optimum grade which would have been achieved by kriging at once the large block, is the same as the average of the optimally estimated small blocks. A problem exists however to define the precision of the larger block estimation, when the small blocks are used. An approximate solution can be obtained when the position of samples with respect to the block is known. However this is no longer the case when one looks at a computer output. In this case experience can dictate many tricks, simply taking the variance of samples within the block $\sigma^2(o|B)$ and dividing it by the number of samples. An example supporting this can be found in figure (8) from Royle, Newton and Sarin (1972). One sees that in this case as soon as there are more than 4 samples involved, the kriging variance is the same as the extension variance.

Another easy way is, when a number of blocks are already mined out, to simply graphically plot the real versus the estimated grade and derive an experimental value (which is better than the theoretical one) valid for the "average" situation.

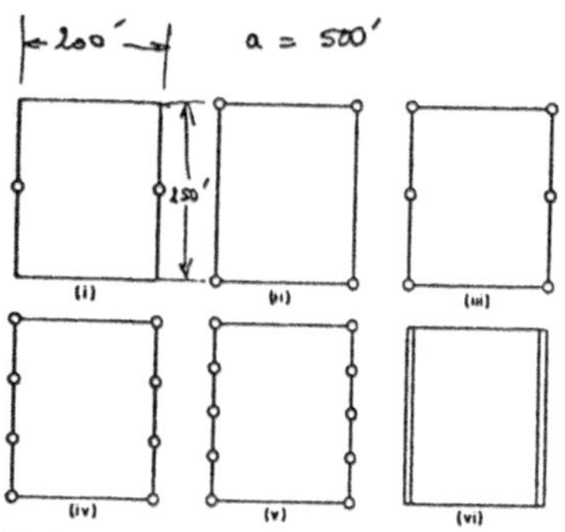

Fig. 2

Estimation variance $\frac{1}{C}\cdot\sigma_E^2$ as a function of N and ϵ

Sampling pattern	Number of samples, N	Nugget effect, ϵ 0	0·15	0·30
Fig. 2 (i)	2	0·108	0·183	0·253
Fig. 2 (ii)	4	0·116	0·153	0·190
Fig. 2 (iii)	6	0·065	0·090	0·115
Fig. 2 (iv)	8	0·054	0·073	0·092
Fig. 2 (v)	10	0·048	0·063	0·078
Fig. 2 (vi)	∞	0·043	0·043	0·043

Kriging variance $\frac{1}{C}\cdot\sigma_K^2$ as a function of N and ϵ

Sampling pattern	Number of samples, N	Nugget effect, ϵ 0	0·15	0·30
Fig. 2 (i)	2	0·098	0·152	0·195
Fig. 2 (ii)	4	0·113	0·153	0·187
Fig. 2 (iii)	6	0·055	0·085	0·110
Fig. 2 (iv)	8	0·047	0·069	0·088
Fig. 2 (v)	10	0·044	0·061	0·077

Figure 8.

6.2 How come one is always short of tons?

The next problem which arises is that one will usually find that one is short of tons, when actually mining the deposit. This is due to a very simple fact. One does not mine the blocks as planned. If one mines the blocks which have been outlined, one will of course get the expected tonnage and also the expected grad What happens however is that at the time of mining the units to which the cut-off is applied are smaller that the blocks which are used in the primary estimation. Consequently the tonnage changes! It can be shown that it goes on the low side for cut-off below the median grade of the deposit, and on the high side for cut-off values above the median. For values which are not more than 10-20% away from the mean, the changes are minor, in general, however each mine is a different problem and one should rather spent a few days on computations than rely upon luck! In fact it has already been shown (Marechal (1972), David (1972)) that there exists a grade tonnage curve for each block size and each stage of sampling. A possible way to go around the problem is to attach to each block the proportion of that block which is likely to be above the cut-off. This is discussed theoretically by Parker and Switzer (1975). An experimental approach is given by Williamson (1975) and a complete theoretical answer has been worked out by Marechal (1975). This may give us the word of the end. To perform a good kriging one should follow the principles outlined before, however to perform a useful kriging, one should ask the right question. There is no point in having the computer boys sharpen their pencils to obtain the best estimate of each 200' x200' x 50' blocks, from D.D.H., if what is going to be mined is 50' blocks on the basis of blast holes!

AKNOWLEDGMENTS

Without the financial support of the National Research Council of Canada (Grant NRC 7035) and of many mining companies, it would not have been possible to develop the programs described here neither to test them and acquire the necessary experience. The help of Michel Dagbert, Jean-Marc Belisle, Raymonde Le Du, Raymond Sabourin, Guy Daoust, Peter Dowd and Mike Davis in developing and testing the programs is gratefully aknowledged. Particularly helpful discussions were held with Dr. G.W. Hill during his short stay with us.

BIBLIOGRAPHY

David, M. (1970) "The Geostatistical Estimation of Porphyry Type Deposits and Scale Factor Problems" Proceedings Pribram Mining Symposium p. 91-109.

David, M. (1972) "Grade-tonnage Curve: Use and Misuse in Ore Reserve Estimation". Transactions I.M.M., Vol. 81, pp 129-132.

David, M. (1974) "Geostatistical Ore Reserve Estimation"; University of Nevada and Ecole Polytechnique, 303 p.

Dowd, P.A. (1975) "Mine Planning and Ore Reserve Estimation With the Aid of a Digigraphic Console", C.I.M. Bulletin, Vol. 68, No. 754 p. 39-43.

Gauthier, F.J. and Gray, R.G. (1971) "Pit Design by Computer at Gaspe Copper Mines, Limited". C.I.M.M. Bulletin, Vol. 64, No. 715, p. 95-102.

Huijbregts, C.J. (1975) "Estimation of a Mass Proven by Random Diamond Drill Holes". XIII APCOM Symposium Proceedings.

Marechal, A. and Serra, J. (1970) "Random Kriging", in Geostatisti edited by D.F. Merriam, John Wiley, p. 91-112.

Marechal, A. (1972) "El problema de la curva Tonelaje-ley de Corte y su estimacion" Boletin de Geoestadistica Vol. 1 No. 1 pp. 3-20.

Matheron, G. (1962) "Traité de Géostatistique Appliquée", Editions Technip-Paris, Tome 1, 333 p., Tome 2, 171 p.

Matheron, G. (1971) "Théorie des Variables Régionalisées". Cahier du Centre de Morphologie Mathématique de Fontaine bleau, V. 3.

Newton, M.J. (1973) "Mathematical Models for Orebodies". Ph.D. th sis. The University of Leeds.

Parker, H.M. (1975) "The Geostatistical Evaluation of Ore Reserves Using Conditional Probability Distribution. A Ca Study for the Area 5 Prospect, Warren, Maine". Ph.D. thesis, Stanford University.

Royle, A.G., Newton, M.J. and Sarin, V.K. (1972) "Geostatistical Factors in Design of Mine Sampling Programmes". Transactions of the I.M.M. Section A, Vol. 81, April.

Serra, J. (1967) "Echantillonnage et estimation locale des phénomènes de transition miniers:" Thèse de Docteur Ingénieur - Nancy - France.

Walden, A.R. (1972) "Quantitative Comparison of Automatic Contouring Algorithms". K.O.X. Project, Kansas Geological Survey.

LINEAR ESTIMATION OF NON STATIONARY SPATIAL PHENOMENA

P. Delfiner

Centre de Morphologie Mathématique, Ecole Nationale Supérieure des Mines de Paris, Fontainebleau, France.

ABSTRACT. The major difficulty with non stationary phenomena is the estimation of parameters. It is known that the simple and appealing model : variable = deterministic drift + random fluctuation stumbles on the problem of identification of the underlying covariance or variogram.

We show how statistical inference is made possible by adopting another model, where the function is defined only through linear quantities named "generalized increments". The procedure has been automatized and renders kriging a tool of easy use.

Finally a brief justification is given for non-stationary conditional simulations.

1. INTRODUCTION

The word "linear" in the title may discourage readers who think linear methods are old fashioned nowadays. So much has been already written about them that everything seems to be known and the subject appears a little as a bore. Moreover, some pitfalls have been pointed out. Modern statistics, with its strong concern about robustness, stigmatizes linear estimators on account of their sensitivity to what is called in the jargon "outliers", i.e. data far away from the bulk of the others. The Geostatistical School itself emphasizes the risk of biases when using classical linear kriging to estimate non linear functionals of the data, and turns to a new non linear method (cf. "Disjunctive Kriging" in this same volume).

While agreeing with these criticisms we believe that linear methods still have a wide applicability. They require less assump-

M. Guarascio et al. (eds.), Advanced Geostatistics in the Mining Industry, 49-68.

tions, less statistical inference, are computationally faster than non linear methods and usually admit unique solutions. Do they perform well? The answer is yes, provided that :

i) the quantities to estimate are linear functionals of the data.

ii) we interpolate only (extrapolation is always risky)

iii) we preferably use local estimates.

What the third point means is that we are safer with local estimators, this on two grounds. First our assumptions are more likely to be satisfied at a local scale than at a global one (stationarity, representation of the drift by a polynomial assuming moderate variations) ; second the influence of possible outliers remains limited to their vicinities and can be detected for further examination. We are not saying that a good global estimation cannot be done but only that it is more difficult. For example we may have to divide the area into subsections and in all cases we have to screen the data very carefully.

Among linear methods G. MATHERON's Theory of Intrinsic Random Functions (for short IRF) is one of the most sophisticated and also one of the most powerful. Its scope of applications is virtually unlimited. Since the 1973 publication [12] a great deal of experience has been gained on the operational aspects of the theory, which we find worthwhile to communicate. As several case studies are presented in this same volume (cf. papers by A. HAAS and C. JOUSSELIN, by J.P. CHILES) we shall concentrate on methodology.

2. ANALYTIC OR STATISTICAL APPROACH? A SYNTHESIS : UNIVERSAL KRIGING.

Suppose we have N data points of a variable Z : $Z(x_1) = Z_1$, $Z(x_2) = Z_2, \ldots, Z(x_N) = Z_N$. The x's are as usual points in an n-dimensional space $\mathbb{R}^n$. Suppose for the moment that our objective is to interpolate the value of Z at an unknown point x_o (e.g. for contour mapping purposes). If we stick to classical linear methods we have the choice between a purely analytic approach or a statistical one.

Analytic methods make use of mathematical functions like polynomials, complex exponentials, splines, etc. to interpolate Z(x) modeled as :

$$Z(x) = \sum_{\ell=1}^{k} a_\ell \, f^\ell(x)$$

where the $f^{\ell}(x)$ are given functions and the a_{ℓ} 's coefficients adjusted so as to obtain an exact fit of the data points. These methods are satisfactory when the variable is fairly smooth but they can be catastrophic when the surface is very chaotic. Then, the mathematical function is forced to interpolate the data and this results in contorsions, wriggles, quite unrelated to the actual phenomenon.

In such cases one rather resorts to statistical fit by least squares. The underlying model is that the natural phenomenon is the sum of a deterministic component and an error term $\varepsilon(x)$, with 0 mean, constant variance and without autocorrelation (white noise)

$$Z(x) = \sum_{\ell=1}^{k} a_{\ell} f^{\ell}(x) + \varepsilon(x)$$ (cf. Trend Surface Analysis and G.S. WATSON [15]).

This model, which can be adequate for a number of statistical applications on independent random variables, is far too schematic to represent spatial phenomena where autocorrelations play an important role. Admittedly, the more elaborate version of least squares known as "generalized least squares" allows for correlations between errors ; but then in practice the inference of the covariance matrix calls for an assumption of stationarity, i.e. a formulation in terms of random functions. It is preferable to adopt this point of view from the start. Another fact is that least squares are basically not designed to solve problems of local prediction since, even when there is no error at all, they do not restitute the measured values as estimates at data points. Least squares are meant for regression, i.e. estimation of the expected value at a point (= the drift). There can be a considerable difference with the estimation of actual values, especially in areas of strong gradients.

In practice, the distinction between surfaces calling for one type of interpolation or another is by no means clear-cut. Rather, from smooth surfaces to rough ones there is a continuum. The method known as "Universal Kriging" covers all possibilities. It synthetizes the analytic and statistical approaches. The model is as follows : the phenomenon under study is viewed as a realization of a random function $Z(x)$ which is the sum of two terms :

$$Z(x) = m(x) + Y(x)$$

i) $m(x)$ a deterministic component called the drift is equal to the expected value of $Z(x)$ at point x :

$$m(x) = E\left[Z(x) \right]$$

It is further assumed that $m(x)$ varies slowly in space and admits a local representation of the form :

$$m(x) = \sum_{\ell=1}^{k} a_\ell \, f^\ell(x)$$

ii) Y(x) is a random component, sometimes called "residual". But this name may be misleading. In the usual statistical terminology, a residual is what remains when we subtract a fit, and it would refer to the quantity $Z(x) - m^*(x)$, $m^*(x)$ being an estimator of m(x). In fact $Y(x) = Z(x) - m(x)$ (the true m(x)) and we prefer the more neutral name of fluctuation. The fluctuation should not be confused with the error term $\varepsilon(x)$ of least squares. Y(x) is really a random function with a structure of its own. Stricly speaking this structure is characterized by all finite dimensional distributions of the random function. Of course this is much more than we can ever hope to infer from the data. The fundamental question from the point of view of applications is : what do we really need?

Let us examine this question for kriging. In the most general case we want to estimate a linear functional (Z). For example

$$\mathcal{L}(Z) = Z(x_0) \qquad \text{point value}$$

$$\text{or } \mathcal{L}(Z) = \frac{\partial}{\partial u}\left[Z(x)\right]_{x=x_0} \qquad \text{derivative}$$

$$\text{or } \mathcal{L}(Z) = \frac{1}{V}\int_V Z(x_0+u)\,du \qquad \text{block value}$$

etc...

We take a linear estimator of the form :

$$\mathcal{L}^*(Z) = \sum_{\alpha=1}^{N} \lambda^\alpha Z_\alpha$$

As usual the α in upper position is not an exponent but an index as in Einstein summation convention. In a redundant but hopefully more suggestive notation we shall also write the Σ signs. The weights λ^α are chosen so as to achieve

(1) $E\left[\mathcal{L}^*(Z) - \mathcal{L}(Z)\right] = 0$: unbiasedness

(2) $\mathrm{Var}(\mathcal{L}^*(Z) - \mathcal{L}(Z))$ Minimum : minimum variance

The first condition entails :

$$E\left[\mathcal{L}^*(Z) - \mathcal{L}(Z)\right] = \sum_{\alpha=1}^{N} \lambda^\alpha \sum_{\ell=1}^{k} a_\ell f_\alpha^\ell - \mathcal{L}\left(\sum_{\ell=1}^{k} a_\ell f^\ell\right)$$

$$= \sum_{\ell=1}^{k} a_\ell \left[\sum_{\alpha=1}^{N} \lambda^\alpha f_\alpha^\ell - \mathcal{L}(f^\ell)\right] = 0$$

and this is an identity in a_ℓ's. Thus :

$$(3) \quad \sum_{\alpha=1}^{N} \lambda^\alpha f_\alpha^\ell = \mathcal{L}(f^\ell) \qquad \ell = 1,2,\ldots,k$$

In terms of covariances the variance writes :

$$(4) \quad \operatorname{Var}\Big(\sum_{\alpha=1}^{N} \lambda^\alpha Z_\alpha - \mathcal{L}(Z)\Big) = \sum_{\alpha=1}^{N} \sum_{\beta=1}^{N} \lambda^\alpha \lambda^\beta \operatorname{Cov}(Z_\alpha, Z_\beta) - 2 \sum_{\alpha=1}^{N} \lambda^\alpha \operatorname{Cov}(Z_\alpha, \mathcal{L}(Z)) + \operatorname{Var}(\mathcal{L}(Z))$$

(A similar expression could be written in terms of the variogram). Minimizing (4) subject to conditions (3) we get the now familiar system with k Lagrange multipliers $\mu_1, \ldots, \mu_k$:

$$(5) \quad \begin{cases} \sum_{\beta=1}^{N} \lambda^\beta \operatorname{Cov}(Z_\alpha, Z_\beta) = \operatorname{cov}(Z_\alpha, \mathcal{L}(Z)) + \sum_{\ell=1}^{k} \mu_\ell f_\alpha^\ell \\ \sum_{\alpha=1}^{N} \lambda^\alpha f_\alpha^\ell = \mathcal{L}(f^\ell) \end{cases}$$

This system is non-singular under the proviso that the k vectors $(f_1^\ell, \ldots, f_N^\ell)$ are linearly independent. The solution is then necessarily unique and at its minimum the variance of estimation is :

$$(6) \quad \operatorname{Var}(\mathcal{L}^*(Z) - \mathcal{L}(Z)) = \operatorname{Var}(\mathcal{L}(Z)) - \sum_{\alpha=1}^{N} \lambda^\alpha \operatorname{cov}(Z_\alpha, \mathcal{L}(Z)) + \sum_{\ell=1}^{k} \mu_\ell \mathcal{L}(f^\ell)$$

Now we see that we need :

i) the $N(N+1)/2$ different covariances $\operatorname{cov}(Z_\alpha, Z_\beta)$ of data points between themselves.

ii) the N covariances $\operatorname{Cov}(Z_\alpha, \mathcal{L}(Z))$ of the data points with the quantity to estimate $\mathcal{L}(Z)$.

Unfortunately this is still too much when we only have N data points to play with. So we parametrize the covariance by assuming that Cov(Y(x), Y(y)) depends only on the vector x-y and not separately on the points x and y (local second order stationarity). But we are not yet done. In reality the fluctuation terms Y_α are not known but only the Z_α's. If instead we work on residuals Y^*_α = $Z_\alpha - m^*_\alpha$, which is the natural thing to do, we incur considerable biases. For example when a linear drift is subtracted from a random function with a linear variogram, the expected shape of the variogram of residuals is a parabola (cf. "Tied down Wiener process" or Brownian bridge and also ref [11]). This may come as a surprise to workers familiar with least-squares theory where the effect of fitting k parameters is just to remove k degrees of freedom. But in spatial data (and likewise time series) the setup is quite different and correlations must be taken into account. Methods of inference based on these variograms of residuals have been devised (cf. C. HUIJBREGTS [8] and R. SABOURIN in this same volume) but they are rather cumbersome, impossible to automatize and we believe, altogether obsolete. The main advantage of the new approach by the theory of IRF's is to make this inference of the covariance relatively easy in spite of the presence of a drift.

3. INCREMENTS OF ORDER k.

Instead of focusing the attention on the variable Z(x) this theory focuses on increments. The approach has proved successful for first order differences Z(x+h) - Z(x) : if $E[Z(x)] = m =$ constant whatever the constant m. In other words first order differences filter constants. Hence

$$E[Z(x+h) - Z(x)]^2 = Var(Z(x+h) - Z(x)) = 2\gamma(h)$$

and the variogram can be inferred without bias from the sample squared differences $(Z(x_i+h) - Z(x_i))^2$ using for example the estimator :

$$\gamma^*(h) = \frac{1}{2N} \sum_{i=1}^{N} [Z(x_i+h) - Z(x_i)]^2$$

(Incidentally we believe this estimator can be improved on in view of robustness, but this is not our present topic). The unbiasednes property does not occur for the ordinary covariance where an estimate m^* has to be substituted to the real unknown m, thereby introducing a (slight) bias.

For non stationary phenomena however, it does not suffice to filter constants : we already mentioned that the variogram of residuals is seriously biased. The idea is to appeal to second order third order differences..., which have the property to filter polynomials of degree 1, 2,etc... This technique is of common use in the analysis of non-stationary time-series : one computes successive finite differences to obtain roughly stationary quantities.

The method generalizes to data in a space of any dimension and scattered according to any pattern. The crux of the argument with first order differences, called in the IRF terminology order - 0 increments, is that provided $\sum_\alpha \lambda^\alpha = 1$ the simple kriging errors are linear combinations of increments so that only increments matter and all we need is the variogram, not the covariance. The same situation occurs for Universal Kriging where the unbiasedness conditions (3) imply that kriging errors are also related to increments, but "generalized" ones, in a sense we define now.

Let $Z(x)$ be a function on $\mathbb{R}^n$. The dummy variable x refers to a point of coordinates $x_1, \ldots, x_n$ and a particular point $x_{\bar{u}}$ has coordinates $x_{1u}, \ldots, x_{nu}$. A linear combination of ν value $\sum_{u=1}^{\nu} \lambda^u Z_u$ is a generalized increment of order k if and only if :

$$(7) \quad \sum_{u=1}^{\nu} \lambda^u x_{1u}^{i_1} x_{2u}^{i_2} \ldots x_{nu}^{i_u} = 0$$

for all integers $i_1, i_2, \ldots, i_n \geq 0$ such that $i_1 + i_2 + \ldots + i_n \leq k$. For brevity ℓ can be written instead of $(i_1, i_2, \ldots, i_n)$, $\ell \leq k$ instead of $i_1 + i_2 + \ldots + i_n \leq k$ and $f^\ell(x)$ instead of $x_1^{i_1} \ldots x_n^{i_n}$. As a consequence in the sequel $f^\ell(x)$ will always denote monomials. In the plane for example the conditions (7) on the weights are :

$$k = 0 : \sum_u \lambda^u = 0$$

$$k = 1 : \sum_u \lambda^u = 0, \quad \sum_u \lambda^u x_u = 0, \quad \sum_u \lambda^u y_u = 0$$

$$k = 2 : \sum_u \lambda^u = 0, \quad \sum_u \lambda^u x_u = 0, \quad \sum_u \lambda^u y_u = 0, \quad \sum_u \lambda^u x_u y_u = 0,$$

$$\sum_u \lambda^u x_u^2 = 0, \quad \sum_u \lambda^u y_u^2 = 0$$

This is indeed a generalization of finite differences on the line. For example the weights of the first order difference $Z_i - Z_{i-1}$ satisfy

$$\lambda^i + \lambda^{i-1} = 1 + (-1) = 0$$

Likewise the weights of second order differences $Z_{i+1} - 2 Z_i + Z_{i-1}$ satisfy

$$\lambda^{i+1} + \lambda^{i} + \lambda^{i-1} = 1 + (-2) + 1 = 0$$

$$(i+1)\,\lambda^{i+1} + i\,\lambda^{i} + (i-1)\,\lambda^{i-1} = (i+1) + i(-2) + (i-1) = 0$$

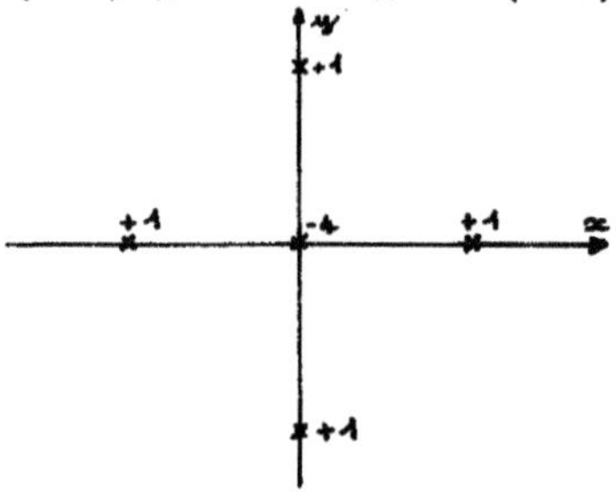

In the plane the quantity

$$Z(-1,0) + Z(1,0) + Z(0,-1) + Z(0,1) - 4\,Z(0,0)$$

is a generalized increment of order 1. The weights satisfy

$$\sum_i \lambda^i = 0$$

$$\sum_i \lambda^i x_i = 0, \quad \sum_i \lambda^i y_i = 0$$

They also satisfy $\sum_i \lambda^i x_i y_i = 0$ but $\sum_i \lambda^i x_i^2$ and $\sum_i \lambda^i y_i^2$ are non zero. Therefore it is not a generalized increment of order 2.

The notion of generalized increments can be extended to the continuous case by considering a measure $\lambda(dx)$ satisfying

$$\int f^{\ell}(x)\,\lambda(dx) = 0 \qquad \forall\, \ell \leq k$$

Then it is seen that the unbiasedness conditions (3) of Universal Kriging, rewritten as

$$\sum_{\alpha} \lambda^{\alpha} f_{\alpha}^{\ell} - \mathscr{L}(f^{\ell}) = 0 \qquad \ell \leq k$$

are saying that the quantity $\sum_{\alpha} \lambda^{\alpha} Z_{\alpha} - \mathscr{L}(Z)$ is a generalized increment of order k.

4. INTRINSIC RANDOM FUNCTIONS AND THEIR COVARIANCES

An intrinsic random function of order k (IRF-k) is a random function whose k^{th} order increments are weakly stationary. More specifically, for all sets of weights λ^{α} satisfying (7) the random function

$$x \in \mathbb{R}^n \longrightarrow \sum_{\alpha} \lambda^{\alpha} Z(x_{\alpha}+x)$$

has a mean and a variance which do not depend on x. We notice that if we replace Z(x) by $Z(x) + \sum_{\ell=1}^{k} A_\ell f^\ell(x)$, this does not change $\sum_\alpha \lambda^\alpha Z(x_\alpha+x)$, whether the A_ℓ's are random or not. Indeed

$$\sum_\alpha \lambda^\alpha \left[Z(x_\alpha+x) + \sum_\ell A_\ell f^\ell(x_\alpha+x) \right] = \sum_\alpha \lambda^\alpha Z(x_\alpha+x) + \sum_\ell A_\ell \sum_\alpha \lambda^\alpha f^\ell(x_\alpha+x)$$

But the family of polynomials being closed under translation, there exist functions $B_s^\ell(x)$ such that

$$f^\ell(x_\alpha+x) = \sum_s B_s^\ell(x) f^s(x_\alpha)$$

Therefore

$$\sum_\alpha \lambda^\alpha f^\ell(x_\alpha+x) = \sum_\alpha \lambda^\alpha \sum_s B_s^\ell(x) f^s(x_\alpha) =$$

$$= \sum_s B_s^\ell(x) \sum_\alpha \lambda^\alpha f^s(x_\alpha) = 0$$

since the λ^α satisfy (7). In fact when we work on increments we are considering a whole class of equivalence of functions equal to Z(x) up to a polygonial of degree $\leq$ k, and it is this class of equivalence we call an IRF.

What have we gained? Certainly a deeper understanding of what is really involved in our estimation procedure - a whole class rather than a particular function. But then, if only the class matters, why should we need the covariance of a particular element of this class? In fact we don't and this is perhaps the most important contribution of the new theory. It is possible to define a function K(h) such that for any generalized increment of order k :

$$(8) \quad \text{Var}\left(\sum_\alpha \lambda^\alpha Z_\alpha\right) = \sum_\alpha \sum_\beta \lambda^\alpha \lambda^\beta K(x_\alpha - x_\beta)$$

an expression of exactly the same form as if K were an ordinary covariance, hence the name "generalized" covariance (GC for short). The difference is in that (8) holds only for linear combinations $\sum_\alpha \lambda^\alpha Z_\alpha$ whose weights satisfy (7). K(h), as a characteristic of the class of random functions, is defined up to an even polynomial of degree $\leq$ 2k. It is the covariance of the IRF.

Coming back to the estimation problem, the variance of the

kriging error $\sum_\alpha \lambda^\alpha Z_\alpha - \mathcal{L}(Z)$ can be written

$$(9)\ \mathrm{Var}\left(\sum_\alpha \lambda^\alpha Z_\alpha - \mathcal{L}(Z)\right) = \sum_\alpha \sum_\beta \lambda^\alpha \lambda^\beta K(x_\alpha - x_\beta) - 2\sum_\alpha \lambda^\alpha \int K(x-x_\alpha)\,\mathcal{L}(dx) + \iint \mathcal{L}(dx)\,K(x-y)\,\mathcal{L}(dy)$$

We are using here the symbolic notation $\mathcal{L}(Z) = \int Z(x)\,\mathcal{L}(dx)$ in which $\mathcal{L}(dx)$ can be a measure (e.g. $\mathcal{L}(dx) = \partial x_o$) or a limit of a sequence of measures (e.g. $\mathcal{L}(dx) = \lim_{u \to o} \frac{\partial x_o + u - \partial x_o}{u}$ for the estimation of a derivative). Minimizing (9) subject to conditions (7) we get the system :

$$(10)\ \begin{cases} \sum_\beta \lambda^\beta K(x_\alpha - x_\beta) = \int K(x-x_\alpha)\,\mathcal{L}(dx) + \sum_\ell \mu_\ell f^\ell_\alpha \\ \sum_\alpha \lambda^\alpha f^\ell_\alpha = \int f^\ell(x)\,\mathcal{L}(dx) \end{cases}$$

which has exactly the same structure as (5). The variance of estimation is :

$$(11)\ \mathrm{Var}(\mathcal{L}^*(Z) - \mathcal{L}(Z)) = \iint \mathcal{L}(dx)\,K(x-y)\,\mathcal{L}(dy) - \sum_\alpha \lambda^\alpha \int K(x-x_\alpha)\,\mathcal{L}(dx) + \sum_\ell \mu_\ell \int f^\ell(x)\,\mathcal{L}(dx)$$

The system (10) shows that the knowledge of the GC K(h) is the only prerequisite for the minimum variance estimation of any quantity expressible as a linear functional of the data. This appatently leaves out an important case : <u>the estimation of a drift</u>. The coefficients A_ℓ have no reason to be of the form $\mathcal{L}(Z)$. (Suppose for example the A_ℓ's are numerical constants). Actually it is no wonder that we have difficulties to estimate a polynomial drift since by construction an IRF identifies all random functions that are equal up to a polynomial or, to put it differently, since we have decided to consider generalized increments only, while we know these filter polynomials. However, if the drift is taken to be a large moving average, the coefficients A_ℓ can be estimated by means of $A^*_\ell = \sum_\alpha \lambda^\alpha_\ell Z_\alpha$ with the λ^α_ℓ satisfying :

$$(12)\quad \begin{cases} \sum_{\beta} \lambda_{\ell}^{\beta} K(x_{\alpha}-x_{\beta}) = \sum_{s} \mu_{\ell s} f_{\alpha}^{s} & \forall \ell \leq k \\ \sum_{\alpha} \lambda_{\ell}^{\alpha} f_{\alpha}^{s} = \partial_{\ell}^{s} & \text{where } \partial_{\ell}^{s} = 0 \text{ if } \ell \neq s \\ & \phantom{\text{where } \partial_{\ell}^{s} =}\ 1 \text{ if } \ell = s \end{cases}$$

But the variance of $A_{\ell}^{*} - A_{\ell}$ cannot be determined with K(h) only.

5. GENERALIZED COVARIANCES : MODELS AND INFERENCE

It is well known that any mathematical function $\sigma(h)$ cannot stand as a model of a stationary covariance. Mathematical consistency (variances must always be positive) requires $\sigma(h)$ to be positive definite, which, by Bochner's theorem, is equivalent to saying that $\sigma(h)$ is the Fourier transform of a positive integrable measure. Similar conditions must hold for GC's : they must be "conditionally" positive definite. The corresponding spectral representation can be found in ref. [12].

It turns out that the class of admissible GC's is much wider than that of ordinary covariances. Take for example an IRF-0. Its GC is simply $K(h) = -\gamma(h)$ and we know there are models for variograms that are not valid for covariances, e.g. unbounded models $\gamma(h) = |h|^{\alpha}$ with $0 < \alpha < 2$. Models of GC that are particularly convenient for applications are polynomials. For an IRF-k the function :

$$(13)\quad K(h) = \sum_{p=o}^{k} (-1)^{p+1} \frac{a_p}{(2p+1)!} \frac{\Gamma(\frac{n}{2})\ p!}{\sqrt{\pi}\ \Gamma(\frac{2p+n+1}{2})} |h|^{2p+1}$$

is a valid isotropic GC in $\mathbb{R}^n$ provided the coefficients a_p (these of course have nothing to do with the a_{ℓ} of the drift) satisfy

$$\sum_{p=o}^{k} a_p x^{k-p} \geq 0 \qquad \forall x \geq 0$$

In particular we have :

$a_o \geq 0$ for $k = 0$

$a_o \geq 0,\ a_1 \geq 0$ for $k = 1$

$a_o \geq 0,\ a_2 \geq 0,\ a_1 \geq -2\sqrt{a_o a_2}$ for $k = 2$

Taking into account the possibility of a nugget effect $C\partial$ the valid polynomial GC in $\mathbb{R}^2$ and $\mathbb{R}^3$ are summarized in the following table, for $k \leq 2$.

DRIFT	k	f^ℓ in $\mathbb{R}^2$	f^ℓ in $\mathbb{R}^3$	MODELS OF GC
CONSTANT	0	1	1	$K(h) = C\partial + \alpha_o \lvert h \rvert$
LINEAR	1	1,x,y	1,x,y,z	$K(h) = C\partial + \alpha_o \lvert h \rvert + \alpha_1 \lvert h \rvert^3$
QUADRATIC	2	$1,x,y,xy,x^2,y^2$	$1,x,y,z,xy,xz$ yz,x^2,y^2,z^2	$K(h) = C\partial + \alpha_o \lvert h \rvert + \alpha_1 \lvert h \rvert^3 + \alpha_2 \lvert h \rvert^5$
CONSTRAINTS ON THE COEFFICIENTS		$\alpha_o \leq 0$ $\quad \alpha_2 \leq 0$ in $\mathbb{R}^2$: $\alpha_1 \geq -\frac{10}{3}\sqrt{\alpha_o \alpha_2}$		in $\mathbb{R}^3$: $\alpha_1 \geq -\sqrt{10}\sqrt{\alpha_o \alpha_2}$

These models are sufficiently elaborate to be adapted to a great variety of situations and have the good property to depend linearly on the parameters. The problem of inference now boils down to the determination of the order k and of the coefficients C, α_o, α_1, α_2 of the GC, which lends itself to automatization (cf. programs BLUEPACK and KRIGEPACK). As structure identification is the core of the geostatistical work, we shall give a rather detailed account of it. The hurried reader may skip to the next section.

Let $Z(\lambda_i)$ be a short-hand notation for a generalized increment of order k, i.e.

$$Z(\lambda_i) = \sum_\alpha \lambda_i^\alpha Z_\alpha \qquad \text{with} \qquad \sum_\alpha \lambda_i^\alpha f_\alpha^\ell = 0 \qquad \ell = 1,\dots,k$$

We shall construct many of such increments and the lower index i refers to the ith one. Some of the weights λ_i can be zero so that the summation is conveniently extended over all data points. By (8) we have :

$$E[Z(\lambda_i)^2] = \sum_\alpha \sum_\beta \lambda_i^\alpha \lambda_i^\beta K(x_\alpha - x_\beta)$$

Now for a polynomial G.C. of order k :

$$K(h) = c\,\partial + \sum_{p=o}^{k} \alpha_p \, |h|^{2p+1} \qquad \text{(2p+1 is an exponent here)}$$

Hence

$$E[Z(\lambda_i)^2] = C \sum_\alpha (\lambda_i^\alpha)^2 + \sum_{p=o}^{k} \alpha_p \sum_\alpha \sum_\beta \lambda_i^\alpha \lambda_i^\beta \, |x_\alpha - x_\beta|^{2p+1}$$

Let $T_i^o = \sum_\alpha (\lambda_i^\alpha)^2$

and $T_i^{2p+1} = \sum_\alpha \sum_\beta \lambda_i^\alpha \lambda_i^\beta \, |x_\alpha - x_\beta|^{2p+1}$ for $p = 0, 1, \ldots, k$

then

$$(14) \quad E[Z(\lambda_i)^2] = C\, T_i^o + \sum_{p=o}^{k} \alpha_p \, T_i^{2p+1}$$

(14) is a regression equation of $Z(\lambda_i)^2$ on the (k+2) variables $T_i^o, T_i^1, \ldots, T_i^{2k+1}$. The standard way is to determine the coefficients by minimizing the weighted sum of squares

$$(15) \quad Q(C, \underset{\sim}{\alpha}) = \sum_i W_i^2 \left[Z(\lambda_i)^2 - C\, T_i^o - \sum_{p=o}^{k} \alpha_p \, T_i^{2p+1} \right]^2$$

The weights W_i are introduced to equalize the variances of the $Z(\lambda_i)^2$. Optimally, they should be the reciprocals of $Var(Z(\lambda_i)^2)$. But these are unknown to us : they involve 4th order moments of $Z(\lambda_i)$ or at the least - under Gaussian assumption - 2nd order moments and therefore the coefficients we are precisely trying to estimate. This would call for an iterative procedure, but it seems hardly worthwhile to refine too much in this direction since another basic assumption of least squares - uncorrelatedness of the $Z(\lambda_i)^2$ - is not met anyway. So we choose weights based on intuition as well as on experimental evidence, for example

$$W_i^2 = (T_i^1)^{-2} \quad \text{or} \quad W_i^2 = (T_i^3)^{-2} \quad \text{(when } k > 0).$$

There are now two questions left :

i) what is the best regression equation (14) ?

ii) how can we make sure the regression coefficients satisfy the constraints of a polynomial G.C.?

An approach to the second question could be to introduce the constraints into the minimization algorithm by using quadratic programming techniques. But this is heavy. Rather, we resort to trying out several regression equations and retaining those coefficients which satisfy the constraints. There always are some : it suffices to include among the model covariances of "pure type" ($K(h) = C\,\partial$, $-|h|$, $|h|^3$, $-|h|^5$, etc.). In practice the search is limited to models for $k \leq 2$ so that there are altogether 15 possible regression equations and we try them all. Then, among admissible solutions, we have to select the best one. As usual in applied regression this is the trickiest part. What should our criterion of a good fit be? Least squares would suggest to take the residual sum of squares $Q(C,\underset{\sim}{\alpha})$, or a normalized version of it $Q(C,\underset{\sim}{\alpha})/Q(0,\underset{\sim}{0})$ - under Gaussian assumption $E\left[Q(C,\underset{\sim}{\alpha})\right] = 2/3\ E[Q(0,$ The trouble is that we have no significance test, like the F-test in standard theory, and therefore our choice may be determined by mere sample fluctuation. To obviate this risk, we advocate a mult: stage decision procedure based on different criteria that act as cross-checking devices.

As an illustration we briefly outline the procedure used in the program BLUEPACK. There are three separate stages :

i) determination of the order k

ii) estimation of the coefficients of the polynomial G.C.

iii) kriging of known points with above determined covariance, comparison of errors with their theoretical standard deviations an readjustment of the G.C. if necessary.

To find k the idea is to delete in turn a number of values an estimate them from neighbouring data points, keeping everything th same except the number of unbiasedness conditions imposed on the estimators, i.e. the assumed order k of the IRF under study. For each predicted point the errors of estimation are ranked by order of absolute magnitude. Then these ranks are averaged over all pre dicted points and the value of k for which the estimator performs best - lowest average rank - is selected as the true k. Clearly the advantage of ranks over the obvious mean squared erro criterion is a gain in robustness against outliers. It is also possible to get an idea of the "degree of agreement" of the various separate rankings by using a quantity known as Kendall's W. Suppose there are m rankings, n estimators and let

r_{ij} = rank ascribed to j^{th} estimator in i^{th} ranking.

Define

$$S = \sum_{j=1}^{n} \left[\sum_{i=1}^{m} r_{ij} - \frac{m(n+1)}{2} \right]^2$$

then

$$W = \frac{12\ S}{m^2(n^3-n)}$$ is a number varying between 0 and 1 which has the meaning of a coefficient of concordance. It can be shown that when the rankings are independent and purely random, and when $m \to \infty$ the statistic

$$Y = \frac{(m-1)W}{1-W}$$ tends to be distributed as a chi-square on (n-1) degrees of freedom. Of course in our case independence of the rankings is not achieved but Y shall give an indication on how clear-cut the distinction between performances is.

Once k is chosen, the task is to select among the relevant regressions, e.g. for k = 1 equations with a term in $|h|^5$ can be discarded. The criterion used is a modification of the residual sum of squares. Let

$\sigma_i^2 = E[Z(\lambda_i)^2]$ and $\hat{\sigma}_i^2$ be its estimate

$$\hat{\sigma}_i^2 = \hat{C}\, T_i^o + \sum_{p=o}^{k} \hat{a}_p\, T_i^{2p+1}$$

As we have

$$E\left[\sum_i Z(\lambda_i)^2\right] = \sum_i \sigma_i^2$$

we would like the ratio

$$\rho = \frac{E[\sum_i Z(\lambda_i)^2]}{E[\sum_i \hat{\sigma}_i^2]}$$ to be close to 1

The quantity

$$r = \frac{\sum_i Z(\lambda_i)^2}{\sum_i \hat{\sigma}_i^2}$$

is a biased estimator of ρ. To reduce the bias we use a jacknife estimator computed by splitting the generalized increments $Z(\lambda_i)^2$ into two subgroups $i \in I_1$ and $i \in I_2$. With

$$r_1 = \frac{\sum_{i \in I_1} Z(\lambda_i)^2}{\sum_{i \in I_1} \hat{\sigma}_i^2} \quad \text{and} \quad r_2 = \frac{\sum_{i \in I_2} Z(\lambda_i)^2}{\sum_{i \in I_2} \hat{\sigma}_i^2}$$

the jacknife estimator is

$$\hat{\rho} = 2\,r - \frac{n_1 r_1 + n_2 r_2}{n_1 + n_2}$$

and we select the regression equation whose $\hat{\rho}$ is closest to 1. There still can be a difficulty to discriminate between close values of $\hat{\rho}$. However in such cases it turns out that the various covariance candidates, although they have different coefficients, in fact yield similar values of the variances $\hat{\sigma}_i^2$. To improve the stability of the fit it is appealing to use a robust regression algorithm (cf. HUBER [7]), but we must be prepared to pay for that in increased computing time and core space.

6. SOME QUESTIONS LEFT OUT

The models of polynomial G.C. are isotropic ones. What about anisotropies? The standard policy with IRF's is simply not to worry about them. We assume they are accounted for by the filtered polynomial of degree k (the drift). In case of a strong geometric anisotropy in the variability of the data it is also possible to modify the Euclidean distance on the space R^n accordingly. Attempts to go beyond that were made in the early stages of development of the method, but they led to intractable problems of inference due to the increase in the number of parameters.

Aiming at refinements, it is much more important to beware of heterogeneities. Often the same body of data comprises both smooth and rough areas and overlooking this fact by a blind use of automatic procedures results in averaged structural parameters that are really relevant nowhere. The estimates computed with such parameters are not so adequate and their variances mainly reflect the geometry of the data points, while they could have provided an informative description of intrinsic local variability. A simple guide for partitioning the domain into homogeneous subsections is the plot of normalized kriging errors at data points.

Another question that arises is : how many points should we krige with? Certainly there is no definite answer, but there are guidelines. One of them is to leave enough "degrees of freedom" in the data ; as a rule of thumb take at least twice the number of unbiasedness conditions. In the plane that makes a minimum of 12 points for a quadratic drift ($k = 2$), 6 points for a linear drift ($k = 1$) and 2 points for a constant drift ($k = 0$). Obviously this last figure is too small. For the estimation to be good it is logical to use at least all the data forming the first ring around the estimated point or block, i.e. something like 8 data points (one in each half quadrant). This requirement is supported by another argument. An important aspect, neglected by the theory, is the effect of working with moving neighbourhoods. Continuity properties of the estimators and their variance depend not only on the structure of the variable but also on the amount by which the set of data points changes from one neighbourhood to the next. If the change is too abrupt there may be discontinuities even though the actual phenomenon is continuous. In contour maps this effect shows in artificial wriggles especially in areas where the data are sparse. The experienced user, who looks at variances of estimation, will not pay attention to these wriggles. Yet there is something fallacious in showing details that are beyond the accuracy of the estimator and we may as well smooth them out. We do this by a <u>selective</u> smoothing procedure that modifies values according to their estimation variances. Well estimated quantities are left almost unaltered (data points being strictly unchanged) while poorly determined quantities are replaced by smoother but equally respectable estimates.

On programming aspects there are many questions which we cannot answer here. As emphasized by M. DAVID (in same volume) writing a kriging routine is not all that difficult, at least when one uses brute force algorithms. But writing an efficient program, which takes full advantage of the possible shortcuts, requires more skill. It is rewarding though. Experience has shown that a careful design can reduce computing times by a factor of 5 to 10.

7. CONDITIONAL SIMULATIONS OF IRF-k

There are already several presentations of conditional simulations in the stationary case (cf. for example A. JOURNEL [9]), and we do not wish to add another one to the list. But the fact is that the key argument used in the stationary case, i.e. the orthogonality of the kriging estimator $Z^*(x)$ and the error $Z(x) - Z^*(x)$, does not hold in the non-stationary case. Our purpose here is just to derive the adaptation to IRF theory.

Recall that stationary conditional simulations are realizations of a random function designed to mimic the variability of the phenomenon under study. They

i) pass through the given data points

ii) have the same covariance

iii) have the same histogram

With a non-stationary variable the third property does not make sense any more since the distribution of $Z(x)$ varies with x. Possibly, with a drift + fluctuations model one can talk about the histogram of the fluctuation term. But the inference of that histogram is a very tricky business - the results depend strongly on how the drift has been estimated. In the IRF approach all we can guarantee is a realization of an IRF that :

i) passes through the data points

ii) has the same G.C. as the true phenomenon.

Consider the IRF-k $Z(x)$ and let $\{x_\alpha\}$ denote the set of data points. For any point x we have trivially :

$$Z(x) = Z^*(x) + [Z(x) - Z^*(x)]$$

Now consider another IRF-k $S(x)$ which has the same G.C. as $Z(x)$ but is otherwose unrelated. From [12] we know how to simulate suc (unconditional) IRF's. We also write

$$S(x) = S^*(x) + [S(x) - S^*(x)]$$

The conditional simulation is $Z_S(x)$ defined as :

$$Z_S(x) = Z^*(x) + [S(x) - S^*(x)]$$

It is easy to see that $Z_S(x)$ goes through data points. Indeed foı $x = x_\alpha$, $Z^*(x_\alpha) = Z(x_\alpha)$ and $S(x_\alpha) - S^*(x_\alpha) = 0$. We also have to sh that $Z_S(x)$ is an IRF-k with the same G.C. as $Z(x)$. For this we sh use the characteristic orthogonality property of the kriging esti mator in IRF theory, namely :

$$(16) \quad \text{Cov}\left[Z(x) - Z^*(x) , \sum_\alpha \nu^\alpha Z(x_\alpha)\right] = 0$$

for all increments of order k, $\sum_\alpha \nu^\alpha Z(x_\alpha)$, constructed on the data points. Now take any k^{th} increment on any point x_u :

$$\sum_u \nu^u Z_S(x_u) = \sum_u \nu^u Z^*(x_u) + \sum_u \nu^u [S(x_u) - S^*(x_u)]$$

The first term is an increment of order k since :

$$\sum_u \nu^u Z^*(x_u) = \sum_u \nu^u \sum_\alpha \lambda_u^\alpha Z_\alpha \quad \text{and}$$

$$\sum_\alpha \lambda_u^\alpha f_\alpha^\ell = f_u^\ell \Rightarrow \sum_u \nu^u \sum_\alpha \lambda_u^\alpha f_u^\ell = \sum_u \nu^u f_u^\ell = 0 \text{ for } \ell = 1,..,k$$

Hence $E\left[\sum_u \nu^u Z_S(x_u)\right] = 0$. Also :

$$\text{Cov}\left[\sum_u \nu^u Z^*(x_u) , \sum_u \nu^u (S(x_u) - S^*(x_u))\right] = 0$$

because Z(x) and S(x) are independent. This entails :

$$\text{Var}\left[\sum_u \nu^u Z_S(x_u)\right] = \text{Var}\left[\sum_u \nu^u Z^*(x_u)\right] +$$

$$+ \text{Var}\left[\sum_u \nu^u (S(x_u) - S^*(x_u))\right] = \text{Var}\left[\sum_u \nu^u Z^*(x_u)\right] +$$

$$+ \text{Var}\left[\sum_u \nu^u (Z(x_u) - Z^*(x_u))\right]$$

as S(x) and Z(x) have the same G.C. Now from (16) we have

$$\text{Cov}\left[\sum_u \nu^u Z^*(x_u) , \sum_u \nu^u (Z(x_u) - Z^*(x_u))\right] = 0$$

because $\sum_u \nu^u Z^*(x_u)$ is an increment of order k. Finally

$$\text{Var}\left[\sum_u \nu^u Z_S(x_u)\right] = \text{Var}\left[\sum_u \nu^u Z(x_u)\right]$$

which establishes that $Z_S(x)$ and Z(x) have the same G.C.

REFERENCES.

1. CHILES, J.P. (1975) How to adapt kriging to non-classical situations - Three case studies.- Proceedings of NATO A.S.I., Rome
2. DAVID, M. (1975) The practice of kriging. In ibidem.
3. DELFINER,P. and DELHOMME, J.P. (1973a). Optimum interpolation by Kriging. Proceedings of NATO A.S.I. for Display and Analysis of Spatial Data . John Wiley and Sons, London, pp. 96-114.
4. DELFINER, P. and DELHOMME, J.P.(1973b). Présentation du programme BLUEPACK. Tech. Rep., Ecole des Mines de Paris, Fontainebleau.
5. GRAY, H.L. and SCHUCANY, W.R. (1972). The generalized jacknif statistic. Marcel Dekker Inc., New York.
6. HAAS, A. and JOUSSELIN, C. (1975) Geostatistics in petroleum industry. Proceedings of NATO A.S.I., Rome.
7. HUBER, P.J. (1973) Robust regression. Annals of Statistics, I, pp. 799-821.
8. HUIJBREGTS, C. (1970) Le variogramme des résidus. Tech. Rep. Ecole des Mines de Paris, Fontainebleau.
9. JOURNEL, A. (1974) Geostatistics for conditional simulation of orebodies. Economic Geology, Vol. 69, N° 5.
10. KENDALL, M.G. (1948). Rank correlation methods. 4th Edn. 1971, Charles Griffin, London.
11. MATHERON, G. (1970) The Theory of regionalized variables and its applications. Cahiers du Centre de Morphologie Mathématique, Fasc. N° 5, Ecole des Mines de Paris, 212 p.
12. MATHERON, G. (1973) The intrinsic random functions and their applications. Adv. in Appl. Prob. 5, pp. 439-468.
13. MATHERON, G. (1975) A simple substitute for conditional expectation : the Disjunctive Kriging. Proceedings of NATO A.S.I., Rome.
14. SABOURIN, R. (1975) Application of two methods for the interpretation of the underlying variogram. In ibidem.
15. WATSON, G.S. (1971) Trend-Surface analysis. Jour. Mathematical Geology, Vol. 3, N° 3, pp. 215-226.

HOW TO ADAPT KRIGING TO NON-CLASSICAL PROBLEMS: THREE CASE STUDIES

J.P. Chilès

Centre de Morphologie Mathématique, Ecole Nationale Supérieure des Mines de Paris, Fontainebleau, France

ABSTRACT. In the field of automatic contouring and representation of phenomena defined in a two-dimensional space, kriging is not solely a method of interpolation amongst others : its sound theoretical basis allows its adaptation to various non-classical problems. We give here three examples of studies that required special kriging developments : realizations of conditional simulations, or variations of the studied phenomenon - use of gradient data - consideration of the uncertainty of location of the measure points.

1. INTRODUCTION

In its application to the field of automatic contouring and building of numerical models, kriging may appear as an interpolation method amongst others, the sole advantage of which would be its sound theoretical basis. This point of view can be defended if it is limited to a restrictive domain of immediate applications. But in many studies we are met with unusual problems : measuring errors, or errors in the location of measuring points - consideration of gradient data, and/or constraints or physical relationships between several variables - consideration of data of various qualities, estimation of the gradient or of the Laplacian, etc... The main interest of kriging lies in its adaptation to these problems. Of course it is not possible to give an exhaustive account of the adaptation possibilities of kriging, but we shall give here three quite different examples. Other examples will be cited as references.

A small remark concerning notations : we shall always use the summation convention according to which we must sum up on all

M. Guarascio et al. (eds.), Advanced Geostatistics in the Mining Industry, 69-89.

indices appearing twice, once as subscripts, once as upperscripts: therefore, a linear combination of values $Z(x_\alpha)$ on n experimental points will write : $\lambda^\alpha Z(x_\alpha)$ instead of $\sum_{\alpha=1}^{n} \lambda^\alpha Z(x_\alpha)$.

2. REALIZATION OF DIFFERENT POSSIBLE VERSIONS OF THE TRUE MAP.

When applied to contour mapping, kriging yields at each point of a map the optimal linear estimate of the true value and the associated standard deviation of the error. With an assumption on the probability distribution of this error, one can build a confidence interval for the true value. The kriged map, however, is smoother than the actual one because an estimator, even though optimal, cannot restitute details that have not been surveyed. Yet in certain applications the interest lies rather in a map that wou show the same variability as the true one, e.g. when the discretiz map is used to initialize a numerical model (model of an aquifer in hydrogeology, model of numerical forecast in meteorology, etc.)

Conditional simulations answer this problem. A conditional simulation is a realization of a random function with the two following characteristics :

- it has the same covariance as the phenomenon under study.
- at each data point its value equals the given data.

A conditional simulation is not reality but only a version of reality. If we construct a large number of versions, the mean value at a point is the kriging estimate and the variance is equal to the kriging variance. The various conditional simulations depict possible aspects of the true (unknown) map.

Let us recall briefly the principles on which conditional simulations are based. Z(x) denotes the studied variable which is known only at n data points x_α . At any point x the kriging estimator $Z^*(x)$ is of the form :

$$Z^*(x) = \lambda^\alpha(x) \; Z(x_\alpha)$$

The true (unknown) value Z(x) can always be decomposed as :

$$Z(x) = Z^*(x) + \left[Z(x) - Z^*(x) \right]$$

The second term on the right hand side, representing the kriging error, is the one we shall simulate. It suffices to construct an unconditional simulation S(x), i.e. a realization of a random function with the same covariance as the studied phenomenon. We know how to deal with this problem, at least for common models of covariances (cf [9]). Kriging S(x) from the values $S(x_\alpha)$ at the data points yields the estimate

$$S^*(x) = \lambda^\alpha(x)\ S(x_\alpha)$$

and hence a simulation $S(x) - S^*(x)$ of the kriging error. It can be shown that the sum $Z^*(x) + [S(x) - S^*(x)]$ is indeed a conditional simulation of Z(x) (cf [5]).

We now give an example of application of conditional simulations to piezometric data, done by J.P. DELHOMME [7] . Though real, this case study (aquifer of the lower valley of the Huveaune river in Marseille) has the neatness of an academic exercise.

The aquifer is known by numerous piezometers downstream (hence a zone where the standard deviations are less than 10 cm), but by a single piezometer upstream. Fig. 1 and 2 show the kriged map and the map of standard deviations σ of kriging errors. It can be readily noticed that the accuracy is excellent downstream but decreases sharply as the distance from surveyed areas increases. Fig. 3 and 4 show comparisons of kriging estimates with two conditional simulations. These always fall within 2 σ around the kriging estimate : when σ is low all different simulations are roughly the same as the kriging estimate (cf. the downstream area). At a conditioning data point all simulations coalesce (cf. the isolated point upstream). But when σ is large simulations can be very different and still remain compatible with the available data : this is the case in the upstream area. In conclusion, the technique of conditional simulations enables the hydrogeologist to select among possible models the one which seems to match best his other information on the environment of the aquifer.

3. TAKING GRADIENT DATA INTO ACCOUNT

In certain applications the available data consist not only of values of the studied variables, but also of values of its gradient, and it is very rewarding to take them into account. In meteorology for example we have measurements both of geopotential and of wind velocity and direction. The geopotential at a given pressure is approximately the constant pressure surface height, while the wind, after a rotation of 90°, is roughly proportional to the gradient of geopotential (geostrophic approximation). Now wind takes a great importance in the dynamics of a weather situation and should not be ignored.

From a theoretical point of view the optimal estimation of

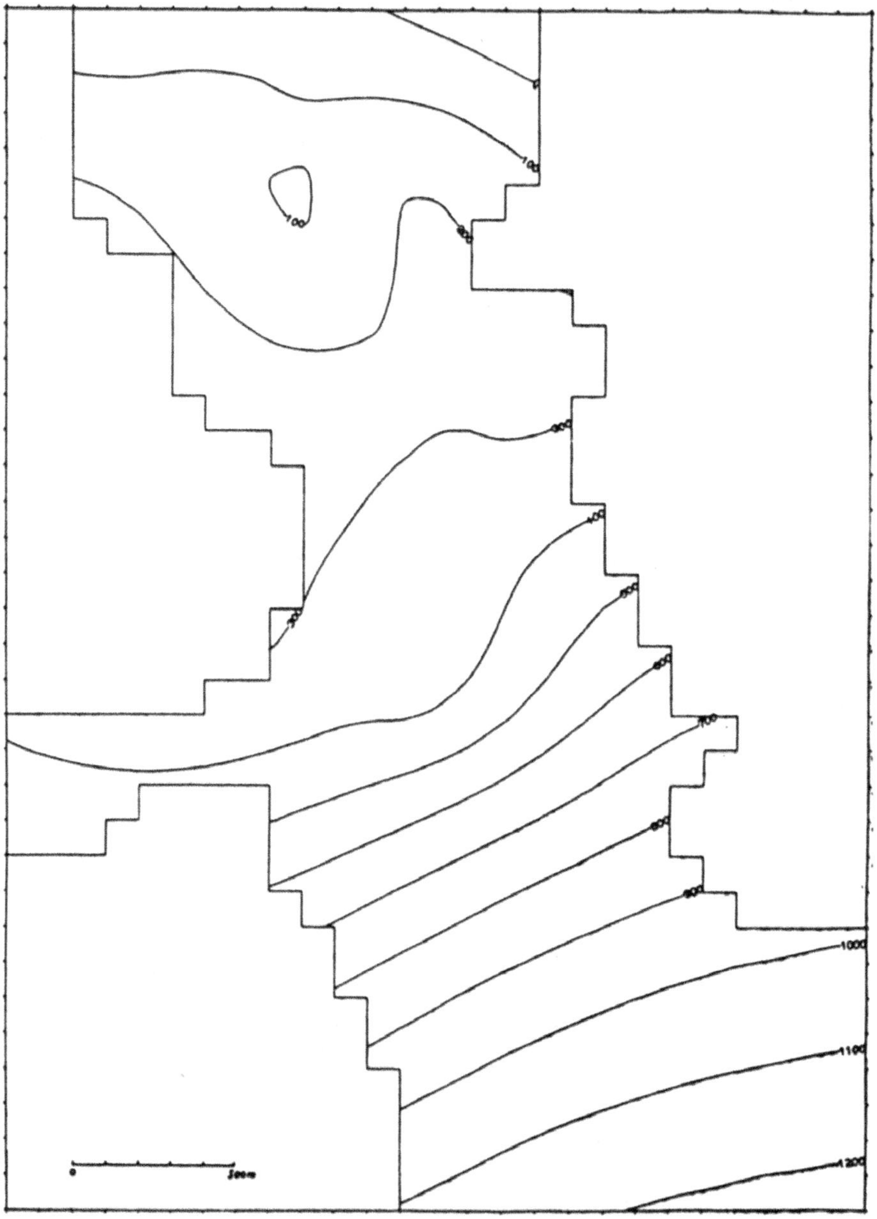

Fig. 1 - Huveaune aquifer : kriged chart
(unit : cm)

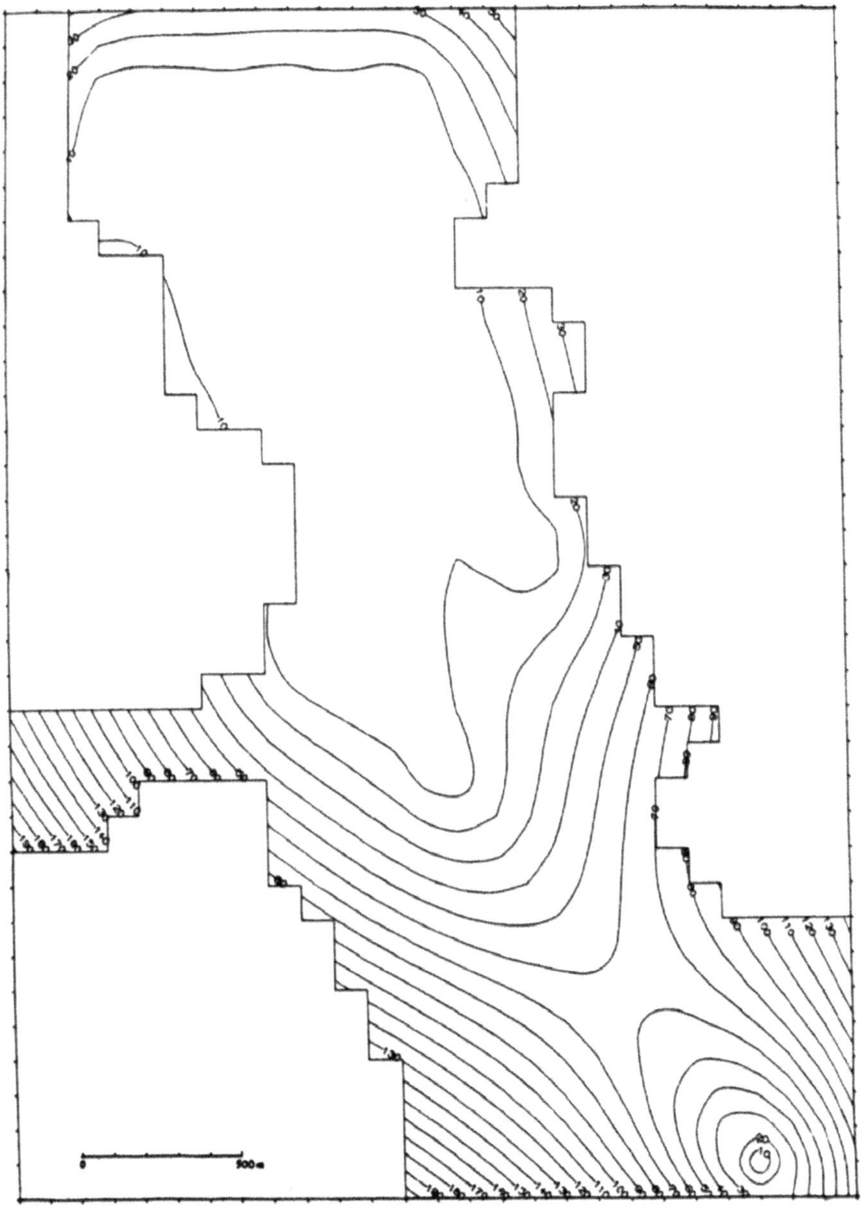

Fig. 2 - Huveaune aquifer : estimation standard deviation. (unit : cm)

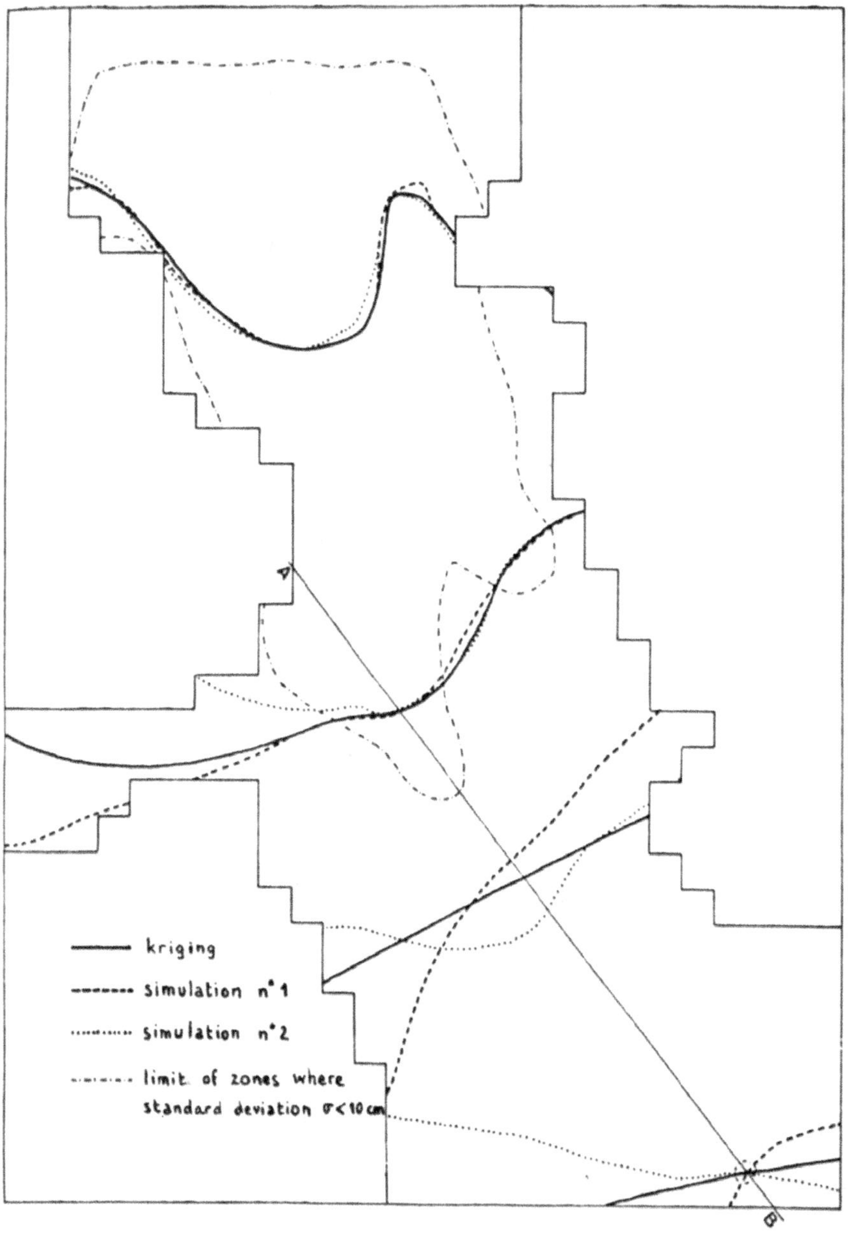

Fig. 3 - Comparison between kriging and two possible simulations

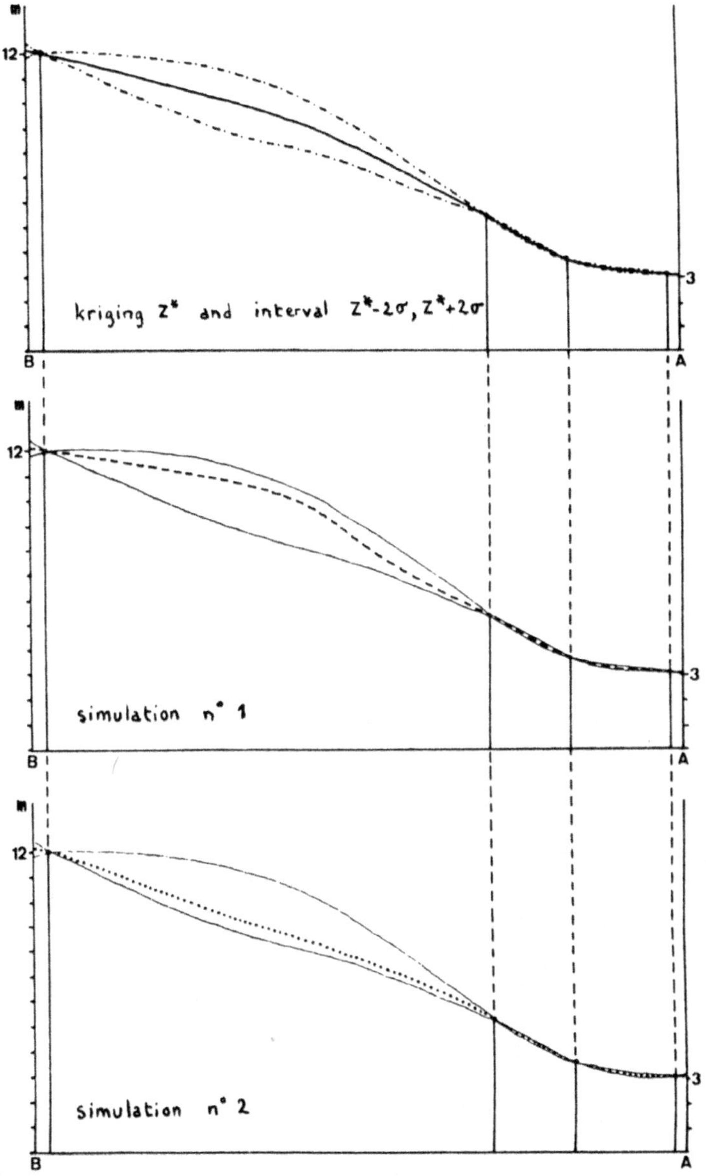

Fig. 4 - Comparison between kriging and two possible simulations on the profile AB a variable using values of its gradient is a co-kriging problem. To simplify the presentation, let us consider a one-dimensional case, and denote by Z(x) the variable we want to estimate, and by Z'(x) its derivative. We furthermore assume that Z(x) has a drift and a covariance of the form :

$$\begin{cases} E\left[Z(x) \right] = m(x) = a_\ell \, f^\ell(x) \\ \mathrm{Cov}\left[Z(x),\, Z(x+h) \right] = C(h) \end{cases}$$

where the $f^\ell(x)$ ($\ell = 0,1,\ldots k$) stand for given functions and the a_ℓ's for unknown coefficients. Then :

$$E\left[Z'(x) \right] = m'(x) = a_\ell \, g^\ell(x) \quad \text{with} \quad g^\ell(x) = f'^\ell(x) = \frac{d}{dx}\left[f^\ell(x\right.$$

$$\mathrm{Cov}\left[Z(x),\, Z'(x+h) \right] = C'(h) \qquad \text{with} \quad C'(h) = \frac{d}{dh}\, C(h)$$

$$\mathrm{Cov}\left[Z'(x),\, Z'(x+h) \right] = -\, C''(h) \quad \text{with} \quad C''(h) = \frac{d^2}{dh^2}\, C(h)$$

Our purpose is to find an estimator of $Z(x_o)$:

$$Z^* = \lambda^\alpha \, Z(x_\alpha) + \mu^\beta \, Z'(x_\beta)$$

(the m points x_α where Z is known are not necessarily the same as the n points x_β where the gradient is known). We want the estimator to satisfy the two usual conditions :

- unbiasedness : $E\left[Z^* - Z(x_o) \right] = 0$
- minimum variance : $E\left[Z^* - Z(x_o) \right]^2$ minimum

The first condition leads to the set of equations :

$$\lambda^\alpha \, f^\ell(x_\alpha) + \mu^\beta \, g^\ell(x_\beta) = f^\ell(x_o) \qquad \ell = 0,1,\ldots k$$

The variance of estimation then writes :

$$E\left[Z^* - Z(x_o) \right]^2 = C(0) + \lambda^\alpha \lambda^\gamma \, C(x_\gamma - x_\alpha) - \mu^\beta \mu^\partial \, C''(x_\partial - x_\beta) +$$
$$2\,\lambda^\alpha \mu^\beta \, C'(x_\beta - x_\alpha) - 2\,\lambda^\alpha \, C(x_\alpha - x_o) - 2\,\mu^\beta \, C'(x_\beta - x_o)$$

Minimizing this under the unbiasedness constraints yields the co-kriging system :

$$\begin{cases} \lambda^{\gamma}\, C(x_\gamma - x_\alpha) + \mu^{\beta}\, C'(x_\beta - x_\alpha) = C(x_\alpha - x_o) + \tau_\ell\, f^\ell(x_\alpha) & \alpha = 1,2,..m \\ -\lambda^{\alpha}\, C'(x_\alpha - x_\beta) - \mu^{\partial}\, C''(x_\partial - x_\beta) = C'(x_\beta - x_o) + \tau_\ell\, g^\ell(x_\beta) & \beta = 1,2,...n \\ \lambda^{\alpha}\, f^\ell(x_\alpha) + \mu^{\beta}\, g^\ell(x_\beta) = f^\ell(x_o) & \ell = 0,1,...,k \end{cases}$$

The τ_ℓ are Lagrange coefficients. At its minimum the variance is :

$$E\left[Z^* - Z(x_o)\right]^2 = C(0) - \lambda^{\alpha} C(x_\alpha - x_o) - \mu^{\beta} C'(x_\beta - x_o) + \tau_\ell\, f^\ell(x_o)$$

In two dimensions we get similar results, though formally more complex because even if $Z(x,y)$ has an isotropic covariance the covariances of $\frac{\partial Z}{\partial x}$, $\frac{\partial Z}{\partial y}$ and the various cross-covariances are not isotropic any more.

The above approach has been applied to meteorological problems, in the framework of a wider study involving about 40 variables related by physical laws. We give here an example of a 500 millibars geopotential chart, obtained by observing the geopotential and the wind. The preliminary structural analysis is more complex than usual, since we have to make a simultaneous fitting of the various half-variograms. In fact, the behavior at the origin of the geopotential half variogram is not sufficiently known, so that we cannot deduce therefrom the behavior of the derivatives half variograms. We have obtained satisfactory results by taking the sum of two Gaussian schemes as a model. The first one, having a range of about 1000 km., appears clearly on the geopotential half-variogram. The second one, with a range of about 350 km., is the main component of the derivatives half-variograms (this because, on a field with a Gaussian half-variogram having a range a and sill C, the sill of the derivatives half variograms is C/a^2). Fig. 5 shows the fitted theoretical curves.

Fig. 6 shows the obtained chart (in cooperation with J. PAILLEUX). This chart shows the wind data in poorly surveyed areas. It is noticed that they are tangent to the isolines, at least in first approximation. (Let us recall that after a 90° rotation, the wind reduces to a geopotential gradient only in first approximation, which results in a nugget effect on the derivatives half variograms).

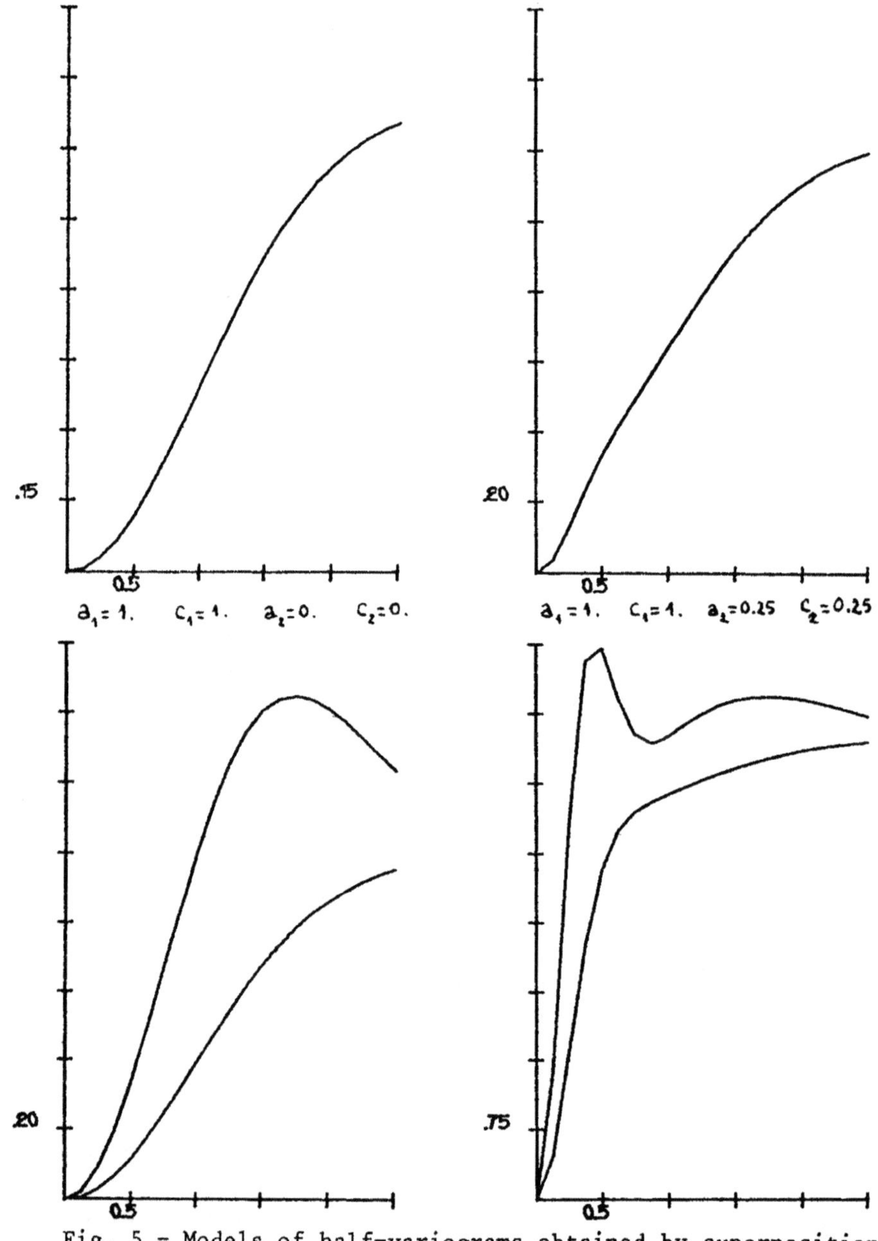

Fig. 5 - Models of half-variograms obtained by superposition of two gaussian schemes (first line) and models of the derivatives half-variograms (second line); these are anisotropic; the upper curve corresponds to the direction of the derivative; the lower to the orthogonal direction. Parameters of the gaussian schemes: ranges a_1 and a_2, sills C_1 and C_2. Two examples.

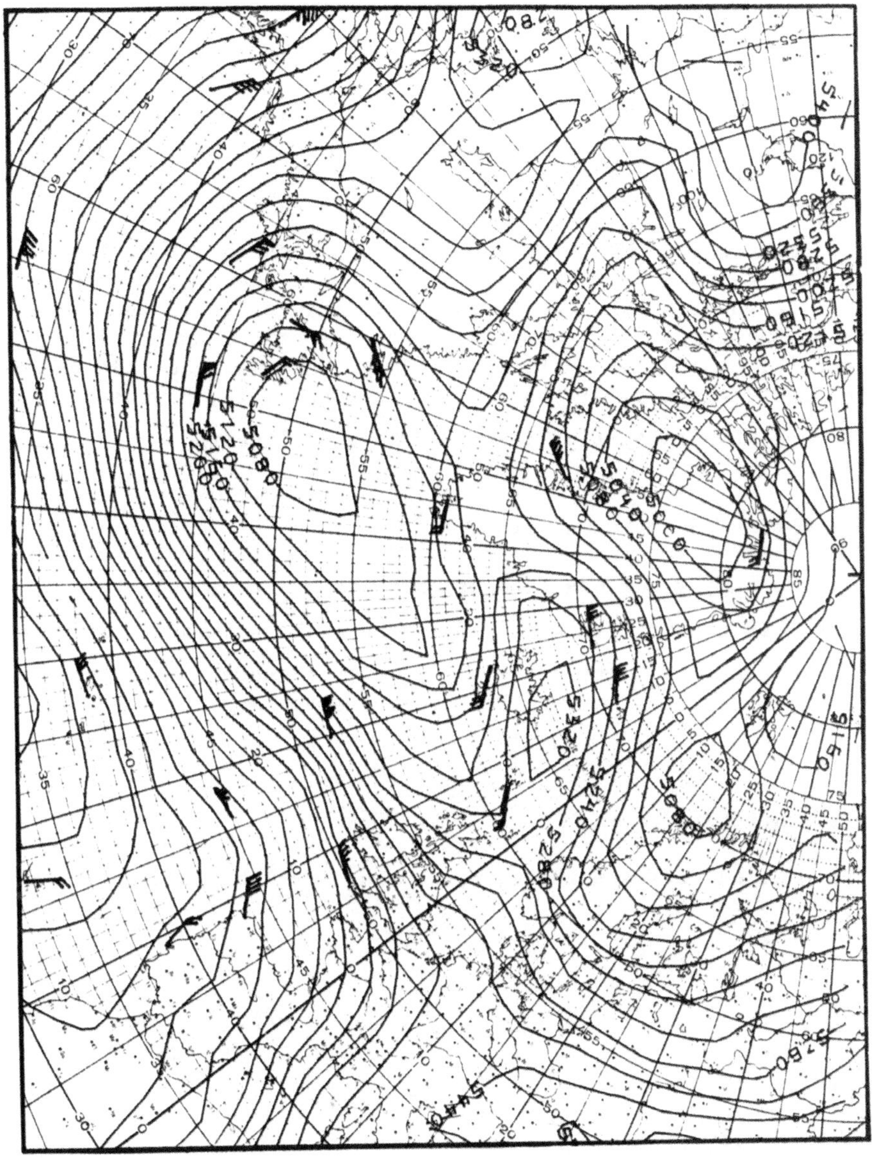

Fig. 6 - Co-kriging of the 500 millibars geopotential chart and wind data (wind symbol) - 15/03/74 12 h - unit : gpm.

4. TAKING POSITION UNCERTAINTY INTO ACCOUNT

Data are seldom free from observational errors. One type of error affects the measured values, and can be of a systematic or unsystematic nature. We have known how to handle these for a long time, at least in usual cases (by co-kriging). But another situation is when there are errors on the position of the data points : the measurement ascribed to a point x_α has actually been done at another point $x_\alpha+u_\alpha$. The vector u_α represents the error on the position. Can we take it into account ? We shall see that the answer is positive when the phenomenon is stationary and under few hypotheses on the vectors u_α. If there is a drift the usual unbiasedness conditions are not sufficient to make the variance independent of the coefficients a_ℓ of the drift; it is possible, however, to find an acceptable solution when the drift is linear.

4.1 Hypotheses on position errors

We shall view the position error u_α as a random vector with a probability density function $p(u_\alpha)$ assumed to be known. Likewise we suppose that the joint density $p(u_\alpha,u_\beta)$ is known for any couple of points (x_α,x_β). Of course the errors are assumed to have a zero mean.

4.2 The stationary case

We want to estimate the unknown value $Y(x_o)$ by means of a linear combination :

$$Y^* = \lambda^\alpha\ Y(x_\alpha+u_\alpha)$$

The unbiasedness condition $E\left[\,Y^* - Y(x_o)\right] = 0$ writes as usual

$$\sum_\alpha \lambda^\alpha = 1$$

For fixed u_α the estimation variance is :

$$E\left[(\lambda^\alpha\ Y(x_\alpha+u_\alpha) - Y(x_o))^2\ |u_\alpha,\ \alpha = 1,2,\ldots n\,\right] =$$

$$\lambda^\alpha\ \lambda^\beta\ C(x_\beta+u_\beta - x_\alpha-u_\alpha) - 2\ \ \lambda^\alpha\ C(x_\alpha+u_\alpha - x_o) + C(o)$$

Randomizing u_α we get :

$$E\,[Y^* - Y(x_o)]^2 = \lambda^\alpha \lambda^\beta\, \tilde{C}_{\alpha\beta} - 2\,\lambda^\alpha\, \tilde{C}_{o\alpha} + C(o)$$

with the regularized covariances

$$\tilde{C}_{\alpha\beta} = \iint C(x_\beta + u_\beta - x_\alpha - u_\alpha)\; p(u_\alpha, u_\beta)\, du_\alpha\, du_\beta$$

$$\tilde{C}_{o\alpha} = \int C(x_\alpha + u_\alpha - x_o)\; p(u_\alpha)\, du_\alpha$$

Minimizing it under the unbiasedness constraint yields a linear system similar to the usual one (where the C's are simply replaced by $\tilde{C}$'s) :

$$\begin{cases} \lambda^\beta\, \tilde{C}_{\alpha\beta} = \tilde{C}_{o\alpha} + \mu & \alpha = 1,2,\dots n \\ \sum\limits_\alpha \lambda^\alpha = 1 & \end{cases}$$

At its minimum the estimation variance is

$$E\,[Y^* - Y(x_o)]^2 = C(o) - \lambda^\alpha\, \tilde{C}_{o\alpha} + \mu$$

4.3 The case of a linear drift

For more clarity, we shall consider here the one-dimensional case. The random function Z(x) is of the form

$$Z(x) = Y(x) + ax + b$$

Y(x) being stationary with zero mean.

We want to estimate $Z(x_o)$ by means of a linear combination $Z^* = \lambda^\alpha\, Z(x_\alpha + u_\alpha)$ of n experimental values.

For fixed u_α the expected value of the estimation error is :

$$E\,[\lambda^\alpha\, Z(x_\alpha + u_\alpha) - Z(x_o) \mid u_\alpha, \alpha = 1,2,\dots n\,] =$$

$$a\,[\lambda^\alpha (x_\alpha + u_\alpha) - x_o] + b[\sum_\alpha \lambda^\alpha - 1]$$

Randomizing u_α we get :

$$E\,[Z^* - Z(x_o)] = a(\lambda^\alpha\, x_\alpha - x_o) + b(\sum_\alpha \lambda^\alpha - 1)$$

which leads to the unbiasedness conditions :

$$\begin{cases} \sum_\alpha \lambda^\alpha = 1 \\ \lambda^\alpha x_\alpha = x_o \end{cases}$$

Under these conditions the estimation variance writes, for fixed u_α :

$$E\left[(\lambda^\alpha Z(x_\alpha+u_\alpha) - Z(x_o))^2 \middle| u_\alpha, \alpha = 1,2,\ldots n \right] =$$

$$E\left[(\lambda^\alpha Y(x_\alpha+u_\alpha) - Y(x_o))^2 \middle| u_\alpha, \alpha = 1,2,\ldots n \right] + a^2(\lambda^\alpha u_\alpha)^2$$

After randomization we get :

$$E[Z^* - Z(x_o)]^2 = \lambda^\alpha \lambda^\beta \tilde{C}_{\alpha\beta} - 2\lambda^\alpha \tilde{C}_{o\alpha} + C(o) + a^2 \lambda^\alpha \lambda^\beta E[u_\alpha u_\beta]$$

Unfortunately the unbiasedness conditions do not suffice to make the variance independent of the drift coefficient a. And no additional condition could ever cancel this coefficient, since it is involved in a term which is the expected value of a square.

Apparently we reach a dead-end. In practice it is still possible to get an approximate solution by substituting an estimate a^* for the true unknown value a (a^* can be obtained for example by large moving averages). Letting

$$D_{\alpha\beta} = a^{*2} E[u_\alpha u_\beta]$$

the approximate variance is

$$E[Z^* - Z(x_o)]^2 = \lambda^\alpha \lambda^\beta (\tilde{C}_{\alpha\beta} + D_{\alpha\beta}) - 2\lambda^\alpha \tilde{C}_{o\alpha} + C(o)$$

The kriging system is then derived as usual :

$$\begin{cases} \lambda^\beta (\tilde{C}_{\alpha\beta} + D_{\alpha\beta}) = \tilde{C}_{o\alpha} + \mu + \nu x_\alpha & \alpha = 1,2,\ldots n \\ \sum_\alpha \lambda^\alpha = 1 \\ \lambda^\alpha x_\alpha = x_o \end{cases}$$

with the Lagrange coefficients μ and ν .

The estimation variance is then :

$$E\left[Z^* - Z(x_o)\right]^2 = C(o) - \lambda^\alpha \tilde{C}_{o\alpha} + \mu + \nu x_o$$

4.4 Application : study of the accuracy of sea floor map coutouring.

The GEBCO summaries (sets of bathymetric ocean floor maps) regroup at a 1/10000 000th scale measures done by various ships generally non-specialized. These measures - either for position or for depth - are not exactly accurate. They generally are affected with an uncertainty of location that can be assimilated to an isotropic Gaussian variable with a circular standard deviation equal to 5 km, which is far from being negligible. Various methods allow the drawing of approximate sea floor maps, but only kriging takes the location uncertainty into account and allows knowledge of the precision of the drawn map, which is essential in the sea floor case.

The half-variogram has been fitted locally. As most of the data belong to the sounding line, the experimental half-variogram has been computed directly, considering only the pairs of points belonging to the same profile (the distance between the two points is well known at that time). Taking only into account the sounding pairs belonging to two different lines, we have calculated the regularized experimental half-variogram

$$\gamma^*(h) = \iint \gamma(h + u_\beta - u_\alpha) p(u_\alpha)\ p(u_\beta)\ du_\alpha\ du_\beta$$

the errors u_α and u_β being independent. Fig. 7 shows an example of the experimental curves and of the fittings obtained. This has allowed determination of the standard deviation of the location error.

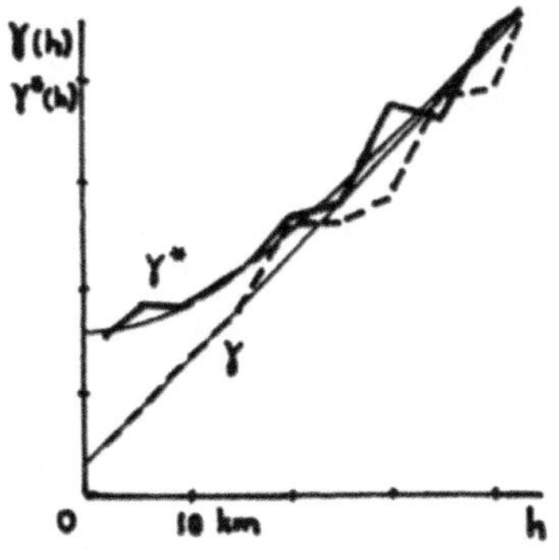

Fig. 7 - Example of experimental half-variograms and fittings

γ : real half-variogram

γ^* : regularized half-variogram

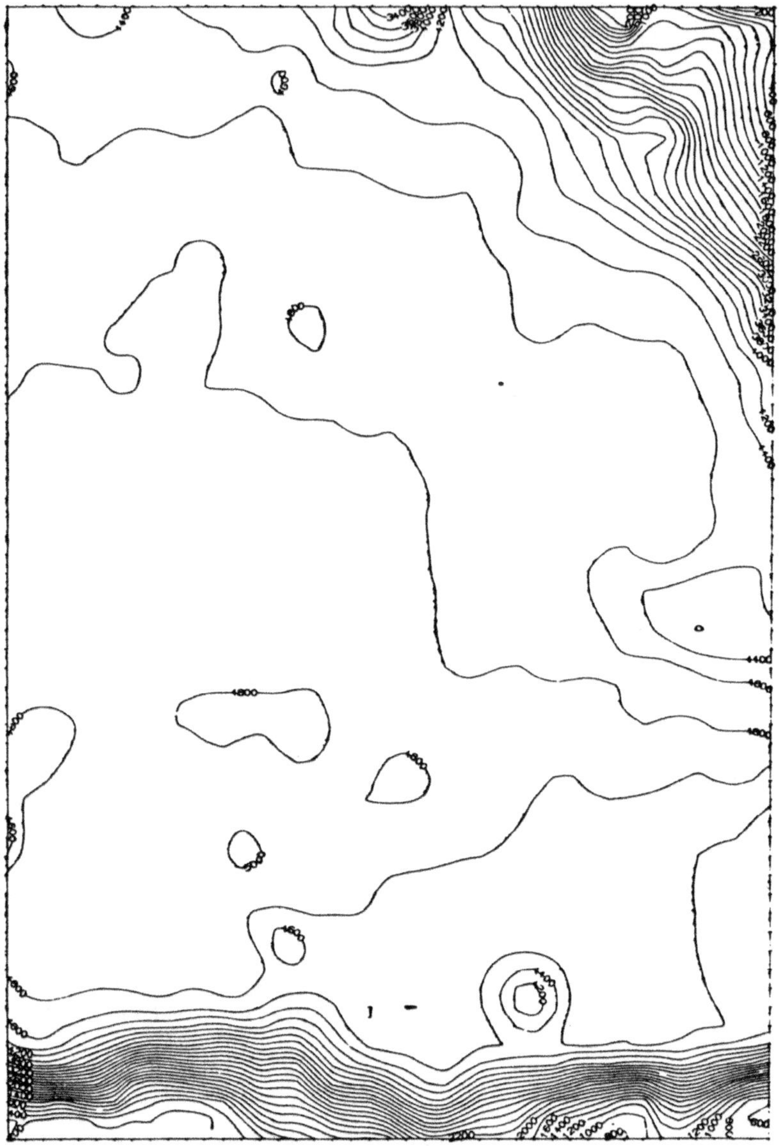

Fig. 8 - Optimal chart of the sea floor with taking location uncertainty into account (unit: m.)

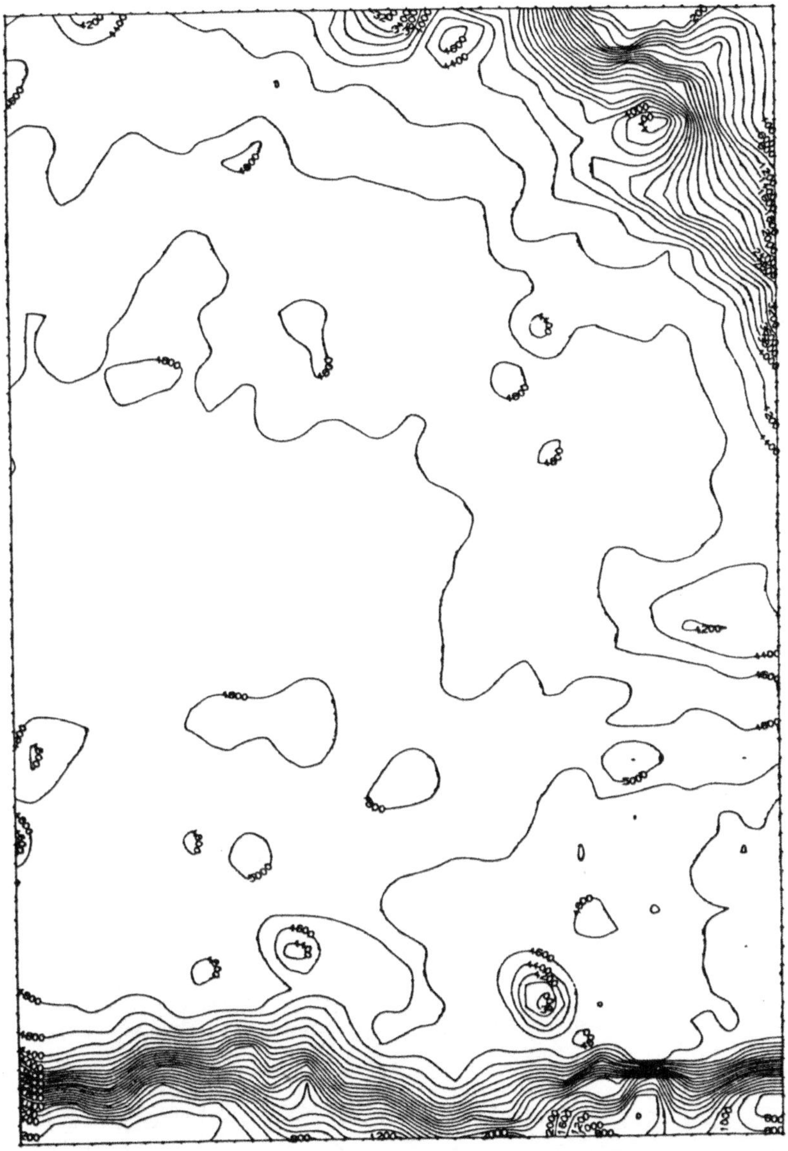

Fig. 9 - Non optimal chart of the sea floor obtained without taking location uncertainty into account (unit: m.)

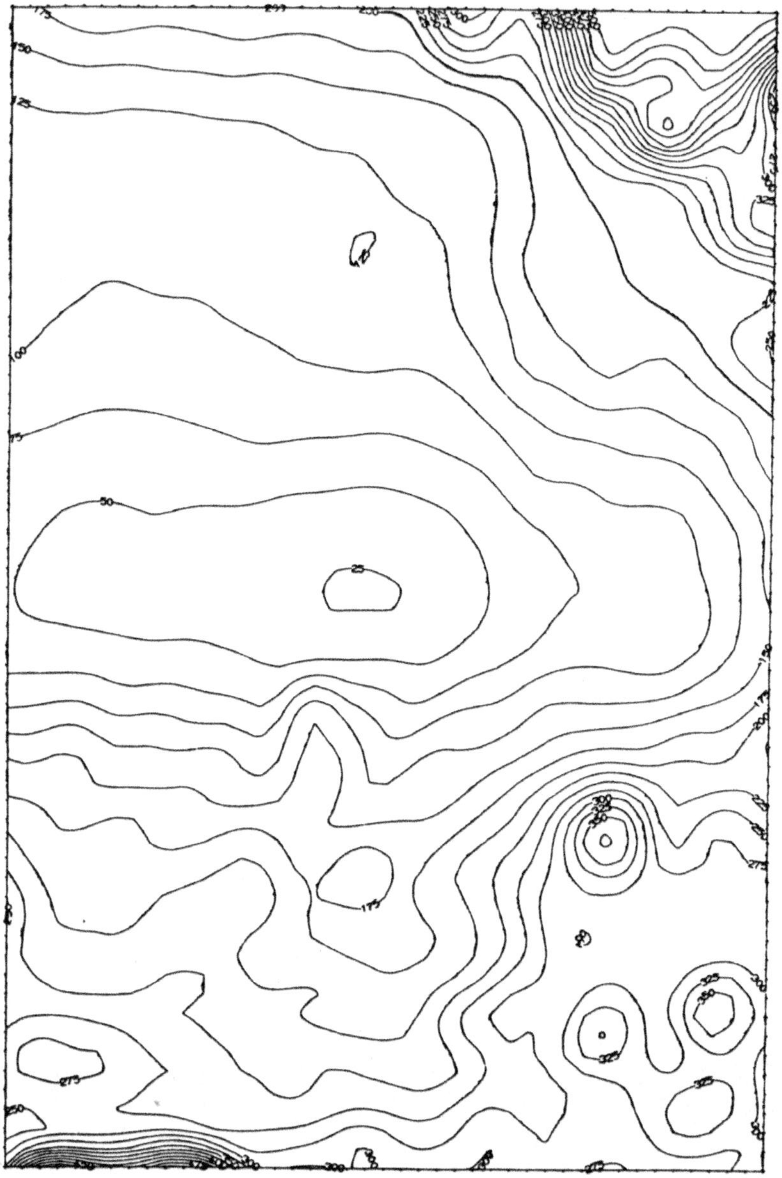

Fig. 10 - Optimal standard deviation chart with taking location uncertainty into account (unit: m.)

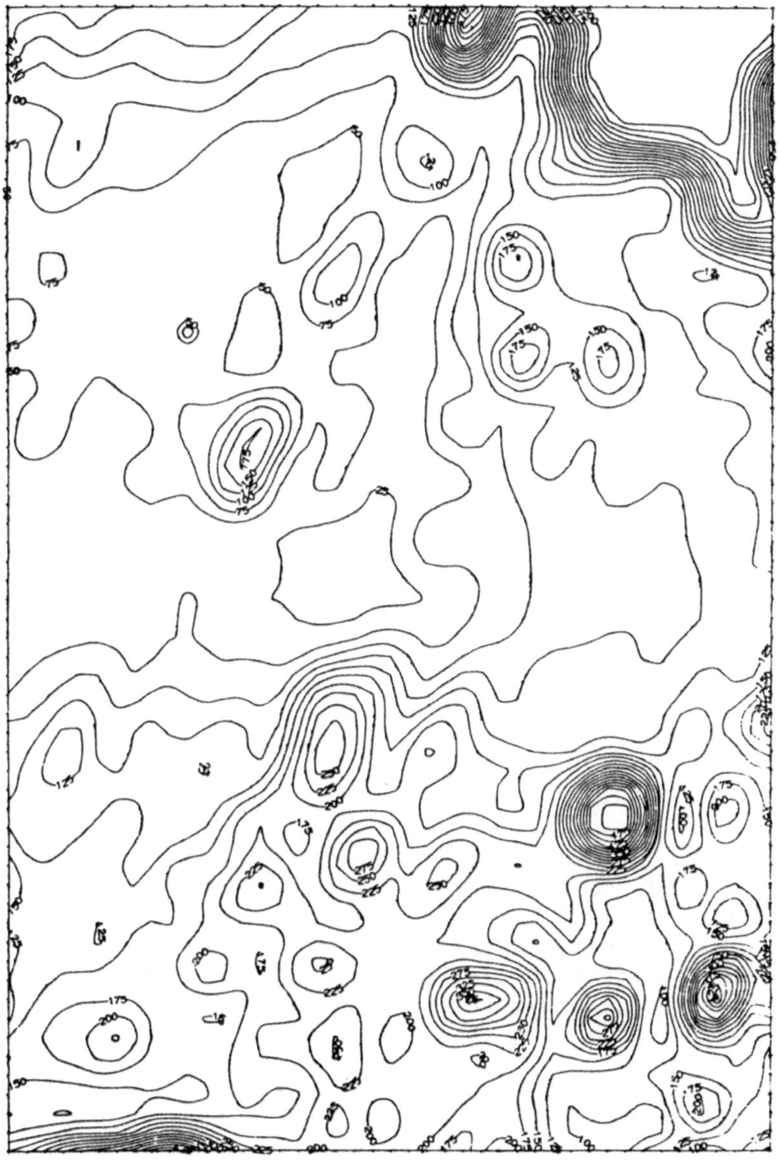

Fig. 11 - Incorrect standard deviation chart obtained wihout taking location uncertainty into account (unit: m.)

To illustrate how important it is to take the location uncertainty into account, we have drawn up the estimation and standard deviation charts obtained with this method. (Fig. 8 and 10) as well as the similar charts obtained by the blunt application of usual kriging, disregarding the location errors (Fig. 9 and 11). We notice that the sea floor charts are almost similar. However, the second one shows more uneven curves, which cannot be justified

On the contrary, the standard deviation charts show a great difference. The first one truly reflects the sea floor structure. The few 300 to 400 m. standard deviation extrema correspond to unsurveyed zones. It is the same on the border of the chart (but the large gradients observed on the sea floor charts correspond to reality). The second chart shows a quite chaotic aspect, and the standard deviations are sometimes twice too weak, or twice too important. This is caused by the fact that automatic fitting of the local structural characteristics with the usual covariance models cannot accurately take the covariance regularization into account - and still less the term connected with slope a of the drift ; the fitted covariance is often a covariance generalized in h^3 with a nugget effect, but this is not sufficient to give satisfactory results.

If we are interested in estimation accuracy - which is the case here - the location uncertainty must absolutely be taken into account.

REFERENCES

1. CHILES, J.P. and CHAUVET, P. (1974) "Kriging : a method for cartography of the sea floor". International Hydrographic Review Vol. LII, N° 1, Jan. 1975.
2. CHILES, J.P. and DELFINER, P. (1974) "Reconstitution par krigeage de la surface topographique à partir de divers schémas d'échantillonnage photogrammétrique". Symposium de la Commission IV, Société Française de Photogrammétrie, Bulletin n° 57, Janvie 1975.
3. CHILES, J.P., CHAUVET, P. and DELFINER, P. (1975) "Analyse des champs météorologiques par krigeage". Unpublished report, Centre de Morphologie Mathématique, Fontainebleau.
4. DELFINER, P. (1973) "Analyse objective du géopotentiel et du vent géostrophique par krigeage universel". Note interne n° 321, Etablissement d'Etudes et de Recherches Météorologiques, Météorologie Nationale, Paris.
5. DELFINER, P. (1975) "Linear estimation of non-stationary phenomena". Proceedings of NATO A.S.I., Rome, 13-25 Octobre 1975.
6. DELFINER, P. and DELHOMME, J.P. (1973) "Optimum interpolation by Kriging". Display and Analysis of Spatial Data, NATO A.S.I., Nottingham 1973.-Ed.: Wiley and Sons, New York, 1975.

7. DELHOMME, J.P., BESBES, M. and DE MARSILY, G. (1975) "Accuracy of estimation of the piezometric heads in an aquifer - Importance for the fitting of a model". International Hydrogeology Symposium, Porto-Alegre, Brasil.
8. DUMAY, R., CHAUVET, P. and CHILES, J.P. (1975) "Exploitation de données bathymétriques disparates par des méthodes géostatistiques". Unpublished report, Centre de Morphologie Mathématique, Fontainebleau.
9. MATHERON, G. (1973) "The intrinsic random functions, and their applications". Adv. in Appl. Prob., 5, 1973, pp. 439-468.
10. ROYER, J.F. (1975) "Comparaison des méthodes d'analyse objective par interpolation optimale et par approximations successives". Unpublished note, Météorologie Nationale, Paris.

OPTIMAL INTERPOLATION USING TRANSITIVE METHODS*

Marco Alfaro and Felix Miguez

Centro de Calculo, ETS de Minas, Rios Rosas 21
Madrid 3, Spain.

ABSTRACT. A good interpolation method must take into consideration the structure of the studied phenomenon, the situation of the estimated point with respect to the samples and the configuration of these. With the method of the Transitive Kriging we obtain an optimal solution accomplishing these conditions: the best linear estimator that can be constructed with the available data. The present paper studies in detail the application of this method to a geophysical recognition problem: structural analysis and transitive kriging; the results so obtained are compared with those produced by the Universal Kriging.

I. THE TRANSITIVE THEORY

I.1 The transitive covariogram

The basic tool of this theory is the covariogram. Let f(x) be a regionalized variable in the space of m dimensions, null at the exterior of a bounded set V. The transitive covariogram of f(x) is the function g(h) defined by:

$$g(h)=\int f(x)\,f(x+h)\,dx \qquad (I.1.1)$$

* The ideas that have served as basis for this paper are taken of an unpublished work by Prof. Matheron.

M. Guarascio et al. (eds.), Advanced Geostatistics in the Mining Industry, 91-99.

This function, of the vectorial argument h, has the following properties :

$$g(h)=g(-h) \qquad (I.1.2)$$

$$|g(h)| \leq g(0)=\int [f(x)]^2 dx \qquad (I.1.3)$$

Another important property of g(h) is that it is a definite positive function, that is to say:

$$\sum_{ij} \lambda_i \lambda_j g(x_i - x_j)=0 \qquad (I.1.4)$$

In effect, if $x_1, x_2, \ldots . x_K$ are points in the $\mathbb{R}^m$ space, and $\lambda_1, \lambda_2, \cdots, \lambda_K$ real numbers, we have:

$$\sum_{ij} \lambda_i \lambda_j g(x_i - x_j)=\sum_{ij} \lambda_i \lambda_j \int f(y) f(y+x_i - x_j) dy=$$

$$\sum_{ij} \lambda_i \lambda_j \int f(u+x_i) f(u+x_j) du = \int \Big[\sum_i \lambda_i f(u+x_i)\Big]^2 du=0$$

Then, for the choice of a model of a transitive covariogram we must only use definite positive functions.

This function g(h) gives us information about a certain number of structural characteristics of the regionalization: continuity, anisotropies etc.

I.2. The transitive kriging

Let f(x) be a regionalized variable, known at all points $y+x_1$, $y+x_2, \ldots . y+x_N$ (fig.1).

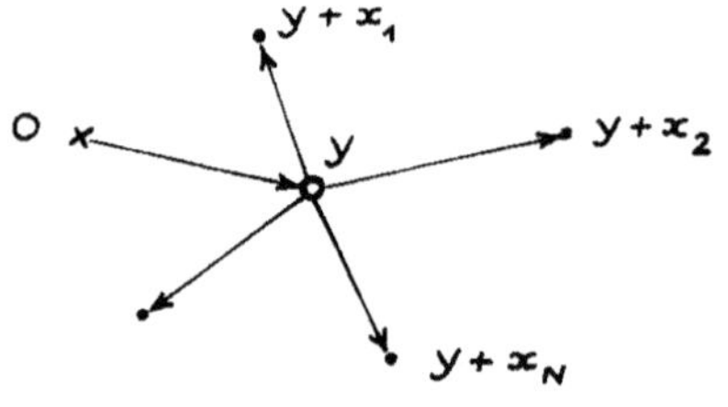

fig. 1

We wish to estimate the value of f(x) at the point y; for this we take a linear estimator of the form:

$$f^*(y)=\sum_{i=1}^{N} \lambda_i f(y+x_i)$$

and we shall determine the coefficients λ_i doing the integral:

$$A=\int [f^*(y)-f(y)]^2 dy$$

a minimum.

The integral A will have a significance analogeous to that of the extension variance.The procedure consists in minimizing the mean cuadratic error.The mean refers not to a mathematical expectation, but rather to the set of positions that the system of points $(y, y+x_1, \ldots y+x_N)$ occupies in the space when it is translated in y without deformation.

Rewriting A we obtain:

$$A=\int \Big[\sum_i \lambda_i f(y+x_i) - f(y)\Big]^2 dy$$

$$A=\int \Big[\sum_{ij} \lambda_i \lambda_j f(y+x_i) f(y+x_j) - 2\sum_i \lambda_i f(y) f(y+x_i) + \overline{f(y)}^2\Big] dy$$

$$A=\sum_{ij} \lambda_i \lambda_j g(x_i - x_j) - 2\sum_i \lambda_i g(x_i) + g(0)$$

Taking partial derivatives with respect to λ_i and equating it to zero, we have the system of N equations:

$$\sum_{j=1}^{N} \lambda_j g(x_i - x_j) = g(x_i) \quad i=1,2,\ldots N \qquad (I.2.1)$$

This system always has a solution because the matrix $g(x_i - x_j)$ is definite positive.

The minimal value of A is :

$$A_o = g(0) - \sum_i \lambda_i g(x_i) \qquad (I.2.2)$$

If in a more general manner we wish to estimate a weighted mean with the form:

$$Q(y) = \int p(x) f(x+y) dy$$

using the estimator:

$$Q^*(y) = \sum_{i=1}^{N} \lambda_i f(y+x_i)$$

we arrive at the system:

$$\sum_{j=1}^{N} \lambda_j g(x_i - x_j) = \int p(x) g(x - x_i) dx \quad i=1,2\ldots N \qquad (I.2.3)$$

$$A_o = \iint p(x) p(x') g(x-x') dx dx' - \sum_i \lambda_i \int p(x) g(x-x_i) dx \qquad (I.2.4)$$

We can observe the analogy between these systems of equations and those of the kriging of the intrinsic theory. However, as we have no made any hypothesis about the variable, this method is applicable to non-stationary phenomena.

It is very easy to see that the point form transitive kriging is an exact estimator, in the sense that $f_K^*(x_r)=f(x_r)$, x_r being an experimental point; for thi it is sufficient to use the system (I.2.1) and to prove that $\lambda_r=1$, $\lambda_i=0$ if $i\neq r$ is the unique solution.

II. A CASE STUDY

We have taken as an example the gravimetric recognition in Val d'Or, Quebec, already studied by Prof Huijbregts and Matheron (1970).The data are distributed in a regular pattern of 100X100 sq.ft., constituin a 11X17 matrix; the unit of measure is 10^{-2} milligal (see table I from Fraser Grant,1957).For thirteen of these points we have no information; these we have numbered in brackets.

-27	[2]	[4]	[8]	[11]	-21	-22	-10	-24	[13]	-15	-7	-6	-35	-34	-42	-63
[1]	[3]	[5]	[9]	[12]	-12	2	13	39	13	0	-14	-18	-26	-40	-62	-89
-27	-14	[6]	[10]	-4	-6	19	25	26	10	10	-6	-16	-32	-68	-91	-122
-11	-4	[7]	14	16	27	21	14	14	5	1	0	-15	-53	-96	-119	-144
-12	5	14	42	57	18	-4	13	18	20	10	-13	-38	-55	-97	-133	-139
-23	-24	18	50	35	9	9	16	12	9	0	-25	-55	-80	-94	-133	-155
-12	-8	13	18	9	9	6	2	7	-5	-26	-47	-65	-91	-128	-147	-159
-10	4	-4	-15	-22	-4	-26	-2	-23	-35	-49	-50	-88	-130	-135	-154	-181
-8	-26	-2	-22	-25	-19	-46	-49	-57	-55	-75	-86	-111	-120	-139	-158	-189
-14	-17	1	-21	-24	-41	-45	-67	-64	-74	-91	-97	-120	-138	-165	-171	-199
-2	-4	-13	-29	-21	-43	-59	-73	-87	-82	-94	-117	-127	-140	-167	-174	-214

W E

Table I. Array of original data (from Fraser Grant 195

II.1 Structural analysis

In our case (two dimensions), the covariogram has as expresion :

$$g(h_1,h_2)=\iint f(x_1,x_2)\,f(x_1+h_1,x_2+h_2)\,dx_1\,dx_2$$

Because the data are discrete, we shall estimate this integral by:

$$g(k_1a_1,k_2a_2)=a_1a_2\sum_i\sum_j f(x_i,x_j)\,f(x_i+k_1a_1,x_j+k_2a_2)$$

a_1, a_2 being the sides of the grid.

Using a computer program we have calculated the expresion in four directions of the plane.Figure 2 shows the experimental covariogram.

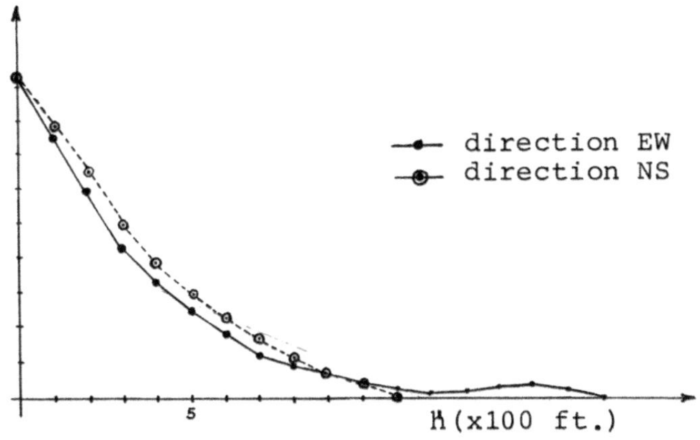

Figure 2.- Experimental covariograms-

For a theoretical model we have adopted a sum of two anisotropic spherical covariograms that fits the experimental points very well (fig.3).

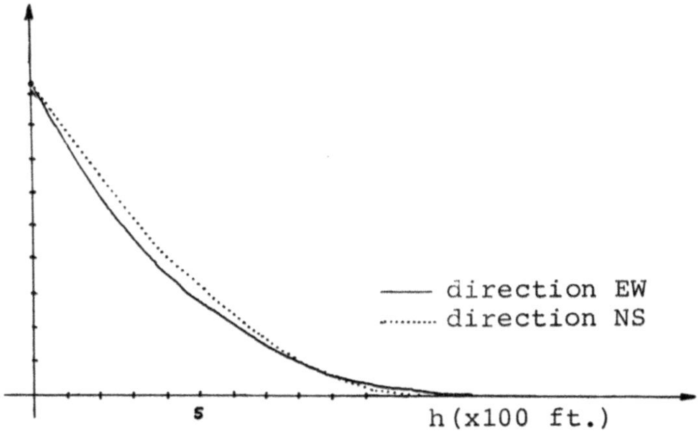

Figure 3.- Theoretical covariograms.

The expression of this theoretical covariogram is:

$$g(h_1,h_2)=g_1(h_1,h_2)+g_2(h_1,h_2)$$

in which:

$$g_1(h_1,h_2)=0.31\left\{1-\frac{3}{2}\left[\left(\frac{h_1}{5}\right)^2+\left(\frac{h_2}{7.5}\right)^2\right]^{\frac{1}{2}}+\frac{1}{2}\left[\left(\frac{h_1}{5}\right)^2+\left(\frac{h_2}{7.5}\right)^2\right]^{\frac{3}{2}}\right\}$$

$$\text{if : } \left(\frac{h_1}{5}\right)^2+\left(\frac{h_2}{7.5}\right)^2\leq 1$$

$$g_1(h_1,h_2)=0 \qquad \text{if:} \quad \left(\frac{h_1}{5}\right)^2+\left(\frac{h_2}{7.5}\right)^2 \geq 1$$

$$g_2(h_1,h_2)= 0.60\left\{1-\frac{3}{2}\left[\left(\frac{h_1}{13}\right)^2+\left(\frac{h_2}{13}\right)^2\right]^{\frac{1}{2}}+\frac{1}{2}\left[\left(\frac{h_1}{13}\right)^2+\left(\frac{h_2}{13}\right)^2\right]^{\frac{3}{2}}\right\}$$

$$\text{if:} \quad \left(\frac{h_1}{13}\right)^2+\left(\frac{h_2}{13}\right)^2 \leq 1$$

$$g_2(h_1,h_2)=0 \qquad \text{if:} \quad \left(\frac{h_1}{13}\right)^2+\left(\frac{h_2}{13}\right)^2 \geq 1$$

II.2 Kriging of the variable.-

Our objective is to interpolate points in the grid of 100X100 sq.ft.In order to reach this objective we shall use the configuration of figure 4 and the system of equations (I.2.1).

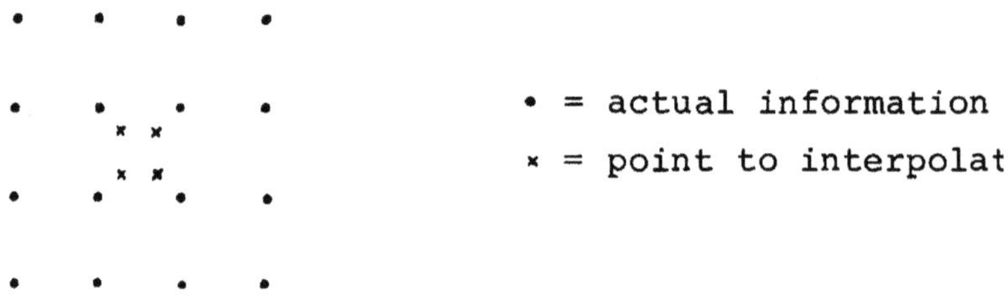

Figure 4.- kriging configuration.

For the interpolation of these points we shall use the estimator:

$$Z^* = \sum_{i=1}^{16} \lambda_i Z_i$$

in which the λ_i are the solutions of the system (I.2.1) written in matrix form:

$$\begin{bmatrix} g_{11} & g_{12} & \cdots & g_{1,16} \\ g_{21} & g_{22} & \cdots & g_{2,16} \\ \vdots & & & \vdots \\ g_{16,1} & g_{16,2} & \cdots & g_{16,16} \end{bmatrix} \begin{bmatrix} \lambda_1 \\ \lambda_2 \\ \vdots \\ \lambda_{16} \end{bmatrix} = \begin{bmatrix} g_{1,0} \\ g_{2,0} \\ \vdots \\ g_{16,0} \end{bmatrix}$$

That is, we must find the inverse of a 16X16 matrix. Further, we shall calculate for each estimated point:

$$A_0 = g(0) - \sum_i \lambda_i g(x_i)$$

A_0 will give us a certain measure of the uncertainty associated with the estimation of Z; moreover it will be interesting to have an isovalues map of A , to be used in conjunction with the other.

Before doing this, it is neccesary to interpolate those points of the grid which have no original information (see table I). To achieve it we shall use the same linear estimator as defined before. In table II the values estimated for each point by the transitive kriging (column Z_A) like those obtained by the universal kriging (using the spherical half-variogram proposed by Huijbregts and Matheron, 1970,p.167)(column Z_K) are presented. Also the error term A_0 of the transitive kriging and the universal kriging variance σ_K^2.

In this case it is obvious that the geometric pattern of both types of error terms are closely similar.

Point	$A_0/g(0)$	$\sigma_K^2/C(0)$	Z_A	Z_K
1	0.14	0.25	-27	-29
2	0.25	0.46	-26	-23
3	0.18	0.32	-21	-22
4	0.36	0.73	-20	-26
5	0.28	0.47	-16	-19
6	0.20	0.30	-6	-5
7	0.15	0.22	5	7
8	0.36	0.74	-19	-23
9	0.27	0.47	-13	-16
10	0.18	0.28	-4	-2
11	0.26	0.46	-21	-22
12	0.21	0.30	-15	-15
13	0.13	0.23	-12	-11

Table II . Summary of calculated values for the points without original information.

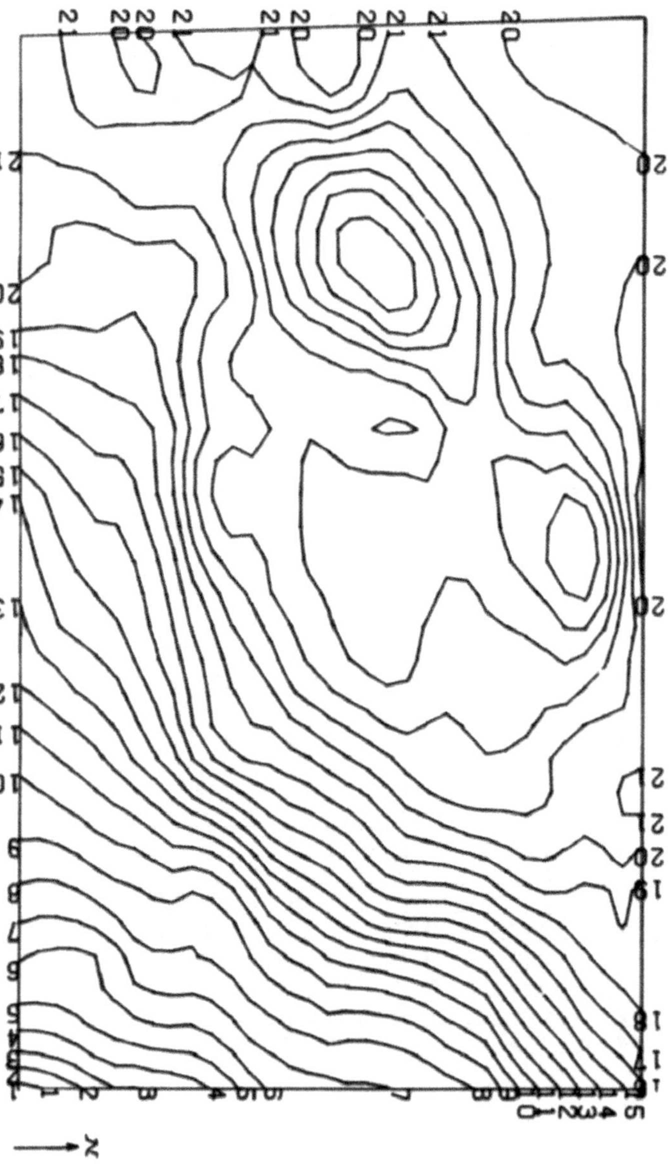

Figure 5.- Final isovalues map.Isoline number 1 = -200 milligal. Contour interval = +10.

In figure 5 we present the final isovalues map. It has been constructed using a third degree least squares polynomial fitted to all the original and interpolated points (800 in total).Comparing it with the hand drawn map taken from the paper by Huijbregts and Matheron (p.162), we can observe the great similarity between them.

This transitive kriging method poses certain disadvantages.

-when the recognition grid is irregular it is difficult to calculate the experimental trensitive covariogram.

-there are problems at the borders which make it difficult to estimate the regionalized variable in the limits of the area.

It will be interesting in the future to study the statistical behaviour of the error terms in order to establish the optimal interpolation estrategy in each particular case.

REFERENCES

Fraser, Grant, A problem in the analysis of geophysical data; Geophysics,vol.XXII,n2,pp.309-344,(1957).

Huijbregts,Ch. and Matheron,G.,Universal Kriging (an optimal method for estimating and contouring in trend surface analysis);Decision Making in the Mineral Industry,C.I.M. Special Volume n°12,pp.159-169 (1970).

Matheron,G., Le krigeage Transitif; unpublished note, Centre de Morphologie Mathematique,Fontainebleau,(1967).

APPLICATION OF TWO METHODS FOR THE INTERPRETATION OF THE UNDERLYING VARIOGRAM

R. Sabourin

Coal Division, Mine Planning, Cape Breton
Development Corporation, Canada.

ABSTRACT. The Universal Kriging (U.K.) is an estimation procedure which takes into account the trend effect (drift) of a regionalized variable. This forecasting technique is applied in an increasing number of problems. In this article we are interested in describing and applying two methods which are concerned with the interpretation of parameters needed in the U.K. system. In fact, an optimum efficiency can be obtained in the interpretation of the underlying variogram if both methods are used in a complementary manner.

1. INTRODUCTION

The interpretation of the characteristics of a variogram is very important in a geostatistical study. The work involved in it must be as objective as possible, and it should be standard for every problem. For example, in the simple kriging system, we have to find the parameters of a mathematical model which will best fit the experimental variogram of the real values. This step of the study can be entirely computerized. Indeed, by using the least square method, we can obtain the parameters' model automatically.

In our case, we will try to deal with a more complicated problem. The U.K. technique requires parameters which are not readily available from the real data, e.g. the underlying variogram. The interpretation of this function is not easy to undertake. Furthermore, because of the nature of the problem, this interpretation can give ground for subjectivity.

M. Guarascio et al. (eds.), Advanced Geostatistics in the Mining Industry, 101-109.

For these reasons automatic methods of interpretation are greatly needed in this field of research.

1.1 Description of data

A group of 71 channel samples will constitute our basic data. Each of these samples were taken across the seam of a coal mine (Lingan Mine, Cape Breton). The unit sample is a six inches section which is chemically analyzed for ash and sulfur content. They are taken from top to bottom of the seam (Harbour Seam) which has an average height of seven feet. The geological horizon or zero level for the Z coordinate is considered to be the bottom of the seam.

In our case we will only analyze the vertical variation of the sulfur, thus, the channel samples will be considered as parallel lines.

1.2 The basic theory

To be able to apply the U.K. system, we must know two parameters which represent the important characteristics of the regionalized variable.

They are: the underlying variogram $\gamma(h)$ or variogram of th residuals; and the analytical expression of the drift which best characterizes the trend effect inside a neighbourhood. The difficulty in finding these parameters is that one cannot be calculated without the other. The definition of an estimated residual is: $R(x)=Z(x)-M(x)$: the real value $z(x)$ of our variable can be considered as a realization of a random function $Z(x)$: $M(x)$ is an optimal estimation of the drift at the point x.

The variogram of the (estimated) residuals is expressed as:

$$2\gamma_R(x,x+h)=E\{R(x)-R(x+h)\}^2 \qquad ($$

We can easily verify that the experimental variogram of the residuals stated as:

$$2\gamma^*(h)=(1/K(h))\int_S k(x)k(x+h)\{Z(x)-Z(x+h)-M(x)+M(x+h)\}^2 dx \qquad ($$

where $k(x)=1$ if $x\varepsilon S$ and $k(x)=0$ if $x \notin S$; $K(h)=\int_S k(x)k(x+h)dx$,

is an unbiased estimate of the mean variogram of the residuals.

$$\bar{\gamma}_R(h)=(1/K(h))\int_S k(x)k(x+h)\gamma_R(x,x+h)dx \qquad ($$

i.e. $E(\gamma^*(h))=\bar{\gamma}_R(h)$ (4)

However, $\gamma^*(h)$ cannot be calculated without an estimation of the drift for every value $Z(x)$ accounted for in the equation (2). We can define the real but unknown value of the drift as being the first order moment of the random function:

$$m(x)=E(Z(x))=\Sigma_\ell a_\ell f^\ell(x) \quad (5)$$

which can also be approximated in a certain neighbourhood to a polynomial of order k. The coefficients a_ℓ are unknown, and the $f^\ell(x)$ could be of the type: $f^\ell(x)=x^\ell$.

$M(x)$ is expressed in the discrete case as a linear combination of $Z(x_\alpha)$, $x_\alpha \varepsilon S$ i.e. $M(x)=\Sigma_\alpha \lambda_\alpha Z(x_\alpha)$.

In order to find the λ_α we apply first: the condition of universality; (unbiaised estimator i.e. $E(M(x))=m(x)$); and the optimality condition $(VAR(M(x)-m(x))=min)$.

The following system of equations will give us the λ_α needed for the calculation of $M(x)$.

$$\begin{cases} \Sigma_\beta \lambda^\beta \sigma_{\alpha\beta}=\Sigma_\ell \mu_\ell f^\ell(x_\alpha) & (\alpha=1,\ldots,n) \\ \Sigma_\alpha \lambda^\alpha f^\ell(x_\alpha)=f^\ell(x) & (\ell=0,\ldots,k) \end{cases} \quad (6)$$

Where $\sigma_{\alpha\beta}$, is the covariance of the residuals, μ_ℓ, the Lagrange multiplier inserted inside the system because of the universality conditions, and $f^\ell(x)$, is the value of x^ℓ.

Because we have expressed the drift as a polynome, and considering the universality conditions, the λ_α and the μ_ℓ are linear in $f^\ell(x)$.

$$\lambda^\alpha=\Sigma_\ell \lambda^\alpha_\ell f^\ell(x) \quad , \quad \mu_\ell=\Sigma_s \mu_{\ell s} f^s(x) \quad (7)$$

Inserting these two matrices in (6), we have a new system which gives an estimation for each coefficient a_ℓ.

$$\begin{cases} \Sigma_\beta \lambda^\beta_\ell \sigma_{\alpha\beta}=\Sigma_s \mu_{\ell s} f^s(x_\alpha) & (\alpha=1,\ldots,n) \\ \Sigma_\alpha \lambda^\alpha_s f^s(x_\alpha)=\delta^\ell_s & (\ell=0,\ldots,k) \end{cases} \quad (8)$$

Where $\delta^\ell_s=1$ if $\ell=s$, $\delta^\ell_s=0$ if $\ell \neq s$.

If only the variogram of the residuals exists, G. Matheron (1970, p. 150) has shown that we can use the system (8) with a variogram if we change $\sigma_{\alpha\beta}$ by $-\gamma_{\alpha\beta}$.

However, in this case the coefficient Ao is undetermined because we have to consider the relation: $\Sigma_\alpha \lambda^\alpha_\ell = 0$: which respects the universality condition for the estimation of all the coefficients A_ℓ, except Ao. This undetermination does not affect the calculation of $\gamma^*(h)$ because Ao cancels itself in the operation. This estimation system will therefore be:

$$\begin{aligned} &\Sigma_\beta \lambda^\beta_\ell \gamma_{\alpha\beta} = -\Sigma_s \mu_{\ell s} f^s(x_\alpha) - \mu_{o\ell} && (\alpha=1,\ldots,n) \\ &\Sigma_\alpha \lambda^\alpha_\ell f^s(x_\alpha) = \delta^\ell_s && (\ell=1,\ldots,k) \\ &\Sigma_\alpha \lambda^\alpha_\ell = 0 \end{aligned} \qquad (9)$$

The difficulty we have mentioned earlier is evident now. When we try to calculate $\gamma^*(h)$, we use coefficients (A) which are estimated by a system of equations requiring a theoretical representation of the underlying variogram.

In the second part of this article we will present the general mathematical formulation of two methods which are able to interpret the underlying variogram. The third chapter will deal with the application of these methods in a practical problem.

2.0 DESCRIPTION OF THE METHODS

The first method called "Indirect Method" has been fully demonstrated by G. Matheron (1969, p. 51). It consists of several steps which are:

1- The calculation of $\gamma^*(h)$, using unbiased polynomial coefficients which have been estimated by the system (9). The theoretical variogram of the residuals can be expressed as $\gamma_{\alpha\beta} = |\alpha-\beta|$.

2- We then compare the experimental curve of $\gamma^*(h)$ with its mathematical expectation i.e. $E(\gamma^*(h)) = \overline{\gamma}_R(h)$. $E(\gamma^*(h))$ can be expressed as a function of the underlying variogram $\gamma(h)$. The curve of $\gamma^*(h)$ is thus compared to a series of charts which are constructed for several parameters affecting a possible model for $\gamma(h)$.

3- Having chosen the model of $\gamma(h)$ and its parameters, we can recalculate $\gamma^*(h)$ and verify if this new experimental curve fits its mathematical expectation in the case where $\gamma_{\alpha\beta} = \gamma(h)$.

There is a second method that we can use to find the underlying variogram. We call it the "Direct Method", because it gives $\gamma(h)$ almost automatically. It has been also explained by G. Matheron (1970, pp. 194-199, and p. 211). We can find another reference in a note written by C. Huijbregts (1972). In this method, $\gamma(h)$ is determined up to one factor. We will explain how we can obtain this factor in section 2.2 of this chapter. The use of this method reduces the procedure involved in the second step of the indirect method.

2.1 The "Indirect Method"

In this section we will present $E(\gamma^*(h))$ as a linear function of $\gamma(h)$. Taking the mathematical expectation of equation (2) and considering that, $E(R(x)-R(x+h))=0$, we have:

$$E(2\gamma^*(h))=2\gamma(h)+\Sigma_\ell\Sigma_s\{\mathrm{cov}(A_\ell,A_s)T^{\ell s}(h)\} \tag{10}$$

$$-2\Sigma_\ell(1/K(h))\int_S k(x)k(x+h)\{f^\ell(x+h)-f^\ell(x)\}\mathrm{cov}\{A_\ell(Z(x+h)-Z(x))\}dx$$

with $T^{\ell s}(h)=(1/K(h))\int_S k(x)k(x+h)\{f^\ell(x+h)-f^\ell(x)\}\{f^s(x+h)-f^s(x)\}dx$ (11)

There is two terms in this expression that we can transform in function of $\gamma(h)$. First:

$$(1)\quad \mathrm{cov}(A_\ell,A_s)=\int\int\lambda_\ell^x\lambda_s^y\,\mathrm{cov}(Z(x)Z(y))dxdy \tag{12}$$

$$=\int\int\lambda_\ell^x\lambda_s^y(-\gamma(x-y))dxdy \tag{13}$$

using, $\mathrm{cov}(x,y)=\gamma(x)+\gamma(y)-\gamma(x-y)$ and $\int\lambda_\ell^x dx=0$

Secondly:

$$(2)\quad \mathrm{cov}(A_\ell\{Z(x+h)-Z(x)\})=\int\lambda_\ell^y\mathrm{cov}\{Z(y)Z(x+h)\}dy-\int\lambda_\ell^y\mathrm{cov}(Z(y)Z(x))dy \tag{14}$$

$$=\int\lambda_\ell^y\{\gamma(x-y)-\gamma(x+h-y)\}dy \tag{15}$$

It can also be demonstrated that:

$$(1)\quad =\int\int\{\lambda_\ell^x\lambda_s^{x+z}-\lambda_\ell^x\lambda_s^{x-z}\}\gamma(z)dxdz \quad \text{with } \lambda_\ell^x=0 \text{ if } x\notin S \tag{16}$$

$$(2)\quad =\int\int\{\lambda_\ell^{x+z}+\lambda_\ell^{x-z}-\lambda_\ell^{x+h+z}-\lambda_\ell^{x+h-z}\}\gamma(z)dxdz \tag{17}$$

The final expression of $E(2\gamma^*(h))$ can be written as follows:

$$E(2\gamma^*(h))=\int M(h,z)\gamma(z)dz \tag{18}$$

$$\text{with } M(h,z)=2\delta_h^z-\Sigma_\ell\Sigma_s\int\{\lambda_\ell^x\lambda_s^{x+z}-\lambda_\ell^x\lambda_s^{x-z}\}T^{\ell s}(h)dx \tag{19}$$

$$-(2/K(h))\Sigma_\ell\int k(x)k(x+h)\{f^\ell(x+h)-f^\ell(x)\}\{\lambda_\ell^{x+z}+\lambda_\ell^{x-z}-\lambda_\ell^{x+h+z}-\lambda_\ell^{x+h-z}\}dx$$

2.2 The "Direct Method"

We know that the expression of the underlying variogram is:

$$2\gamma(x,x+h)=D^2(Z(x)-Z(x+h))=E(Z(x)-Z(x+h))^2-E^2(Z(x)-Z(x+h)) \quad (20$$

Taking M(x) as an estimation of m(x)=E(Z(x)), we can say that

$$2\gamma(x,x+h)=E(Z(x)-Z(x+h))^2-E^2(M(x)-M(x+h))\pm E(M(x)-M(x+h))^2 \quad (21$$

So $$2\gamma(x,x+h)=E\{(Z(x)-Z(x+h))^2-(M(x)-M(x+h))^2\}+D^2(M(x)-M(x+h)) \quad (22$$

where the first term on the right hand of equation (22) is accessible experimentally, and the second term is undetermined. In fact:

$$D^2(M(x)-M(x+h))=\Sigma_\ell\Sigma_s\mu_{\ell s}\{f^\ell(x)-f^\ell(x+h)\}\{f^s(x)-f^s(x+h)\} \quad (23$$

Where $(\ell,s=1,\ldots,k)$. Taking the average on x for equation (22), we have:

$$\bar{\gamma}(h)=(1/K(h))\int k(x)k(x+h)\gamma(x,x+h)dx \quad (24$$

and minimizing the following expression, i.e. annulling the partial differentials $\partial/\partial\mu_{\ell s}$ of :

$$\int dh\int dx\{\bar{\gamma}(h)-\gamma(x,x+h)\}^2 \quad (25$$

we can find all the $\mu_{\ell s}$, except μ_{11} which is still inaccessible. However, we know that the first value of the experimental variogra of the real values should be very close to the first point of the underlying variogram. At least we can consider it as being an upper limit value for $\gamma(1)$. This practical consideration permits us to obtain μ_{11}, thus $\gamma(h)$ will be calculated almost automatic-ally.

3.0 AN APPLICATION OF THE METHODS

The practical problem we are presenting here will show how the two methods can be efficiently used together to interpret the underlying variogram. From the data available we have calculated $\gamma^*(h)$ for a line segment of 24 inches. We have applied a linear and a quadratic drift to the data. The results are shown on Figure (1) with a first attempt to find $\gamma(h)$. We can see that a better fit is found for the quadratic drift. In this case the underlying variogram is: $\gamma(h)=1.0|h|$. However, we know that $\gamma(h)$ must express some characteristics of the variogram of the real values.

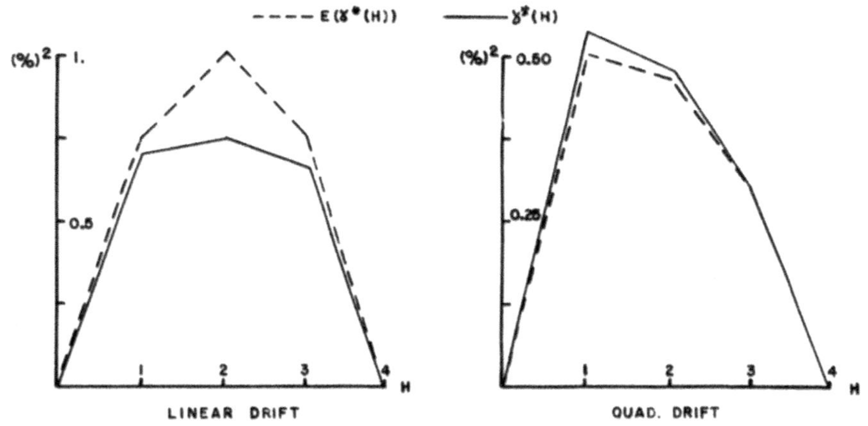

Figure 1. Experimental variogram of the residuals and a first interpretation for $\gamma(h)$.

We know (R. Sabourin, 1975) that it has a pronounced nugget effect $Co=0.7(\%)^2$ which must also be taken into account by $\gamma(h)$. The second step of the indirect method is to draw charts of the mathematical expectation of $\gamma^*(h)$ for several models of $\gamma(h)$ which could fit on the curve of Figure (1). This procedure can lead to false interpretation of $\gamma(h)$. Indeed we know that different models of $\gamma(h)$ could lead to the same theoretical curve of $E(\gamma^*(h))$.

In our case, it is quite obvious that the first interpretation of $\gamma(h)$ is not satisfactory. We could compare the experimental curves of Figure (1) to a chart where the model of $\gamma(h)$ would have $Co=0.7(\%)^2$, and w would vary. We will avoid this comparison and look for the interpretation of $\gamma(h)$ given by the direct method.

Figure (2) shows us possible curves of $\gamma(h)$ for a certain number of values of the factor $\mu_{11}=D^2(A_1)>0$. We must choose a configuration which will adjust with a known model i.e. linear, spherical, etc... We could also choose μ_{11} so that the first value of $\gamma(h)$ is equal to or less than the first value of the variogram of the real data. This value is equal $1.0(\%)^2$. The equation we have to solve is:

$$\gamma(h)=CT(h)+\mu_{11}h^2 \text{ , and for } h=1, \text{ we have:} \tag{26}$$

$$1.0=0.646+\mu_{11}(1)^2 \text{ , so } \mu_{11}=0.354$$

$CT(h)$ is $\gamma(h)$ when $\mu_{11}=0.0$

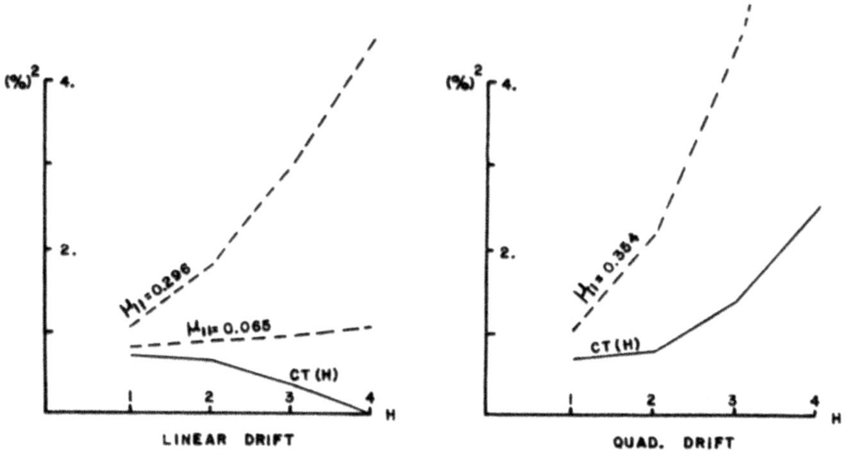

Figure 2. Interpretation of $\gamma(h)$ by the "Direct Method".

Looking at the curve CT(h) for the quadratic drift, we can see that $\gamma(h)$ could not be fitted to a simple model. The calculated value of μ_{11} for the linear drift is: 0.296: which also gives an unrealistic model for $\gamma(h)$. We can verify this assumption by calculating $E(\gamma^*(h))$ with the model found for $\gamma(h)$. If we use the value $\mu_{11}=0.065$ which we arrive at by trying to adjust a linear model by the least square method, $\gamma(h)$ has the following expression: $\gamma(h)=0.69+0.086|h|$.

This model gives us a curve for $E(\gamma^*(h))$, very close to the experimental variogram of the residuals, (see Figure (3)), and which respects the characteristics of the variogram of the real data.

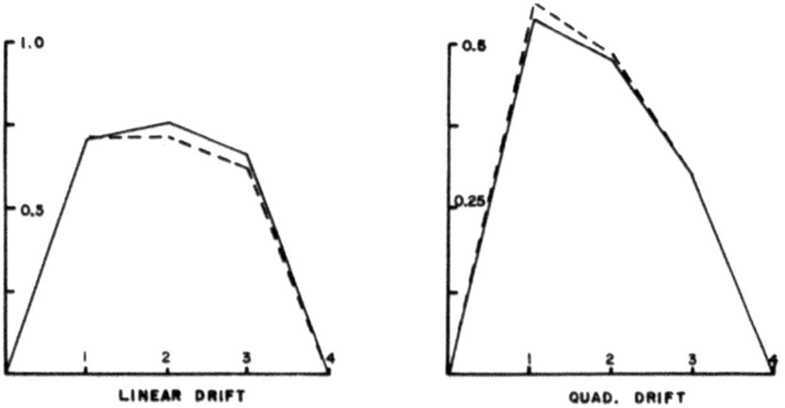

Figure 3. Adjustment between $\gamma^*(h)$ and $E(\gamma^*(h))$, using $\gamma(h)=0.69+0.086|h|$.

4.0 CONCLUSION

The combination of the two methods reduces greatly the work involved in the interpretation of $\gamma(h)$. The usefulness of the direct method is that it can produce a curve for $\gamma(h)$ which only needs minor adjustments so that $E(\gamma^*(h))$ fits to the experimental variogram of the residuals. It reduces the work involved in the second step of the indirect method by giving a possible expression of $\gamma(h)$. However, we must be careful with the direct method in the sense that we may not always be able to find a common model for $\gamma(h)$.

REFERENCES

HUIJBREGTS, C., 1972, Ajustement d'un variogramme expérimental a un modèle théorique. Internal report N-287, Centre de Morphologie Mathématique de Fontainebleau, 22 p.

MATHERON, G., 1969, Le krigeage universel. Les cahiers du Centre de Morphologie Mathématique de Fontainebleau, Fascicule 1, Ed. Ecole Nationale Supérieure des Mines de Paris, 83 p.

MATHERON, G., 1970, La théorie des variables régionalisées, et ses applications. Les cahiers du Centre de Morphologie Mathématique de Fontainebleau, Fascicule 5, Ed. Ecole Nationale Supérieure des Mines de Paris, 212 p.

SABOURIN, R., 1975, Geostatistical evaluation of the sulphur content in Lingan Mine, Cape Breton. 1975 APCOM International Symposium, Clausthal, Germany.

P A R T I I I

ORE-WASTE DISCRIMINATION

SELECTION AND GRADE-TONNAGE RELATIONSHIPS

Ch. Huijbregts

Centre de Morphologie Mathématique, Ecole Nationale Supérieure des Mines de Paris, Fontainebleau, France.

ABSTRACT. In practice, blocks are selected according to their estimated value and not according to their true unknown value. In order to avoid serious errors in calculating a grade-tonnage curve, we must be able to define clearly the relationships existing between estimates and the corresponding true values. This leads to study in details the following distributions :

- the in situ distribution of true block grades.
- the distribution of estimated block grades.
- the joint distribution of true and estimated grades.

It is shown that to forecast correctly the average grade of the selected ore, conditionnally unbiased estimators should be used. However, since we work on estimates, some losses in profitability will necessarily occur. Finally the paper indicates briefly how to forecast grade-tonnage curves at an early stage of the mine development when complete information is not yet available.

0. INTRODUCTION

Because of the variations of ore quality within a deposit, together with variable mining and processing costs, an orebody can seldom be mined out without selection. The basic operation is to define, among the available in situ resources, a certain tonnage of mineable ore (mineable reserves) that fulfills certain condition of profitability. The definition of mineable ("payable") ore is linked to economic and technological conditions : market prices of the metal, mining method, mining and processing costs, necessary investments.

Discrimination between ore and waste is made on the basis of

M. Guarascio et al. (eds.), Advanced Geostatistics in the Mining Industry, 113-135.

selection criteria (profit function, economic function, minimax..) by means of selection or cut-off parameters : cut-off grades, minimum mineable thickness, maximum level of impurities... The selection parameters are applied on a basic section unit that is the minimum volume or block that can be selected within the technological conditions of the mining method. Most of the time we will not know the true values of these selection units (e.g. the grades) but only estimated values.

In evaluating the economic potential of a mining project, we must be able to forecast, for several possible economical and technological environments, the tonnage and value of the fraction of resources that can be mined as ore. This comes down to forecast the future result (tonnage, grades,...) of a selection policy of ore and waste taking into account the factors that influence this result :

- the size of the selection unit (linked to the mining method and machinery).
- the fact that blocks are selected according to their estimated values. These estimates are not necessarily available at the present decision stage.
- the way in which selection is made, the selection parameter and the possible constraints such as accessibility in open pit mining.

A frequently used decision tool is the so-called grade-tonnage relationship, which relates the tonnage of mineable ore to its average grade, for a given set of economical conditions. It is in the estimation of grade-tonnage relationships that most errors and biases occur for lack of a clear definition of the necessary concepts.

One of the most important contributions of Applied Geostatistics has been to show that a grade-tonnage relationship depends on the support of the selection unit and on the accuracy of the final estimates used for selecting the blocks (Journel, 1973; David, 1972). The object of this article is to study in detail how a grade-tonnage relationship can be obtained and how decisions based on estimates affect the true "grade" of the ore that is sent to mill.

More precisely, we are concerned with the true grades of a population of blocks defined by a condition on the estimated value of these (unknown) grades : the estimate must be above a certain cut-off grade (we will limit ourselves to this single selection parameter). We will use the following approach :

1- The way in which the grades of blocks of a given size v are distributed will be studied : we will define the in situ law of dispersion of block grades and indicate how it can be derived from that of samples.

2- Estimates do not behave exactly like true values : the relationships between the law of dispersion of true grades and the law of dispersion of estimates must be analyzed clearly.

3- Since we are concerned with the true average grade of the ore that is sent to the mill, the joint distribution of true and estimated grades has to be introduced. If we wish to forecast correctly the true recovered reserves, conditionally unbiased estimators must be used. Then a correct approach to grade tonnage relationships is possible.

4- Finally the case when the selection parameter is not the grade will be analyzed and some indications given about how to forecast future selection with incomplete data presently available.

REMARK :

The prediction of grade-tonnage relationships requires that we are able to give a clear probabilistic status to experimental distributions. In what follows, the distributions that will be defined correspond to the spatial frequency distributions of samples, blocks or estimates within the deposit. We will assume that, at this level, the necessary conditions of stationarity and ergodicity are fulfilled.

1. IN SITU DISPERSION LAWS

The first circumstance that affects ore reserve estimation is that we are working on a block or selection unit basis and not on samples. As a consequence of the volume-variance relationship, the empirical distribution of samples does not give a correct representation of the distribution of blocks (Journel, 1973).

1.1 Sample and block grade distributions

The structural analysis of the regionalization provides the characteristics of order two (covariance or variogram) of the regionalized variable, as well as the experimental distribution of sample values. If the necessary condition of stationarity are fulfilled, this distribution can be considered as representative of the spatial probability distribution or (in situ) law of dispersion of sample values. This dispersion law indicates the proportion of samples whose grade (for instance) is greater than a given value g_o (see shaded area on Figure 1).

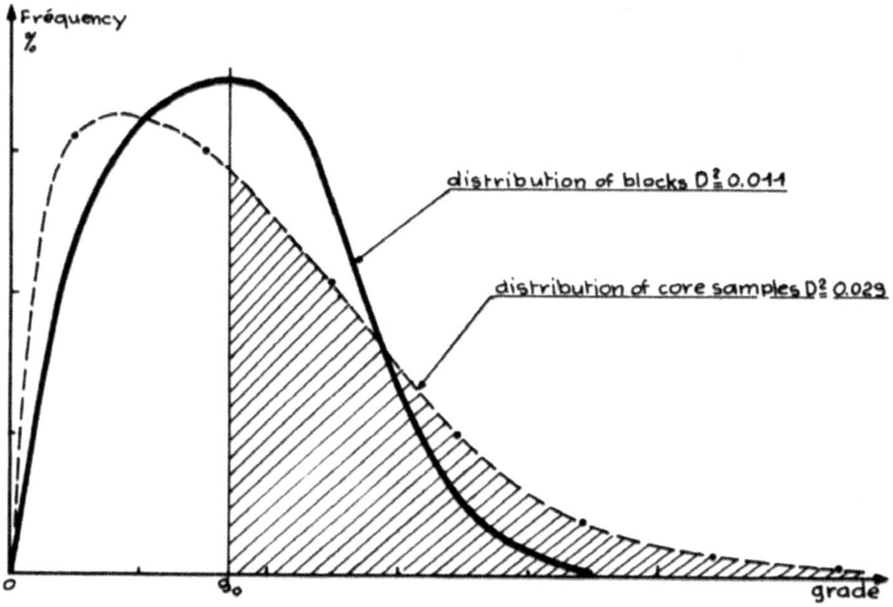

Fig. 1 : Distribution of samples and blocks

In fact, we are often interested, not only in the samples, but also in the distribution of other supports (blocks, volumes). If we knew the true values Z_v of each of these blocks (with given size v), we would also be able to compute the (in situ) dispersion law of the block values (spatial probability distribution of the blocks within the deposit). The average value of the blocks m = $E[Z_v]$ is equal to that of the samples (we assume that the average within the deposit is well enough estimated by the experimental average of the samples).

The dispersion of values around the average is characterized by the variance of dispersion of the blocks within the deposit :

$$VAR(v/D) = \frac{1}{D} \int_D E\left[(Z_v(x) - m)^2 \right] dx$$

The volume-variance relationship (Krige's additivity relationship) relates the variance of dispersion of block grades (for instance) to that of samples :

$$\underset{\text{samples within deposit}}{VAR(s/D)} = \underset{\text{sample within a block}}{VAR(s/v)} + \underset{\text{blocks within deposit}}{VAR(v/D)} \qquad (1)$$

Hence the dispersion variance of the samples is larger than that of the blocks. As a consequence, few or no blocks can be found with high values of the grade (see distributions on Figure 1) even though high grade core samples can still be found. The distributions shown on Figure 1 were obtained for a Molybdenum deposit : the samples were 10' core samples and the blocks 100' x 100' x 35' units.

The following formula enables the variance of dispersion of blocks (under conditions of stationarity) to be computed directly from the semi-variogram :

$$VAR(v/D) = \bar{\gamma}\ (D,D) - \bar{\gamma}\ (v,v) \qquad (2)$$

Using these two relationships we can then look at the possibility of deriving dispersion laws of blocks from the known sample dispersion law.

From a theoretical point of view, there are no strict mathematical means to do this. Indeed, this would ask for knowledge of the set of all finite dimensional distributions of the ore grade. Available information does not permit us to know this ; however, approximate solutions to this problem do exist.

1.2 Forecasting laws of dispersion.

Several attempts have been made to use the so-called "conservation of lognormality". It has been noticed that, when samples follow a lognormal distribution (as in low grade deposits : U and Au for instance), blocks often show also a lognormally shaped distribution. It is then easy, by simple correction for dispersion, to derive the distribution of blocks, whatever their shape and size.

Some of the problems that arise under this approach are :

- in theory, samples and blocks cannot in fact follow simultaneously lognormal distributions.

- samples are never exactly lognormally distributed.

- the lognormal model imposes a particular behaviour in the tails of the distributions that does not fit in general with the experimental behaviour. Nevertheless, this idea of permanence or conservation is a good operational tool starting from a simple intuition that can be generalized.

A new approach is now being considered : it has been exposed in the first part of the article by G. Matheron on "Transfer Functions" (Matheron, 1975b). This recently developed method also uses a "conservation of distribution" assumption in the following way :

- it is always possible to change the initial variates (samples or block values) into standard Gaussian variates (Gaussian transformations). Obviously the transformation will change with the support (samples or blocks).

- the conservation of distribution applies to the transformed variates and amounts to assuming that the pairs (sample-sample or sample-block) on the transformed values are bi-variate normally distributed.

- by inverse transformation, it is then possible to derive the distribution of blocks whatever their shape and size : the inverse transformation depends not only on the variance of blocks but also on the variogram of the phenomenon.

Very interesting results have already been obtained (Maréchal, 1975a) on the experimental distributions of Chuquicamata copper mine. Obviously these methods are reliable insofar as the experimental distribution of samples can be considered as representative of the distribution in the deposit. Therefore, stationarity must be verified on the working area.

In fact, the so-called direct transfer functions provide us with an even more powerful tool in the estimation of dispersion laws. It is possible, not only to estimate the dispersion laws within the deposit,but, at a lower level, the dispersion law of small block v within a large panel V (see Matheron, 1975b ; Maréchal, 1975a). In order to obtain an unbiased estimation of the local dispersion law, this estimation is conditioned to the data available within V ensuring a better adaptation to the local conditions.

2. DISTRIBUTION OF ESTIMATED BLOCK GRADES

We have been so far concerned with the (in situ) dispersion law of samples or blocks. In selection problems we must be aware that the true values of the blocks (selection units) that will be selected will remain unknown till the end. The dispersion laws are in fact relatively useless since the only values we will be able to obtain with the aid of (future) available data will be more or less accurate estimates (Journel, 1973). These estimates will be used to decide whether a given block should be considered as ore or as waste.

It seems convenient at this stage to analyze rapidly the relationships between the distribution of estimates and that of blocks in order to show that in situ dispersion laws cannot be used directly to calculate grade-tonnage relationships.

Once we have estimated for each block of given volume v, the true grade $Z_v = \frac{1}{v}\int_v Z(x)\,dx$ by its estimate Z_v^*, we can compute the experimental distribution of the estimates : this is the law of the dispersion of the estimates. Since selection is to be made on the estimated values Z_v^*, the proportion of payable blocks (above cut-off) will be read on the dispersion law of the estimates : see shaded area on Figure 2.

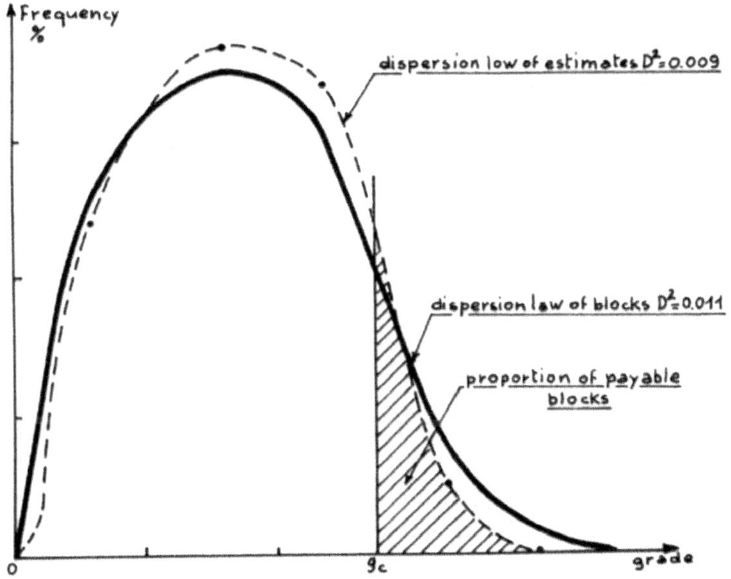

Fig. 2 : Distribution of true block grades

Let us denote by $f_v^*(z) = \text{Prob}\{z \leq Z_v^* \leq z + dz\}$ the dispersion law of the estimates . The selected tonnage $T(g_c)$ is the tonnage yielded by the blocks such that : $Z_v^* \geq g_c$. T being the total tonnage yielded by the blocks without selection, we obtain for $T(g_c)$:

$$T(g_c) = T \times \text{Prob}\{Z_v^* \geq g_c\} = T \times \int_{g_c}^{\infty} f_v^*(z)\,dz$$

$$T(g_c) = T \times [1 - F_v^*(g_c)] \qquad (3)$$

where $F_v^*(z)$ is the cumulative dispersion law of the estimates.

Obviously the distribution of the estimates should be as clos as possible to the distribution of true values. This is partly ful filled if our estimates are unbiased and adapted to the estimation of a particular volume (the block) in space :

- the two curves correspond to the same support.
- the two curves have the same mean (since $E[Z_v - Z_v^*] = 0$).

However, although unbiased and optimum (as for the kriging estimate), an estimate is still an estimate and not the true value This will give rise to discrepancies between the two curves. These discrepancies can be calculated precisely for the kriging estimate and are expressed by the relationship between the variance of dispersion of the true block values and that of the kriged estimates. This important relationship yields :

$$VAR(Z_v/D) = VAR(Z_v^*/D) + \bar{\sigma}_K^2 - \sigma_m^2 \qquad (4)$$

where :

$VAR(Z_v/D)$ stands for the dispersion variance of the true blo values (=VAR(v/D))

$VAR(Z_v^*/D)$ is the experimental dispersion variance of the estimates around their average.

$\bar{\sigma}_K^2$ is the average kriging (estimation) variance of each of the blocks of the deposits.

σ_m^2 is the estimation variance of the average on the whole deposit D (vanishes when the average is well known)

The additive value $\bar{\sigma}_K^2 - \sigma_m^2$ is always positive. Hence the experimental dispersion of the kriged estimates is always smaller than that of the true block values, and becomes smaller as the local estimations Z_v by Z_v^* become poorer (large value for σ_K^2).As an example (see Fig. 2), the experimental variance of the kriged estimates in our Molybdenum deposit was $VAR(Z_v^*/D) = 0.009$ while that of the true values of blocks $VAR(Z_v/D) = 0.011$.

As a consequence, the distribution of kriged estimates is sharper than the distribution of the block grades : fewer low and high grade values are to be found on the estimates (the two curves are identical only if $\sigma_K^2 = 0$). However, since σ_K^2 is a minimum for kriging, the observed discrepancies are a minimum : we will see in paragraph 3 that kriging ensures the best recovery of the deposit.

3. JOINT DISTRIBUTION OF ESTIMATES AND TRUE VALUES.

In assessing ore reserves, we are interested in the combination of two curves :

- the curve relating the selected tonnage $T(g_c)$ to any value g_c of the cut-off grade. This selected tonnage is made up of all selection units whose estimated grade Z_v^* is above the cut-off g_c : $Z_v^* \geq g_c$. The function $T(g_c)$ derived from the distribution of the estimates is given by relationship (3).
- the curve giving the average grade $M(g_c)$ of the selected tonnage. Since we do not send estimates to the mill but mining blocks with true grades, the average grade $M(g_c)$ is the average of the true grades Z_v of the blocks such that $Z_v^* \geq g_c$.

We are hence interested in the true grades Z_v of a set of blocks conditionned by the constraints on the estimates : $Z_v^* \geq g_c$. This requires firstly a knowledge of the joint distribution of Z_v and Z_v^* from which the required conditional distributions can be derived.

3.1 Conditional unbiasedness.

Figure 3a presents the joint distribution of true block values Z_v and their estimates Z_v^*. The marginal distribution in Z_v is the (in situ) dispersion law of the true block grades, the marginal distribution in Z_v^* is the dispersion law of estimates.

Let us consider the set of blocks that are such that $g_c \leq Z_v^* \leq g_c + dg_c$. The true grades Z_v of these blocks belong to the vertical strip $(g_c, g_c + dg_c)$ on Fig. 3a. Since we wish to make our selection correctly, we <u>expect</u> that these blocks average g_c, i.e. that

$$E\left[Z_v / g_c \leq Z_v^* < g_c + dg_c\right] = g_c$$

Therefore the first condition to be fulfilled is that our estimates are conditionally unbiased; i.e. ensure a correct evaluation of the true grades Z_v of the blocks belonging to the vertical strip, without systematic under - or over - valuation.

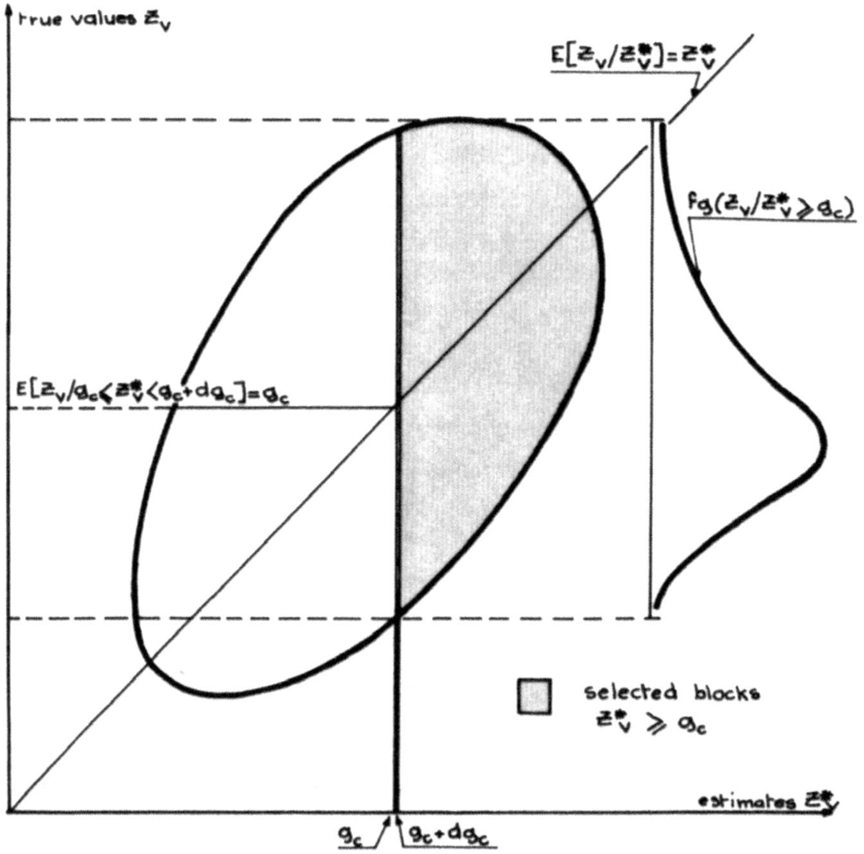

Fig. 3a : Joint distribution of estimates and true values : conditional expectation

The estimator Z_v^* should be such that blocks estimates to have a value Z_v^*, do have an expected value equal to Z_v^* . In other words :

$$E\left[Z_v / Z_v^* \right] = Z_v^* \qquad (5)$$

The regression of Z_v on Z_v^* is then the line through the origin with unit slope (see Figure 3a).

The estimator fulfilling this condition is the conditional expectation of the true block grades given the values taken by the neighbouring drill-holes or samples. It is however in general inaccessible since it requires knowledge of the space law of the Random Function.

Under the name of Disjunctive Kriging (Matheron, 1975a), new methods are being developed that provide a better estimator of the conditional expectation than the usual linear estimators. These methods provide a significant improvement particularly when we wish to estimate non-linear functions of the regionalized variable.

A more easily obtainable estimator is the standard kriging estimator. Although it is only the best linear approximation of the conditional expectation, practice has shown that kriging is, in most practical situations, very close to the conditional expectation. This is in fact true only if there is enough available information (Marechal, 1975b). Kriging hence provides very reliable estimations with regard to conditional unbiasedness and relationship (5) is approximately true.

REMARK :

When the space law of the Random Function is Gaussian, kriging is identical to the conditional expectation. In some practical cases it is possible, by "conservation of distribution" assumptions and by working on Gaussian transformations,to obtain estimators(e.g. lognormal kriging) closer to the conditional expectation than standard kriging.

3.2 Grade-tonnage relationship.

We are in fact not only interested in the blocks such that $g_c \leq Z_v^* \leq g_c + dg_c$ but in all the blocks such that $Z_v^* \geq g_c$. These blocks correspond to a total tonnage $T(g_c)$ given by relationship (3). The (true) grades of these blocks correspond to the shaded area on Fig. 3a. By projecting this area on the Z_v axis, we can obtain the probability distribution of the true grades of the selected blocks.

The <u>dispersion law</u> of the grades of the <u>selected blocks</u> is the conditional probability distribution of the Z_v values given that $Z_v^* \geq g_c$. Its density can be written :

$$f_g(z_v/Z^* \geq g_c) = \text{Prob}\{z_v \leq Z_v < z_v+dz_v/Z_v^* \geq g_c\} \qquad (6)$$

The associated expected value (conditional expectation of the Z_v values given $Z_v^* \geq g_c$) gives the <u>average grade</u> of the selected tonnage :

$$M(g_c) = E\left[Z_v/Z_v^* \geq g_c\right]$$

$$M(g_c) = \int_{-\infty}^{+\infty} z_v \, f_g(z_v/Z_v^* \geq g_c)dz_v \qquad (7)$$

Hence if we wish to compute the average grade of the ore that will be mined (selected) we need to know (or estimate) the distribution $f_g(z_v/Z_v^* \geq gc)$ corresponding to our estimator Z_v^*. Knowledge of (6) is necessary when we wish to estimate non-linear functions of the grade of the selected blocks.

If we need only the average grade and if our estimator Z_v^* is <u>conditionally unbiased</u> (relationship (5)), knowledge of (6) is unnecessary. Relationship (7) can be written as :

$$M(g_c) = \int_{g_c}^{\infty} E\left[Z_v/z \leq Z_v^* < z+dz\right] \times \text{Prob}\{z \leq Z_v^* < z+dz\} \, dz$$

$$M(g_c) = \int_{g_c}^{\infty} E\left[Z_v/z \leq Z_v^* < z+dz\right] \times f_v^*(z)dz$$

Since $E\left[Z_v/z \leq Z_v^* < z+dz\right] = z$, then (7) becomes :

$$M(g_c) = \int_{g_c}^{\infty} z \, f_v^*(z)dz \qquad (8)$$

The quantities $M(g_c)$ and $T(g_c)$ can then be directly derived from the <u>dispersion law</u> f_v^* of the estimates. The kriged estimates provide us with what we need.

The pair $T(g_c)$ and $M(g_c)$ gives the selected tonnage and average grade for any value g_c of the cut-off grade : it provides a "parametrization" of reserves. The so-called "grade-tonnage relationship" is obtained by eliminating g_c in the relationship $T(g_c)$ and $M(g_c)$ and gives the average grade $M(T)$ as a function g_m of the tonnage

$$M = g_m(T) \tag{9}$$

One should be aware that such a relationship (9) is relative to :

- a selection procedure based on grade where blocks are selected independently.

- a partition of the deposit into selection units of given size v.

- a particular estimator and a final level of information (accuracy of the final estimator).

Concerning the last point, it is emphasized that relationship (9) is not the grade-tonnage curve corresponding to perfect knowledge of the block grades. It is the grade-tonnage curve corresponding to an imperfect knowledge of reality. If $M(g_c)$ is correctly estimated, then relationship (9) gives exactly what will be obtained at the plant : it forecasts the effective result of our selection based on estimates. This does not mean that our relation procedure ensures perfect recovery of the in situ ore reserves : since our decisions are based on estimates, some errors will occur and some blocks will be sent to a wrong destination. We must however ensure the best recovery possible and weight the cost of additional drillholes (increasing the accuracy of estimates) with the improvement in expected profit.

3.3 Loss due to lack of knowledge.

The joint distribution of Z_v and Z_v^* appears again on Figure 3b. For a given value g_c, the selected block grades belong to the shaded area ① : the true grade values range from g_o to the largest values of Z_v. Projecting the area ① on the Z_v axis we obtain the distribution $f_g(z/Z_v^* \geq g_c)$ of (6) (see Figure 4).

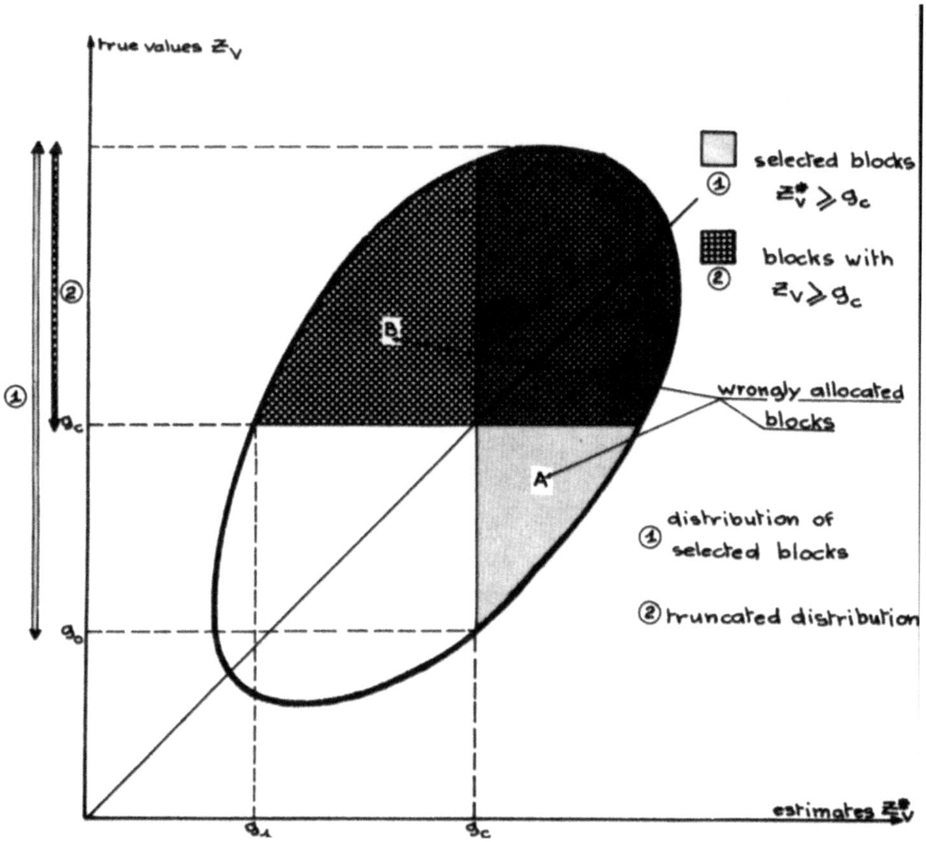

Fig. 3b : Joint distribution of estimates and true values : selected blocks

The deposit contains blocks whose true grades are such that $Z_v \geq g_c$: they belong to the dotted area (2) on Figure 3b. Projecting area (2) on the Z_v axis, we obtain the truncated dispersion law of the block true grades (see Figure 4).

Since selection is based on the estimated values, some blocks with a true grade below g_c will be selected as ore. The value g_o is lesser than g_c. This entails that the distribution (1)

$f_g(z/z_v^* \geq g_c)$ is not equal to the dispersion law (2) of block true grades truncated at the value g_c (see Figure 4).

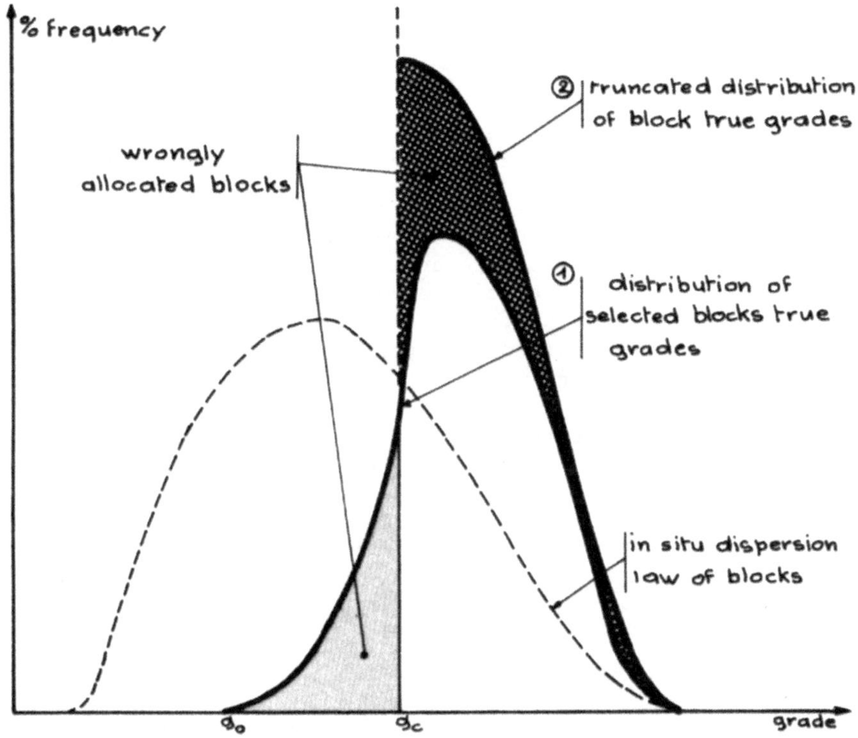

Fig. 4 : Truncated distribution of blocks and distribution of selection blocks

On Fig. 3b, the blocks corresponding to the area A : $Z_v \in [g_o, g_c]$, $Z_v \geq g_c$ have been wrongly selected while those corresponding to the area B : $Z_v^* \in [g_1, g_c]$, $Z_v \geq g_c$ have been wrongly sent to waste. These blocks correspond respectively to the shaded and dotted areas on Figure 4 (beware that these areas do not correspond to the same populations).

Consider now the case when our estimator Z_v^* is conditionally unbiased : the regression of Z_v on Z_v^* is then the unit slope line.

It is then possible to show that the magnitude of the areas A and B is directly related to the accuracy of our estimates. It can be shown that the scatter of the Z_v values around the regression line is related to the estimation variance of Z_v by its estimate Z_v^*. Hence this scatter becomes smaller when the estimation variance becomes smaller. The dotted and shaded areas will decrease accordingly. Simultaneously, the distribution of estimates will be close to the dispersion law of true block grades.

Hence the areas A and B characterize our lack of information. If we take as Z_v^* the kriging estimator, which is approximately conditionally unbiased, these areas A and B are a minimum since the kriging variance is a minimum. From this follows that kriging ensures in practice the best recovery. On a day-to-day basis, when enough information is available, the optimum decision is to select blocks according to their kriged estimates. The average grade of the selected tonnage can be correctly forecast. Moreover, its estimation variance is known.

It would be possible to compute the value of the ore contained in the dotted and shaded areas on Figure 4. An alternate method is to compute the function $Q(g_c) - w\, T(g_c)$ where

- $Q(g_c)$ is the quantity of metal contained in the selected blocks : $Q(g_c) = T(g_c) \times M(g_c)$.
- $T(g_c)$ is the selected tonnage at the cut-off g_c
- w is a parameter

The function $Q(g_c) - w\, T(g_c)$ is the key part in calculating the income (when the formula is linear) to expect from our selection policy. The parameter w is usually linked to the mining and processing costs. With a conditionally unbiased estimator, the real income to expect must be calculated on the values $Q(g_c)$ and $T(g_c)$ derived from the distribution of estimates.

Such a function Q - wT has been computed on the two distributions that were drawn on Figure 2 for a fixed value of w :

- with the law of dispersion of true block grades, Q - wT gives the income to be expected from a perfect knowledge of reality.

- with the law of dispersion of estimated block grades, Q - wT gives the income to be expected from our imperfect knowledge of reality.

The two curves are shown on Figure 5. Obviously, since estimates sometimes send blocks to a wrong destination, the effective income to be expected is less than with a perfect allocation of blocks. The optimum profit is obtained on the two curves (also on that of the estimates since they are conditionally unbiased) for the same value $g_c = w$. The optimum cut-off depends only on the value w .

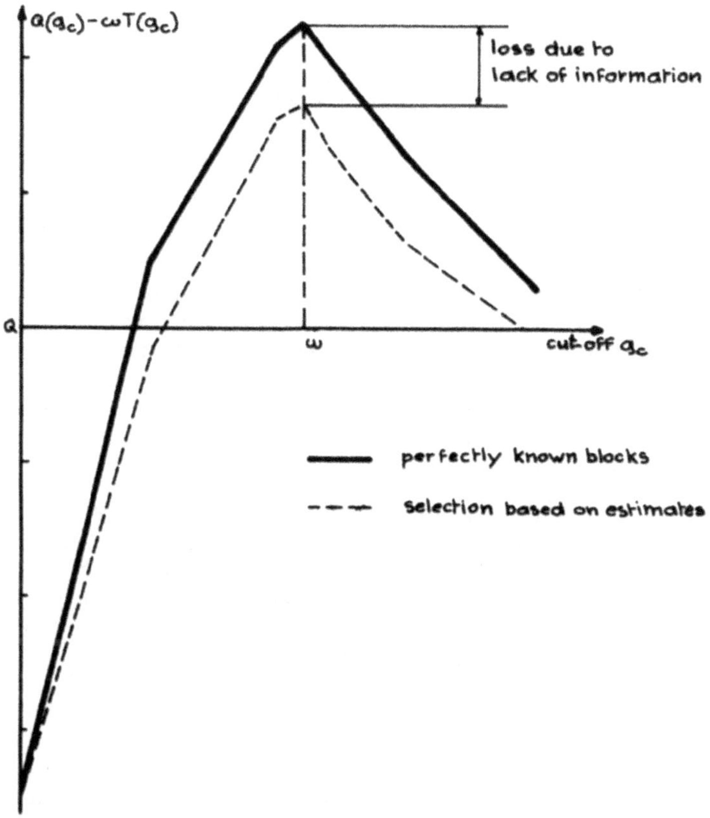

Fig. 5 : Functions $Q(g_c) - w\,T(g_c)$
Ideal situation and practical situation

The difference in profitability at the optimum is directly related to the cost of our ignorance. It can be balanced against the cost of obtaining more accurate estimates with the associated improvement in total profit. Once the final estimates and their accuracy are fixed, the function $Q(w) - w\,T(w)$, where $Q(w)$ and

T(w) are based on the distribution of the estimates, gives the optimum profitability as a function of the economic parameter w (Maréchal, 1975b).

4. EFFECTIVE SELECTION

The discussion in paragraph 3 has shown that, since we are concerned with the true values Z_v of a set of blocks conditioned by constraints on the estimates, conditionally unbiased (and optimum) estimates are required. An unbiased estimation of the outco of our selection policy is then possible and the optimum recovery of the deposit is ensured. This provides a realistic basis for the evaluation of the economic potential of the mine and for the choice of the cut-off value.

However, when facing practical situations, the following circumstances arise :

- selection does not necessarily apply to the grade of the selection units but may involve the values taken by several selection parameters, several cut-off grades on by-minerals, mineable thickness, stripping ratio, level of impurities... Also physical constraints of accessibility and the mining method make the situation even more complex. The operational results of paragraph 3 do apply in these situations.

- grade-tonnage relationships are computed on the basis of the present available drill-hole data. This information is usually less rich than the data available on a day-to-day basis at the mining stage (effective selection stage). This gives rise to delicate forecasting problems which are partly solved by the definition of Indirect Transfer Functions (see Matheron, 1975b).

4.1 Parametric Grade-Tonnage relationships

Although the argument given in paragraph 3 can be generalized to situations involving several selection parameters, we shall consider, for clarity, a single selection parameter.

We consider selection units of a given volume v and a true (unknown) grade Z_v. With the help of the available data (drill-holes, blast-holes...) we can obtain an estimator Λ_v^* of the true value Λ_v taken by the selection parameter within each of these blocks (selection units).

A block will be selected if $\Lambda_v^* \geq \lambda$,λ being the minimum value that can be taken by the selection parameter. The selected tonnage $T(\lambda)$ is hence the tonnage yielded by the blocks such that $\Lambda_V^* \geq \lambda$. $T(\lambda)$ is to be derived from the cumulative dispersion law of the estimates.

$$F_V^*(\lambda) = \text{Prob}\{\Lambda_V^* < \lambda\}$$

by the following relationship, T being the total tonnage without selection :

$$T(\lambda) = T \times \text{Prob}\{\Lambda_V^* \geq \lambda\} = T \times [1 - F_V^*(\lambda)] \qquad (10)$$

Here again, conditional unbiasedness and optimality of the estimates Λ_V^* ensure that :

- the average value of the true Λ_V given that $\Lambda_V^* \geq \lambda$ can be correctly forecast with the aid of the estimates. Since we have to choose the minimum value λ, we must be able to know what will be the effect of the constraint $\Lambda_V^* \geq \lambda$ on the recovered true values Λ_V.

- The selected tonnage $T(\lambda)$ is the best achievable given our level of information.

The true grades of the selected blocks follow a conditional distribution derived from the joint distribution of Z_V, Λ_V^*. This distribution can be written :

$$f_\lambda(z_V/\Lambda_V^* \geq \lambda) = \text{Prob}\{z_V \leq Z_V < z_V + dz_V/\Lambda_V^* \geq \lambda\} \qquad (11)$$

The associated conditional expectation is the average value of the Z_V given $\Lambda_V^* \geq \lambda$ and gives hence the average grade of the selected ore :

$$M(\lambda) = E[Z_V/\Lambda_V^* \geq \lambda] = \int_{-\infty}^{+\infty} z_V\, f_\lambda(z/\Lambda_V^* \geq \lambda)dz \qquad (12)$$

The pair $T(\lambda)$, $M(\lambda)$ gives the selected tonnage and corresponding average grade (or the associated quantity of metal $Q(\lambda) = T(\lambda) \times M(\lambda)$) for any value λ of the selection parameter. It is the"parametrization" of mineable reserves. By eliminating λ in the two functions $M(\lambda)$ and $T(\lambda)$, we obtain the parametric grade-tonnage relationship giving average grade M as a function of tonnage T, selection being made on $\Lambda_V^* \geq \lambda$:

$$M = g_\lambda(T) \qquad (13)$$

The relationship (13) is relative to :

- a selection based on the block estimated characteristic Λ^*_v.
- a partition of the deposit into selection units of a given volume v.
- a final level of information (accuracy of the estimate Λ^*_v).

4.2 Forecasting future selection

The profitability of a mining project is conditioned by the effective (future) result of the selection policy. This means that we must be able to forecast the grade-tonnage relationship corresponding to estimates based on the final information available at the mining stage (effective selection stage). At the planning stage when the grade-tonnage relationship is needed, available information is less rich than the future day-to-day data.

It may happen that the selection units can be correctly estimated at the planning stage. The distribution of the present kriging estimates can then be calculated and relationship (4) applied. However, since the present estimates are less accurate than the future estimates used for effective selection, the presently available distribution does not give the correct grade-tonnage curve. A correction of dispersion must be made. Relationship (4) relates the dispersion variance of the present estimates Z^{**}_v to the dispersion variance of the true block values Z_v :

$$VAR(Z_v/D) = VAR(Z^{**}_v /D) + \bar{\sigma}^2_{K_1} - \sigma^2_{m_1}$$

The same relationship will apply to the future kriging estimates Z^*_v, provided $\bar{\sigma}^2_{K_1}$, $\sigma^2_{m_1}$ are replaced by the estimation variances $\bar{\sigma}^2_{K_2}$, $\sigma^2_{m_2}$. Since the variances $\bar{\sigma}^2_{K_2}$ and $\sigma^2_{m_2}$ can be computed beforehand, it is easy to derive the dispersion variance $VAR(Z^*_v/D)$ of the future estimates and consequently the future distribution. However, this extrapolation is meaningful only if the two estimation variances $\bar{\sigma}^2_{K_1}$ and $\bar{\sigma}^2_{K_2}$ are not too different (the relative difference $\dfrac{\bar{\sigma}^2_{K_1} - \bar{\sigma}^2_{K_2}}{\bar{\sigma}^2_{K_1}}$ must be less than 20% ; Journel, 1973).

If not, then our initial estimates are too imprecise to give a correct view of the grade-tonnage curve and additional information is necessary. In any case, exact location of ore and waste cannot be predicted.

In general, available information does not allow a correct estimation of the selection units. Only blocks with a size in accordance with the available grid of drill-holes can be estimated with good precision. The above study of grade-tonnage relationships then shows us :

- the grade-tonnage curve for large blocks is relatively useless since their size is larger than that of the ultimate selection units. However, these large blocks provide a good basis for selection of target areas.

- although it is not possible to locate the blocks that will be selected on a day-to-day basis, it is possible to forecast the outcome of the selection with the help of the corresponding grade-tonnage relationship. A practical procedure is to start from the dispersion law of selection units (derived from that of the samples by a permanence assumption) and correct the distribution for dispersion (e.g. relationship (4) in case of final kriging estimates) with the aid of the corresponding estimation variance. This gives the opportunity to obtain a realistic view of the future recoverable reserves.

Another aspect of Transfer Functions (Matheron, 1975b ; Maréchal, 1975b) proves to be very useful when an approximate location of the selected units is required. In open-pit design, available drill-hole information enables only large blocks to be estimated correctly. However, at the mining stage, selection will be made on a very close grid of small blocks with the aid of blast-holes. When designing the pit, it is necessary to evaluate with precision each large block, i.e. to forecast the result of future selection made with day-to-day information with the aid of available data.

Indirect Transfer Functions permit this forecast to be made on a probabilistic basis : they provide estimates of the proportion of future small blocks within a large block that will be selected above cut-off grade (i.e. their future estimate will be above cut-off grade). This estimation is conditional on the present estimated value of the large block, which is based on the present available data. Obviously we know the proportion of payable ore but we cannot locate exactly the selected small units inside the larger block. These new methods are now being developed at the C.M.M.

It will be possible in the future to use these methods in order to guide two-stage selection procedures : in particular, they give us an opportunity to relate the selection on large blocks (that can be made at an early stage of development) to the selection on small units on a day-to-day basis.

5. CONCLUSION

Although this article is far from furnishing complete solutions to any selection problem, it has presented enough material to the reader, so that he may avoid serious errors in ore reserve forecasting. The discussion has shown that conditionally unbiased estimators were necessary if we wish to estimate correctly the true values that will be obtained after selection. Practice has shown that kriging is an efficient estimator (since it is linear and asks only for knowledge of the variogram) and is sufficiently close to the conditional expectation to provide reliable estimations of the recovered ore.

It is then possible to study several selection methods and criteria and to forecast the results attached to each alternative The effect of sampling can also be correctly foreseen. By using proper tools, the mining engineer is able to choose the combination of a selection unit and ultimate quantity of information tha ensures the best use of the economic potential of his deposit.

The new methods based on Transfer Functions will provide in the future even more efficient tools. The reader should refer to the other articles on the same subject.

REFERENCES

DAMAY, J. (1974) L'Ingénieur des Mines et la Recherche Opératio nelle - Les applications du groupe SLN-PENARROYA dans le domain de la décision.- VIII° World Mining Congress, Lima, Peru, October 1974.

DAMAY, J. (1975) Application de la Géostatistique au niveau d'u groupe minier. Proceedings, NATO A.S.I. "Geostat 75", D. Reidel Publishing Co., Dordrechts, Netherlands.

DAVID, M. (1972) Grade-Tonnage curves : use and misuse in ore reserve estimation. Trans. Institution of Mining and Metallurgy (July 1972) Vol. 81.

DAVID, DOWD, KOROBOV (1974) Forecasting departure from planning in Open Pit design and grade control. XIIth APCOM Symposium, Colorado School of Mines, Golden, Colorado, U.S.A.

DOWD, P. (1975) Planning from Estimates. Proceedings, NATO A.S. "Geostat 75", D. Reidel Publishing Co., Dordrecht, Netherlands.

HUIJBREGTS, Ch. (1975) Estimation of a mass proved by random diamond drill-holes. Proceedings, XIIIth APCOM Symposium, Technishe Universität, Clausthal (Sept. 1975) Germany.

JOURNEL, A.G. (1973) The Resources-Reserves relationship. (Translation of "Le formalisme des relations ressources-réserves"). Revue de l'Industrie Minérale, N° 4, November 1973 (English translation available through C.M.M.).

KRIGE, D.G. (1975) A review of the Development of Geostatistics in South Africa. Proceedings, NATO A.S.I. "Geostat 75", D. Reidel Publishing Co., Dordrecht, Netherlands.

MARECHAL, A. (1972) El problema de la curva tonelaje-ley de corte y su estimacion. Boletin de Geoestadistica N° 1. Ed.: Departamento de Minas, Universidad de Chile, Santiago, Chile.

MARECHAL, A. (1975a) Forecasting a grade-tonnage distribution for various panel sizes. Proceedings, XIIIth APCOM Symposium, Technische Universität, Clausthal, Germany (Sept. 1975).

MARECHAL, A. (1975b) Selecting mineable blocks : experimental results observed on a simulated orebody. Proceedings, NATO A.S.I. "Geostat 75", D. Reidel Publishing Co., Dordrecht, Netherlands.

MATHERON, G. (1972) The theory of regionalized variables and its applications. Les Cahiers du Centre de Morphologie Mathématique, N° 5, Fontainebleau, France.

MATHERON, G. (1975a) A simple substitute for conditional expectation : the Disjunctive Kriging. Proceedings, NATO A.S.I., "Geostat 75", D. Reidel Publishing Co., Dordrecht, Netherlands.

MATHERON, G. (1975b) The Transfer functions and their estimation. - in ibid.

MATHERON, G. (1975c) Le choix des modèles en Géostatistique. - in ibid.

SELECTING MINEABLE BLOCKS : EXPERIMENTAL RESULTS OBSERVED ON A SIMULATED OREBODY

A. Maréchal

Centre de Morphologie Mathématique, Ecole Nationale Supérieure des Mines de Paris, Fontainebleau, France.

ABSTRACT. The problem of optimal selection from estimates is studied theoretically in a simple case : it is shown that the solution is to apply a cut-off criterion to the conditional expectation of each panel's grade ; but if it is impossible to compute such an estimator, then no simple, nearly optimal substitute can theoretically be found. However, we know that kriging is the best linear least-square approximation of conditional expectation, so we may hope that it would be a good practical substitute : this is experimentally shown on a two-dimensional simulated orebody on which selection is performed with various estimators.

O. INTRODUCTION

When assuming that the true block's grades are known, it is easy to demonstrate that maximizing a linear benefit by selecting mineable blocks is achieved by using a cut-off grade criterion on the true block's grades. When reality is unknown, the problem is set in probabilistic terms : if the objective function is the expected value of a linear benefit, the optimal procedure consists in using a cut-off grade criterion on the conditional expectation of the block's grades. However, in practice the conditional expectation cannot be determined and will be replaced by a linear estimator of the block's grade. Hence it can be expected that the result obtained with this procedure will not be so good as the optimum selection. However, the actual loss in expected profit is difficult to determine theoretically. Therefore it is interesting to compare the results of the true and approximate selections made on a simulated orebody. Moreover, we shall take profit of the knowledge

M. Guarascio et al. (eds.), Advanced Geostatistics in the Mining Industry, 137-161.

of both true and estimated values to point out some experimental properties of the estimators used in geostatistics.

1. A VERY SIMPLE CASE OF SELECTION

In order to allow an easy theoretical exposition, let us imagine a simple situation : we mine a mineralized layer whose width is considered as constant, with a mining method based on elementary mineable panels of tonnage T_ℓ. We essentially assume that no technical constraints of accessibility are imposed on mining, so that any subset of elementary panels P_i is technically mineable.

We assume that the total profit B yielded by mining a total tonnage T of mean ore grade m is :

$$B = p\, m\, T - p_1\, T - p_2$$

p : sale price of metal/ton metal
p_1 : mining and processing cost/ton of ore
p_2 : fixed costs

To simplify the notation, we shall write the profit as

$$B = p\,[T(m-m_c) - r] \quad \text{with } m_c = p_1/p \;,\; r = p_2/p$$

There is no loss of generality in taking p = 1.

1.1 Selection when the true block grades are known

We know each m_i, mean grade of the panel P_i. Selection will consist in choosing a subset $\{P_i,\ i \in I\}$ of the sets of panels P_i. Mining this subset will yield the total profit :

$$B = \sum_{i \in I} T_\ell (m_i - m_c) - r$$

Maximizing B consists in choosing I so that each term $(m_i - m_c) \geq 0$, that is keeping each panel whose ore grade m_i is greater or equal to the cut-off m_c. If the corresponding maximized profit B is positive, mining the orebody is profitable for these precise economical conditions.

1.2 Selection when the true block grades are unknown

We must abandon the deterministic representation of grades and replace it by a probabilistic one. Let us consider the quantities, either known or unknown, which arise in the problem :

- M_i, $i = 1, N$: Panel mean grades (unknown).
- $Z_{\alpha j}$, $j = 1,n$: Available sample grades (known).

According to the commonly used probabilistic representation, we define the vectorial random variable (v.R.V.) n+N dimensional (M_i, $i = 1,N$, $Z_{\alpha j}$, $j = 1,n$).

The total profit yielded by mining the subset $\{P_i, i \in I\}$ is then a random variable $B = \sum_{i \in I} T_\ell(M_i - m_c) - r$. Optimization may then apply to various quantities, such as :

$$\text{Max } E(B), \text{ or Max } (\text{Prob } B > b_o) \text{ or Min } \{\text{Prob } B < b_m\}$$

The selection of one of those criteria depends of the company policy : the most commonly used among large companies seems to be maximizing the expected profit E(B). Moreover, it is the only criterion which allows an easy theoretical computation.

In order to ease the presentation, we may, without any loss of generality, take $r = 0$ and $T_\ell = 1$. Furthermore, we note that B_i being the profit yielded by each panel P_i, $\text{Max } E(B) = \sum_{i \in I} E(B_i)$ with $\{i \in I \Leftrightarrow E(B_i) \geq 0\}$. This relation is due to the linearity of the operator E and to our hypothesis of no technical constraints in the choice of mineable panels : hence the problem comes down to examining, for a given panel P_i, whether $E(B_i) \geq 0$ or not.

In the practical situation, selection will involve the known values of sample grades $Z_{\alpha j} = z_{\alpha j}$, $j = 1,n$. The a priori R.V. M_i is then replaced by the conditionalized variable

$(M_i/Z_{\alpha j} = z_{\alpha j}, j = 1,n)$ and the profit B_i by :

$(B_i/Z_{\alpha j} = z_{\alpha j} \ldots)$. Defining a selection criterion of panel P_i according to the information $(Z_{\alpha j} = z_{\alpha j}, j = 1,n)$ consists in defining a function $C_i(z_{\alpha 1}, \ldots z_{\alpha n})$ taking only two values : 1, when P_i

is selected, and 0 when P_i is abandoned. So, after selection, profit is

$$(B_i^o | Z_{\alpha j} = z_{\alpha j},\ldots) = C_i(Z_{\alpha 1},\ldots z_{\alpha n})(M_i | Z_{\alpha j} = z_{\alpha j}\ldots - m_c)$$

and noting $m_i^*(z_{\alpha 1},\ldots z_{\alpha n}) = E(M_i | Z_{\alpha j} = z_{\alpha j}\ldots)$, it follows :

$$E(B_i^o | Z_{\alpha j} = z_{\alpha j}\ldots) = C_i(z_{\alpha i},\ldots z_{\alpha n})(m_i^* - m_c)$$

The condition $E(B_i^o | Z_{\alpha j} = z_{\alpha j}\ldots) \geq 0$ defines our selection criteri

$$C_i(z_{\alpha i},\ldots z_{\alpha n}) = 1 \text{ when } m_i^*(z_{\alpha 1}\ldots z_{\alpha n}) \geq m_c$$

$$= 0 \text{ when } m_i^*(z_{\alpha 1}\ldots z_{\alpha n}) < m_c$$

In another way, $H(u)$ being the step function, $H(u) = 1$ $u \geq 0$, $H(u) = 0$, $u < 0$, we have

$$C_i(z_\alpha\ldots z_{\alpha u}) = H(m_i^* - m_c)$$

Provided that the estimate of each panel grade M_i is

$$m_i^*(z_{\alpha 1},\ldots z_{\alpha n}) = E(M_i | Z_{\alpha j} = z_{\alpha j}\ldots)$$

the selection criterium is identical to the one found in the deterministic case, i.e. selecting each panel, the estimated grade of which is higher than the cut-off grade. Furthermore, as a consequence of the preceding reasoning, we shall estimate the unknown optimal real profit $B_i^o | Z_{\alpha j} = z_{\alpha j}\ldots$ with the estimator

$$B_i^* = C_i(z_{\alpha j}\ldots z_{\alpha n})(m_i^* - m_c)$$

which is precisely $E(B_i^o | Z_{\alpha j} = z_{\alpha j}\ldots)$.

Conclusion : If we are able to determine the function $m_i^*(z_{\alpha 1},\ldots z_{\alpha n})$, conditional expectation of M_i, not only can we select optimally the reserves, but we can estimate the optimal recovered profit without bias.

1.3 Practical near-optimal selection

In practical situations, we cannot determine $E(M_i | Z_{\alpha j} = z_{\alpha j}$.

because it requires knowledge of the whole distribution of the multidimensional v.R.V. $(M_i, Z_{\alpha 1}, \ldots Z_{\alpha n})$ which is inaccessible to statistical inference. We shall usually be restricted to a linear estimator m_i^* of the unknown panel grade M_i : $m_i^* = \lambda_i^\alpha Z_\alpha$, so that our selection criterion will only be a function $C_i(m_i^*)$. This means that we reduce our use of the initial set of information $\{z_{\alpha 1}, \ldots z_{\alpha n}\}$ to the single value $m_i^* = \lambda_i^\alpha Z_\alpha$, so that our initial a priori R.V. M_i is replaced by the conditionalized variable $M_i|m_i^*$, and the post-selection profit $B_i^o|m_i^* = C_i(m_i^*)(M_i|m_i^* - m_c)$.

The rest follows as before, noting $\mathcal{M}_i(m_i^*) = E(M_i|m_i^*)$

$$E(B_i^o|m_i^*) = C_i(m_i^*)(\mathcal{M}_i(m_i^*) - m_c)$$

Just as in section 2, the condition $E(B_i^o|m_i^*) \geq 0$ defines our selection criterium as $C_i(m_i^*) = H(\mathcal{M}_i(m_i^*) - m_c)$, together with an unbiased estimator of $B_i^o|m_i^*$:

$$B_i^* = H(\mathcal{M}_i(m_i^*) - m_c).(\mathcal{M}_i(m_i^*) - m_c)$$

Let us now consider the main difference from the results of section 2 :

- The optimum derived from this new criterion is necessarily smaller, in expected value, than the optimum achieved by cutting on conditional expectation : the reason is that we actually have optimized the selection on the R.V. $M_i|m_i^*$ which is only an "approximation" of the R.V. that we have optimized before, i.e. $M_i|Z_{\alpha 1} = z_{\alpha i}\ldots$

- The cut-off procedure is to be applied, not on the estimate m_i^*, but on the function $\mathcal{M}_i(m_i^*)$, which must also be used to estimate the recovered profit without bias.

From these remarks, we conclude that the "estimate" m_i^* arises only as an element of conditionalization. The true estimator used for the cut-off procedure and for the estimator B_i^* is actually $\mathcal{M}_i(m_i^*)$, and an optimal selection will be performed only if we are able to determine it. The amount of statistical information required for the determination of $\mathcal{M}(m_i^*)$ is a little smaller than for the determination of $E(M_i\ Z_{\alpha j}\ldots)$. Actually we need a model for the distribution of the couple M_i, m_i^*, instead of a model for the V.R.V.$(M_i, Z_{\alpha i} \ldots Z_{\alpha n})$, but in most practical situation we shall not have it. Hence, optimal selection and unbiased estimation of the recovered profit is practically impossible and we shall be content with the following approximate solution :

$$C_i(m_i^*) = H(m_i^* - m_c)$$

$$B_i^* = H(m_i^* - m_c)(m_i^* - m_c)$$

This selection procedure and estimator are optimal, as we have seen, when m_i^* is the conditional expectation $E(M_i^* | Z_{\alpha n} \ldots)$; in order to limit the discrepancy from the true optimum, we must choose a linear estimator $m_i^* = \lambda_i^\alpha Z_\alpha$ which "behaves" like $E(M_i | Z_{\alpha i} \ldots)$. We already know that kriging is the best linear approximation (in the mean square meaning) to $E(M_i | Z_{\alpha i} \ldots)$, but this is not enough to ensure that it will give the best approximation to the true solution : actually, it is a result of practice, check in many different estimations, that kriging is the best practical substitute for conditional expectation, and I give an example of this observation in the second part of this paper.

A last remark : if we note $f(m_i^*)$ the probability law of m_i^* (which we may identify with the histogram of dispersion of estimates in the orebody, if it is large enough), the non-conditionalize expectation of selected profit is :

$$E(B_i) = \int_{m_c}^{+\infty} [\mathcal{M}_i(m_i^*) - m_c] \, f(m_i^*) \, d\, m_i^*$$,while the expectation

of our estimate B_i^* will be : $E(B_i^*) = \int_{m_c}^{+\infty} (m_i^* - m_c) f(m_i^*) d\, m_i^*$

As noted before, these values are not identical, $E(B_i^*)$ being the "apparent" (estimated) profit drawn from the truncated distribution $f(m_i^*)$. It is well known that, for a given mean value, the higher the dispersion of $f(m_i^*)$, the better the profit calculated from the distribution : this is the reason why many people do not like optimizing from kriging estimates (rather smoothed) and prefer a more scattered estimate, such as a polygon estimate. The preceding formulae show the futility of such reasoning, because the use of a scattered estimate will improve only the "apparent" estimated profit B_i^*, while probably reducing the true profit B_i : we finally obtain a lower, and, even worse, a grossly overestimated profit.

1.4 Influence of the quantity of information

Recalling the formulation of the optimal selection seen in section 2, we may say that B_i^o being the post-selection profit, we find a function $m_i^*(z_{\alpha 1},\ldots z_{\alpha n})$ in the set of n variable, measurable functions such that by following the selection procedure, we optimize $E(B_i^o)$. Now if we suppose that the available information is only a subset of $\{Z_{\alpha j},\ j = 1,\ n\}$,we shall find our optimizing function $m_i^{*'}(z_{\alpha k},\ k = 1,n')$ in the set of n'-variable functions, a subset of the preceding one, hence obtaining a lower expected profit. This is a well-known property of any optimizing procedure.

Though this result is only exact for the true optimizing procedure, we may expect to find it also when optimizing with linear estimators, for instance with kriging estimators : we shall see an experimental example of this property in part II.

2. THE SIMULATED OREBODY AND THE ESTIMATORS

2.1 Simulated orebody.

We have simulated a two-dimensional distribution of point grades, by the classical "Turning band method". The simulated orebody is divided into 500 square panels of 22 x 22 m., on 10 lines of 50 panels. In each panel, we have simulated a 11 x 11 points grid, the mean value of which was taken as the panel's mean ore grade. Consider the central value of each panel as sampled : so the exploration campaign consists of a regular 22 x 22 m. grid with 500 samples. In Fig. 1 and 2 we show the experimental variograms and histograms of samples. The experiment consisted in comparing, for different estimators, the profit yielded by selecting panels with a cut-off criterion applied to the estimated panel's mean ore grade. To avoid the computation of special estimators at the border of the orebody, we made the comparison on the 48 x 8 interior blocks of the simulated orebody.

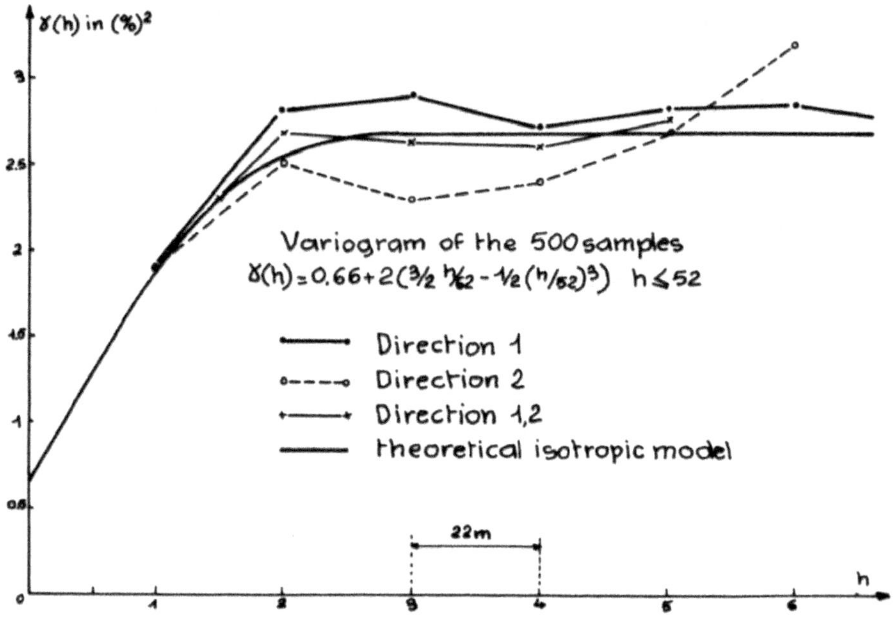
γ(h) in (%)²
Variogram of the 500 samples
γ(h) = 0.66 + 2(3/2 h/52 − 1/2 (h/52)³) h ≤ 52
Direction 1
Direction 2
Direction 1,2
theoretical isotropic model
22m
h

Fig. 1

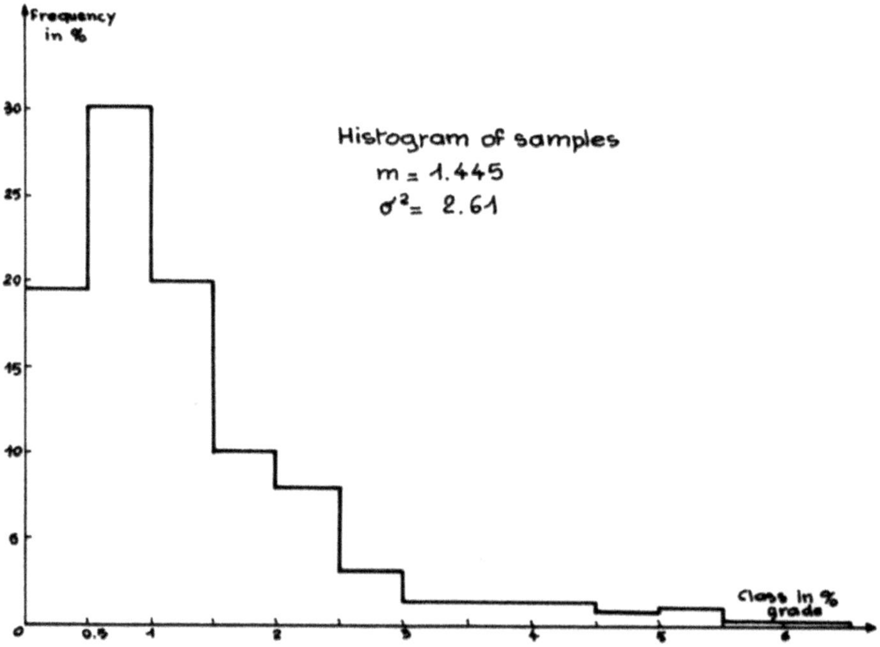
Frequency in %
Histogram of samples
m = 1.445
σ² = 2.61
Class in % grade

Fig. 2

2.2 The estimators

For each 22 x 22 m. panel's grade, we build four estimators :

- a disjunctive kriging estimator
- a kriging estimator
- a zone of influence estimator
- a kriging estimator using only the information of a 44 x 44 m. grid.

The first three estimators using the 22 x 22 m. information are computed, for each panel P_i, with the 9 nearest samples and the overall mean of the 500 samples.

With the last kriging estimate, we estimate the same panels as before, with the four nearest samples and the overall mean of the 125 samples. We note that this compels us to distinguish three different position of panels.

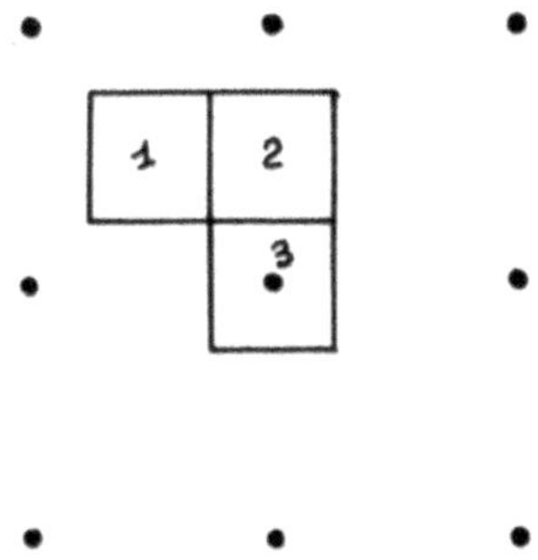

2.2.1. Kriging with 22 x 22m. grid.

$$Z_V^* = m^* + \lambda^1(\overline{Z}_1 - m^*) + \lambda^2(\overline{Z}_2 - m^*) + \lambda^3(\overline{Z}_3 - m^*)$$

m^* = arithmetic mean of the 500 samples

$\overline{Z}_1$ = value of sample number 5

$\overline{Z}_2$ = mean value of samples n° 2, 4, 6, 8

$\overline{Z}_3$ = mean value of samples n° 1, 3, 7, 9

Weights λ^1, λ^2, λ^3 are calculated with the kriging system of residuals, with the model of variogram appearing in Fig. 1 :

$$\lambda^1 = 0.416 \ ; \ \lambda^2 = 0.110 \ ; \ \lambda^3 = 0.033 \qquad \sigma_K^2 = 0.327$$

2.2.2 Disjunctive kriging with the 22 x 22 m. grid. The point based variable $Z(x)$ is considered as an anamorphosis of a Gaussian R.F. $Y(x)$, i.e. $Z = \varphi(Y)$, and this function φ is expressed as a development in term of normalized Hermite polynomial η_n. $Z = \sum_{p=o}^{n} f_o^p \eta_p(Y)$. In our study, we tried $\varphi(Y) = e^Y$, so that we made a structural study of variable $Y = \log Z$ on the 500 samples (see Fig. 3 and 4). We recall that the D.K. estimator is $Z_V^{DK} = \sum_\alpha f_\alpha(Z_\alpha)$ where functions f_α are developed, which gives $Z_V^{DK} = f_o^o + \sum_\alpha (\sum_{p=1}^{n} f_\alpha^p \eta_p(Z_\alpha))$ where coefficients f_α^p are computed in the following systems :

$$\text{for } p = 1,\ldots n \qquad \sum_\alpha f_\alpha^p \rho_{\alpha\beta}^p = f_o^p \overline{\rho_{\beta v}^p} \qquad \alpha,\beta = 1,N$$

$$\overline{\rho_{\beta v}^p} = \frac{1}{v}\int \rho^p(x-x\beta)\,dx \quad , \quad \rho_{\alpha\beta}^p = [\,\rho(x\alpha-x\beta)\,]^p$$

In our problem, the function e^Y was developed up to degree 5, the samples $x\alpha$ were the 9 points surrounding the panel and covaria $\rho(h)$ is the normalized one corresponding to the variogram of logarithms. (See fig. 3) . In Z_V^{DK}, experimental values intervene in terms such as $\eta_p(Y_\alpha)$, so that we must use each sample in an individual manner : however, it remains clear that for geometrical rea sons, we shall have the following identity :

$$p = 1,5 \quad f_2^p = f_4^p = f_6^p = f_8^p$$

$$p = 1,5 \quad f_1^p = f_3^p = f_5^p = f_9^p$$

p/α	α = 5	α = 2	α = 1
1	- 0.3725	- 0.0992	- 0.0265
2	0.1977	0.0456	0.0111
3	- 0.0745	- 0.0144	- 0.00346
4	0.0223	0.00357	0.00077
5	- 0.0062	0.00075	- 0.00014

In conclusion, the whole D.K. estimator is determined by the resolution of 5 3x3 linear systems. We also note that our D.K. estimator does not use any permanence of law hypothesis.

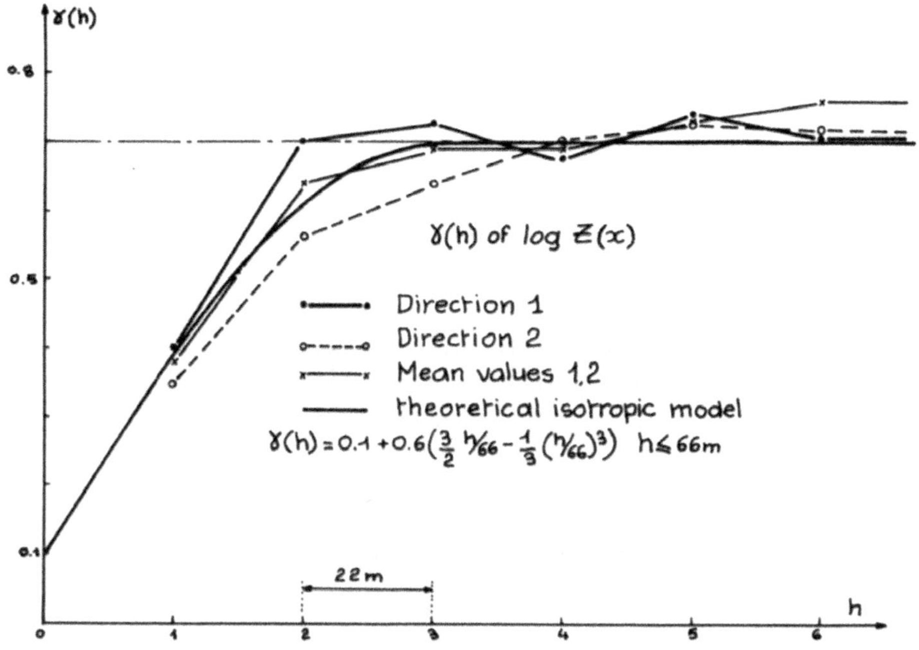
γ(h)
0.8
0.5
0.1
γ(h) of log Z(x)
Direction 1
Direction 2
Mean values 1,2
theoretical isotropic model
γ(h) = 0.1 + 0.6(3/2 h/66 − 1/2 (h/66)³) h ≤ 66m
22m
h
0
1
2
3
4
5
6

Fig. 3

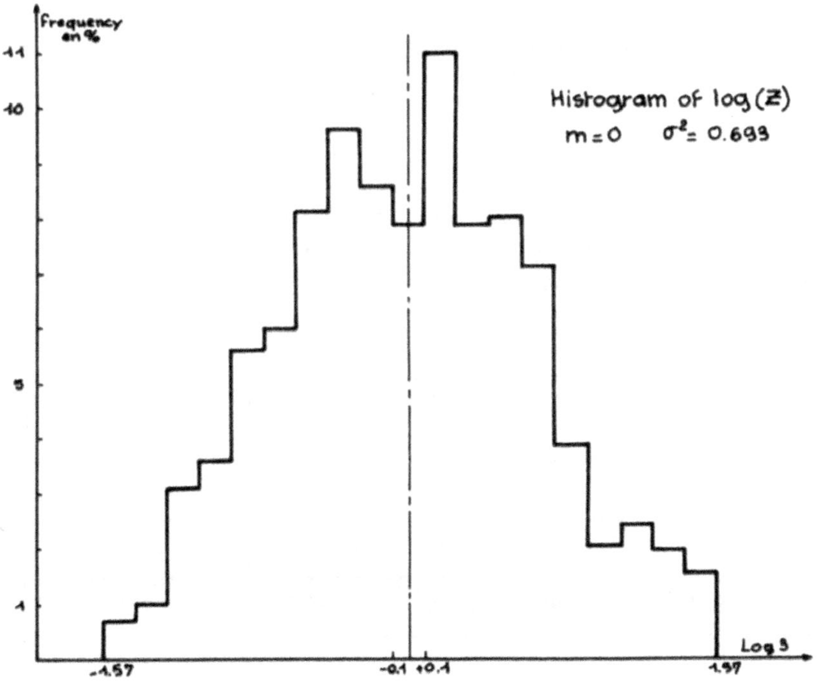
Frequency en %
11
10
5
1
Histogram of log(Z)
m = 0 σ² = 0.693
Log 3
-1.57
-0.1 +0.1
1.57

Fig. 4

2.3 Polygonial zone-of-influence estimator

According to the method of influence zone, each panel's estimator is the central sample value : in our case, the direct consequence is that, for estimating our 48 x 8 = 384 panels, we shall use only 384 of our available 500 samples.

2.4 Kriging with the 44 x 44 m. grid

As shown in the preceding figure, we suppose that we know only 125 samples on a 44 x 44 m. grid, with which we estimate the same 384 22 x 22 m. panels as before. As previously noted, we have to determine 3 different kriging configurations, according to the relative position of the samples and the panel to be estimated.

3. EXPERIMENTAL RESULTS

We shall present the experimental results in order to point out the properties of the different estimators with respect to three problems :

- for a given amount of information, quality of the estimators with respect to the magnitude of the level of estimation.
- for a given amount of information, quality of the selection obtained by applying a cut-off grade to the estimators.
- quality of the selection of the kriging estimator when the amount of information changes.

3.1 Errors of estimation

On the following table, we see the results of the three estimators, computed with the 22 x 22 m. grid information :

D.K. : Disjunctive Kriging.

K.1. : Kriging

POLY : Central value of panels.

	$m(\varepsilon)$	$D^2(\varepsilon)$	σ_E^2	m^*	$D^2(v^*\|V^*)$	$D^2(v^*\|V^*)+D^2(\varepsilon)$
D.K.	0.040	0.323	0.29	1.424	0.879	1.201
K.1.	0.030	0.380	0.327	1.434	0.930	1.310
POLY	0.039	1.128	0.98	1.425	2.585	3.713

TABLE 1

$m(\varepsilon)$, $D^2(\varepsilon)$: experimental mean and variance of errors

σ_E^2 : estimation variance of each panel's grade

m^*, $D^2(v^*|V^*)$: experimental mean and variance of estimated values.

We note that :

- with respect to the global estimation, the three estimators are nearly equivalent. The variance of estimation of the mean value of the 384 panels (exact value 1.464) computed with the variogram model of Fig. 1 is $\sigma_m^2 = 0.002$, the corresponding standard deviation of which is $\sigma_m = 0.045$. The error in the global estimation is thus smaller than the theoretical standard deviation of error.

- with respect to the variance of error in estimating each panel, the estimators are ranking as forecast, though the observed variance of errors is slightly higher than the theoretical variances of estimation.

- with respect to the variance of dispersion of estimates $D^2(v^*|V^*)$, we see that, although being better, D.K. estimates are less scattered than K.1 and POLY.

- The last value $D^2(v^*|V^*) + D^2(\varepsilon)$ was computed to recall that the theoretical smoothing relation, $D^2(v|V) = D^2(v^*|V^*) + D^2(\varepsilon)$, is only valid when v^* is calculated by kriging. The theoretical value $D^2(v|V)$ being 1.34, we actually see that only the kriging estimates follow the relation.

- the histogram of kriging errors is fairly different from a Gaussian one (Fig. 5) : it is not truly symmetric and, above all, largely more skewed in the central classes. The histogram of errors from other estimators have a similar shape.

3.2 Optimization of the selection.

For each estimate, selection is achieved by cut-off on the estimated values. With the selected values, we estimate profit B^*, which is $B^* = \sum_{i \in I} (m_i^* - m_c)$ or, defining as $T(m_c)$ the tonnage after selection and as $m^*(m_c)$ its estimated mean ore grade, we find :

$$B^* = T(m_c)\left[m^*(m_c) - m_c\right]$$

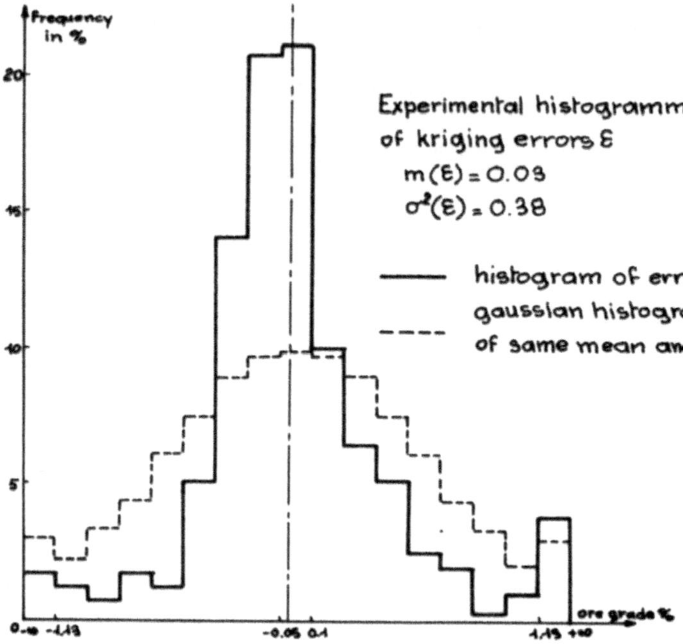
Frequency in %
20
15
10
5
Experimental histogramm of kriging errors ε
m(ε) = 0.03
σ²(ε) = 0.38
histogram of error
gaussian histogramm of same mean and variance
ore grade %
-1.13
-0.05 0.1
1.13

Fig. 5

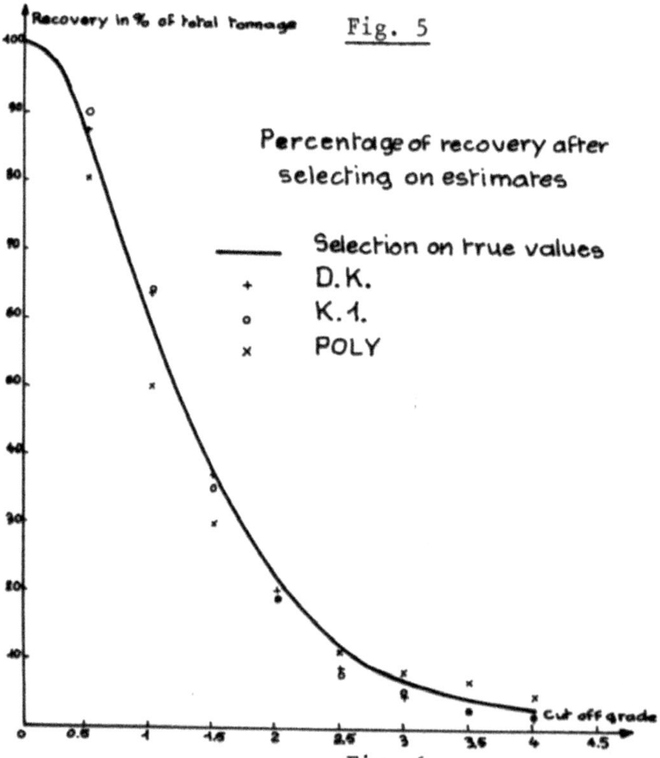
Recovery in % of total tonnage
100
90
80
70
60
50
40
30
20
10
Percentage of recovery after selecting on estimates
Selection on true values
D.K.
K.1.
POLY
Cut off grade
0
0.5
1
1.5
2
2.5
3
3.5
4
4.5

Fig. 6

For each selection, we know the actual mean ore grade $m_V(m_c)$ corresponding to the selected tonnage $T(m_c)$, so that we can compare the estimated profit B^* to the actual recovered profit $B = T(m_c)\left[m_V(m_c) - m_c\right]$. I remind the reader that the aim of this comparison is to check whether or not the selectionwith a given estimate is close to the optimal selection performed with the conditional expectation estimator : as this estimator is actually complicated, we shall compare our results with the D.K. estimator which is very close to the conditional expectation. We can see on Fig. 7 that the D.K. estimator verifies very closely the fundamental property of conditional expectation : the mean of the true values of a block having a given estimation is equal to this estimation. (All the numerical results on Figures 10 to 14 appear on Table 2).

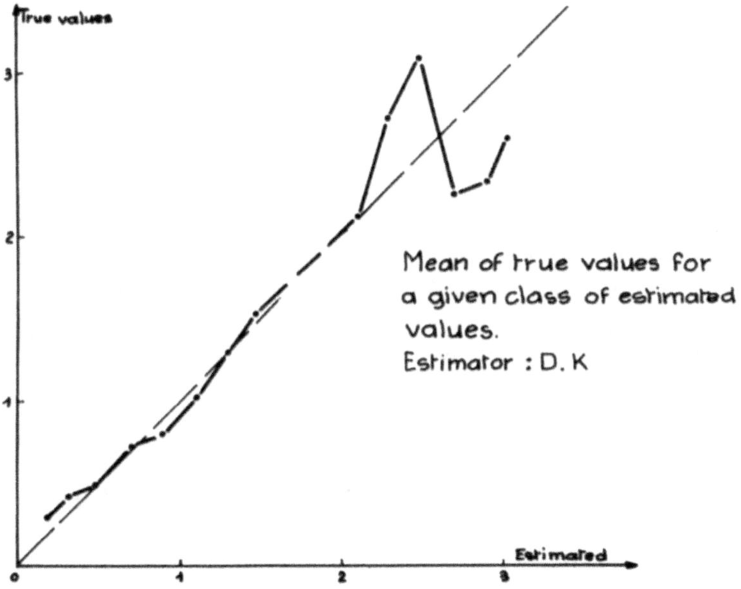

Fig. 7

3.2.1 Actual profit recovered. The largest profit will be recovered by selection on estimates having the same property as conditional expectation, i.e. the same tonnage-cut-off curve and the same property of conditional unbiasedness. We see on Fig. 6 that the D.K. and K.1 tonnage curves are very close, while the POLY one is quite distinct. In the same way, Fig. 8 shows that kriging is "nearly" conditionally unbiased, while in Fig. 9 we see a noticeable discrepancy between the experimental curve and the unit slope line.

The consequence, appearing in Fig. 10, is that selection on kriging estimates gives a near optimal result, whatever the cut-off grade may be, while selection on zone-of-influence estimates induces a loss of profit which is especially important for high cut-off.

Therefore we may conclude that kriging is a near-optimal tool for any cut-off grade. Conversely, the polygon method is systematically non-optimal and so leads to waste of reserves.

3.2.2 Estimation of recovered profit. We have seen that the property of conditional unbiasedness implies that an estimator gives an unbiased estimation of the selected reserves.

$$B^* = T(m_c)\left[m^*(m_c) - m_c\right] \text{ while } B = T(m_c)\left[m_V(m_c) - m_c\right]$$

Thus - if it exists - the bias will appear to be proportional to $m_V - m^*$, difference between the true and estimated mean grade of the selected reserve. We see in Fig. 11, 12 and 13 the experimental curves $m_V(m^*)$ corresponding to different cut-off grades and for estimators D.K., K.1 and POLY respectively. For each estimator, the bias will be proportional to the deviation between $m_V(m^*)$ and the unit slope line. We see that the bias is small and non systematic for D.K. and K.1, corresponding to statistical fluctuations, while the bias of estimation from POLY is systematic : not only will a selection from POLY give a loss of profit (compared with the optimum one) but furthermore the estimation of the profit will be dangerously overvalued.

3.2.3 Influence of the quantity of information. In the first section, we have recalled the fact that the expected optimum profit was a non decreasing function of the quantity of information : we have just seen experimentally that kriging was a fairly good approximation of conditional expectation, so that in practice it will replace it. We shall see on the following results (Fig. 14 and Table the true benefit resulting from a selection on kriging estimates,

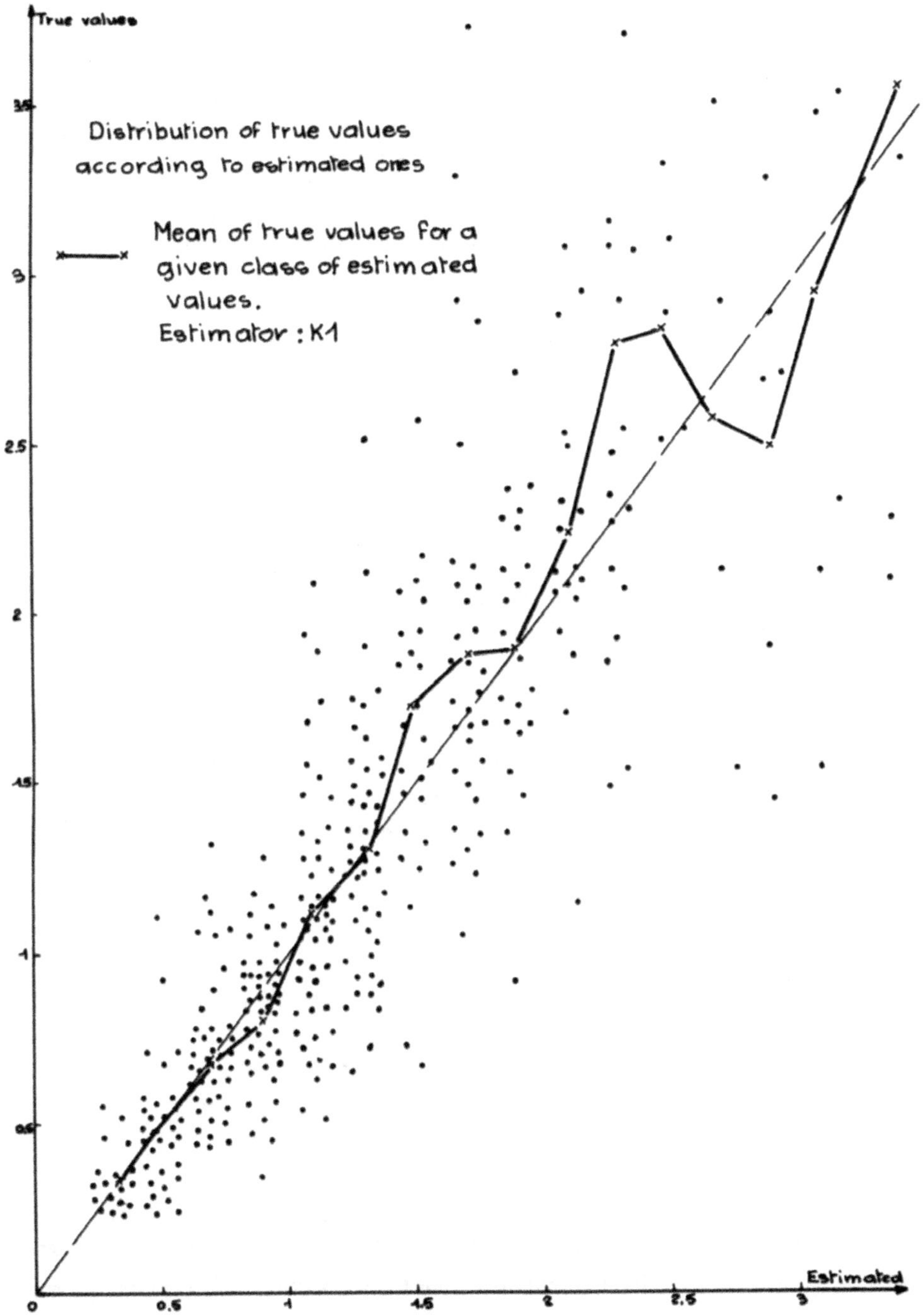
True values
Distribution of true values according to estimated ones
Mean of true values for a given class of estimated values.
Estimator : K1
Estimated
0
0.5
1
1.5
2
2.5
3
3.5

K.1 being built with the 22 x 22 m. information, K.2 with the 44 x 44 m. information : we note the degrading of the quality of the selection and by comparison with Fig. 13, we see that this degrading is greater between K.1 and K.2 than between K.1 and POLY. Although it is the best linear estimator, kriging will give a low quality selection if the information is not sufficient (of course, using polygon estimation would be even worse), and this property gives a direct "monetary" value to mining information. As a secondary effect of the deficiency of information, we also note in Tabl 2, that the lower profit is, moreover, poorly estimated.

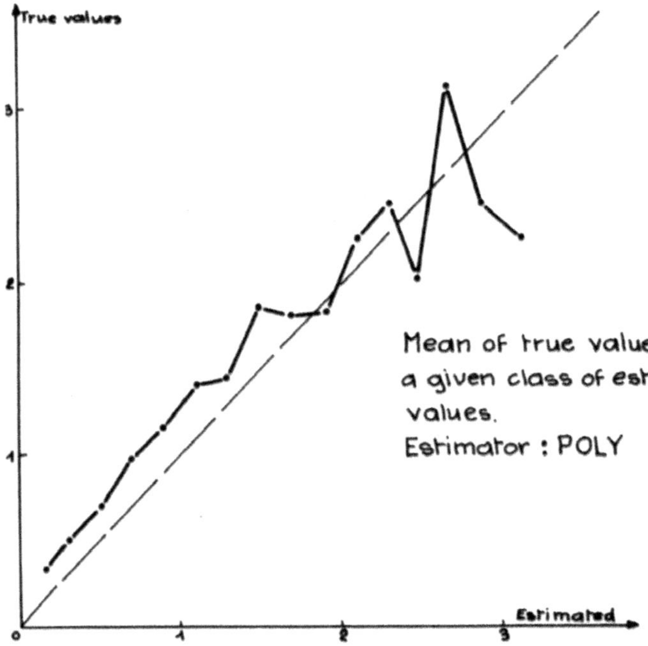

Fig. 9

4. CONCLUSION

The preceding experimental results were obtained from a simulated orebody of lognormal type and fairly large relative dispersion : $\frac{\sigma^2}{M^2} = 1.25$. Such a random function is very different from a Gaussian one, for which kriging is theoretically the optimal solution. The first important experimental conclusion is that krigin

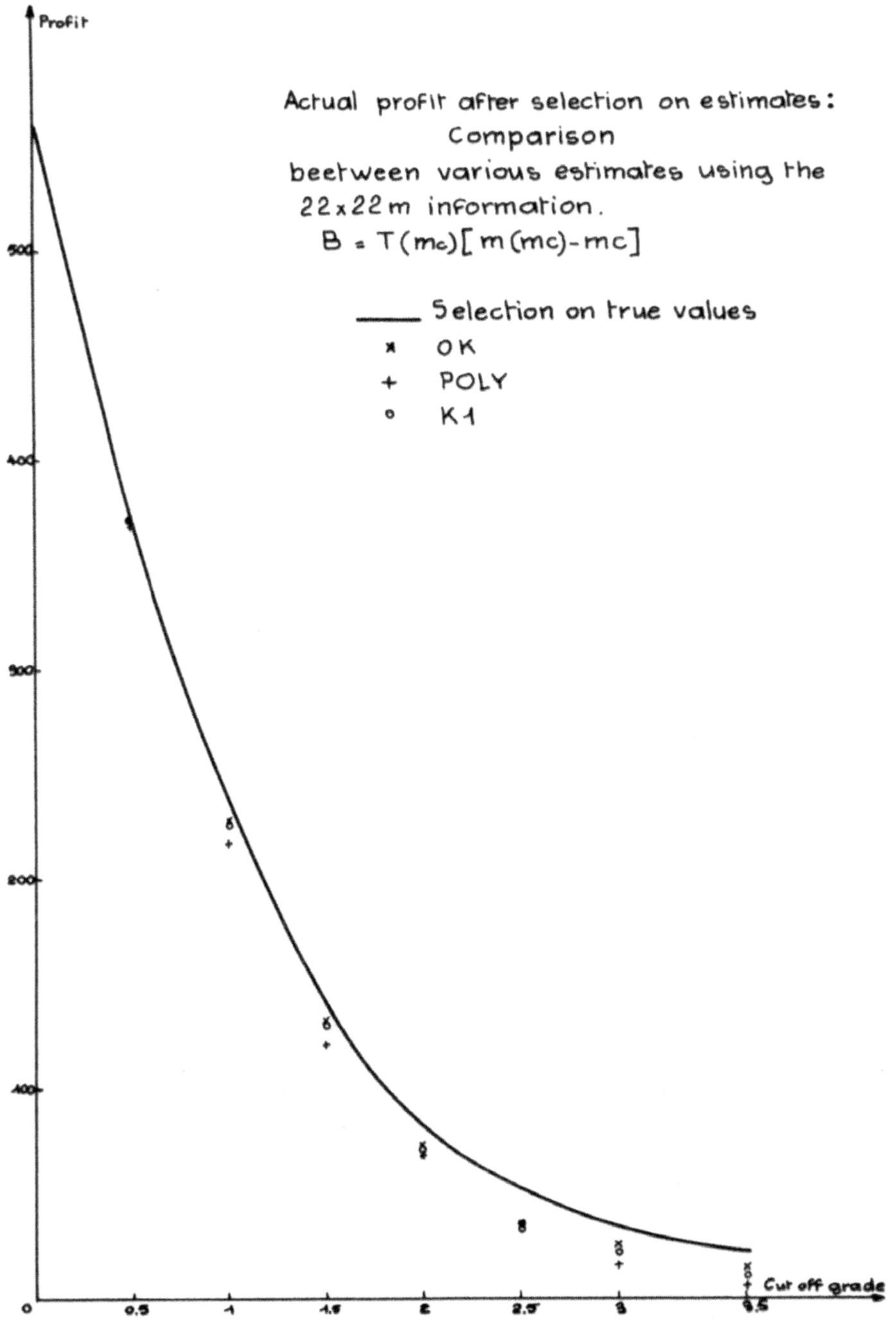
Profit
Actual profit after selection on estimates:
Comparison
beetween various estimates using the
22x22m information.
B = T(mc)[m(mc)-mc]
Selection on true values
OK
POLY
K1
Cut off grade
0
0.5
1
2
2.5
3
500
400
300
200

Fig. 10

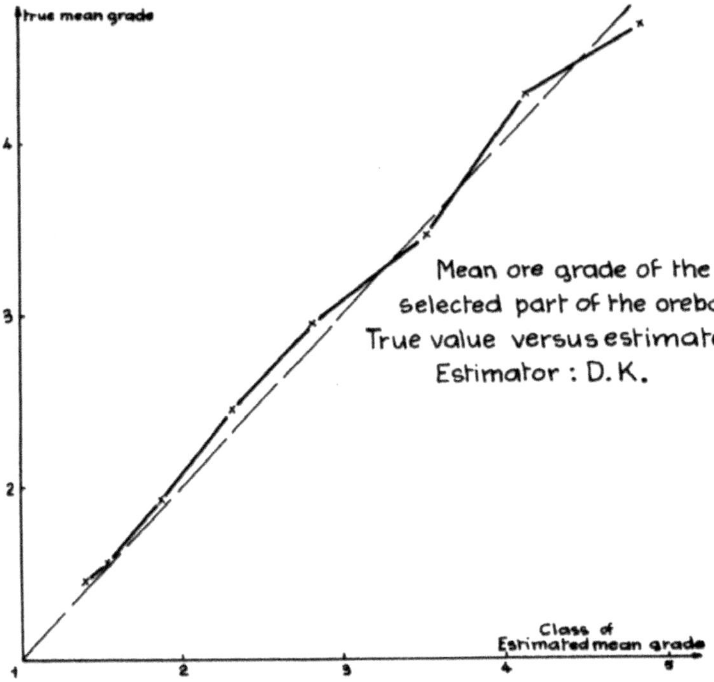
True mean grade
4
3
2
1
2
3
4
5
Class of
Estimated mean grade
Mean ore grade of the
selected part of the orebody:
True value versus estimated one
Estimator : D.K.

Fig. 11

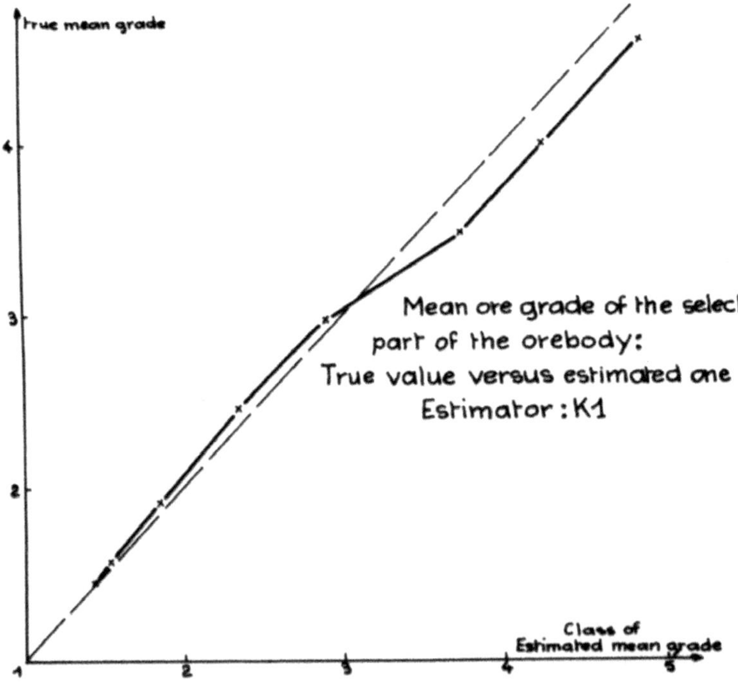
True mean grade
4
3
2
1
2
3
4
5
Class of
Estimated mean grade
Mean ore grade of the selected
part of the orebody:
True value versus estimated one
Estimator : K1

Fig. 12

is a robust approximation of conditional expectation and keeps its important property (conditional unbiasedness) even for a very particular R.F. The second conclusion is drawn from the comparison between D.K., K.1, POLY and K.2 concerning the actual recovered profit : we have already noted that the results of K.2 were worse than the results of POLY, although the experimental estimation variance of the panels were 1.13 and 0.65 respectively. This emphasizes the fact that the quality of selection is not entirely related to the estimation variance of each panel, but is largely function of the overall estimation variance of the whole orebody. Lastly, the drawbacks of an imprecise estimator seem to be the same, whatever the reasons of the lack of precision (i.e. wrong estimator or lack of information) :

- loss of actual recovered profit.
- poor estimation of recovered profit.

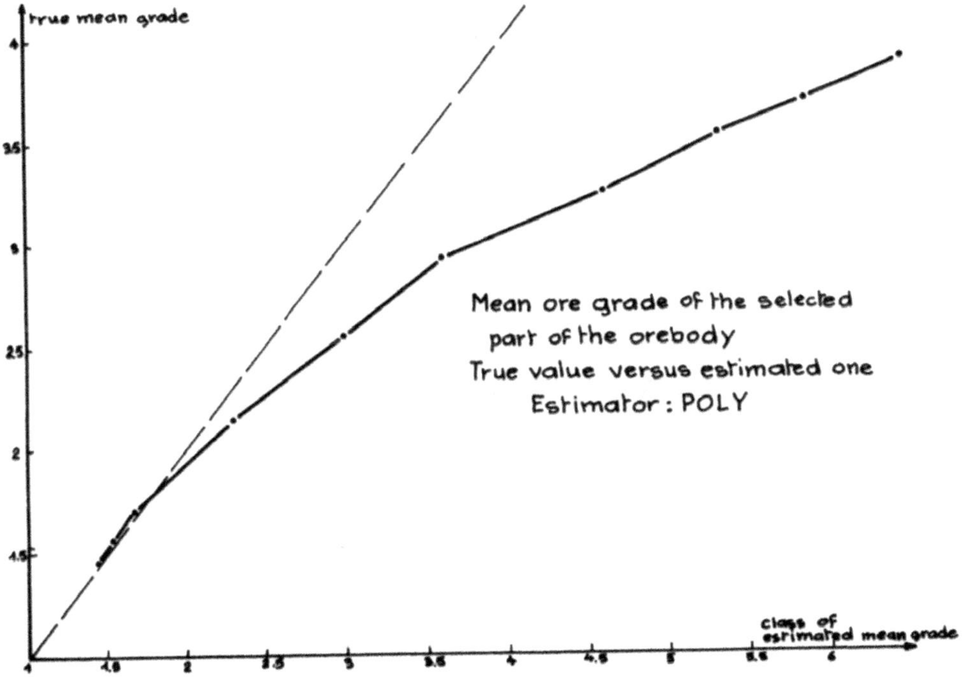

Fig. 13

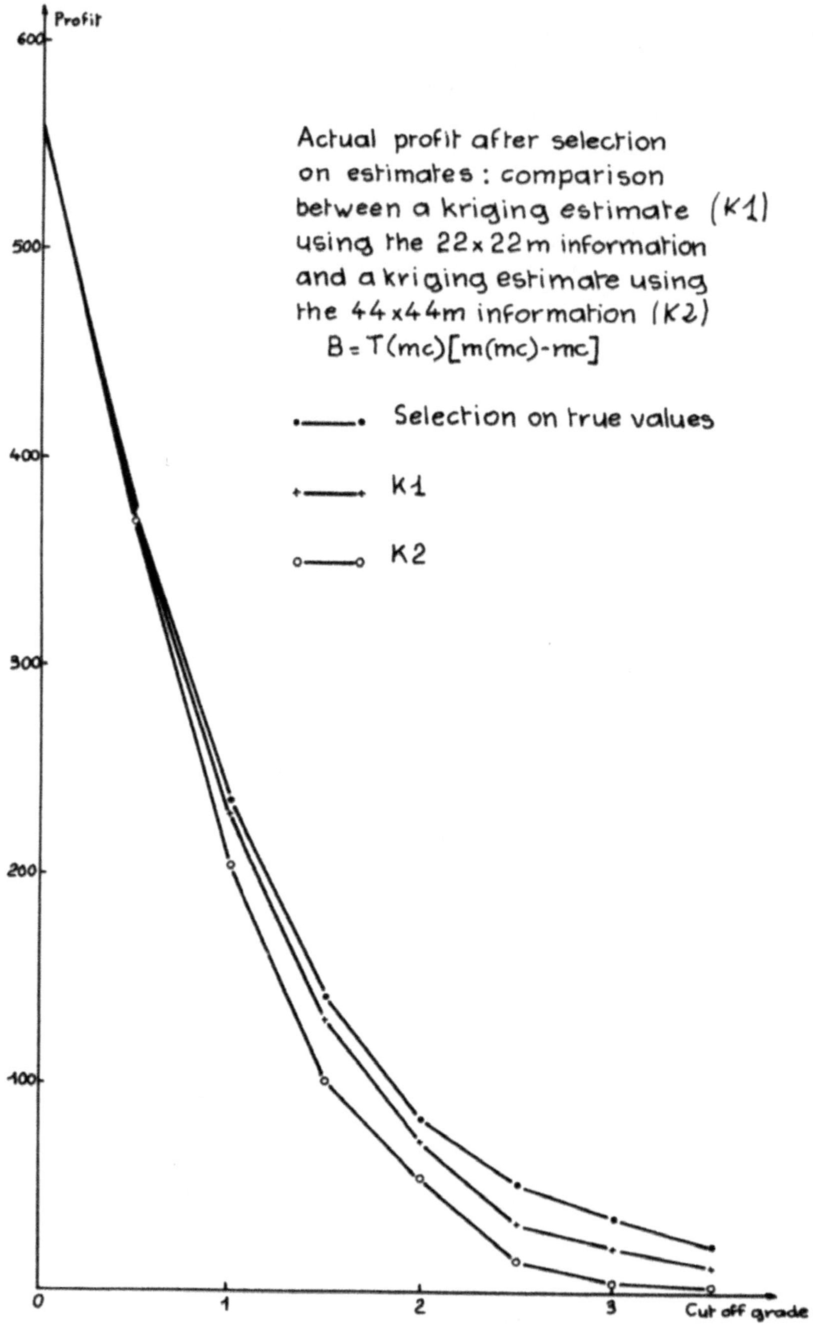
Profit
600
500
400
300
200
100
0
1
2
3
Cut off grade
Actual profit after selection on estimates : comparison between a kriging estimate (K1) using the 22x22m information and a kriging estimate using the 44x44m information (K2)
B = T(mc)[m(mc)-mc]
Selection on true values
K1
K2

Fig. 14

TRUE VALUES

m_c	T	m_V	B
0	384	1.464	562.2
0.5	338	1.611	375.5
1	225	2.049	236
1.5	148	2.467	143.1
2	90	2.948	85.3
2.5	44	3.726	53.9
3	29	4.211	35
3.5	17	4.915	24.1
4	11	5.507	16.6

T : Tonnage of Selected panels

m_c : Cut-off grade

m_V^* : estimated mean grade of selected panels

m_V : true mean grade of selected panels

B^* : estimated profit of selected orebody

B : true profit of selected orebody

D.K.

m_c	T	m_V^*	m_V	B^*	B
0	384	1.424	1.464	546.8	562.2
0.5	337	1.577	1.608	362.9	373.4
1	246	1.875	1.927	215.3	228
1.5	142	2.329	2.430	117.7	132.1
2	76	2.817	2.949	62.1	72.1
2.5	34	3.539	3.459	35.3	32.6
3	19	4.143	4.293	21.7	24.6
3.5	11	4.782	4.701	14.1	13.2
4	6	5.67	5.56	10	9.4

POLY

m_c	T	m_V^*	m_V	B^*	B
0	384	1.425	1.464	547	562.2
0.5	309	1.688	1.69	367.1	367.7
1	192	2.287	2.135	247.1	216
1.5	115	2.983	2.549	170.5	120.5
2	73	3.624	2.934	118.6	68.2
2.5	45	4.583	3.261	93.7	34.2
3	32	5.329	3.535	74.5	17.1
3.5	26	5.831	3.668	60.6	4.4
4	20	6.479	3.919	49.6	-1.6

K.1

m_c	T	m_V^*	m_V	B^*	B
0	384	1.433	1.464	550.3	562.2
0.5	348	1.54	1.574	361.9	373.8
1	248	1.852	1.916	211.3	227.2
1.5	136	2.358	2.455	116.7	129.9
2	72	2.901	2.983	64.9	70.8
2.5	32	3.746	3.492	39.9	31.7
3	21	4.245	3.999	26.1	21
3.5	12	5.026	4.59	18.3	13.1
4	8	5.646	4.375	13.2	3

K.2

m_c	T	m_V^*	m_V	B^*	B
0	384	1.418	1.464	544.5	562.2
0.5	384	1.418	1.464	352.5	370.2
1	296	1.582	1.694	172.3	205
1.5	142	1.949	2.234	63.8	104
2	48	2.379	3.154	18.2	55.4
2.5	15	2.726	3.596	3.4	16.4
3.	2	3.40	5.32	0.8	4.6
3.5	1	3.63	7.93	0.1	4.4
4	0				

PLANNING FROM ESTIMATES: SENSITIVITY OF MINE PRODUCTION SCHEDULES TO ESTIMATION METHODS

P.A.Dowd
Department of Mining and Mineral Sciences,
University of Leeds, Leeds, England

M.David
Department of Mineral Engineering, Ecole Polytechnique,
Montreal, Canada

1. INTRODUCTION

By necessity, all the planning in an open pit mine is done on the basis of estimated values. Since it is not these estimated values that are mined, but rather the real values which were unknown at the time of planning, discrepancies will occur between what was planned and what is achieved.

This has already been pointed out in a previous paper (David, Dowd and Korobov, 1974) where the impact of the method of ore reserve calculation on grade-tonnage curve prodiction and optimum open pit design was examined. However, obtaining a good grade-tonnage curve or a good pit design is not the ultimate objective of a mining company. This paper will show the effect of different estimation methods on production schedules and the resulting discounted cash flows over the mine life.

Since we don't have a complete set of real block values for a large deposit (such as porphyry copper) we have taken the best alternative which is to simulate these values having a number of known geological characteristics reflected by their distribution and spatial correlation. The objectives of a comparative study of estimation methods for a given deposit are thus:

- simulate a large number of closely spaced point sample values with the specified characteristics of the deposit concerned

M. Guarascio et al. (eds.), Advanced Geostatistics in the Mining Industry, 163-183. *All Rights Reserved.*
Copyright © 1976 by D. Reidel Publishing Company, Dordrecht-Holland.

- using this set of sample values produce a set of (possible) real values for block grades
- simulate drilling programmes from the point samples
- produce different ore inventory files using different estimation methods such as kriging or inverse squared distances
- carry out any desired planning on these sets of estimated values and compare the forecasted results to those obtained when the resulting plan is applied to the set of real values
- carry out any desired planning on these sets of values and compare the forecasted results to the plan resulting from a more complete drilling programme.

The difference between the results obtained will allow for a comparison of the estimation procedures and will provide a measure of the economic loss due to an incomplete knowledge of the grade values. As we have previously dealt with the comparison of grade-tonnage curves and optimal open pit designs resulting from different estimation methods (David, Dowd and Korobov, 1974) we will limit this presentation to showing their effect on production schedules and the resulting discounted cash flows.

2. THE DETERMINATION OF OPTIMAL PRODUCTION SCHEDULES

The determination of the optimal sequence of cut-off grades and production rates has received much attention in mining literature in recent years.

The method adopted in this study is that of dynamic programming. Roman (1972) presented dynamic programming as a method for determining optimal production rates. The present extension of the method includes the cut-off grade as a variable and has been presented by Dowd (1974, 1975) and Dowd and Elbrond (1975).

Dynamic programming is based upon the application of a simple property of multistage decision processes. This property has been formulated by Bellmam (1957) in his principle of optimality, as:

"An optimal policy has the property that whatever the initial state and initial decision are, the remaining decisions must constitute an optimal policy with regard to the state resulting from the first decision".

An expression for this principle of optimisation can be

formulated as follows:

Let $R(x_1, y_1; x_2, y_2; \dots x_n, y_n) = g_1(x_1, y_1) + g_2(x_2,y_2) + \dots + g_n(x_n,y_n)$

be the return from producing x_1 tons at a grade y_1% in period one plus the return from producing x_2 tons at y_2% in period two, etc.

The object is to maximise the return R subject to the constraints:

$$x_i \geq 0 \quad \text{and} \quad \sum_{i=1}^{n} x_i = x$$

where x is the total ore reserve.

The basic funcional equation for this maximisation is:

$$f_n(x) = \max_{x_n, y_n} \left[g_n(x_n,y_n) + f_{n-1}(x-x_n) \right]$$

where $f_n(x)$ is the benefit obtained from the optimal policy for n periods.

Roman (1972) was the first to use dynamic programming in this context but he limited his study to variable production rates. Noren (1969) also used dynamic programming but assumed constant average grade and constant production rate within defined sub-regions.

The optimising criterion is the maximum present value of future net profits.

3. THE SIMULATION

The simulation method used is known as the method of rotating bands and was developed by Matheron (1972, 1973).

The object is to simulate a set of values that has a specified structure in the three-dimensional simulated deposit. This structure will be defined by the spatial correlation functions known as variograms. In this particular case the variogram simulated was the well-known Spherical or Matheron function defined as:

$$\gamma(h) = C_0 + C\left(\frac{3}{2}\frac{h}{a} - \frac{h^3}{2a^3}\right) \qquad h \leq a$$

$$\gamma(h) = C_0 + C \qquad h \geq a$$

The first stage in the process is to simulate an isotropic structure with a range α on a unit grid. This is the essential step of the simulation.

Values are drawn from a uniform distribution and placed equidistantly along a line generated at random in the space to be simulated. Each of these points is then regularised by the function

$$g(x) = \sum_{u = x - \alpha/2}^{x + \alpha/2} (u - x)\ f(u)\ \Delta u$$

where f (u) represents the values drawn from the uniform distribution and assigned to each interval Δ u along the line. Each of the intervals is then, in effect, projected at right angles into the space, any grid point falling within the projected interval receiving the regularised value assigned to the interval on the line.

A group of n such lines is now chosen in such a way that their directions are distributed uniformly in the space and the process is repeated for each line, the final value assigned to each grid point being the sum of all the regularised values assigned to it.

We now have an isotropic structure on a unit grid in three dimensions defined by the parameters α (range) $C'_0 = 0$ and C'.

3.1 Conditional Simulation

Knowing the true grade at various points we are now faced with the problem of forcing the simulated function to take these values at the given points. This is accomplished by the process of conditional simulation.

From the method of rotating bands we have a simulated function Z(x) with a given variogramme and mean value m.

Using the known values $Y(x_\alpha)$ at the point x_α we can compute a kriged estimate $Y^* (x_\alpha)$ for any point x, remembering that if $x = x_\alpha$ the $Y^* (x_\alpha) = Y(x_\alpha)$ (The exact interpolation property of kriging).

Now, from the values of Z(x) at the sampling points x_α we can compute a set of kriged estimates $Z^* (x)$ for all x.

We now have 3 sets of values for each point:

$Z(x)$, $Z^*(x)$, $Y^*(x)$

and remembering that

$$Z^* (x_\alpha) = Z (x_\alpha) \text{ and } Y^* (x_\alpha) = Y (x_\alpha)$$

we assign to each point x the value of the function

$$Z_s (x) = Y^* (x) + (Z(x) - Z^*(x))$$

The properties of this new function are:

$Z_s (x_\alpha) = Y (x_\alpha)$ since

$Y^* (x_\alpha) = Y (x_\alpha)$ and $Z^* (x_\alpha) = Z (x_\alpha)$

and thus the conditionality requirement is satisfied.

Further,

$$E (Z_s (x)) = m$$

since $E (Y^* (x)) = m$

and $E (Z (x) - Z^* (x)) = 0$

and Y and Z are uncorrelated.

The demonstration that the variogramme of this new function is equal to the original variogramme of Z(x) can be found in Marechal (1972).

3.2 Geological characteristics of the samples

The simulated point values came from a porphyry copper deposit and were lognormally distributed with a mean of 1.19% and a variance of $0.20(\%)^2$. It was also known that a nugget effect of 0.05 was present and that the ranges in the horizontal

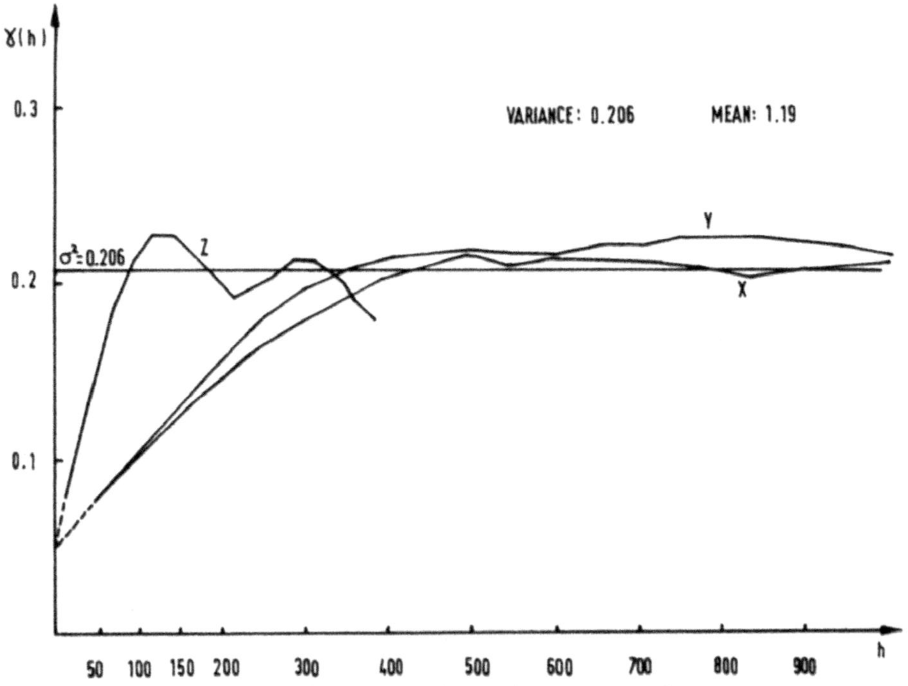

FIGURE 1 : Variogrammes for simulated point samples

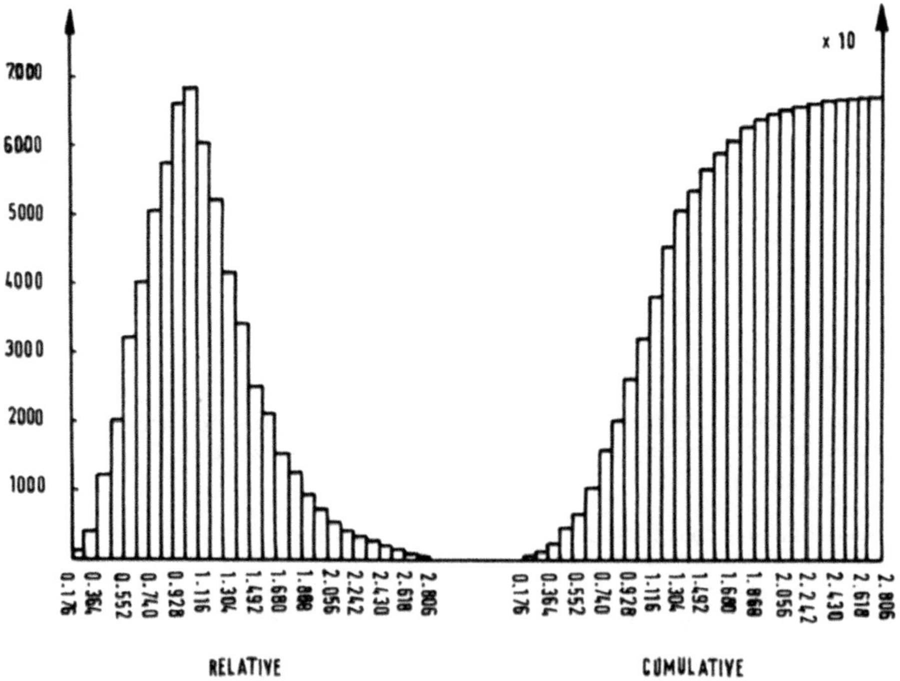

FIGURE 2 : Frequency distribution of simulated point samples plane were 400 ft while the vertical range was 100 ft.

A total of 67,200 points were simulated on a 50 ft x 50 ft x 12 ft grid over a field measuring 2000 ft x 2000 ft x 504 ft. The results of the simulation can be seen in figures 1 and 2.

The variograms of figure 1 indicate a near perfect concordance with the specified parameters.

3.3 Simulation of Drill samples

In order to simulate drill intersections, vertical averages were taken over 50 ft intervals. The characteristics of these samples are shown by the variograms of figure 3. The variance, as was to be expected, has been reduced to 0.126 and the nugget effect to 0.013.

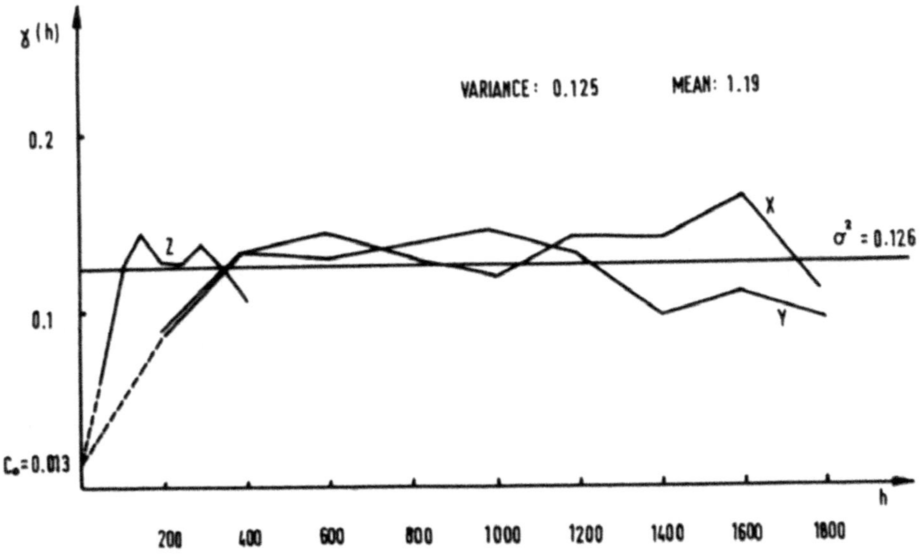

FIGURE 3 : Variogrammes for 50ft. sections on a 200ft. x 200ft. grid.

To represent a reasonable drilling programme a subset of samples on a 200' grid was chosen.

4. BLOCK ESTIMATIONS

The blocks estimated in this study were 100' x 100' providing a total of 2000 blocks (20 x 20 x 5). "Real" block values were simulated by averaging all point values falling within the block volume.

Using the simulated drill samples on a 200' x 200' grid, the methods of kriging and inverse squared distancing were applied to the estimation of the blocks.

The grade distributions of the "real" blocks, kriged blocks and those estimated by inverse squared distances, are shown in figures 4, 5 and 6 respectively.

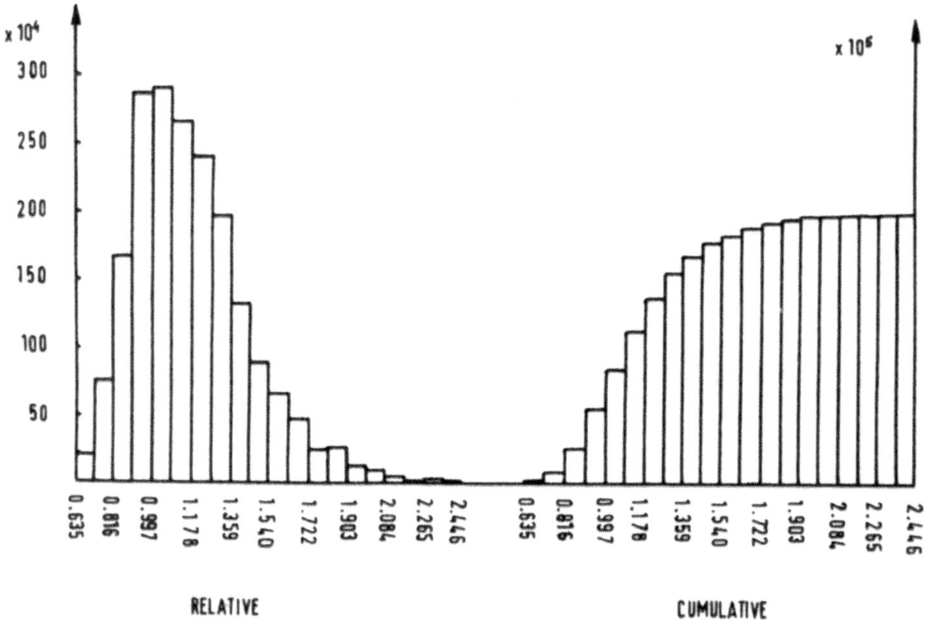

FIGURE 4 : Frequency distribution of simulated block values.

In addition, "pessimistic" and "optimistic" kriged estimates are given in figures 7 and 8. The "pessimistic" estimate is obtained by subtracting twice the square root of the estimation variance of each block from the kriged estimate of that block. The "optimistic" estimate is obtained by adding

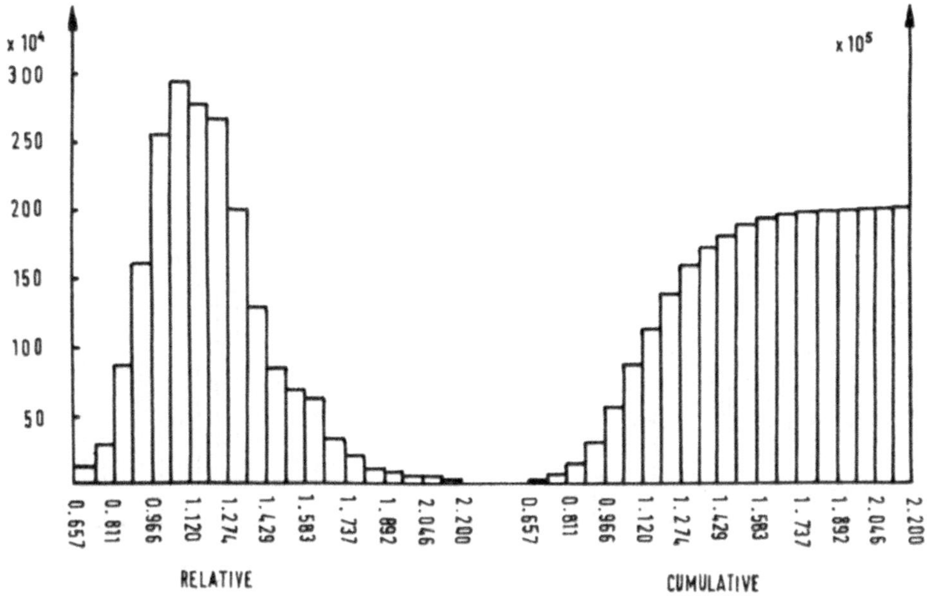

FIGURE 5 : Frequency distribution of kriged block values.

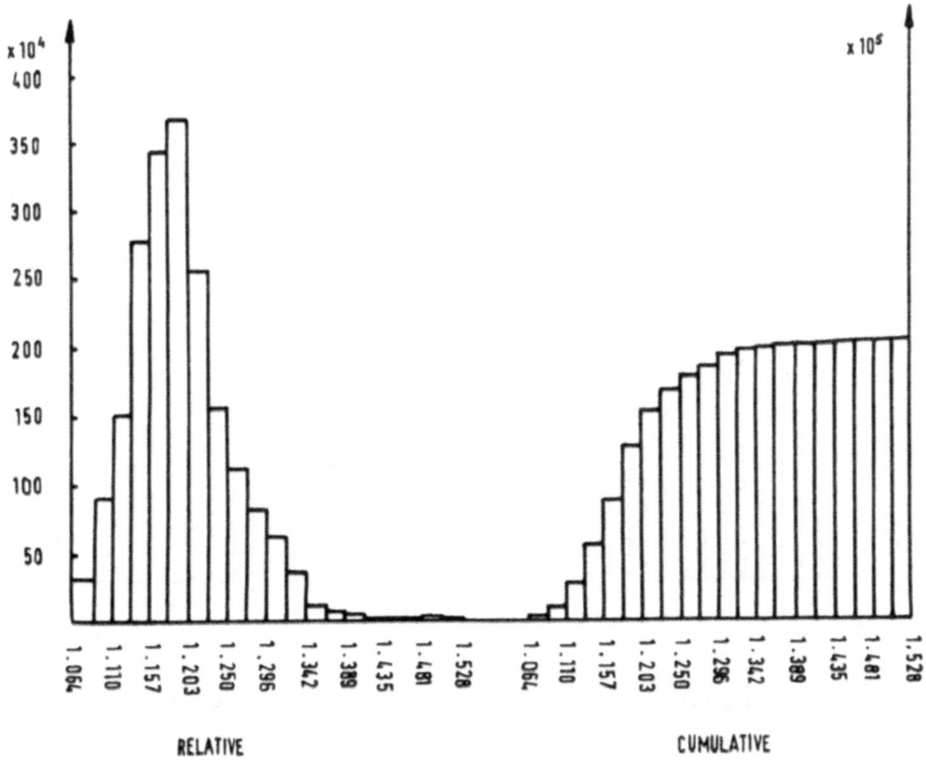

FIGURE 6 : Frequency distribution of inverse squared distance block values.

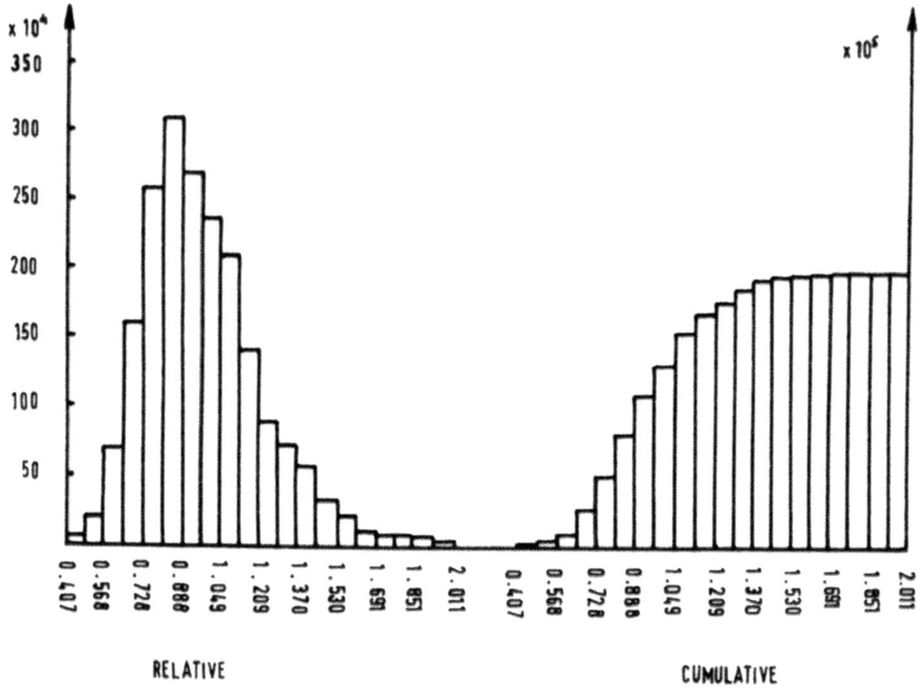

FIGURE 7 : Frequency distribution of pessimistic estimates.

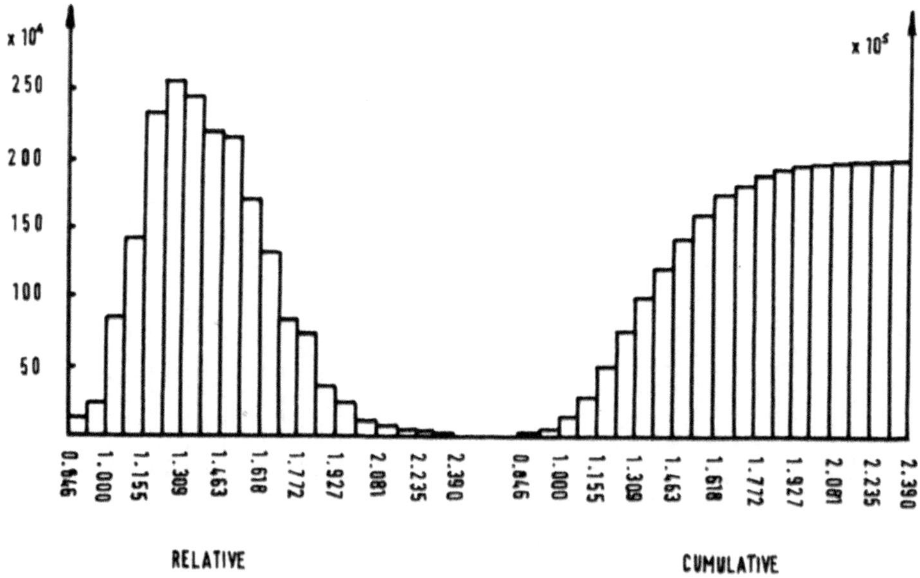

FIGURE 8 : Frequency distribution of optimistic estimates.

the same value to the kriged estimate.

5. OPERATING CONDITIONS

The basic economic and operating data used in this study is given in table 1.

Fixed mining cost	$875,000/year
Variable mining cost	$1.10/ton
Fixed concentrating cost	$875,000/year
Variable concentrating cost	$0.725/ton
Smelter treatment charge	$185/ton of concentrate
Transportation charge	$10/ton of concentrate
Gross market price for metal in concentrate	$0.75/lb
Deductions from market price	$0.05/lb
Deduction from concentrate grade	1.0%
Maximum daily production rate	36,000 tons
Minimum tonnage interval for which a decision to mine or not can be made	1,500 tons
Interval between cut-off grade decisions	0.025%
Interest rate	25%

Table 1 DATA USED IN EXAMPLE

Wide fluctuations in head grade and tonnage input to the concentrator would normally be expected to affect recovery and concentrate grade. The type and extent of this effect will depend on the operation. Since no such relationships were available to the author, two functions based on those used by Roman (1972) have been adopted :

$$\text{recovery \%} = 94.1 + 1.183 \times 10^{-3} \times T - 8.333 \times 10^{-8} \times T^2$$

$$\text{conc. grade \%} = 18.0 + 1.67 \times 10^{-4} \times T + 2.0 \times 10^{-10} \times T^2$$

where T is daily throughput and has a maximum value of 36,000 tons per day.[1]

It should be stressed that these relationships have been used simply for the sake of example and in the context of variable grades are not felt to be entirely realistic - one would expect them to be functions of head grade as well as throughput.

Any functions may be used including a constant recovery rate and concentrate grade. The choice of these functions will have a significant effect on the determination of optimal schedules. However, one should recall at this point that our main objective is to set up a methodology to carry out the required comparison. The sensitivity of the D.C.F. to all these different parameters is something else. What we are concerned with here is, given a set of parameters, to test the sensitivity of the estimation method.

6. RESULTS

The schedules for the real, kriged and inverse squared distance blocks are shown in tables 2, 3 and 4 respectively.

The production schedules for the real values and the kriged estimates are reasonably close, the main differences being that there is a greater variation in production rates and cut-off grades for the real values. The total production (154 million tons) and total discounted profit ($68.96 million) for the real values schedule are slightly less than those for the kriged estimates schedule (155.7 million tons and $70.11 million).

However, the inverse squared distance estimates produce a much different schedule. While total discounted profit ($72.17 million) remains much the same, the cut-off grade is set to its lower limit for the life of the mine and the entire deposit as described by the grade distribution is taken as mined ore. The life of the mine is extended by one year, production rates are relatively stable and significantly lower. At the time at which

---

1 In reply to a question raised during discussion of his paper Roman stated that the relationships used in his work were based c results of an analysis conducted at Union Carbide Corporation's Pink Creek tungsten mine in California. Page 389 of 26.

Year	Mining Rate This Year (TPD)	Production This Year (TPC)	Mined To Date (tons)	Production To Date (tons)	Profit This Year (dollars)	Cumulative Profit (dollars)	Cut-off Grade (%)
1	27000	24450	9854999	8924471	14088070	14088070	0.865
2	27000	24450	19709984	17848942	11270460	25358520	0.865
3	25500	24271	29017472	26798917	9002892	34361320	0.815
4	25500	24271	38324960	35567092	7202241	41563560	0.815
5	25500	24271	47632448	44426167	5761793	47325360	0.815
6	25500	24271	56939936	53285242	4609434	51934780	0.815
7	25500	24271	66247424	62144317	3687547	55622320	0.815
8	25500	24271	75554912	71003392	2950037	58572350	0.815
9	24000	23596	84314896	79616247	2343539	60915880	0.740
10	24000	23596	93074880	88229102	1874831	62790700	0.740
11	24000	23596	101834864	96841957	1499864	64290560	0.740
12	24000	23596	110594848	105454812	1199892	65490440	0.740
13	24000	23596	119354832	114067667	959915	66450350	0.740
14	22500	22486	127567328	122275365	753435	67203770	0.640
15	22500	22486	135779824	130493063	602748	67806510	0.640
16	22500	22486	143992320	138690761	482199	68288700	0.640
17	21000	20987	151657312	146351280	370964	68659660	0.640
18	21000	20987	159322304	154011799	296771	68956430	0.640

TABLE 2 : PRODUCTION SCHEDULE FOR "REAL" DEPOSIT

Year	Mining Rate This Year (TPD)	Production This Year (TPC)	Mined To Date (tons)	Production To Date (tons)	Profit This Year (dollars)	Cumulative Profit (dollars)	Cut-off Grade (%)
1	25500	24363	9307499	8892651	14296330	14296330	0.855
2	25500	24363	18614992	17785302	11437060	25733390	0.855
3	25500	24363	27922480	26677953	9149652	34883040	0.855
4	25500	24363	37229968	35570604	7319721	42202750	0.855
5	25500	24363	46537456	44463255	5855777	48058520	0.855
6	25500	24363	55844944	53355906	4684621	52743180	0.855
7	25500	24363	65152432	62248557	3747697	56490830	0.855
8	25500	24363	74459920	71141208	2998157	59488970	0.855
9	24000	23650	83219904	79773618	2387734	61876700	0.780
10	24000	23650	91979888	88406028	1910187	63786880	0.780
11	24000	23650	100739872	97038438	1528149	65315020	0.780
12	24000	23650	109499356	105670848	1222520	66537530	0.780
13	24000	23650	118259840	114303258	978017	67515550	0.780
14	24000	23650	127019824	122935668	782413	68297950	0.780
15	22500	22456	135232320	131132222	614334	68912270	0.680
16	22500	22456	143444816	139328776	491467	69403720	0.680
17	22500	22456	151657812	147525330	393174	69796890	0.680
18	22500	22456	159869808	155721884	314539	70111420	0.680

TABLE 3 : PRODUCTION SCHEDULE FOR KRIGED ESTIMATES

Year	Mining Rate This Year (TPD)	Production This Year (TPC)	Mined To Date (tons)	Production To Date (tons)	Profit This Year (dollars)	Cumulative Profit (dollars)	Cut-off Grade (%)
1	24000	23896	8759999	8722301	14675530	14675530	1.070
2	24000	23896	17519984	17444602	11740420	26415950	1.070
3	24000	23896	26279968	26166903	9392340	35868280	1.070
4	24000	23896	35039952	34889204	7513872	43322160	1.070
5	24000	23896	43799936	43611505	6011098	49333240	1.070
6	24000	23896	52559920	52333806	4808878	54142110	1.070
7	24000	23996	61319004	61056107	3847102	57989200	1.070
8	24000	23896	70079888	69778408	3077681	61066880	1.070
9	24000	23896	78839872	78500709	2462144	63529020	1.070
10	24000	23896	87599856	87223010	1969715	65498730	1.070
11	24000	23896	96359840	95945311	1575772	67074490	1.070
12	24000	23896	105119824	104667612	1260618	68335100	1.070
13	24000	23896	113879808	113389913	1008496	69343580	1.070
14	22500	22403	122092304	121567070	791702	70135280	1.070
15	22500	22403	130304800	129744227	633361	70768640	1.070
16	22500	22403	138517296	137921384	506689	71275320	1.070
17	21000	20909	146182288	145553398	389217	71664540	1.070
18	19500	19416	153299776	152640268	292863	71957390	1.070
19	18000	17922	159869760	159181994	215866	72173240	1.070

TABLE 4 : PRODUCTION SCHEDULE FOR INVERSE SQUARED DISTANCE ESTIMATES.

decisions are taken one normally has only the two possible schedules based on each estimation method. However, the crucial point is the effect of applying each of these schedules to the real deposit, which can be done if the real block grades are known or if there is a set of possible real values. These are the key results and are shown in tables 5 and 6. Obviously, if such a schedule were applied to the real deposit the results could be disastrous as shown in table 5. The total discounted profit is only 59% of the actual optimum value.

On the other hand, when the schedule obtained from the kriged estimates is applied to the "real" deposit there is very little difference as shown in table 6.

The optimal schedules for the "pessimistic" and "optimistic" estimates are shown in tables 7 and 8 respectively. These two schedules represent the maximum range of variation within which we could expect the true schedule to lie. It should be noted that the schedule of table 5 as produced by inverse squared distances lies outside even this range.

It should be noted here however that the variance of the block values (0.08) is very small and that as this variance increases so too will the discrepancy between the real grade distribution and those distributions obtained by various estimation procedures. As this discrepancy becomes larger so too does the discrepancy between the respective production schedules.

7. CONCLUSIONS

The qualitative aspects of the results presented in this paper could have been anticipated from the variance relationship established by David (1972) but quantifying the effect that seemingly small differences in estimated values can have on production schedules can be very surprising.

The results could have been even more dramatic if unstable market conditions had been specified. For instance if there were sharp changes in prices and/or costs from one year to another requiring continual fractional changes in the cut-off grade then the "smoother" the estimation procedure the lesser would be the ability of the estimated grade distribution to adjust and cope with such changes.

It is also possible to examine the effects on optimal operating conditions of changes in the precision of the estimates. For instance as mining increases the drilling pattern becomes tighter and the estimation errors decrease and thus the variance of the estimated values approaches that of the real values.

Year	Cut-off grade	Mining Rate	Prod. Rate	Recovery	Profit this yr.	Cumulative Profit
1	1.07	24000	14718	93.47	8307048	8307048
2	1.07	24000	14718	93.47	6645638	20269196
3	1.07	24000	14718	93.47	5316540	24522404
4	1.07	24000	14718	93.47	4253208	27924970
5	1.07	24000	14718	93.47	3402566	30647023
6	1.07	24000	14718	93.47	2722053	32824665
7	1.07	24000	14718	93.47	2177642	34566779
8	1.07	24000	14718	93.47	1742114	35960470
9	1.07	24000	14718	93.47	1393691	37075423
10	1.07	24000	14718	93.47	1114953	37967385
11	1.07	24000	14718	93.47	891962	38680954
12	1.07	24000	14718	93.47	713569	39251810
13	1.07	24000	14718	93.47	570856	39665164
14	1.07	22500	13798	94.56	413354	39995848
15	1.07	22500	13798	94.56	330684	40260395
16	1.07	22500	13798	94.56	264547	40449403
17	1.07	21000	12878	95.52	189008	40582374
18	1.07	19500	11959	96.33	132971	40674228
19	1.07	18000	11039	97.01	91854	40766082

TABLE 5. Inverse squared distance estimates schedule applied to "real" deposit.

1	.855	25500	23330	76.35	14028594	14028594
2	.855	25500	23330	76.35	11222875	25251469
3	.855	25500	23330	76.35	8978300	34229769
4	.855	25500	23330	76.35	7182640	41412409
5	.855	25500	23330	76.35	5746112	47158521
6	.855	25500	23330	76.35	4596889	51755410
7	.855	25500	23330	76.35	3677512	55432922
8	.855	25500	23330	76.35	2942009	58374931
9	.780	24000	23196	76.71	2341643	60716574
10	.780	24000	23196	76.71	1873315	62589889
11	.780	24000	23196	76.71	1498652	64088541
12	.780	24000	23196	76.71	1198921	65287462
13	.780	24000	23196	76.71	959137	66246599
14	.780	24000	23196	76.71	767310	67013909
15	.680	22500	22381	78.84	607143	67621057
16	.680	22500	22381	78.84	485714	68106766
17	.680	22500	22381	78.84	388571	68495337
18	.680	22500	22381	78.84	310857	68806194

TABLE 6. Kriged estimate schedule applied to the "real" deposit.

Year	Mining Rate This Year (TPD)	Production This Year (TPC)	Mined To Date (tons)	Production To Date (tons)	Profit This Year (dollars)	Cumulative Profit (dollars)	Cut-off Grade (%)
1	24000	23223	8759999	8476395	9077802	9077802	0.610
2	24000	23223	17519984	16952790	7262242	16340040	0.610
3	24000	23223	26279968	25429185	5809793	22149820	0.610
4	24000	23223	35039952	33905580	4647834	26797640	0.610
5	24000	23223	43799936	42381975	3718268	30515900	0.610
6	24000	23223	52559920	50858370	2974614	33490510	0.610
7	24000	23223	61319904	59334765	2379691	35870190	0.610
8	24000	23223	70079888	67811160	1903752	37773930	0.610
9	24000	23223	78839872	76287555	1523002	39296920	0.610
10	24000	23223	87599856	84763950	1218401	40515320	0.610
11	24000	23223	96359840	93240345	974721	41490040	0.610
12	24000	23223	105119824	101716740	779777	42269820	0.610
13	22500	22281	113332320	109849395	615286	42885050	0.535
14	22500	22281	121544816	117982050	492189	43377230	0.535
15	22500	22281	129757312	126114705	393751	43770970	0.535
16	21000	20997	137422304	133778698	304394	44075360	0.410
17	21000	20997	145087296	141442691	243515	44318860	0.410
18	21000	20997	152752288	149106684	194812	44513660	0.410
19	19500	19497	159869776	156223249	146932	44660590	0.410

TABLE 7 : PESSIMISTIC ESTIMATE SCHEDULE

Year	Mining Rate This Year (TPD)	Production This Year (TPC)	Mined To Date (tons)	Production To Date (tons)	Profit This Year (dollars)	Cumulative Profit (dollars)	Cut-off Grade (%)
1	27000	24818	9854999	9058869	19575530	19575530	1.100
2	25500	24341	19162496	17943596	15640350	35215870	1.050
3	25500	24341	28469984	26828323	12512270	47728140	1.050
4	25500	24341	37777472	35713050	10009820	57737950	1.050
5	25500	24341	47084960	44597777	8007859	65745800	1.050
6	25500	24341	56392448	53482504	6406286	72152080	1.050
7	25500	24341	65699936	62367231	5125029	77277100	1.050
8	25500	24341	75007424	71251958	4100022	81877120	1.050
9	25500	24341	84314912	80136685	3280018	84657130	1.050
10	24000	23890	93074896	88856752	2604217	87261340	1.900
11	24000	23890	101834880	97576819	2083373	89344700	0.900
12	24000	23890	110594864	106296986	1666699	91011390	0.900
13	24000	23890	119354848	115016953	1333361	92344750	0.900
14	24000	23890	128114832	123737020	1066688	93411440	0.900
15	22500	22492	136327328	131946746	834281	94245710	0.850
16	22500	22492	144589824	140156472	667525	94913130	0.850
17	21000	20992	152204816	147818883	511928	95425050	0.850
18	21000	20992	159869808	155481294	409543	95834590	0.850

TABLE 8 : OPTIMISTIC ESTIMATES SCHEDULE

It may well be that assigning a grade to each small block is not the best way to carry out planning. Significant improvements could be obtained if it was possible to assign to each block a grade distribution of smaller units within it. However, if a "small block" method is to be used then kriging is the method which will generate the minimum discrepancy between forecasted and achieved results.

ACKNOWLEDGEMENT

The dynamic programming method for the determination of optimum cut-off grades and production rates was carried out while the first author was engaged as a research fellow in the department of mineral engineering at the Ecole Polytechnique, Montreal. This project was then supported by funds made available from National Research Council Grant No.7038 and the Iron Ore Company of Canada through Professor J. Elbrond.

REFERENCES

1. Bellman, R.E., (1957), Dynamic Programming. Princeton University Press, Princeton, New Jersey, 342 pp.
2. Bellman, R.E. and Dreyfus, S.E. (1962), Applied Dynamic Programming. Princeton University Press, Princeton, New Jersey, 363 pp.
3. Blais and Carlier (1968) Application of geostatistics in ore valuation. Ore reserve estimation and grade control. C.I.M.M. Special volume no.9, pp. 41-68, Montreal.
4. David, M. (1969) The notion of extension variance and its application to the grade estimation of stratiform deposits. A decade of Digital Computing in the Mineral Industry. A.I.M.E. special volume, pp. 63-81, New York.
5. David, M. (1970) Geostatistical ore reserve calculation, a step by step case study. IXth International Symposium for Decision making in the Mineral Industry. C.I.M.M. Special volume no.12, Montreal.
6. David, M. (1972) Grade tonnage curve: Use and Misuse in ore reserve estimation.Transaction Inst. of Mining and Metallurgy, vol.81, pp.129-132.
7. David, M. (1970) The geostatistical estimation of porphyry type deposits and scale factor problems. Proceedings Pribram Mining Symposium, Pribram.
8. David, M. (1973) Tools for planning: variances and conditional simulations. XIth Symposium on Computer Applications in the Mineral Industry, Tucson, Arizona.

9. David, M., Dowd, P and Korobov, S. (1974) Forecasting departure from planning in open Pit design and grade control. 12th APCOM conference, Colorado School of Mines, Golden, Colorado, U.S.A. April 1974.

10. Dowd, P.A. (1974) The determination of optimal production rates and cut-off grades. Department de Genie Mineral, Ecole Polytechnique, Montreal. Technical Report EP74-R-37.

11. Dowd, P.A. (1975) The use of dynamic programming in cut-off grade determination. Department de Genie Mineral, Ecole Polytechnique, Montreal. Technical Report.

12. Dowd, P.A. (1975) Optimal cut-off grades and production rates. Institute of Mining and Metallurgy. To be published.

13. Elbrond, J. and Dowd, P.A. (1975) The sequence of decisions on cut-off grades and rates of production. 13th APCOM conference. Technical University, Clausthal, W.Germany, October 1975.

14. Journel, A.G. (1973) Geostatistics and sequential exploration Mining engineering, vol.25, no.10, pp.44-48.

15. Korobov, S. (1974) Method for determining ultimate open pit limits. Internal Report, Dept. of Mineral Engineering, Ecole Polytechnique, Montreal.

16. Marechal and Roullier (1970) Etude geostatistique des gisements de bauxite. Revue de l'Industrie Minerale, v.52, no.7, pp.492-507.

17. Marechal and Serra (1971) Random kriging. Geostatistics, D.F. Merriam Editor, Plenum Press, New York.

18. Marechal (1972) El problema de la curva Tonelaje-ley de Corte y su estimacion. Boletin de Geoestadistica V.1, no.1, pp. 3-20.

19. Matheron, G. (1963) Principles of geostatistics, Economic Geology, vol. 58, pp. 1246-1266.

20. Matheron, G. (1965) Les variables regionalisees et leur estimation. Masson et Cie, editeur, Paris, 300 pages.

21. Matheron, G. (1967) Kriging or polynomial interpolation procedures. C.I.M. Bulletin, v. 60, no. 655, pp.1041-1045.

22. Matheron, G. (1971) Theorie des variables regionalisees Cahiers du Centre de Morphologie Mathematique, Fontainebleau.

23. Matheron, G. (1972) Quelques notes de la montee. Note geostatistique no.120, Centre de Morphologie Mathematique, Fontainebleau.

24. Matheron, G. (1973) The intrinsic random functions and their applications. Advances in Applied Probability, 5,pp.439-468.

25. Noren, N.E. (1960) Long range decision models in mining. The Economic Research Institute, Stockholm, Sweden, 383 pp.

26. Roman, R.J. (1972) The use of dynamic programming for determining mine-mill production schedules. 10th APCOM conference, Johannesburg, South Africa. S.A.I.M.M. publication (1973) pp. 165-170.

CONVEX ANALYSIS FOR MINE SCHEDULING

A.G. Journel

Centre de Morphologie Mathématique, Ecole Nationale Supérieure des Mines de Paris, Fontainebleau, France.

ABSTRACT. One major problem of mine scheduling can be stated as the determination of the feasible selection alternative which maximizes a benefit or more generally a function $B = f(Q,Q',\ldots T,T'..)$ of the various characteristics of the recovered ore. The direct solution to this problem may require an inextricable combination of all feasible selection alternatives. Under two sufficient conditions of application, the Convex analysis approach replaces the optimization of the function f, whatever f is, into the usually much simpler optimization of a linear function. The last section presents a practical application to the problem of ore grade control on the Togo phosphate deposit.

1. INTRODUCTION

It is seldom possible to mine out all the in situ resources of a deposit. Only part of these resources can be economically recovered, and there is a problem of defining the best selection, i.e. the selection that would provide either the best grade control or the best mill feed, more generally the optimum (maximum or minimum) of a certain function $f(Q,Q',\ldots,T,T'\ldots)$. $Q,Q',\ldots,T,T',\ldots$ being the various characteristics of the recovered ore.

For example, that function may be a benefit function defined on a particular zone V : $B = g(Q,Q') - \beta T-\beta'T'$, Q and Q' being the recovered quantities of metal (paying and impurities) and $g(Q,Q')$ the economical value of the recovered ore, βT and $\beta T'$ being the costs of removing the ore and the overburden. Over that

M. Guarascio et al. (eds.), Advanced Geostatistics in the Mining Industry, 185-194.

zone V there are many feasible alternatives $(Q_k, Q'_k, \ldots, T_k, T'_k, \ldots)$ i.e. alternatives which fulfill the various technical constraints (haulage, shift, safety...). Each of these alternatives provides a benefit $B_k = f(Q_k, Q'_k, \ldots, T_k, T'_k)$. The problem is to find out the feasible solution $(Q_o, Q'_o, \ldots, T_o, T'_o, \ldots)$ that maximizes the benefit $B_o = \text{Max } B_k$.

In most cases, the number of such feasible alternatives is great enough to discourage any attempt of testing them one by one. In some cases, the technical constraints are strict enough to reduce considerably that number, and specific algorithms can be designed to reach directly the optimum.

When such specific algorithms do not exist, the convex analysis can prove to be an operational approach because :
- it reduces the optimization of a function f, whatever f is, to the usually much simpler optimization of a linear function.
- it is not linked to any particular set of technical constraints.

2. THE CLOUD OF ALTERNATIVES AND ITS UPPER BORDER $\overline{Q}(T)$

To reduce the notations, we shall start considering a benefit function of two characteristics only, the recovered quantity of paying metal Q and ore tonnage T : $B = f(Q,T)$.

On Figure 1, all the feasible alternatives constitute a cloud alternative number k being characterized by its two coordinates Q_k, T_k. Now the optimum is certainly on the upper border of that cloud, i.e., on the maximum curve :

$$\overline{Q}(T) = \text{Max} \{ Q_k | T_k = T \text{ being fixed} \}$$

because, the ore tonnage T being fixed, the benefit B increases with the recovered quantity Q of paying metal.

3. THE UPPER CONVEX HULL $\overline{\overline{Q}}(T)$

The cloud of alternatives has been restricted to its upper border $\overline{Q}(T)$, but function $\overline{Q}(T)$ remains unknown. The key idea of Convex analysis is to replace that border $\overline{Q}(T)$ by its upper convex hull $\overline{\overline{Q}}(T)$ which is generally easier to compute.

On figure 1, consider the line D_w of equation $Q = wT + a_w$, which is such that all the points $(\overline{Q},T)$ of the upper border $\overline{Q}(T)$

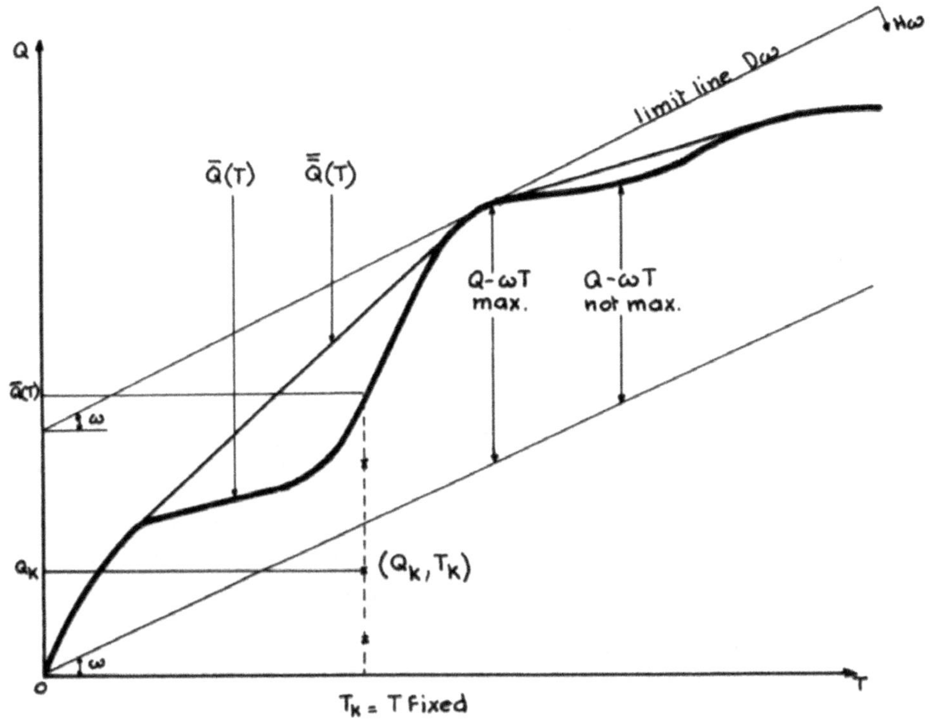

Fig. 1 - The cloud of alternatives and its upper convex hull $\bar{\bar{Q}}(T)$

are either below or on the line D_w. The line D_w of slope w defines a half plane H_w :{ $Q \leq wT + a_w$ } which contains all the points of $\bar{Q}(T)$. When w is made to vary from 0 to $+\infty$, the intersection of all the half planes H_w defines the upper convex hull of the cloud, and the intersection of that hull with $\bar{Q}(T)$ is the upper convex curve $\bar{\bar{Q}}(T)$:

$$\bar{\bar{Q}}(T) : \{ \bigcap_{w \geq 0} H_w \} \cap \{ \bar{Q}(T) \}$$

The characteristic of the upper convex curve $\bar{\bar{Q}}(T)$ is that it contains all the alternatives which maximizes the quantity (Q-wT), whatever the parameter $w \geq 0$ may be. Hence to obtain a point of the convex hull $\bar{\bar{Q}}(T)$, it is sufficient to fix the parameter $w \geq 0$ and to draw the feasible alternative (Q_k, T_k) which maximizes the linear quantity (Q-wT).

Thus the initial problem of maximizing the function B = f(Q,T whatever f is, has been reduced to maximization of a simpler linear function (Q-wT).

4. LIMITATIONS OF THE CONVEX ANALYSIS APPROACH

1. A first limitation arises from the fact that the required optimum is located on the upper border $\overline{Q}(T)$ which is not always iden tical with its upper convex hull $\overline{\overline{Q}}(T)$.

A sufficient condition for the optimum point to be on the convex parts of $\overline{Q}(T)$ i.e. on $\overline{\overline{Q}}(T)$ is that the set of benefit value $\{ B \leq b\}$ is convex : on Figure 2 the convex set $\{B \leq b\}$ is class cally defined as the intersection of all the half planes H_w : $\{Q-wT \leq a_b\}$ when w is made to vary between 0 and $+\infty$; consequently the benefit increases with the quantity Q-wT. Hence if the optimum point M is not on the convex part of $\overline{Q}(T)$, there exist points of $\overline{Q}(T)$ corresponding to higher values of (Q-wT) i.e. highe benefits, and M cannot be the optimum. Note that the curve $\overline{Q}(T)$ never decreases, i.e. :

$$\forall T' > T \Rightarrow \overline{Q}(T') \geq \overline{Q}(T)$$

If $\overline{Q}(T') < \overline{Q}(T)$, the maximum of Q_k, $T_k = T'$ being fixed, would have been $\overline{Q}(T)$ instead of $\overline{Q}(T')$, the increment of tonnage $T'-T$ corresponding to unmineralized ground with no metal in it.

This characteristic of the curve $\overline{Q}(T)$ limits in practice the discrepancies between $\overline{Q}(T)$ and its upper convex hull $\overline{\overline{Q}}(T)$, i.e. the extent of the non convex parts of $\overline{Q}(T)$. On the figures, these non convex extents have been greatly exaggerated to clarify the demonstration.

2. A second limitation lies on the practical construction of the upper convex hull $\overline{\overline{Q}}(T)$: is it simple to draw out the feasible alternative that maximizes (Q-wT)?

The answer depends essentially on the set of technical constraints which makes an alternative (Q_k,T_k) feasible or not. One general case of simplification corresponds to technical constraint which allow the global Max $\{Q-wT\}$ to be expressed as the sum of N local maxima :

$$\text{Max}\,\{Q-wT\} = \sum_{i=1}^{N} \text{Max}\,\{Q_i-wT_i\}$$

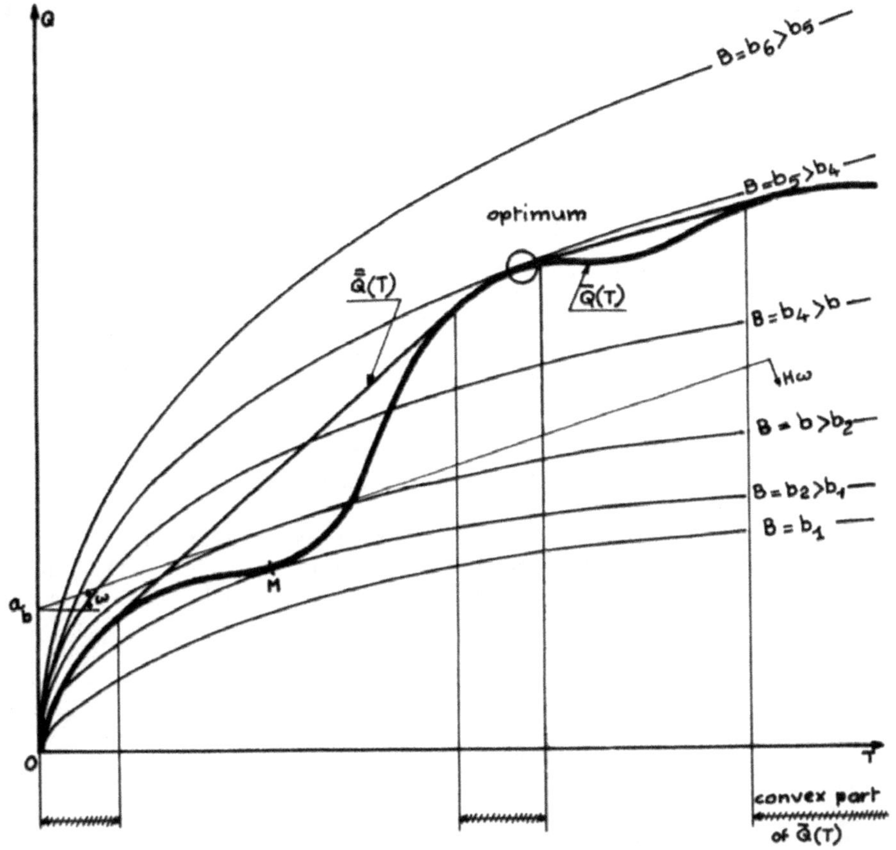

Fig. 2 - The set $\{B \leq b\}$ is convex

The problem of drawing the optimum from a great number A of feasible global alternatives is then reduced to draw N local optima, each one from a much smaller number a ($a \ll A$) of local feasible alternatives.

This condition of simplification is not rare in practice ; The Togo phosphate case-study presented hereafter gives one example.

5. GENERALIZATION TO A p-DIMENSIONAL CLOUD

If p characteristics Q,Q',...,T,T',... are considered, the benefit formula or more generally the function to maximize being

$B = f(Q,Q',\ldots,T,T',\ldots)$, the cloud of feasible alternatives is p-dimensional. The optimum is certainly on the upper surface defined by : $\overline{Q}(Q',\ldots,T,T',\ldots) = \text{Max}\ \{Q_k/\text{the (p-1) other characteristics being fixed}\}$ Q_k representing for example a combination of paying quantities of metal in a polymetallic deposit.

The convex analysis approach consists in replacing the upper surface $\overline{Q}$ by its upper convex hull $\overline{\overline{Q}}$ defined by the maximum of a simpler linear function $(Q-w_1Q'-w_2T-w_3T'\ldots)$. The required optimum point is certainly on this upper convex hull $\overline{\overline{Q}}$ if the set of benefit values $\{b \leq b\}$ is convex with respect to the Q axis in th p-dimensions space. Calculation of the upper convex hull $\overline{\overline{Q}}$ for ea set of the (p-1) parameters $w_1, w_2,\ldots w_{p-1}$ constitutes a parametr zation of the feasible recovered reserves. In practice such a par metrization reveals prohibitive if the number of parameters excee 2.

The convex analysis approach generalizes to problems of minimization : for example in a problem of impurity grade control one may consider the lower border of the cloud defined by the minimum curve $\overline{q}(T) = \text{Min.}\ \{Q'_k/T_k = T \text{ fixed}\}$, Q'_k being the recovered quantity of impurity corresponding to a tonnage T_k of ore ; this lowe border $\overline{q}(T)$ would then be replaced by its lower concave hull $\overline{\overline{q}}(T)$ defined by the minimum of the linear function $(Q'-wT)$.

4. APPLICATION TO TOGO PHOSPHATE DEPOSIT

The case study of the Togo phosphate deposit (W. Africa) has been presented in details in a previous article (JOURNEL, A. and SANS, H., 1974). This section will stress the main features of th convex analysis approach of a practical ore grade control.

The phosphate formation of lower Togo (W. Africa) constitute a subhorizontal sedimentary deposit. Open pit mining is practised with bucket-wheels, bucket excavator and conveyor. The mined ore is sold directly with a rather strict constraint of quality : the mined ore must contain a fixed tricalcium phosphate grade τ_ℓ in th "pilot" size 43-840 μ m.

The short scale ore grade control is expressed in the follow words :

- a section W of the deposit is composed of a set of N selec units P_i, the horizontal section s of each unit being constant. The section W can comprise several separate sub-workings (W_1+W_2 in Figure 3).
- the mineralized thickness L_i is variable from one unit P_i

to another. Each unit P_i is subdivided into several slices of equal vertical thickness which will be denoted $j = 1$ to L_i. Each of these slices has a mean grade $\theta_i(j)$ in the pilot size.

- on each of the N mining units P_i an optimal topwall a_i^o and footwall b_i^o must be defined in such a way that the total ore tonnage T recovered from W is maximum, the mean grade $\mathcal{G}$ of this tonnage being superior or equal to the limiting grade $\mathcal{G}_\ell$: $\mathcal{G} \geq \mathcal{G}_\ell$

- the technical mining constraints do not allow the possibility of mining separate horizons in the same unit P_i. The selected cut (a_i^o, b_i^o) is compact, and dirt layers within (a_i^o, b_i^o) are not distinguished. But, as a first approximation, no constraints are imposed on the horizontal series of the topwalls or footwalls $\{a_i^o \text{ or } b_i^o, i \text{ varying from 1 to N}\}$.

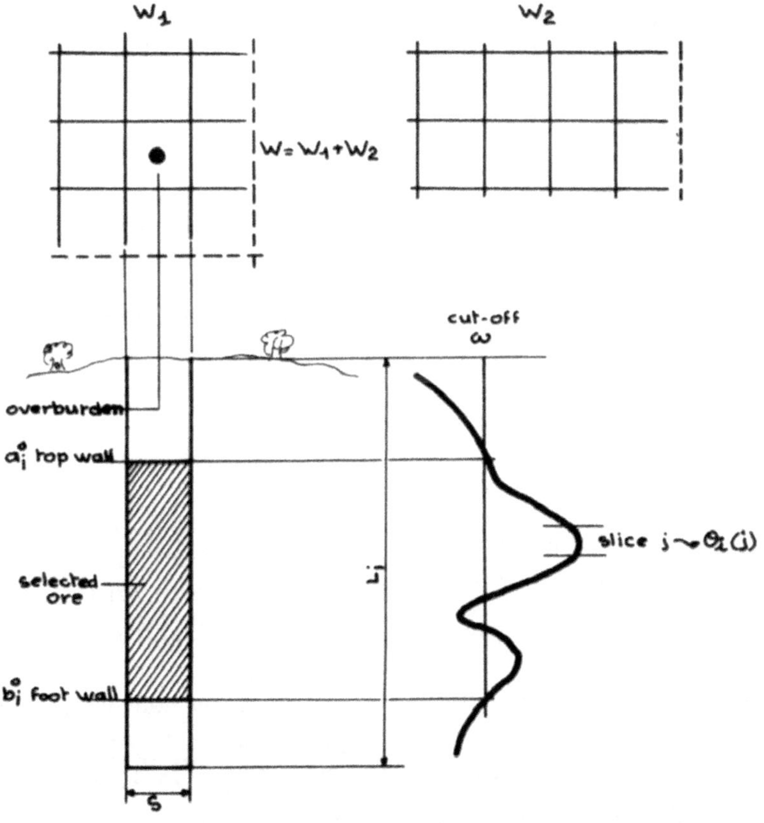

Fig. 3 : Selective Vertical Mining

On the cloud of feasible alternatives (Q,T), the ore grade condition $\{\tau = \frac{Q}{T} \geq \tau_\ell\}$ defines a half plane H_ℓ limited by the line of slope τ_ℓ, see Fig. 4. The required optimum alternative (Q_o, T_o) is at the intersection M_o of that line with the cloud upper border $\bar{Q}(T)$.

Note that, depending on the value τ_ℓ, the optimum point M_o can be located on the non convex parts of $\bar{Q}(T)$. As a matter of fact, this particular ore grade control can be expressed in words of benefit maximization with the following function :

$$B = f(Q,T) = \begin{cases} 0 & \text{if } \frac{Q}{T} < \tau_\ell \\ g(T) & \text{if } \frac{Q}{T} \geq \tau_\ell \end{cases} \quad \text{(see Figure 4)}$$

g(T) being any function increasing with T, and not depending on Q because the selling price of the ore depends only on the tonnage - as long as the condition of minimum grade τ_ℓ is fulfilled.

Hence the set of benefit values $\{B \leq b\}$ is not convex and the sufficient condition for the optimum to be located on the convex parts of $\bar{Q}(T)$ is not fulfilled. But in practice the extents of the non convex parts of $\bar{Q}(T)$ are negligeable and all the more as N becomes greater ; hence any point of these non convex parts can be approached closely enough by a point of the upper convex hull $\bar{\bar{Q}}(T)$.

As there are no constraints imposed on the horizontal series of the topwalls or footwalls, the condition of simplification applies :

$$\text{Max.}\{Q - wT\} = \sum_{i=1}^{N} \text{Max}\{Q_i - wT_i\}$$

w being unique for all the N units.

- The determination on each unit P_i of the cut (a_i^w, b_i^w) which maximizes $(Q_i - wT_i)$ is immediate, for the parameter w appears to be a cut-off grade applied to the vertical series of slice grades $\Theta_i(j)$, see figure 3 and ref. (1).
- The upperscript w merely indicates that the cut (a_i^w, b_i^w) corresponds to the fixed value w of the parameter.
- w being fixed, the union of the N cuts $\{(a_i^w, b_i^w), i = 1 \text{ to } N\}$ provides a global alternative (Q_w, T_w) corresponding to a point M_w of the upperconvex hull $\bar{\bar{Q}}(T)$.

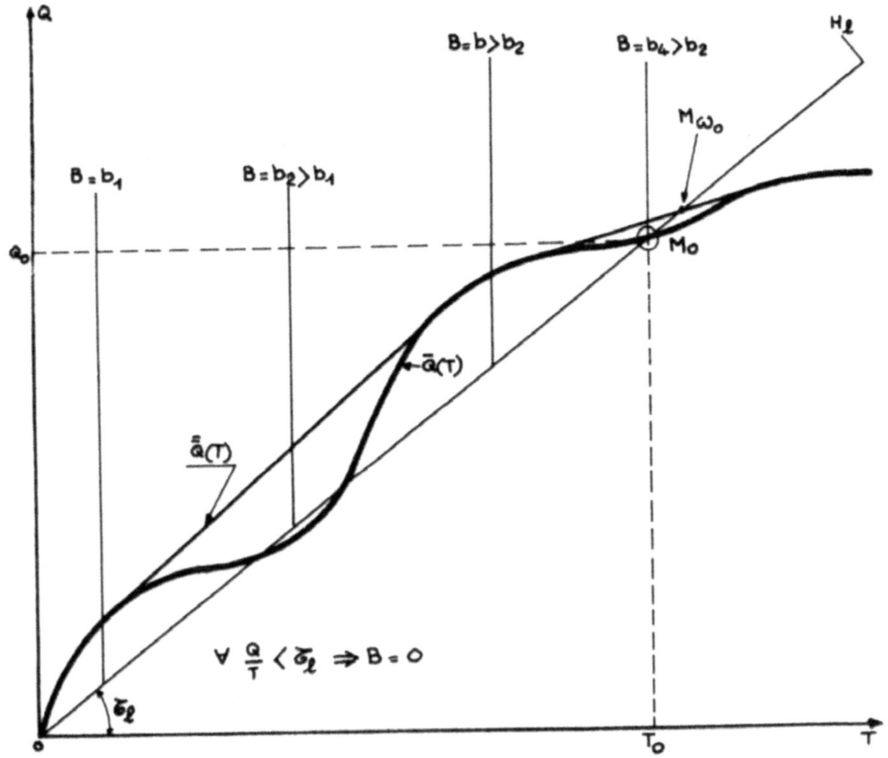

Fig. 4 : The set $\{B \leq b\}$ is not convex

This parametrical procedure is repeated for a series of values $(w_1, w_2, \ldots, w_k)$ providing a series of points $(M_1, M_2, \ldots M_k)$ of $\bar{\bar{Q}}(T)$. Linear interpolation between these points provides an estimation $\bar{\bar{Q}}^*(T)$ of the required convex hull $\bar{\bar{Q}}(T)$.

- The intersection of $\bar{\bar{Q}}^*(T)$ with the line of slope τ_ℓ defines the value w_o corresponding to the feasible alyernative $M_{w_o}(Q_{w_o}, T_{w_o})$ see Figure 4. This alternative (Q_{w_o}, T_{w_o}) constitutes a close approximation of the required optimum (Q_o, T_o).

NOTE : The parametrical approach of Convex analysis gives as by-product a parametrization of the recovered reserves, i.e. the parametrical curves $Q(w)$, $T(w)$, $\tau(w)$ with $\tau = \frac{Q}{T}$.

REFERENCES

1. JOURNEL, A. and SANS, H., 1974, Ore Grade control in Sub-horizontal deposits; in Transactions of the I.M.M., London, July 1974

2. MATHERON, G., 1971, Le formalisme des coupures et des relations tonnage-teneur, unpublished note N° 119, Centre de Morphologie Mathématique, Fontainebleau, France.

ORE GRADE DISTRIBUTIONS AND CONDITIONAL SIMULATIONS - TWO GEOSTATISTICAL APPROACHES

A.G. Journel

Centre de Morphologie Mathematique, Ecole Nationale
Supérieure des Mines de Paris, Fontainebleau; France.

ABSTRACT. Geostatistics proposes two approaches to the important problem of the unbiased estimation of ore characteristics fluctuations :
- a global approach which provides the various required distribution laws
- a local approach which simulates the spatial regionalization of the ore true characteristics.
This article will stress the prerequisites and limitations of the simulation approach and try to define new directions of research in order to weaken these requirements and enlarge the field of applications.

0. INTRODUCTION

When designing a new mine project, one major problem is the estimation of the fluctuations of ore characteristics that future mining will encounter.

In most cases, when the project is initiated, only a limited information is available (for ex. a large grid of DDH). From that limited information it is generally not possible to obtain correct estimations - i.e. with acceptable confidence intervals - of units as small as the effective selection units. An estimator is not a true value, and the fluctuations of estimates are generally a biased mirror of the required fluctuations of true values. That bias can be important enough to change completely the features of a project, see (1), (2).

M. Guarascio et al. (eds.), Advanced Geostatistics in the Mining Industry, 195-202.

Geostatistics proposes two approaches to that major problem of unbiased estimation of the true fluctuations :
- a global (or statistical) approach, which provides directly the distribution laws of grades or any other average characteristic Z_v defined on a unit size v.
- a local (or regionalized) approach, corresponding to conditiona simulations of these variables over the deposit.

Various authors have already presented the theory and applications of these two approaches : for the global approach see ref (1, 3, 4 a,b, 5a,b, 6c); for the simulation approach see ref.(2, 4c).

The aim of the present article is to stress the parallelism of these two approaches, which derive from the same modelization of the reality through a class $\mathfrak{F}_v$ of stationary random functions

Researches in Geostatistics logically and classically consis in enlarging more and more the model $\mathfrak{F}_v$ used, hence reducing the prerequisites and enlarging the field of applications, ref. (6b). The present text proposes new directions of research in order to weaken the prerequisites of the simulation approach.

1. THE GLOBAL APPROACH

Consider all the units v (block v) that can be mined out frc a volume V (panel V). The objective is to estimate the dispersior law of these units v within panel V. This local dispersion law F_v will then provide information such as (fig. 1) :
- Expected number of units $v_i \subset V$ whose grade Z_{v_i} is greater thar a given cut-off grade z_o.
- Dispersion variance of the grades Z_{v_i} around their expected value Z_V, i.e. (see ref. (4b), (6a p.66)

$$D^2(v/V) = E\left\{ \frac{1}{V} \int_{(V)} [Z_v(x) - Z_V]^2 \, dx \right\}$$

The dispersion law $F_{v/V}$ is defined under the hypothesis of stationarity, or at least local stationarity over fields of size
- The dispersion variance $D^2(v/V)$ is provided :

- either by a formal calculation $D^2(v/V) = \overline{C}(v,v) - \overline{C}(V,V)$ based on mean values $\overline{C}$ of the stationary covariance C(h) (or var gram $\gamma(h)$.

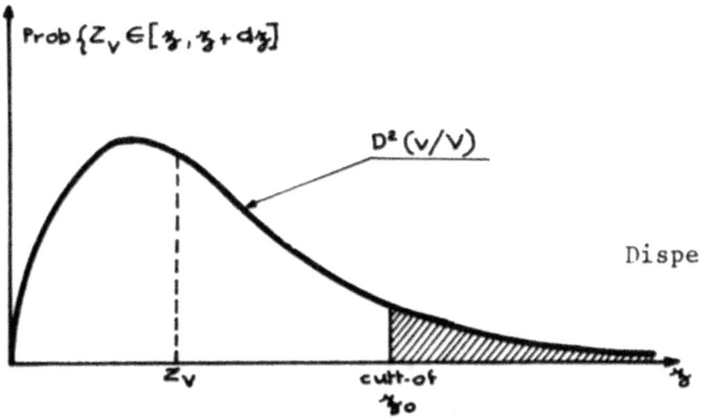

Fig. 1
Dispersion law $F_{v/V}$

- or by using the Krige's additivity relationship $D^2(v/V) = D^2(v/D) - D^2(V/D)$, $v \subset V \subset D$, if mining output data can provide experimental evaluation for $D^2(v/D)$: dispersion of unit v within deposit D and $D^2(V/D)$: dispersion of panel V within D.

As for the type of the law $F_{v/V}$,

- it can be estimated from output data of already mined panels V.
- it can be deduced from available core distribution through a principle of law conservation, see (1), (4a). Recently, the Mathematical Morphology Center has developed operational tools based on a generalized principle of conservation ; it is the so-called formalism of "Transfer functions", see (5a,b), (6c).

This global approach cannot, by definition, provide a local view of the true fluctuations of ore characteristics : one can evaluate for example the proportion of units v_i of grade Z_{v_i} > cut-off z_o in a panel V, but the location within V of these units v_i remains unknown. Now knowledge of this location may be essential for the project, since this location affects the shifts of the mining machinery. It is recalled that a law of dispersion $F_{v/V}$ alone is not sufficient to characterize the distribution in space of the grades Z_{v_i}, this spatial distribution depending mainly on the autocorrelation function - covariance $C_v(h)$ or variogram $\gamma_v(h)$ - defined on the support v.

2. THE SIMULATION APPROACH

The second geostatistical approach answers the request for local visualisation in space of the fluctuations of true ore characteristics.

Recalls, see (4c).

For lack of knowledge of the spatial distribution of true values $z_v(x)$, Geostatistics proposes spatial distributions of simulated values $z_v^S(x)$ - S is a mere upperscript to distinguish simulated and true values. At each location x in the space, $z_v^S(x)$ differs from $z_v(x)$, but the spatial distribution of the simulated values $z_v(x)$ - x varying in the panel or the deposit - will reproduce the main fluctuation characteristics of the reality $z_v(x)$, see Fig. 2. More precisely, the real regionalization $\{z_v(x)\}$ and the simulated ones $\{z_v^S(x)\}$ are interpreted as particular realizations of two random functions - in short R.F. - $Z_v(x)$ and $Z_v^S(x)$. These 2 R.F.'s are isomorphic, i.e. they belong to a same class $\mathfrak{F}_v$ of R.F.. A R.F. Z(x) is an element of $\mathfrak{F}_v$ if :

1) Z(x) is stationary

2) The first two moments of Z(x) are imposed; expected value m_v and covariance $C_v(h)$ (or variogram).

3) The dispersion law of Z(x) is imposed : $F_v(z)$.

The class $\mathfrak{F}_v$, thus defined, constitutes the model representative of the spatial regionalization of true values $z_v(x)$, or at least representative of the main features of that regionalization. To define the model $_v$, of course one has first to identify the covariance $C_v(h)$ and the dispersion law $F_v(z)$ from experimental data.

The procedure of Gaussian anamorphosis plus rotating bands provides at a reasonable cost simulated realizations $\{z_v^S(x)$, x varying in panel V or deposit D$\}$ of the model $\mathfrak{F}_v$.

One can go further, forcing the simulated values $\{z_v^S(x)\}$ to equal the true values $z_v(x_k)$ at every data location x_k. These "conditional simulations" will then reproduce at the same locations the same clusters of rich or poor experimental values.

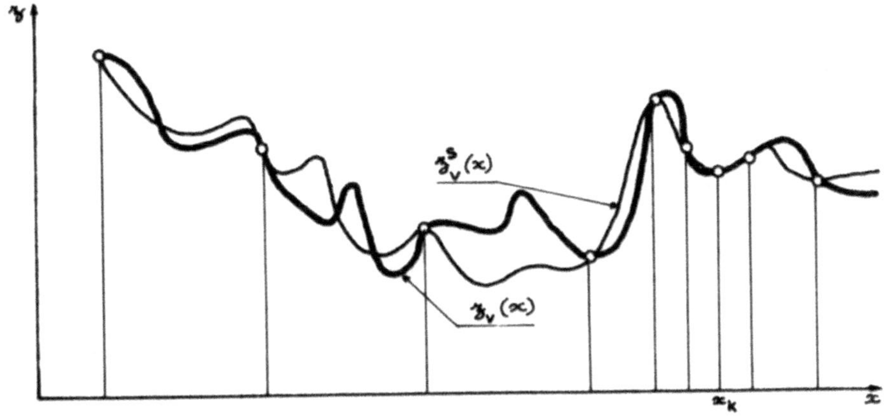

Fig. 2 - Reality and conditional simulation

2.1 Limitation of the model $\mathfrak{Z}_v$

The model $\mathfrak{Z}_v$ includes the major features of the real regionalization, i.e. the one variable-dispersion law (distribution) $F_v(z)$ and the first two moments. But the spatial law of the R.F. $Z_v(x)$ remains undetermined. Strictly the use of the simulations should be restricted to problems depending mainly on the 3 features taken into account by the model $\mathfrak{Z}_v$, and it is so in most practical cases.

For example, moments of order greater than 2 are seldom needed in practical applications. Moreover, experimental data on a single realization seldom (if ever) allow a fair statistical inference of these moments, and it would be superfluous to introduce these high order moments in the model $\mathfrak{Z}_v$.

However, there are problems of selection that ask for two-variable laws of dispersion of the type $F_{v_i v_j}(z,z') = \text{Prob}\left\{Z_v(x_i) < z \text{ and } Z_v(x_j) < z'\right\}$ or for conditional laws of the type $F_v(z/Z_\alpha) = \text{Prob}\left\{Z_v(x) < z \;/\; \text{data } Z_\alpha \text{ being fixed}\right\}$. These laws not being included in the definition of the model $\mathfrak{Z}_v$, the simulations $\left\{z_v^S(x)\right\}$ will not strictly reproduce them, but practice has shown that the Gaussian anamorphosis procedure, designed for the reproduction of the one-variable law $F_v(z)$, would reproduce fairly well the two-variable laws $F_{v_i v_j}(z,z')$. This point remains to be investigated and may constitute a first avenue of research.

2.2 Quasi-Stationarity

The strongest requirement of the Conditional Simulation theory is the stationarity of the R.F.'s. Note first that this stationarity is already needed to define and identify the dispersion law $F_v(z)$. Nevertheless, it is possible to weaken that requirement starting as usual in Geostatistics from practice before developing the theory.

One common model of the Geostatistics estimation is the very large class $\mathfrak{F}'$ of quasi-stationary R.F.'s (see (6b-6a p. 96). Strict stationarity is no longer required, it is sufficient that stationarity prevails over limited domains sliding over deposit D. More precisely, Z(x) is quasi-stationary if its expected value m(x) and its covariance C(x,x') satisfy :

m(x) is a regular function slowly varying in space, i.e. m(x) can be considered as constant over a domain $V(x_o)$, the dimensions of which are 2 or 3 times the dimensions of the information grid. Hence in each domain there are data to estimate the constant value $m(x_o)$. Of course as the domain $V(x_o)$ slides over the deposit, the value $m(x_o)$ changes gradually.

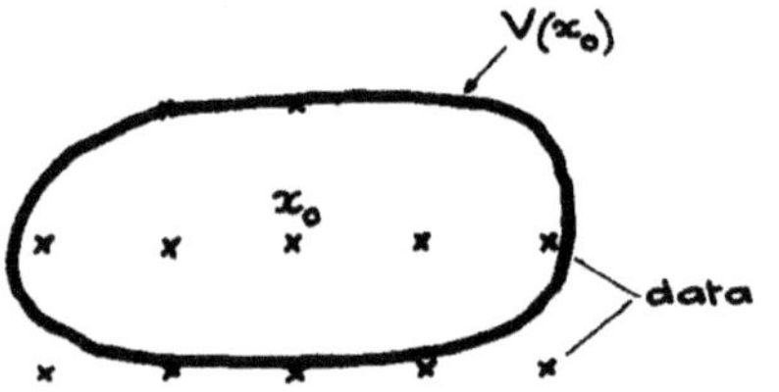

C(x,x') is of the form : $C(x,x') = \varpi(x)\,\varpi(x')\,C_o(|x-x'|)$

$C_o(|x-x'|) = C_o(h)$ being a stationary covariance, $\varpi(x)$ being a regular function slowly variable in space. Hence for short interdistances $|x-x'| = h$, $\varpi(x) \# \varpi(x')$ and the covariance is written : $C(x,x') = \varpi^2(x)\, C_o(h)$.

The proportional effect $\varpi(x)$ of the quasi-stationary model is often linked to the corresponding value m(x) - in the lognormal case it has been shown that $\varpi(x) \sim$ best estimate of m(x).

Hence a quasi-stationary R.F. Z(x) can be written :

$$Z(x) = m(x) + \varpi(x)\, Y(x)$$

Y(x) being a stationary R.F. with a zero expected value, a covariance $C_o(h)$ and a law of dispersion $F_Y(y)$ which can be estimated from the experimental data

$$y(x_k) = \frac{z(x_k) - m(x_k)}{\varpi(x_k)}$$

The simulation of quasi-stationarity Z(x) is then reduced to simulation of stationary Y(x) plus estimations of m(x) and $\varpi(x)$ over the various domains of the simulation field. Of course Z(x), not being stationary, cannot be simulated on domains where there are not enough data to estimate m(x) and $\varpi(x)$. A second avenue of researches both theoretical and experimental will tell if this quasi-stationarity model proves to be as efficient for simulations as it is for Geostatistics of estimations.

2.3 Other ways to avoid the stationary requisite

It often happens that non-stationarity in a deposit is due to the presence of two or more distinct mineralizations. For example a mass deposit can be polluted by barren lenses. If these barren lenses are few, it may be possible to simulate the stationary mineralization, then to superimpose on that simulation the previously well located barren lenses. If these barren lenses are many, their precise location not being known, then the whole deposit may be considered as stationary (or quasi-stationary), the presence of these barren lenses being expressed on the covariance as a nugget effect (white noise).

Some mineralizations may present a clear trend, due for example to progressive vertical enrichment or radial impoverishment around a central pipe. If experimental data are many enough to allow correct estimation of the drift m(x) and characterization of the residual R(x), the R.F. being Z(x) = m(x) + R(x), then it may be sufficient to simulate the stationary R(x). In other cases, one may simulate separately both m(x) and R(x) and add the two simulations once they have been correctly conditioned by experimental data.

2.4 The effect of conditioning

Conditioning forces the simulations to pass into the frame drawn by the profile of experimental data. Hence if these data are many enough and show locally a regular trend, the simulations, although based on a stationary model, will meet that trend, see the left part of Figure 2. Thus the conditioning imparts a certain robustness to the simulation with respect to the requirement of stationarity, and all the more as there are more experimental conditioning data. More generally, to what extent does conditioning make simulations less sensitive to the choice of the model? This question may constitute a third avenue of research

REFERENCES

1. DAVID, M., 1972, Grade Tonnage Curve : use and misuse in ore reserve estimation, in Transactions of the I.M.M., London, Vol. 81, pp. 129-132.
2. DOWD, P., 1975, Planning from estimates : sensitivity of mine production schedules to estimation methods, in Proceedings of NATO Advanced Study Institute, October 1975, NATO A.S.I. Series.
3. HUIJBREGTS, Ch.,1975, Selection and grade-tonnage curves, in Proceedings of NATO Advanced Study Institute, October 1975, NATO A.S.I. Series.
4. JOURNEL, A., 1973a, Le formalisme des relations ressources-réserves, in Revue de l'Industrie Minérale, N° 4, 1973, pp. 214-226.
1974b, Grades fluctuations at various scales of a mine output, in Proceedings of 12th APCOM, ed. Colorado School of Mines, USA, pp. F78-F94.
1974c, Geostatistics for Conditional Simulations of Orebodies, in Economic Geology, U.S.A., Vol. 69 N° 5, August 1974, pp. 673-687.
5. MARECHAL, A., 1975a, Forecasting a grade-tonnage distribution for various panel sizes, in Proceedings of 13th APCOM, Clausthal, West Germany, September 1975.
1975b, Numerical methods for transfer functions estimations, In Proceedings of NATO Advanced Study Institute; October 1975, NATO A.S.I. Series.
6. MATHERON, G., 1971a, The Theory of Regionalized Variables, and its applications, Ed. Ecole Nationale Supérieure des Mines de Par Les Cahiers du C.M.M., Booklet N°5, 211 p.
1975b, Le choix des modèles en Géostatistique, i Proceedings of NATO Advanced Study Institute; October 1975, NATO A.S.I. Series.
1975c, The transfer functions and their estimations, in Proceedings of NATO Advanced Study Institute, October 1975, NATO A.S.I. Series.

THE PROBLEM OF ORE VERSUS WASTE DISCRIMINATION FOR INDIVIDUAL BLOCKS*: THE LOGNORMAL MODEL

Paul Switzer, Harry M. Parker

Geology Department, Stanford University,
Stanford, California, U.S.A.
Fluor Utah Corporation,
San Mateo, California, U.S.A.

ABSTRACT. The statistical consequences of ore-waste discrimination of individual blocks in a selective mining operation are examined. Average ore grade, tonnage, recovery, and a measure of profitability are graphed as functions of the cutoff-grade and the shape of the grade distributions. Grade distributions for blocks are simulated starting with various correlated fields of lognormally distributed sample grades. The resulting block distributions turned out to be also approximately lognormal so that the statistical results could be conveniently summarized as functions of the coefficient of variation for blocks of different size.

1. INTRODUCTION

This paper examines the consequences of selective mining operations from a statistical viewpoint. In selective mining each individual block of potential ore is first sampled to determine whether it is above or below the economic cutoff grade and only the above-grade blocks are processed for metal recovery. Selective mining is especially advantageous where ore and waste are interspersed or when the economic cutoff grade is relatively high.

If there has been some preliminary sampling of the potential ore body, then useful advance estimates may be calculated of the total tonnage and average grade of the selected ore blocks as functions

* This work has been supported in part by the National Science Foundation (U.S.A.), Hanna Mining Company and the Standard Oil Company of California.

M. Guarascio et al. (eds.), Advanced Geostatistics in the Mining Industry, 203-218.

of the block size and the cutoff grade. By relating the cutoff grade to the unit price of recovered metal, we may then estimate the relationship between unit price and total income as a functior of the block size and thereby make an economically reasonable choice of block size for the selective operation.

2. THE ORE GRADE DISTRIBUTION OF MINING BLOCKS

The ore grade distribution for very small blocks, i.e., equivalent to the size of samples, may be estimated directly from the empirical distribution of the sample grades obtained from the preliminary exploratory samnling. Commonly, this empirical distribution resembles a lognormal distribution although other distributions, i example, a two-parameter gamma distribution, will usually provide an equally good fit.

The problem is how to infer the ore grade distribution for larger blocks of various possible sizes from the sample distribution. It is clear that the mean grade is the same for all block sizes and that the distribution will become more concentrated about its meai for larger blocks. Some experience with empirical grade distributions for blocks has suggested that a lognormal with suitably redı variance may still be used as a model distribution. While it is a theoretical impossibility that both samples and blocks have exact lognormal grade distributions, we are interested here only in find ing useful approximations for further calculation.

In order to gain confidence in the appropriateness of the lognorm grade distribution for blocks, we undertook a simulation of block comprised of lognormally distributed and spatially correlated sam grades. The details of the simulation are described in Section 7 and some of the results are illustrated in Figure I. This figure shows three probability-probability (P-P) plots of simulated bl grade distributions versus fitted lognormal distributions (using simulated mean and variance). The horizontal co-ordinate is the ulative probability of the simulated distribution while the verti co-ordinate is the corresponding quantity for the fitted distribution. Such plots have been described and used by Gnanadesikan an Wilk (1968). A close fit is represented by a P-P plot which is close to an exact diagonal line from corner to corner. The apparently close fits of Figure I are typical of the many simulations block grade distributions which we did. Our subsequent calculati will use both the actual simulated distributions as well as the fitted lognormals.

One implication of a lognormal fit is that the grade distribution blocks of given size can be approximated directly if we know the block mean and variance. The block mean is the same as the sampl mean, whereas an estimate of the block variance may be calculated in standard ways from the auto-covariance function of samples (Matheron (1965)). Hence if enough preliminary sample data is available for the estimation of the sample covariance function, then we may approximate the shape of the grade distribution for blocks of any size. Alternatively, these distributions for blocks may be simulated using the computer program we have prepared which uses randomly generated lognormal sample grades having the specified estimated sample mean and sample covariance function. Properties of the lognormal distribution have been described by Aitchison and Brown (1963).

Figure I Probability-probability plots for fitted lognormal distributions vs. three different simulated block grade distributions (details in Section 7).

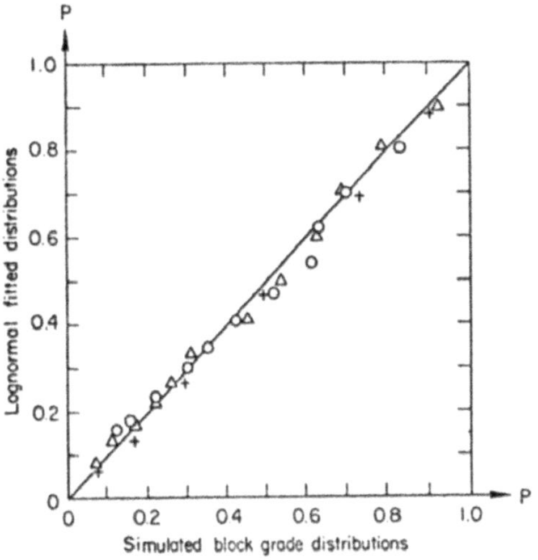

3. CALCULATION OF ORE TONNAGE

The advance calculation of the total tonnage T of the selected ore blocks from a selective mining operation can be obtained as a function of the cutoff grade g_c directly from the estimated cumulative distribution function $\hat{F}(g)$ of block grades. If we let the total tonnage of all potential blocks (ore waste) be unity, then the calculated tonnage for ore blocks is

$$T = 1 - \hat{F}(g_c) \; . \qquad [1]$$

If the distribution of block grades is fitted by a lognormal with mean grade g_m and coefficient of variation V then the relationship between tonnage and cutoff grade may be expressed as

$$T = \Phi\{-\frac{1}{s}\cdot \ln(\frac{g_c}{g_m}) - \frac{s}{2}\} \; , \qquad [2]$$

$$\text{where } s = \sqrt{\ln\,(1+V^2)} \; ,$$

and Φ is the widely tabled cumulative distribution function of a standard gaussian variable.

In the lognormal model, the ore tonnage has been expressed [2] in terms of the ratio g_c/g_m of cutoff grade to mean grade and the coefficient of variation V of the block grade distribution. The ratio g_c/g_m is independent of block size and it is only the quantity V which reflects the combination of block dimensions and the underlying auto-covariance structure of sample grades

Figure IIA (page 5) shows three examples of the graph of ore tonnage T versus the ratio g_c/g_m for selected values of V . The values of V chosen for these graphs correspond to coefficient of variation for the simulated distributions of Figure I. Therefore we are able to show comparisions in Figure IIA of graphs using the lognormal model with corresponding plots obtained from actual simulated block grade distributions.

In Figure IIB (page 5) are graphs of the processed tonnage T versus the block-grade coefficient of variation V for some selected values of the ratio g_c/g_m , using the relationship [2]. When the cutoff grade g_c is less than the overall mean grade g_m , then tonnage decreases with increasing V ; the opposite is true when g_c is greater than g_m .

As block size is increased , V is decreased so that V is a kind of surrogate for block size. It would perhaps be more useful to graph the tonnage T directly as a function of block size, but the relation between V and block size in a particular case will depend on the shape of the sample auto-covariance function as well as the shape of the blocks themselves. If K(u,v) denotes the sample auto-covariance of the grades at points u and v in a block B , then it is known that

$$V = \left[\int_B \int_B K(u,v)\,du\,dv\right]^{\frac{1}{2}} / g_m , \qquad [3]$$

which may be approximated by a corresponding double sum.

Figure IIA Tonnage vs. cutoff-grade for three different simulated and fitted block grade distributions (details in Section 3).

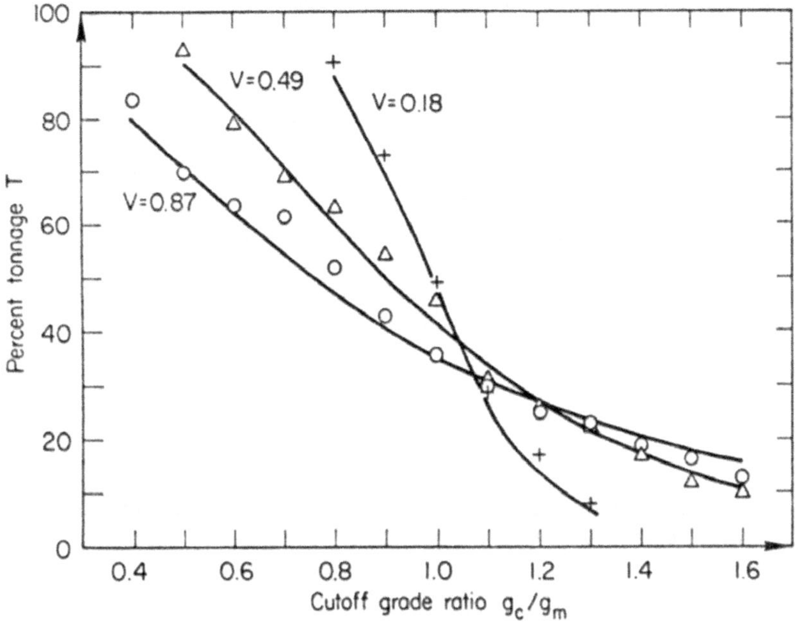

Figure IIB Tonnage vs. block grade coefficient of variation for five different cutoff-grades (details in Section 3).

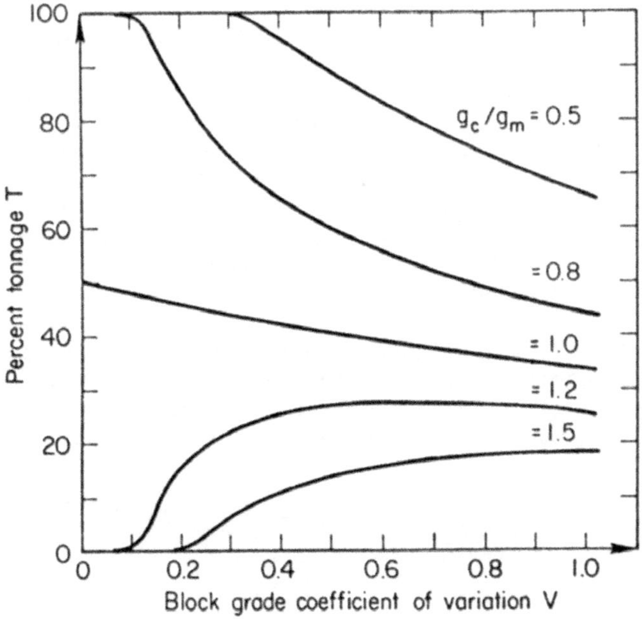

4. CALCULATION OF METAL RECOVERY

In a selective mining operation, some of the potentially recoverable metal resides in the waste blocks which are below cutoff grade and therefore are not processed for metal recovery. Let R denote the actual recovery proportion, i.e., the proportion of all the potentially recoverable metal which resides in the selected ore blocks. We examine how R is related to the cutoff grade g_c and the coefficient of variation V of the block grade distribution. [The maximum recovery $R = 1$ corresponds to a cutoff grade $g_c = 0$ and implies that all blocks are selected.]

In terms of the estimated cumulative distribution function $\hat{F}(g)$ of block grades we have, for given cutoff g_c,

$$R = 1 - \frac{1}{g_m} \int_0^{g_c} g \cdot d\hat{F}(g) . \qquad [4]$$

For a fitted lognormal distribution of block grades with coefficient of variation V, the relationship becomes

$$R = \Phi\{-\frac{1}{s} \cdot \ln\left(\frac{g_c}{g_m}\right) + \frac{s}{2}\} , \qquad [5]$$

$$\text{where } s = \sqrt{\ln(1+V^2)}$$

and Φ is the standard gaussian cumulative distribution function.

Graphs and plots of the recovery ratio R as a function of the cutoff grade ratio g_c/g_m for selected V values are shown in Figure IIIA (page 7). The graphs represent the relation [5] while the superimposed plotted points were obtained from [4] using our simulated block grades. [Recall that in the simulation, the individual sample grades, but not the blocks, were given a lognormal distribution.] Once again, the correspondence is close, as far as we have checked.

In Figure IIIB (page 7), we have graphed the recovery ratio R as function of the coefficient of variation V for several fixed cutoff ratios g_c/g_m , and as remarked earlier, the graphs indirectly represent the relation between recovery ratio and block size.

Figure IIIA Recovery vs. cutoff-grade for three different simulated and fitted block grade distributions (details in Section 4).

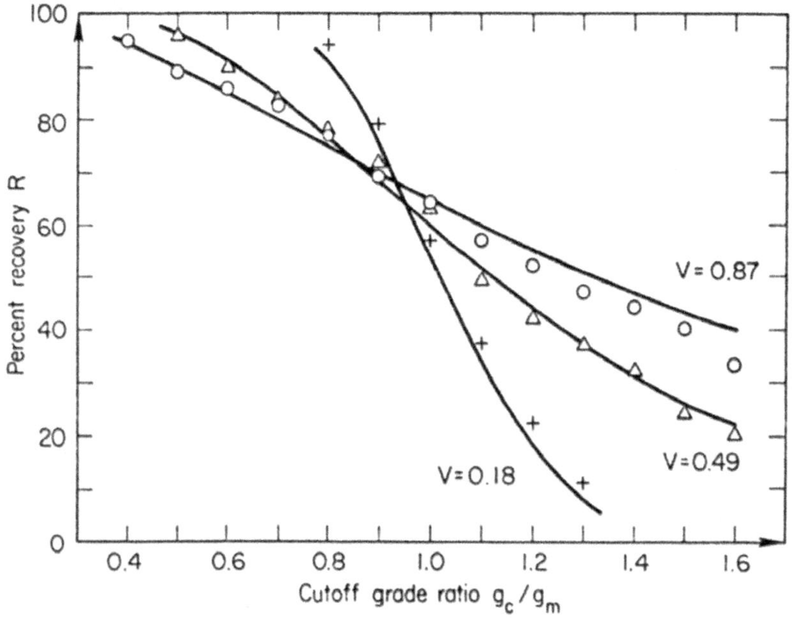

Figure IIIB Recovery vs. block grade coefficient of variation for five different cutoff-grades (details in Section 4).

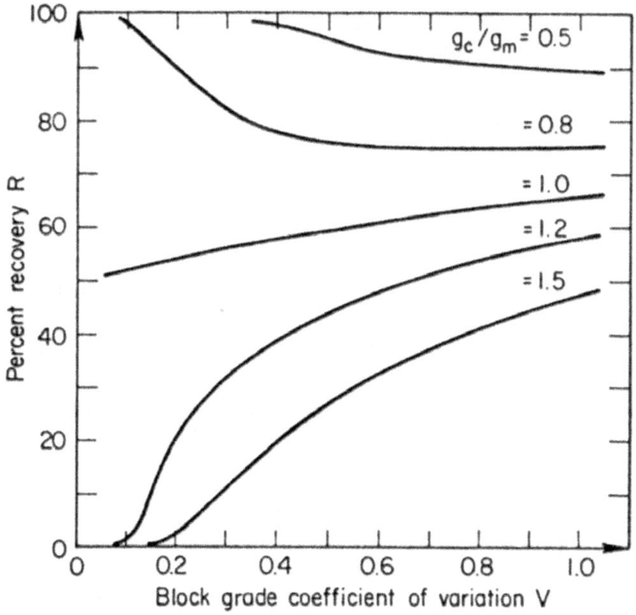

5. CALCULATION OF AVERAGE GRADE OF SELECTED ORE BLOCKS

Let g_a denote the average grade of the selected ore blocks. Then g_a will naturally increase as the cutoff grade g_c increases, starting from $g_a = g_m$ corresponding to $g_c = 0$ when all blocks are selected. In the notation of the preceding sections

$$\frac{g_a}{g_m} = \frac{R}{T}, \qquad [6]$$

so that the previous calculation of ore tonnage and metal recovery immediately gives the average grade of ore blocks. Figures IVA and IVB (page 9) show the corresponding set of graphs and plots of g_a/g_m as a function of the cutoff grade ratio g_c/g_m and the coefficient of variation V, for the lognormal model and the simulated block distributions. The average grade is also seen to increase as V increases corresponding to decreasing block sizes. For very large blocks, V is close to zero; there the average grade g_a equals the cutoff grade g_c when $g_c > g_m$, and for $g_c < g_m$ the average grade g_a equals g_m, the overall mean grade.

If we treat V as fixed, then in the lognormal model both the average grade ratio g_a/g_m of processed blocks and the corresponding tonnage T are monotonic functions only of the cutoff grade ratio g_c/g_m. Hence a given g_c/g_m value determines unique values for g_a/g_m and T, and to each tonnage value there is a unique average grade. The explicit formula for this "grade-tonnage" relation for selected ore blocks is

$$\frac{g_a}{g_m} = \frac{1}{T}\,\Phi\{\Phi^{-1}(T) + s\}, \qquad [7]$$

$$\text{where } s = \sqrt{\ln\,(1+V^2)},$$

and Φ^{-1} is the inverse function of the standard gaussian distribution. Graphs of [7] appear in Figure V (page 9) for several different V values, which may be interpreted as different block sizes according to our earlier remarks. For additional illuminating comments on grade-tonnage relations, see David (1972).

Figure IVA Average grade vs. cutoff-grade for three different simulated and fitted block grade distributions (details in Section 5)

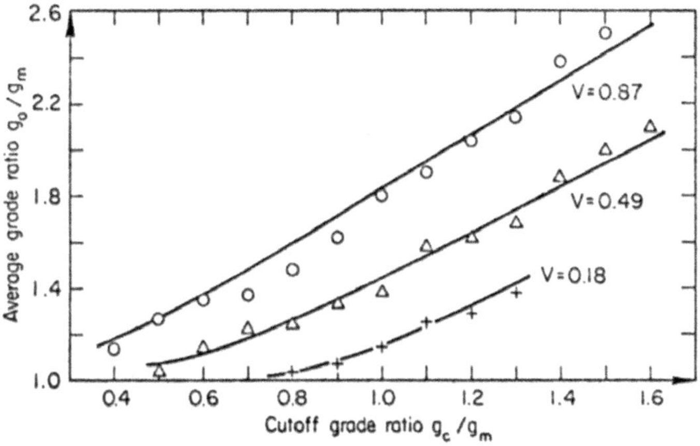

Figure IVB. Average grade vs. block grade coefficient of variation for five different cutoff-grades (details in Section 5).

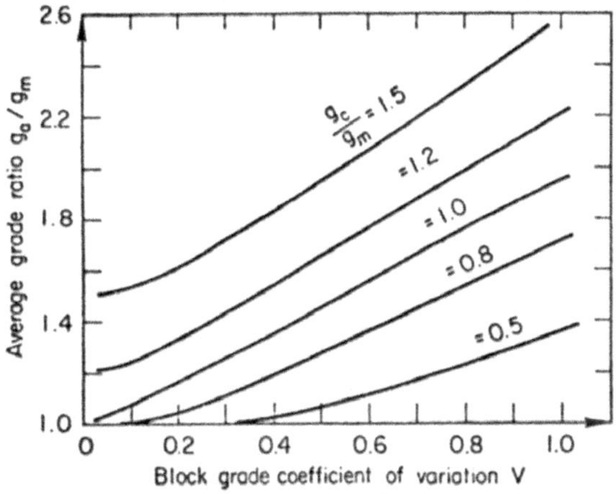

Figure V Average grade vs. tonnage for three different fitted block grade distributions (details in Section 5).

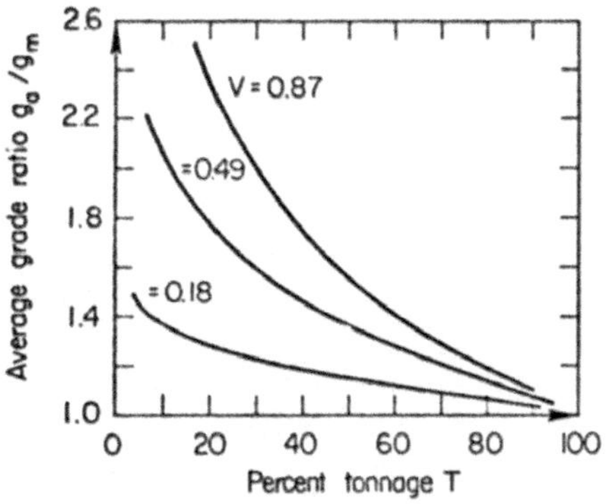

6. BLOCK SIZE OPTIMIZATION BASED ON A SIMPLIFIED COST-PRICE MODEL

We define the following three costs and prices:

P_1 = selling price (per unit weight) of recovered metal;

P_2 = cost (per unit weight) of processing blocks above cutoff grade;

P_3 = cost (per unit weight) of stripping and removing blocks below cutoff grade.

This cost-price structure will determine the economic cutoff grade g_c, i.e., the indifference between accepting or rejecting a block in a selective mining operation. The cutoff g_c must then satisfy the relation

$$P_2 - P_1 \cdot g_c = P_3 . \qquad [8]$$

It is convenient to use the arbitrary monetary unit $P_2 - P_3 = 1$, i.e., the cost difference (per unit weight) of processing ore blocks versus processing waste blocks is unity. Then we get the reciprocal relation

$$g_c = 1/P_1 . \qquad [9]$$

The income I may now be expressed in terms of the recovery R, the tonnage T, and the overall mean grade g_m:

$$\begin{aligned} I &= P_1 \cdot R \cdot g_m - P_2 \cdot T - P_3(1-T) \\ &= P_1 \cdot R \cdot g_m - (P_2 - P_3) \cdot T - P_3 \qquad [10] \\ &= P_1 \cdot R \cdot g_m - T - P_3 \end{aligned}$$

where R and T are evaluated for the economic cutoff grade $g_c = 1/P_1$. Using the formulas [2] and [5] appropriate to log-normal fitting of block grade distributions, the income may be expressed as

$$\begin{aligned} I = {} & P_1 \cdot g_m \cdot \Phi\{\tfrac{1}{s} \ln P_1 g_m + \tfrac{s}{2}\} \\ & - \Phi\{\tfrac{1}{s} \ln P_1 g_m - \tfrac{s}{2}\} - P_3 , \qquad [11] \end{aligned}$$

where $s = \sqrt{\ln (1+V^2)}$.

Since P_3 enters into the income relationships as a purely additive term, it is convenient to think of I as a function of the two quantities $P_1 g_m$ and V (or s) . We may interpret $P_1 g_m$

as the total selling price or gross revenue of all potentially recoverable metal, recalling that the total weight of all potential blocks (ore and waste) is unity; V, as before, is the coefficient of variation of the block grade distribution which indirectly reflects the block size. Figure VIA (page 12) contains graphs of formula [11] showing the per unit weight net income $I+P_3$ as a function of V for several values of the total potential gross revenue $P_1 g_m$. Similarly, Figure VIB (also page 12) shows $I+P_3$ as a function of the product $P_1 g_m$ for several values of the block grade coefficient of variation V; the graphs represent the lognormal relation [11], whereas the plotted points were obtained from the actual simulated block distributions starting from lognormal sample distributions. [As V tends to zero, i.e., for very large block sizes, the income I decreases to the value $P_1 g_m - 1 - P_3$ if $P_1 > 1/g_m$; if $P_1 < 1/g_m$, then I decreases to the value $-P_3$.]

Figures VIA and VIB indicate that larger block grade coefficients of variation V, corresponding to smaller block sizes, yield larger returns in a selective mining operation. It would appear then that the smallest possible block size is the optimum block size. However, the cost factors P_2, P_3 were assumed constant per unit weight regardless of block size. In fact, these costs per unit weight will generally be higher for small blocks than for large blocks because of engineering considerations, additional sampling required, etc. A somewhat more realistic model for costs would have

$P_2(B) = P_2 + \Delta(B)$ = cost (per unit weight) of processing blocks of size B above cutoff grade;

$P_3(B) = P_3 + \Delta(B)$ = cost (per unit weight) of stripping and removing blocks of size B below cutoff grade.

Here $\Delta(B)$ is an additive cost term which decreases with increasing block size B. This somewhat more complex model leaves the calculation of the economic cutoff grade g_c unchanged from that given previously in [9]. The expressions for income per unit weight in [10] and [11] are changed only by replacing P_3 with the quantity $P_3 + \Delta(B)$.

To determine an optimum block size from Figure VIA, it is necessary to subtract $\Delta(B)$ from the vertical income co-ordinate. However, since the block grade coefficient of variation V is related to its size B, we must first convert B into units of V before subtraction of $\Delta(B)$. Such a conversion is possible through the approximate use of expression [3] if the relative dimensions of the rectangular blocks are kept fixed. For demonstration purposes, purely hypothetical relations are shown in Figure VII (page 13) where the units of the B axis represent the length of the short side of a 2:2:1 rectangular block, say.

Figure VIA Income vs. block grade coefficient of variation for four different values of total potential gross revenue (details in Section 6).

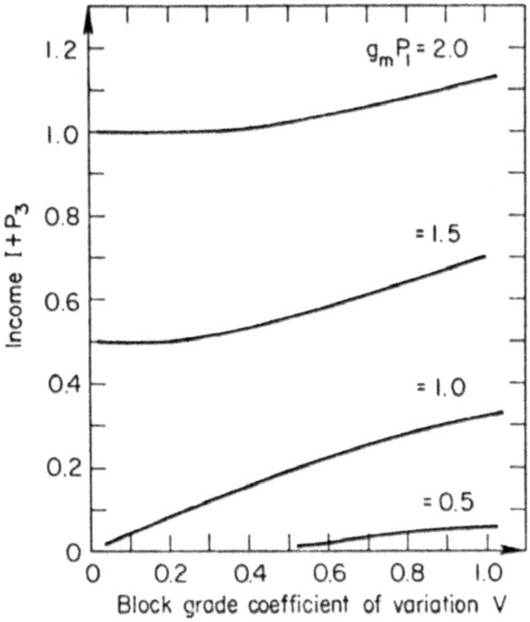

Figure VIB Income vs. total potential gross revenue for three different simulated and fitted block grade distributions (details in Section 6).

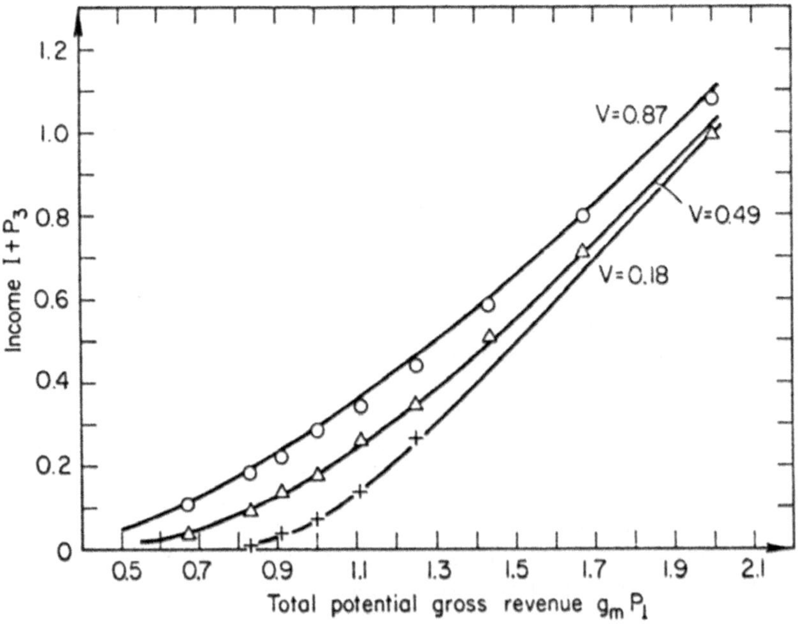

Figure VII Hypothetical relations between block size, block grade coefficient of variation, and differential block size costs (details in Section 6).

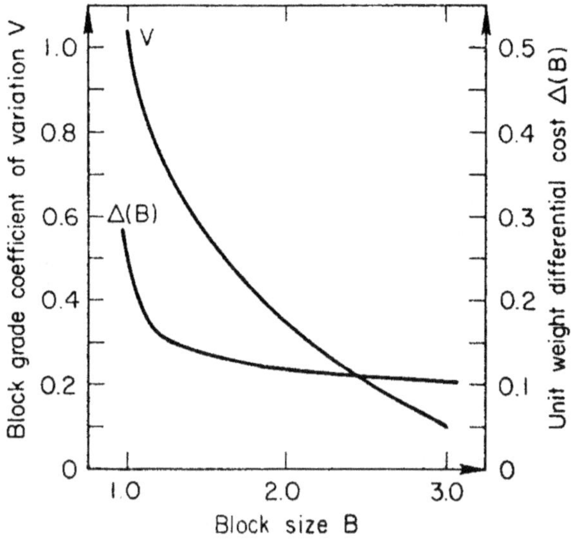

Figure VIII Income vs. block grade coefficient of variation for three different values of the total potential gross revenue (details in Section 6).

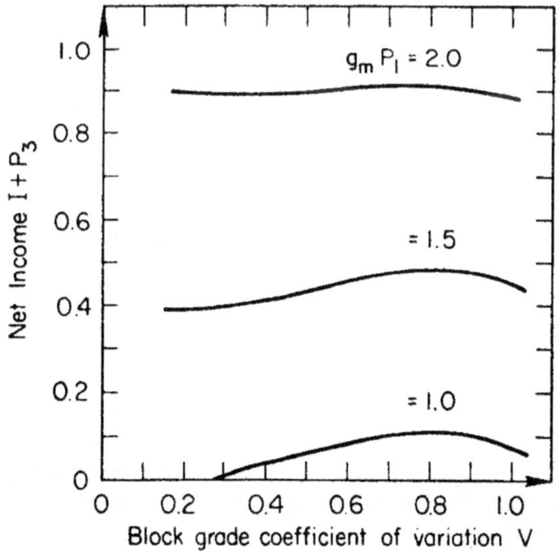

Applying the hypothetical relations of Figure VII, we arrive at Figure VIII which shows net income $I+P_3$ after subtracting $\Delta(B)$, as a function of V. The net income is now maximized at different V values corresponding to different values of the potential gross revenue P_1g_m. For example, with $P_1g_m = 1.0$ monetary units, the optimum V value is in the neighborhood of 0.8, corresponding to rectangular blocks with approximate dimensions 2.5 x 2.5 x 1.25. Figure VIII also shows that the optimum block size in this illustration remains approximtely the same even when the unit price for metal, P_1, is increased by 50% or 100%. However, the optimum is flatter to the left when the price is higher indicating that blocks much larger than 2.5 x 2.5 x 1.25 will give nearly the same economic return. That is, the less precise selection of ore when larger blocks are used is approximately offset by the decreased unit costs of working with larger blocks.

7. APPENDIX: SUMMARY DESCRIPTION OF THE BLOCK SIMULATION PROGRAM

The object of the simulation was to generate grade distributions for blocks under the frequently observed assumption that samples have a lognormal distribution. The blocks we simulated are rectangular with dimensions in the ratio 2:2:1. The grade of a block is the average of all the samples which together comprise the block. Since conventional block sizes are many times the size of a sample, it is not computationally reasonable to generate all samples which comprise a block. Instead we have represented the grade of a block by the average of the grades of 108 samples located on a 6 x 6 x 3 cubic grid pattern within the rectangular block. A block grade frequency distribution was determined by generating 200 such blocks. Runs of 200 blocks each were complete for a variety of parameter combinations involving the coefficient of variation of the sample grades and the strength of sample-to-sample autocorrelation.

In a given block, the 108 autocorrelated lognormally distributed sample grades were generated in the following manner: First a cubic grid of independent normally distributed values was generated. Then at each of the 108 sample locations, a weighted average of the independent normal values was calculated, treating the sample location as the center of the weighting function. Since the same original independent normal values are involved in the weighted averages at different sample locations, the resulting 108 averaged numbers form an autocorrelated set of normally distributed values. The autocorrelations may be calculated in advance by standard methods once the weighting function is given. Finally we take the exponential of each of the weighted averages, giving 108 autocorrelated lognormal values as required. Using an appropriate linear rescaling of the original normally distributed variables, we are able to get whatever coefficient of variation γ we want for the resulting lognormal values, using standard formulas.

[Any autocorrelation of lognormal values may be calculated from the autocorrelation of the normal values of the preceding step by the relationship

$$\rho_{Lognormal} = \{[1 + \gamma^2]^{\rho_{Normal}} - 1\}/\gamma^2 , \qquad [12]$$

where γ is the coefficient of variation of the lognormal values. It follows that $\rho_{Lognormal}$ is less than ρ_{Normal} for any value of γ and any positive ρ_{Normal} . The difference between these autocorrelations is most pronounced for large γ values, i.e., for very skewed lognormal distributions.]

In the particular simulations we did for this paper, we chose three different γ values, viz $\gamma = 0.5$, 1.0 , 2.0 , reflecting what has commonly been observed for sampled grade distributions. The weight function w we used was a [0,1] function of distance d from the sample location, i.e.,

$$w(d) = 1 \text{ for } d \leq d_o$$
$$= 0 \text{ for } d > d_o ,$$

where small values of d_o would give weak autocorrelations and large d_o would give strong autocorrelations. If the dimensions of the rectangular block are 2 x 2 x 1 linear units, then the three different d_o values we tried were $d_o = 1/3$, 2/3 , 1 .

[The weight function w we used give approximately isotropic autocorrelations. In fact, many ore deposits show distinctly stronger correlations along horizontal directions compared to the vertical direction. But it is a relatively simple matter to convert such simulations to be non-isotropic by rescaling the block dimensions. For example, if horizontal versus vertical correlations differed by a factor of three, then we should reinterpret the results for our 2:2:1 rectangular blocks as applying to 6:6:1 rectangular blocks.]

Table 1 below shows the resulting coefficients of variation V for block grade distributions determined from our simulations for the γ , d_o combinations referred to above. In general, larger values of the parameters γ , d_o will give larger values for V . The effect of proportionately increasing all block dimensions is to reduce d_o proportionately (recall the units of d_o). Hence, in this way, it is also possible to gauge the reduction in V with increasing block size. The three P-P plots in Figure I represent the lognormal fit of the block grade distributions generated using the combinations ($\gamma = 1.0$, $d_o = 1/3$) , ($\gamma = 1.0$, $d_o = 1$) and ($\gamma = 2.0$, $d_o = 1$) , which are plotted using the symbols + , Δ , O , respectively.

Table 1

Coefficient of Variation V for the grade distribution of 2:2:1 rectangular blocks

	$d_o = 1/3$			$d_o = 2/3$			$d_o = 1$		
	γ=0.5	γ=1.0	γ=2.0	γ=0.5	γ=1.0	γ=2.0	γ=0.5	γ=1.0	γ=2.0
$\rho(1/3)$	.29	.25	.19	.62	.57	.50	.73	.66	.55
$\rho(2/3)$	.13	.11	.07	.35	.30	.24	.61	.58	.52
V	.09	.18	.32	.17	.31	.47	.26	.49	.87

REFERENCES

Aitchison, J., and Brown, J. A. C., 1963, The Lognormal Distribution, Cambridge University Press, London.

David, M., 1972, "Grade-tonnage curves: use and misuse in ore reserve estimation", Trans. Inst. Min. Met., Vol. 81, pp. A129-132.

Gnanadesikan, R., and Wilk, M. B., 1968, "Probability plotting methods for the analysis of data", Biometrika, Vol. 55, pp. 1-18.

Matheron, G., 1965, Les Variables Regionalisées et leur Estimation, Masson et Cie., Paris.

P A R T I V

THEORETICAL NEW DEVELOPMENTS

A SIMPLE SUBSTITUTE FOR CONDITIONAL EXPECTATION : THE DISJUNCTIVE KRIGING.

G. MATHERON

Centre de Morphologie Mathématique, Ecole Nationale Supérieure des Mines de Paris, Fontainebleau, France.

ABSTRACT. In this paper, a new procedure for non linear estimation is proposed : it is better than the usual best linear estimation, and necessitates less prerequisites than the conditional expectation.

0. INTRODUCTION.

In applied Geostatistics, we need more and more often to estimate certain variables which depend in a non linear way on the grades of an orebody. Simple examples are given by the estimation procedure of the "transfer functions". In such a case, it is generally no longer possible to use the classical linear kriging estimotor, which is inadequate for these problems and can be dangerously biased. On the other hand, one cannot resort to the conditional expectation technique, either because the available information is not sufficient, or simply because the computations are too expensive. Under the name of Disjunctive Kriging (D.K.) we propose in this paper an intermediate method, more powerful than the simple linear combinations, but less sophisticated than the conditional expectation (See Reference [4]).

The starting idea is the following. Let Z_o be a random variable (R.V.) to be estimated from a set of others R.V. Z_α, $\alpha = 1,2,\ldots N$. The most powerful method consists in forming the conditional expectation $E[Z_o | Z_1,..Z_N]$, i.e. the best approximation of Z_o by a measurable function $f(Z_1,..Z_N)$. Unfortunately, we generally do not know in practice the $(N+1)$ dimensional law of the R.V.

M. Guarascio et al. (eds.), Advanced Geostatistics in the Mining Industry, 221-236.

$(Z_o, Z_1, .. Z_N)$, hence we are not able to compute this conditional expectation. On the other hand, kriging techniques would consider the best approximation of Z_o by a linear combination $\Sigma \lambda_\alpha Z_\alpha$, and this requires nothing more than the covariance matrix, which can generally be estimated from the experimental data. As a counterpart, because the space of the linear combinations is much smaller than the space of the measurable functions, the approximation given by kriging is far to be as precise as the conditional expectation (except for the Gaussian case). By choosing a space larger than the linear combinations space , but small enough so that the computations would not require unavailable data, we may hope to obtain a feasible non linear method more precise than kriging.

In this research, a good starting point is given by the technique of data analysis known as "disjunctive coding" [1]. Let B_i, $i \in I$, be a partition of the real line (in intervalls or classes, for instance). Each variable Y is associated with the family of R.V. Y_i, $i \in I$ defined by

$$Y_i = 1_{B_i}(Y) = \begin{cases} 1 & \text{if } Y \in B_i \\ 0 & \text{if } Y \notin B_i \end{cases}$$

Note that the family of the linear combinations $\Sigma \lambda_i Y_i$ is identical with the class of the B_i-measurable function $f(Y)$. If the partition B_i becomes finer and finer, we obtain at the limit the class of the Borel-measurable functions $f(Y)$.

Let us now return to our estimation problem : instead of kriging Z_o from the variables Z_α themselves, we shall krige it from the much richer family constituted by the variables

$$Z_{i,\alpha} = 1_{B_i}(Z_\alpha)$$

The corresponding estimator will be of the form $Z = \Sigma f_\alpha(Z_\alpha)$ where $f_\alpha = \sum_i \lambda_{\alpha,i} 1_{B_i}$ is a B_i-measurable function. The covariance matrix of the $Z_{i,\alpha}$ depends only on the two-dimensional laws $F_{\alpha\beta}$, because we have

$$E[Z_{i,\alpha} Z_{j,\beta}] = F_{\alpha\beta}(B_i, B_j)$$

Hence, this method requires only the knowledge of the two-dimensional laws of the pairs (Z_o, Z_α) and (Z_α, Z_β).

In the limit case of an infinitely fine partition B_i, we shall have to search for <u>the best approximation</u> of Z_o by <u>a sum</u> $\sum_\alpha f_\alpha(Z_\alpha)$, <u>where the f_α are measurable functions of only one variable</u>. The corresponding estimator will be called the <u>disjunctive kriging</u> (D.K.) , and it will be shown that its computation requires nothing more than the knowledge of all the two-dimensional marginal laws $F_{o\alpha}$ and $F_{\alpha\beta}$: it is the desired workable intermediate between kriging and conditional expectation. The following table epitomizes the situation. (See next page).

1. THE EQUATIONS OF THE D.K.

Now, we shall give the general equations of the D.K. We suppose that all the variables admit order 2 moments, and thus belong to a (real) Hilbert space provided with the scalar product $< X,Y > = E(X,Y)$. Let H_α be the subspace of the R.V. $f_\alpha(Z_\alpha)$, where f_α is a measurable function and $E\left[f_\alpha^2(Z_\alpha)\right] < \infty$. Then, the R.V. $\sum_\alpha f_\alpha(Z_\alpha)$ generate the (closed) subspace $H = H_1 + .. + H_N$ (this is not a direct sum, because the constant functions belong to $\cap H_\alpha$), and the disjunctive kriging Z_o^* of Z_o is simply the projection of Z_o on the subspace H. Thus, Z_o^* is characterized by :

$$< Z_o, Y > = < Z_o^*, Y > \qquad (Y \in H_\alpha,\ \alpha = 1,2,\dots N)$$

But the R.V. $Y \in H_\alpha$ are $Y = g(Z_\alpha)$, where g is an arbitrary measurable function, and the relationship $E\left[Z_o^* \, g(Z_\alpha)\right] = E\left[Z_o \, g(Z_\alpha)\right]$ may be rewritten in terms of conditional expectations :

$$E\left[Z_o^* | Z_\alpha\right] = E\left[Z_o | Z_\alpha\right] \qquad (\alpha = 1,2,\dots N)$$

Hence, the D.K. is $Z_o^* = \sum_\beta f_\beta(Z_\beta)$ and the functions f_β are characterized by :

$$\text{(D.K.)} \qquad E\left[Z_o | Z_\alpha\right] = \sum_\beta E\left[f_\beta(Z_\beta) | Z_\alpha\right] \qquad (\alpha = 1,2,\dots N)$$

The system (D.K.) depends only on the conditional laws of Z_o and Z_β given Z_α , and needs no other prerequisites than the two-dimensional laws $F_{o\alpha}$ and $F_{\alpha\beta}$, as stated in the introduction.

METHOD	KRIGING	D.K.	CONDITIONAL EXPECTATION
Estimator : Z^* is the best approximation of Z_o of the form	$\sum_\alpha \lambda_\alpha Z_\alpha$	$\sum_\alpha f_\alpha(Z_\alpha)$	$f(Z_1, \ldots Z_N)$
Prerequisites	The covariances matrix	The various two-dimensional laws $F_{o\alpha}$ and $F_{\alpha\beta}$	The (N+1)-dimensional law $F(dZ_o, \ldots dZ_N)$

It follows from the projection theorem that

$$\|Z_o - Z_o^*\|^2 = \|Z_o\|^2 - \|Z_o^*\|^2 = \|Z_o\|^2 - \langle Z_o^*, Z_o \rangle$$

Since (D.K.) clearly implies $E(Z_o^*) = E(Z_o)$, $\|Z_o - Z_o^*\|^2$ is the <u>estimation variance</u> σ^2 of the D.K., and we get :

$$(1) \quad \sigma^2_{DK} = E[Z_o^2] - E[(Z_o^*)^2] = E(Z_o^2) - E(Z_o\, Z_o^*)$$

2. THE REPRESENTATION OF TWO-DIMENSIONAL LAWS.

In the general case, we are not able to solve the system D.K. It would be possible (by a suitable discretization) to get approximate solutions, but this would generally imply expensive numerical computation. For this reason, we have to look for particular cases of simplification, and use a technique of Data analysis known as the factor representation of a two-dimensional law, [1], [6].

Let $F(dx,dy)$ be the law of two R.V. X and Y, F_1 and F_2 the corresponding (marginal) laws of X and Y, $H_1 = L^2(R, F_1)$ and $H_2 = L^2(R, F_2)$ the two Hilbert spaces associated with F_1 and F_2. To each function $f \in H_2$, we may associate its conditional expectation given X, say $E_1\, f$: it is the function $g = E_1\, f$ defined (for F_1-almost every $x \in R$) by

$$g(x) = E\,[f(Y) \mid X = x]$$

This operator $E_1 : H_2 \to H_1$ is linear, continuous and unit norm. In the same way, the conditional expectation given Y provides us with an operator E_2 from H_1 into H_2. For any $f \in H_2$ and $g \in H_1$, we have $\langle E_1\, f, g \rangle = \langle f, g \rangle = \langle f, E_2\, g \rangle$, so that E_1 and E_2 are adjoint, i.e. $E_2 = E_1^*$. It follows that the operator $E_1\, E_2 = E_2^*\, E_2$ from H_1 into itself is Hermitian. Moreover, it is positive (for $\langle E_1\, E_2\, f, f \rangle = \langle E_2\, f, E_2\, f \rangle = \|E_2\, f\|^2 \geq 0$, and unit norm. Hence, its eigen values λ are real and satisfy $0 \leq \lambda \leq 1$. The constant function 1 is an eigen function associated with the eigen value $\lambda = 1$ (and it is the only one, except if there exist measurable non constant functions f and g such that $f(X) = g(Y)$ almost surely).

Let λ be a non null eigen value of $E_1\, E_2$ $(0 < \lambda \leq 1)$, and f_λ an eigen function associated with λ. We may suppose $\|f_\lambda\| = 1$. Clearly, $E_1\, E_2\, f_\lambda = \lambda\, f_\lambda$ implies $E_2\, E_1\, (E_2\, f_\lambda) = \lambda\, E_2\, f_\lambda$, so that $g = E_2 f_\lambda$ is an eigen function of $E_2 E_1$, associated with the same eigen value λ. Moreover, $\| E_2 f_\lambda \|^2 = \langle E_1 E_2 f_\lambda, f_\lambda \rangle = \lambda > 0$. Hence, $g_\lambda = E_2 f_\lambda / \sqrt{\lambda}$ is unit norm, and the reciprocal formulae

$$(2) \quad g_\lambda = \frac{1}{\sqrt{\lambda}} E_2 f_\lambda \; ; \; f_\lambda = \frac{1}{\sqrt{\lambda}} E_1 g_\lambda$$

define a one-to-one correspondence between the unit norm eigen functions of the operator $E_1 E_2$ and $E_2 E_1$, associated with the same eigen value $\lambda > 0$ (In particular, these operators admit the same set of eigen values λ). In terms of data analysis, the eigen functions f_λ and g_λ are called factors.

For a further analysis, some complementary hypotheses are required. For instance, let us suppose that the law $F(dx,dy)$ admits a measurable density ϕ with respect to the product $F_1(dx)\, F_2(dy)$ of the marginal laws, that is :

$$(3) \quad F(dx,dy) = \phi(x,y)\, F_1(dx)\, F_2(dy)$$

In particular, $\phi(x,y)\, F_2(dy)$ is the conditional law of Y given X = x, and the operator E_1 is defined by :

$$(4) \quad (E_1\, g)(x) = \int \phi(x,y)\, g(y)\, F_2(dy)$$

Now, let us suppose that the density ϕ is square integrable; i.e. :

$$\iint |\phi(x,y)|^2\, F_1(dx)\, F_2(dy) < \infty$$

Then, it can be shown that the operator $E_1 E_2$ and $E_2 E_1$ are compact. Their eigen values form a non increasing sequence $\lambda_o = 1 \geq \lambda_1 \geq \lambda_2 \geq \ldots$ such that $\Sigma \lambda_n^2 < \infty$. With each eigen value $\lambda_n > 0$ is associated an eigen function f_n of $E_1 E_2$ (g_n of $E_2 E_1$), and it is possible to choose these eigen functions so that they a orthonormed. Then, the density ϕ of the law $F(dx,dy)$ (with respec to $F_1(dx)\, F_2(dy)$) admit the following expansion :

$$(5) \quad \phi(x,y) = \sum_{n=o}^{\infty} \sqrt{\lambda_n}\, f_n(x)\, g_n(y)$$

called the factor representation of the law $F(dx,dy)$, [6]. By comparing (4) and (5), we get the corresponding representations of the conditional expectation operators E_1 and E_2 :

$$(6)\quad \begin{cases} E_1\, g = \Sigma\ \sqrt{\lambda_n}\ < g, g_n > g_n \\ E_2\, f = \Sigma\ \sqrt{\lambda_n}\ < f\ f_n > f_n \end{cases}$$

With the help of these relationships, we are now able to define an important case of simplification for the system (D.K.).

3. THE ISOFACTOR MODELS.

Let Y_i, $i = 0,1,\ldots N$, be R.V., F_i the (marginal) law of Y_i and F_{ij} the (two-dimensional) law of the pair $(Y_i\ Y_j)$. We shall say that the Y_i form an <u>isofactor model</u> if

i) all the Y_i have the same marginal law $F_i = F$

ii) the two-dimensional laws F_{ij} admit representations of the form (5) with the same factors χ_n (except eventually for the sign) i.e. $\chi_n = \pm f_n = \pm g_n$ for all the pairs (i,j). In other words :

$$F_{ij}(dx,dy) = \left(\sum_{n=o}^{\infty} T_n(i,j)\ \chi_n(x)\ \chi_n(y)\right) F(dx)\ F(dy)$$

The law F and the factors χ_n are the same for all pairs (i,j). The coefficients $T_n(i,j) = E\left[\chi_n(Y_i)\ \chi_n(Y_j)\right]$ are correlation coefficients, and in particular :

$$T_o(i,j) = 1 \quad ; \quad -1 \leqslant T_n(i,j) \leqslant 1$$

It follows for any measurable function f such that $E\left[f^2(Y_j)\right] < \infty$ that (F-almost surely) :

$$E\left[f(Y_j) \mid Y_i\right] = \Sigma\ T_n(i,j) < f, \chi_n > \chi_n(Y_i)$$

$$\left(< f, \chi_n > = \int f(y)\ \chi_n(y)\ F(dy)\right)$$

Now, let us consider the problem of the disjunctive kriging of Z_o from the Z_α , $\alpha = 1,\ldots N$, and suppose that each of these variables is given by transformation from the corresponding R.V. Y_i of an isofactor model, i.e.:

$$Z_o = f(Y_o) \quad ; \quad (E[f^2(Y_o)] < \infty)$$

and $Z_\alpha = g_\alpha(Y_\alpha)$, $\alpha = 1,2,\ldots N$. We have to find the D.K. of $Z_o = f(Y_o)$ from the Y_α. Taking (6) into account, the system (D.K.) can be rewritten :

$$\sum_{n=o}^{\infty} T_n(0,\alpha) < f,\chi_n > \chi_n(Y_\alpha) =$$

$$\sum_{n=o}^{\infty} \sum_{\beta=1}^{N} T_n(\alpha,\beta) < \chi_n, f_\beta > \chi_n(Y_\alpha)$$

The factors χ_n being orthogonal, this is equivalent to

$$\sum_{\beta=1}^{N} T_n(\alpha,\beta) < \chi_n, f_\beta > = T_n(0,\alpha) < f,\chi_n >$$

for any $\alpha = 1,2,\ldots N$ and $n = 0,1,\ldots$). It is more convenient to put

$$f_n = < f, \chi_n > \quad ; \quad f_n^\alpha = < f_\alpha, \chi_n >$$

so that the function $f(Y_o)$ to be estimated and its D.K. $Z_o^* = \Sigma f_\alpha(Y_\alpha)$ admit the expansions :

$$\begin{cases} f(Y_o) = \Sigma f_n \ \chi_n(Y_o) \\ Z_o^* = \sum_{\alpha=1}^{N} \sum_{n=o}^{\infty} f_n^\alpha \ \chi_n(Y_\alpha) \end{cases}$$

Then, for each $n = 1,2,\ldots$, the desired coefficients f_n^α are obtained by solving the system

$$(7) \qquad \sum_{\beta=1}^{N} f_n^\beta \ T_n(\alpha,\beta) = f_n \ T_n(0,\alpha)$$

(For $n = 0$, it is sufficient to take $\Sigma f_o^\beta = f_o$, because $T_o(i,j) = 1$ and the system is degenerated).

From (6) it follows that $(T_n(ij))$ is the covariance matrix of the $\chi_n(Y_i)$, so that system (7) represents the usual kriging of $\chi_n(Y_o)$ by the $\chi_n(Y_i)$. In other words, in the frame of an isolated model, the problem is greatly simplified, and we may krige separately each factor : in the practical applications, we use expansion stopped at a given order n_o (for instance $n_o = 6$ or 10) and we have only to solve separately n_o systems N x N.

Notice another direct consequence of the orthogonality of the factors χ_n : the estimation variance σ^2_{DK} of the D.K. also is the sum of the kriging variances of the factors, that is :

$$(8)\quad \begin{cases} \sigma^2_{KD} = \sum_{n=1}^{\infty} \sigma^2_{K,n} \\ \sigma^2_{K,n} = f_n^2 - f_n \sum_{\alpha=1}^{N} T_n(0,\alpha)\, f_n^{\alpha} \end{cases}$$

The summation extends from n = 1 to n = ∞, because the estimation variance of the factor $\chi_o = 1$ is obviously zero.

4. THE HERMITIAN MODELS.

The Gaussian case provides us with simple examples of isofactor models, where the factors are the normalized Hermite polynomials $\eta_n = H_n/\sqrt{n!}$,[2], [6], with

$$(9)\quad H_n(x) = \exp\left(\frac{x^2}{2}\right) \frac{d^n}{dx^n} \exp\left(-\frac{x^2}{2}\right)$$

It is well known that these polynomials form an orthogonal basis of $L^2(R,G)$, where G is the normal law with expectation 0 and variance 1. Let $G_\rho(dx, dy)$ be the two-dimensional normal law (with expectations 0, variances 1, and correlation coefficient ρ). The corresponding characteristic function is

$$\phi_\rho(u,v) = \exp\left(-\frac{u^2+v^2+2\rho uv}{2}\right) = \sum_{n=o}^{\infty} \rho^n \frac{(iu)^n (iv)^n}{n!} e^{-\frac{u^2+v^2}{2}}$$

If $|\rho| < 1$, it follows from the bounded convergence theorem that the reciprocal Fourier transform can be taken term by term; so that the Gaussian density g_ρ admit the expansion :

$$g_\rho(x,y) = \frac{1}{2\pi} \sum_{n=o}^{\infty} \frac{\rho^n}{n!} \frac{d^n}{dx^n} e^{-\frac{x^2}{2}} \frac{d^n}{dy^n} e^{-\frac{y^2}{2}}$$

Taking (9) into account, we get the following factor representation of the normal law G_ρ :

$$(10)\qquad G_\rho(dx,dy) = \sum_{n=0}^{\infty} \rho^n \eta_n(x)\ \eta_n(y)\quad G(dx)\ G(dy)$$

The factors are the normalized Hermite polynomials $\eta_n = H_n/\sqrt{n!}$. In particular :

$$E\left[H_n(X)\,|\,Y\right] = \rho^n H_n(Y)$$

It follows that any Gaussian model is isofactor, and allows an easy handling of the D.K.

It is possible to generalize slightly the Gaussian model. By changing ρ^n into T_n in (10), we obtain a two-dimensional law of the form :

$$\begin{cases} F(dx,dy) = \phi(x,y)\ G(dx)\ G(dy) \\ \phi(x,y) = \sum T_n\ \eta_n(x)\ \eta_n(y) \end{cases}$$

Naturally, the coefficients T_n cannot be chosen arbitrarily, since the function ϕ must be positive. The necessary and sufficient condition that must be satisfied is :

$$T_n = E(\rho^n)$$

where ρ is a R.V. such that $-1 \leqslant \rho \leqslant 1$ a.s. In other words, the T_n are the moments of a probability law concentrated on the interval $(-1,1)$. Since the particular case $T_n = \rho^n$ corresponds to the normal law G_ρ, the law F appears as a mixture of normal laws with various correlation coefficients. The factors associated with F are the Hermite polynomials η_n, and we shall say that the law F is <u>Hermitian</u>.

This suggests the following isofactor model, called the <u>Hermitian model</u> : the R.V. Y_i are normal (0,1), i.e. $F_i = G$, and the two-dimensional laws F_{ij} are of the form :

$$(11)\qquad F_{ij}(dx,dy) = \sum_{n=0}^{\infty} T_n(i,j)\ \eta_n(x)\ \eta_n(y)\quad G(dx)\ G(dy)$$

with suitable coefficients $T_n(i,j) = E\left[\eta_n(Y_i)\ \eta_n(Y_j)\right]$. In particular, if $T_n(i,j) = \rho_{ij}^n$, the laws F_{ij} are normal. In any case, we have :

$$E\left[\eta_n(Y_i) \mid Y_j\right] = T_n(ij)\ \eta_n(Y_j)$$

and the relationships (7) hold.

5. EXAMPLE : D.K. OF A POINT TRANSFER FUNCTION.

Let $Z(x)$ be a stationary random function. It is always possible to find :

- another stationary R.F. $Y(x)$ such that, for any x, $Y(x)$ is normal (with expectation 0 and variance 1),

1-a non decreasing transformation f such that $z(x)=f(Y(x))$. This does not imply that the two-dimensional law of $(Y(x),Y(y))$ is gaussian for any pair of points (x,y), but we will assume that it is so (i.e. the transformation f is order two Gaussian) as it frequently occurs in the applications.

The numerical values $Z_\alpha = Z(x_\alpha)$ at $x_\alpha, \alpha = 1,2,\ldots N$ being given, it is interesting to know, among all the possible points x belonging to a given panel V :

- how many will satisfy the condition $Z(x) \geqslant z_o$,

- or at least the expected value of the volume occupied in V by these points. In other words, we want to know the conditional law of $Z(\underline{x})$, given Z_α, when the point $\underline{x}$ is random and uniformly distributed in V. As $Z(\underline{x}) = f(Y(\underline{x}))$, $Z(\underline{x}) \geqslant z_o$ is equivalent to $Y(\underline{x}) \geqslant y_o$ with $z_o = f(y_o)$, and we have to estimate the probability (the "transfer function") :

$$P(Z(\underline{x}) \geqslant z_o \mid Z_1,\ldots Z_N) = \frac{1}{V}\int_V P(Y(\underline{x}) \geqslant y_o \mid Y_1,\ldots Y_N)\ dx$$

Generally, a direct calculation is either impossible or too expensive. On the contrary, it will be shown that the D.K. leads to a very simple approximation.

Let θ_{y_o} be the function defined by $\theta_{y_o}(y) = 1$ if $y \geqslant y_o$, and 0 if $y < y_o$, so that we have to estimate the conditional expectation $E\left[\theta_{y_o}(Y(\underline{x})) \mid Y_1,\ldots Y_N\right]$. Since the D.K. is the projection on a subspace H of the space of the measurable functions of $(Y_1,\ldots Y_N)$, this conditional expectation and the variable $\theta_{y_o}(Y(\underline{x}))$ itself admit the same D.K. Hence we may use, to estimate the transfer function, the expression :

$$P^*(Y(\underline{x}) \geqslant y_o) = KD\left[\theta_{y_o}\ Y(\underline{x}) \mid Y_1,\dots Y_N\right]$$

But the R.V.'s $Y_o = Y(\underline{x})$ and $Y_\alpha, \alpha = 1,2,\dots N$ constitute a Hermitian model, with :

$$T_n(\alpha,\beta) = \rho^n_{\alpha\beta}$$
$$T_n(0,\alpha) = \frac{1}{V}\int_V (\rho_{x\alpha})^n\ dx$$

(ρ_{xy} is the correlation coefficient of Y(x) and Y(y)), and θ_{y_o} admits the expansion :

$$\theta_{y_o}(y) = 1 - G(y_o) - g(y_o) \sum_{n=1}^{\infty} \frac{H_{n-1}(y_o)\ H_n(y)}{n!}$$

(g is the density of the normal law, and G the corresponding distribution function). Thus, it follows from (7) that

$$(12) \qquad P^*(Y(\underline{x}) \geqslant y_o) = 1 - G(y_o) - g(y_o) \sum_{n=1}^{\infty} \frac{H_{n-1}(y_o)}{n!} \times \sum_\beta \lambda^\beta_n\ H_n(Y_\beta)$$

and the λ^β_n are the solution of the system

$$\sum_\beta \lambda^\beta_n\ (\rho_{\alpha\beta})^n = T_n(0,\alpha)$$

Notice that this is equivalent to :

$$P(Y^*(\underline{x}) \geqslant y_o) = \int_{y_o}^{\infty} f_{KD}\ (z)\ dz$$

with a "density" f_{KD} defined by :

$$(13) \qquad f_{KD}(z) = g(z) \left[1 + \sum_{n=1}^{\infty} \frac{H_n(z)}{n!} \sum_\beta \lambda^\beta_n\ H_n(Y_\beta)\right]$$

More generally, the D.K. of an arbitrary function $\phi(Y(\underline{x}))$ will be

$$(14) \qquad KD\ \left[\phi(Y(\underline{x}) \mid Y_1,\dots Y_N\right] = \int_{-\infty}^{+\infty} \phi(z)\ f_{KD}(z)\ dz$$

The formulae (12), (13) and (14) lead to easy numerical computation. Nevertheless, note that the "density" f_{KD} is not necessarily positive. (In the same way, the usual kriging estimator of a positive R.V. can sometimes take non positive numerical values). It follows from a general theorem, [7], that the conditional expectations are the only positive projectors, and thus, in certain cases, the inequality $f_{KD}(z) \geqslant 0$ will not be satisfied at every point z. But in practical applications, the negative values are rare and of small magnitude, so that it is possible to use this procedure.

ANNEX. The General Form of the Hermetian Laws.

If $\rho = \pm 1$, the normal law $G_\rho(dx,dy)$ has no density, but the fundamental relationship

$$E(H_n(X) \mid Y) = \rho^n H_n(Y)$$

remains valid. In order to take this limit case into account, we must slightly generalize the definition of the Hermitian laws given in section 4 :

We say that a two-dimensional law F(dx,dy) is Hermitian if it satisfies the two following conditions :

i) each marginal law is G, i.e. is normal (0,1)

ii) for any n = 0,1,2..., the normalized Hermite polynomials η_n satisfy :

$$\begin{cases} E(\eta_n(X) \mid Y) = T_n \eta_n(Y) \\ E(\eta_n(Y) \mid X) = T_n \eta_n(X) \end{cases}$$

with suitable numerical coefficients T_n.

The following theorem characterizes the Hermitian laws and their associated coefficients T_n

THEOREM - <u>A sequence $\{T_n\}$ of coefficients is associated with a necessarily unique Hermitian law F if and only if it admits the representation</u> :

$$(15) \qquad T_n = \int \rho^n \varpi(d\rho)$$

<u>for a probability ϖ concentrated on the closed intervall $[-1,1]$. If so, the corresponding characteristic function is</u>

$$(16) \quad E[e^{iuX+ivY}] = \int \exp\{-\frac{u^2+v^2+2\rho uv}{2}\} \varpi(d\rho)$$

PROOF - The if part is obvious, since (16) is the characteristic function of the mixture $F = \int w(d\rho)G\rho$ of normal distributions and obviously satisfies conditions (i) and (ii) with the coefficients T_n given in (15)

Conversely, let $\{T_n\}$ be the sequence of coefficients associated with a Hermitian law F. It follows from conditions (ii) that $T_n = E[\eta_n(X)\ \eta_n(Y)]$, and this implies

$$(17) \quad T_o = 1 \ ; \ |T_n| \leqslant 1$$

Now, if λ is a real number, exp (λx) admits the expansion :

$$e^{\lambda x} = e^{\lambda^2/2} \Sigma (-1)^n \frac{\lambda^n}{n!} H_n(x)$$

and thus condition (ii) implies :

$$(18) \quad e^{-\lambda^2/2} E(e^{\lambda X} | Y) = \Sigma (-1)^n \frac{T_n \lambda^n}{n!} H_n(Y)$$

But the function $e^{\lambda x}$ is positive, and $T_o = 1$, so that the measure

$$e^{-\lambda^2/2} E(e^{\lambda X} | Y = y) G(dy)$$

is a probability. Its characteristic function is

$$\Phi_\lambda(u) = e^{-\lambda^2/2} \int_{-\infty}^{+\infty} E(e^{\lambda X} | y) e^{iuy} G(dy)$$

An application of the bounded convergence theorem shows that we may take term by term the Fourier transform of the expansion (18), because $|T_n| < 1$ by (17), and clearly

$$\int_{-\infty}^{+\infty} e^{iuy} H_n(y) G(dy) = (-1)^n (iu)^n e^{-u^2/2}$$

so that we get

$$\Phi_\lambda(u) = \Sigma \frac{T_n \lambda^n}{n!} (iu)^n e^{-u^2/2}$$

By changing u into u/λ, we obtain another characteristic function, that is

$$\Phi_\lambda(\frac{u}{\lambda}) = \Sigma \frac{T_n}{n!} (iu)^n e^{-u^2/2\lambda^2}$$

Now, if $\lambda \to \infty$, we find,

$$\lim_{\lambda\to\infty} \Phi_\lambda(\frac{u}{\lambda}) = \Sigma \frac{T_n}{n!} (iu)^n$$

It follows from (17) that this limit is a continuous function, and thus (by a classical theorem), it is still a characteristic function. Hence, there exists a probability law ϖ such that

$$(19) \qquad \Sigma \frac{T_n}{n!} (iu)^n = \int e^{iu\rho} \varpi (d\rho)$$

or, which is the same,

$$(15) \qquad T_n = \int \rho^n \varpi (d\rho)$$

Moreover, the inequalities (17) imply that ϖ is concentrated on the closed intervall (-1,1). Thus, F is a mixture of normal laws, and (16) is satisfied. Finally, the law ϖ, concentrated on a bounded intervall, is uniquely determined by its moments T_n, and the statement concerning the uniqueness follows. QED.

Note that the set of the Hermitian laws is convex. Moreover, it is closed, and even compact (under the weak convergence of the probability laws). This is an easy consequence of the compactness of the set $\{\varpi\}$ of the laws concentrated on the closed intervall (-1,1). In this compact convex set, the extremal elements are the normal laws G_ρ, and each Hermitian law admits the unique integral representation (16). In other words :

COROLLARY - The set of the Hermitian laws is a simplex, whose extremal elements are the normal laws G_ρ.

REFERENCES.

1. BENZECRI, J.P., 1973, L'Analyse des Données, Dunod, Paris.- Tome I : 615 p.- Tome II : 619 p.
2. CRAMER, H., 1945, Mathematical Methods of Statistics, Princeton University Press, 574 p.
3. MARECHAL, A., 1974, Généralités sur les Fonctions de Transfert, Note CMM (unpublished).
4. MATHERON, G., 1973, Le Krigeage Disjonctif, Note CMM (unpublished).
5. MATHERON, G., 1974, Les Fonctions de Transfert des Petits Panneaux, Note CMM (unpublished).
6. NAOURI, 1972, Analyse fonctionnelle des correspondances continues, Thèse de Doctorat ès Sciences, Paris, 101 p.
7. NEVEU, J., 1964, Bases Mathématiques du Calcul des Probabilités, Masson, Paris,

FORECASTING BLOCK GRADE DISTRIBUTIONS: THE TRANSFER FUNCTIONS

G. MATHERON

Centre de Morphologie Mathématique, Ecole Nationale Supérieure des Mines de Paris, Fontainebleau, France.

ABSTRACT. The transfer function is the conditional law of blocks v_i inside a panel V, given the available information. Two models are proposed, which allow an approximate computation (by disjunctive kriging) of these transfer functions, and in particular of the non-conditional law of variables with non-point support (for instance, the average grade of blocks v).

0. INTRODUCTION

In applied Geostatistics, very often problems arise which involve not only order 1 or 2 moments of variables with non-point support (like the average grade $Z(V) = 1/V \int_V Z(x)\, dx$ of a panel V) but also the probability law itself of this random variable (R.V.) Z(V), and eventually its conditional law given the available information. Theoretically, this law is entirely determined if the space law of the Random Function (R.F.) Z(x) is known, but its computation is very difficult in practice or even impossible. In this paper, we propose an approximation method, based upon the use of Gaussian or Hermetian transformation and disjunctive kriging (D.K.) techniques (3).

This method can be applied to estimate the grade-tonnage curves and to parameter the reserves. But in the present paper we examine only the problem of estimating the transfer functions (1), (2). Let us precise the problem : at the exploration stage, when the decision is taken to mine a given orebody, available information generally does not allow a very detailed local estimation.

M. Guarascio et al. (eds.), Advanced Geostatistics in the Mining Industry, 237-251.

For this reason, the orebody is divided into panels V of relatively large size, at which level only a significant estimation is possible at the present stage of exploration. Nevertheless, in the future, when mining, a much more detailed selection will be used. Hence, each panel V itself must be divided into small blocks v_i (whose size v is determined by mining technology), and, when panel V is mined, each of the blocks v_i will be dispatched either to the mill, or to waste. Hence arises the first problem : can we estimate, using the present information , the number and the average grade of the blocks $v_i \subset V$ whose grade $Z(v_i)$ will be higher than a given cut-off grade z_o? Here, the matter is to determine the probability law of $Z(v_i)$ given the present information (i.e. given the grades $Z_\alpha = Z(x_\alpha)$ of the samples located at points $x_\alpha, \alpha = 1,2,\ldots N$). This conditional law will be called the <u>(direct) transfer function</u> of the blocks v_i into panel V.

Actually, the problem is more complicated. In fact, once it is decided to mine panel V, the decision of sending a given block $v_i \subset V$ to the mill or to waste will be made according to the information available at that time. This information will be much richer than the present one (i.e. the Z_α) ; nevertheless, we shall never know the real grades $Z(v_i)$ of the blocks v_i, but only their estimations Z_i^*, and the selection criterion will be applied to these future estimators Z_i^* (and not to the unknown real grades [4]. For instance, we shall decide to send a block v_i to waste if $Z_i^* < z_o$, and conversely. Then, the real problem is to estimate (for any possible cut-off grade z_o) the number and the average grade of the blocks v_i such that $Z_i^* \geqslant z_o$, and this implies the knowledge of the(conditional) two-dimensional law of (Z_i, Z_i^*), given the present information (the Z_α). This problem will be greatly simplified by using the <u>indirect transfer functions</u>.

In the first two sections, we define models in the frame of which it is possible to estimate the law of the grades Z(v) of small blocks v, upon the basis of the available point information (the $Z_\alpha = Z(x_\alpha)$). They require hypotheses which can be approximately satisfied in practical applications only for relatively small blocks v. The last two sections are devoted to estimation procedure (by D.K.) of these direct and indirect transfer functions.

1. THE HERMITIAN MODEL.

Let $Z(x)$ be a stationary order 2 random function R.F. It is always possible to find a non decreasing transformation ϕ and another stationary R.F. $Y(x)$ such that $Z(x) = \phi(Y(x))$ for each point x, and Y_x is normal (0,1). In the same way, for each block v_i, there exists another anamorphosis ϕ_v and a normalized Gaussian R.V. X_i such that

$$Z(v_i) = \phi_v(X_i)$$

Because of the stationarity, the transformation ϕ_v is the same for all the blocks v_i (which are equal up to a translation). But we do not know it : the experimental data $Z_\alpha = Z(x_\alpha)$ allow an estimation of ϕ, but not of ϕ_v. Thus, our first problem will be to determine ϕ_v or, which is the same, to determine the (non-conditional) law of the grades $Z(v)$ of the blocks v. Obviously, this requires some complementary hypotheses.

In the present model, we assume that all the two-dimensional laws of the pairs (Y_x, Y_y) or (Y_x, X_i) are of the Hermitian type [3], i.e. admit densities of the form :

$$(1) \quad f(\xi,\xi') = \sum_{n=o}^{\infty} T_n \, \eta_n(\xi) \, \eta_n(\xi') \, g(\xi) \, g(\xi')$$

The η_n are the normalized Hermite polynomials, and g is the density of the normal law (0,1). The coefficients $T_n = E\,[\eta_n(\xi)\,\eta_n(\xi')]$ are such that $T_o = 1$, $-1 \leqslant T_n \leqslant 1$; and must satisfy an additional condition (see (3), Annex). In the particular case $T_n = \rho^n$, we get the normal law with the correlation coefficient ρ. In any case, we have

$$(2) \quad E(\eta_n(\xi)\,|\,\xi') = T_n \, \eta_n(\xi')$$

For a point-point pair (Y_x, Y_y), the corresponding coefficient $T_n(x,y)$ depends on x and y, and is assumed to be known (in practical applications, we generally put $T_n(x,y)=\rho^n_{xy}$, i.e. the transformation ϕ is supposed to be order 2 Gaussian). But for the point-block pairs (Y_x, X_i), the corresponding coefficients $T_n(x,v_i)$ are unknown, and we have to compute them.

For this purpose, we start from the definition of $Z(v_i) = \phi_v(X_i)$, i.e.

$$(3) \quad Z(v_i) = \frac{1}{v} \int_{v_i} Z(x)\, dx$$

and take the conditional expectation given $Z(v_i)$. From $Z(v_i) = \phi_v(X_i)$ and $Z(x) = \phi(Y_x)$, we get :

$$(4) \quad \phi_v(X_i) = \frac{1}{v} \int_{v_i} E\left[\phi(Y_x) | X_i\right] dx$$

It is convenient to use the expansions of ϕ and ϕ_v in Hermite polynomials, say

$$(5) \quad \begin{cases} \phi(x) = \Sigma\, C_n\, \eta_n(x) \\ \phi_v(x) = \Sigma\, C_n\, D_n\, \eta_n(x) \end{cases}$$

The coefficients $C_n = E\left[\phi(Y)\, \eta_n(Y)\right]$ are known, but the D_n are not and we have to compute them. By (2) and (5), the relationship (4) may be rewritten in the following form :

$$(6) \quad D_n = \frac{1}{v} \int_{v_i} T_n(x, v_i)\, dx$$

for each $n > 0$ such that $C_n \neq 0$ (for $n = 0$, $D_o = 1$, and if $C_n = 0$ the corresponding term is dropped out in the expansion of ϕ_v).

Now, take the conditional expectation of (3) given Y_y. By (2) and (5), we get for the left hand side

$$E\left[Z(v_i) | Y_y\right] = \Sigma\, C_n\, D_n\, T_n(y, v_i)\, \eta_n(y)$$

and for the right hand side :

$$\frac{1}{v} \int_{v_i} E(Z_x | Y_y) = \Sigma\; C_n \left(\frac{1}{v} \int_{v_i} T_n(x,y)\, dx\right) \eta_n(Y_y)$$

By identifying these two expansions, we obtain for any n (such that $C_n \neq 0$)

$$(7) \quad D_n T_n(y,v_i) = \frac{1}{v} \int_{v_i} T_n(x,y)\, dx$$

and thus

$$D_n \frac{1}{v} \int_v T_n(y,v_i)\, dy = \frac{1}{v^2} \int_v \int_v T_n(x,y)\, dx\, dy$$

From (6) it follows :

$$(8) \quad \begin{cases} D_n = \frac{1}{v} \sqrt{\int_{v_i} \int_{v_i} T_n(x,y)\, dx\, dy} \\ T_n(x,v_i) = \frac{1}{D_n} \frac{1}{v} \int_{v_i} T_n(x,y)\, dy \end{cases}$$

These relationships only hold for any n such that $C_n \neq 0$. The first one allows a complete computation of the transformation ϕ_v (which depends only on the products $C_n D_n$). On the contrary, in order to reconstitute the law of the pair $(Z(x), Z(v_i))$ we must assume that the second relationship (8) holds even if $C_n = 0$. With the help of this (non trivial) additional hypothesis, the relationships (8) provide us with all the elements required to estimate (by (D.K)) the direct transfer functions.

When assuming that the block-block pairs $(X_i\ X_j)$ also follow Hermitian laws, we find by a very similar reasoning

$$T_n(v_i,v_j) = \frac{1}{D_n^2} \frac{1}{v^2} \int_{v_i} \int_{v_i} T_n(x,y)\, dx\, dy$$

but this result will not be used in the sequel.

Note that we have not proved that the coefficients T_n defined by (8) satisfy the condition given in [3], Annex, so that the density (1) is not necessarily positive. But, if v is small enough, this density is not very different from the corresponding point laws, and the negative value will be rare and of small magnitude, so that our formulae may be applied.

Besides, and even if the T_n satisfy the required condition, a very similar difficulty will arise, because in practice we use limited expansion

$$\sum_{n=o}^{n_o} T_n \eta_n(\xi) \eta_n(\xi')$$

stopped at a given $n_o < \infty$, which is not necessarily everywhere positive. But if n_o is large enough (in practice $n_o = 6$ or 10) we may neglect this difficulty.

Finally, note that our Hermitian model is correct with regard to the covariances. If $S_{xy} = E(Z_x Z_y) - E(Z_x) E(Z_y)$ is the covariance function of the R.F. Z(x), it follows from (1) :

$$S_{xy} = \sum_{n=1}^{\infty} C_n^2 T_n(x,y)$$

In the same way, the covariance S_{xv} of Z(x) et Z(v) is

$$S_{xv} = \sum_{n=1}^{\infty} C_n^2 D_n T_n(x,v)$$

and the variance S_v^2 of a block v is

$$S_v^2 = \sum_{n=1}^{\infty} C_n^2 D_n^2$$

It is easy to verify that (8) implies the correct relationships

$$S_{xv} = \frac{1}{v} \int_v S_{xy} \, dy \qquad \text{and} \qquad S_v^2 = \frac{1}{v^2} \int_v \int_v S_{xy} \, dx \, dy$$

2. THE DISCRETE GAUSSIAN MODEL.

To compute the indirect transfer functions, it would be convenient to assume that the R.V. Y_x, X_i are normal. But this is not possible in the frame of the Hermitian model, because $T_n(x,v_i)$ is not of the form $(\rho_{xv_i})^n$. For this reason, we shall modify our representation of the orebody, in order to allow the use of multivariate normal laws.

As a starting point, the orebody is essentially conceived as the union of a finite number of small blocks v_i (disjoint and equal up to a translation). A (random) grade $Z_i = Z(v_i)$ is associated with each v_i, so that the Z_i give a discrete version of the moving average of the former R.F. $Z(x)$ regularized upon v. Moreover, there exists a transformation ϕ_r, and for each Z_i, a (0,1) Gaussian R.V. X_i such that :

$$Z_i = \phi_r (X_i)$$

The second step concerns the points x_α: we no longer consider their exact location inside the corresponding block v_α, and we denote by $Z(x_\alpha)$ the grade of a point x_α chosen at random (with a uniform probability) inside the block v_α. The experimental data are these $Z(x_\alpha)$ known for some blocks v_α (but not for all the blocks v_i whose union is the orebody itself). There exists a transformation ϕ, and for each α, a Gaussian R.V. Y_α such that

$$Z(x_\alpha) = \phi(Y_\alpha)$$

Since x_α is random in v_α, it is natural to assume that the conditional expectation of $Z(x_\alpha)$ given $Z_\alpha = Z(v_\alpha)$ is $Z(v_\alpha)$ itself, so that the transformations ϕ and ϕ_2 must satisfy the relationship

$$(9) \qquad E\left[\phi(Y_\alpha) \mid X_\alpha\right] = \phi_r (X_\alpha)$$

For a complete specification of the discrete model, we assume that :

- for each α, the pair (X_α, Y_α) is normal with a correlation coefficient $r \geq 0$ independent of α.
- given X_α, Y_α is independent of the X_i and Y_β, $(i, \beta \neq \alpha)$
- the X_i follow a multivariate normal law.

These hypotheses (particularly the second one) are fairly strong, but are often (approximately) satisfied in practical applications if v is relatively small. They imply that the R.V.'s X_i, Y_α follow a multivariate Gaussian law with correlation coefficients :

$R_{ij} = E(X_i\ X_j)$ (block-block)

$r_{i\alpha} = E(X_i\ Y_\alpha)$ (block-point)

$\rho_{\alpha\beta} = E(Y_\alpha\ Y_\beta)$ (point-point)

such that :

(10) $r_{i\alpha} = r\ R_{i\alpha}\ ;\ \rho_{\alpha\beta} = r^2\ R_{\alpha\beta} \qquad (\alpha \neq \beta)$

We assume that the point-anamorphosis ϕ , and the coefficients C_n of the expansion

(11) $\phi(x) = \Sigma\ C_n\ \eta_n(x)$

are known (in the practical situation, they can be estimated from the experimental data). We also assume that the covariance matrix S_{ij} of the block grades Z_i and Z_j is known (it can be computed by regularization of the covariance function of the point grades, which is experimentally known). In order to completely specify the model, our task consists in :

- determining the block transformation ϕ_r,
- computing the correlation coefficients r of (Y_α, X_α) and $R_{\alpha\beta}$ of (X_α, X_β).

From (9) and (11), we get first

(12) $$\phi r(x) = \int_{-\infty}^{+\infty} \phi(y)\ e^{-\frac{(y-rx)^2}{2(1-r^2)}} \frac{dy}{\sqrt{2\pi(1-r^2)}} = \sum_{n=o}^{\infty} C_n\ r^n\ \eta_n(x)$$

It follows that the variance $S_v^2 = S_{ii}$ of the block grades satisfies the relationship :

(13) $$S_v^2 = \sum_{n=1}^{\infty} C_n^2\ r^{2n}$$

by which r^2 can be estimated, because S_v^2 is numerically known and the function $x \to \Sigma\ C_n^2\ x^n$ is increasing on the interval (0,1).

Since r is positive, it is solely determined by (13). In the same way the block-block covariance S_{ij} is

$$(14) \qquad S_{ij} = \sum_{n=1}^{\infty} C_n^2 \; r^{2n} \; (R_{ij})^n$$

This relationship determines R_{ij} (with the help of the additional convention that R_{ij} and S_{ij} have the same sign), and the model is now completely specified.

The Lognormal Case. In the particular case of the transformation

$$\phi(x) = m \exp\{ \sigma x - \frac{\sigma^2}{2} \} = m \; \Sigma \; (-1)^n \frac{\sigma^n}{n!} \; H_n(x)$$

$Z(x_\alpha)$ is lognormal with expectation m and logarithmic variance σ^2 Then, the first relationship (12) yields

$$\phi_r(x) = m \exp \{ r \sigma x - \frac{r^2 \sigma^2}{2} \} = m \; \Sigma \; (-1)^n \; \frac{r^n \sigma^n}{n!} \; H_n(x)$$

In other words, the block grades Z_i are still lognormal, with the same expectation m and the logarithmic variance $r^2 \sigma^2$. The invariance of the lognormality (which is very often experimentally verified) is automatically realized in the frame of our discrete model.

3. ESTIMATION OF A DIRECT TRANSFER FUNCTION.

Now we shall give a D.K. estimation procedure of the transfer function of a panel $V = \cup v_i$ constituted by the union of k blocks v_i. By definition, the (direct) transfer function is the conditional law of Z(v), given the $Z(x_\alpha)$, $\alpha = 1,2,\ldots,N$, when v is chosen at random among the k blocks v_i. The problem is the same in the frame of the Hermitian and discrete models : the two-dimensional laws of the pairs (Y_α, Y_β) and (Y_α, X_i) are Hermitian with the coefficients

$$T_n(\alpha,\beta) = T_n(x_\alpha, x_\beta)$$

$$T_n(\alpha,i) = T_n(x_\alpha, v_i)$$

defined in (8) if the Hermitian model is chosen, and

$$T_n(\alpha,\beta) = (\rho_{\alpha\beta})^n = r^{2n} \; R^n_{\alpha\beta} \qquad (\alpha \neq \beta)$$

$$T_n(\alpha,\alpha) = 1$$

$$T_n(\alpha,i) = r^n \; R^n_{\alpha i}$$

for the discrete Gaussian model.

When the block v is chosen at random among the k blocks v_i, its grade is $Z(v) = \phi_v(X)$ and X is a R.V. equal to X_i with the probability 1/k. Hence, the law of the pair (Y_α, X) is Hermitian with the coefficients

$$T_n(\alpha,v) = \frac{1}{k} \sum_{i=1}^{k} T_n(\alpha,i)$$

Then, the D.K. of $\eta_n(X)$ from the R.V.'s Y_α is of the form $\sum_\beta \lambda_n^\beta \; \eta_n(Y_\beta)$, with the coefficients λ_n^β determined by

$$\sum_\beta \lambda_n^\beta \; T_n(\alpha,\beta) = T_n(\alpha,v) \qquad (n \geqslant 1)$$

(if n = 0, the D.K. of $\eta_o(X) = 1$ is always 1), and the D.K. of an arbitrary function

$$\psi(X) = \sum \psi_n \; \eta_n(X)$$

is

$$KD \; \psi(X) = \psi_o + \sum_{n=1}^{\infty} \psi_n \sum_{\beta=1}^{N} \lambda_n^\beta \; \eta_n(Y_\beta)$$

((3)). But this can be rewritten

$$KD \;\; \psi(X) = \int_{-\infty}^{+\infty} \psi(z) \; f_{DK}(z) \; dz$$

with a "density" f_{DK} defined by

$$(15) \qquad f_{DK}(z) = g(z) \left[1 + \sum_{n=1}^{\infty} \eta_n(z) \sum_{\beta=1}^{N} \lambda_n^\beta \; \eta_n(Y_\beta)\right]$$

where g is the density of the normal law (0,1).

In practical applications, the most interesting parameters to estimate are the number and the average grade of the blocks $v_i \subset V$ such that $Z_i \geqslant z_o$, where z_o is a given cut-off grade. With z_o is associated the number x_o such that $z_o = \phi_v(x_o)$ (ϕ_v is the transformation of the blocks). The following formulae give (up to a factor equal to the total tonnage of the block V) the tonnage of ore and metal corresponding to the cut-off grade z_o :

$$(16) \quad \begin{cases} \displaystyle\int_{x_o}^{\infty} f_{KD}(y)\, dy = 1 - G(x_o) - \\ \displaystyle g(x_o) \sum_{n=1}^{\infty} \frac{H_{n-1}(x_o)}{n!} \sum_{\beta=1}^{N} \lambda_n^{\beta}\, H_n(Y_\beta) \\ \displaystyle\int_{x_o}^{\infty} \phi_v(y)\, f_{KD}(y)\, dy = \sum_{n=o}^{\infty} C_n(x_o) \sum_{\beta=1}^{N} \lambda_n^{\beta}\, \eta_n(Y_\beta) \end{cases}$$

with

$$C_n(x_o) = \int_{x_o}^{\infty} \phi_v(y)\, \eta_n(y)\, g(y)\, dy$$

(g is the density of the normal law (0,1) and G the corresponding distribution function ; H_n is the non normalized Hermite polynomial)
In practical applications, the sums are stopped at n = 6 or 10, and the numerical computations are easy.

4. ESTIMATION OF AN INDIRECT TRANSFER FUNCTION.

As indicated in the introduction, the decision to dispatch a given block $v_i \subset V$ either to the mill or to waste will be made, at the (future) time of its mining, upon the basis of the information then available : this information will be much richer than the present one (the $Z(x_\alpha)$), but the real grades Z_i will never be exactly known, only estimations Z_i^* of them will be available at that time.
If these future estimations are supposed to be unbiased, we shall have :

$$(17) \quad E\left[Z_i \mid Z_i^*\right] = Z_i^*$$

(In practice, the classical linear estimations do not necessarily satisfy this relationship. But our reasoning remains valid when changing Z_i^* into $Z_i^{'*} = E(Z_i \mid Z_i^*)$)

Let us denote, as usual, by θ_{z_o} the function defined by $\theta_{z_o}(z) = 1$ if $z \geq z_o$ and $\theta_{z_o}(z) = 0$ if $z < z_o$. With the cut-off grade z_o, a given block v_i will be sent to the mill if $\theta_{z_o}(Z_i^*) = 1$ and to waste if $\theta_{z_o}(Z_i^*) = 0$. In other words, the cut-off criterion changes the real grade Z_i into the valuable grade $Z_i\, \theta_{z_o}(Z_i^*)$. It follows from (17) that, given the future estimator Z_i^*, the conditional expectation of this valuable grade will be

$$E[\, Z_i\, \theta_{z_o}(Z_i^*) \mid Z_i^*] = Z_i^*\, \theta_{z_o}(Z_i^*)$$

Hence, up to a factor equal to the tonnage of the panel V itself, the ore tonnage $T(z_o)$ sent to the mill, and the conditional expectation $Q(z_o)$ (given Z_i^*) of the corresponding metal tonnage will be :

$$(18) \quad \begin{cases} T(z_o) = \frac{1}{k} \sum_i \theta_{z_o}(Z_i^*) \\ \\ Q(z_o) = \frac{1}{k} \sum_i Z_i^*\, \theta_{z_o}(Z_i^*) \end{cases}$$

If the cut-off grade z_o is considered as a parameter, the relationships (18) give the parametrization of the corresponding valuable reserve of the panel V. In particular, for a variation δz_o of the cut-off parameter z_o, the variation δQ and δT of the metal and the tonnage will satisfy the relationship

$$(19) \qquad \delta Q = z_o\, \delta T$$

In the present situation, the future estimations Z_i^* are not known, and we have to estimate $T(z_o)$ and $Q(z_o)$ either by their conditional expectations or by their D.K., given the present information (i.e. the $Z(x_\alpha) = \phi(Y_\alpha)$, or the Y_α themselves). By taking these D.K. or these conditional expectations, the relationships (18) remain valid, so that the estimation of one of them (for instance $Q(z_o)$) can be deduced from the other ($T(z_o)$). Hence, it is sufficient to give the calculations concerning the tonnage $T(z_o)$.

Condition (17) is not compatible with the Hermitian model of paragraph 1 (which does not allow calculation of a conditional expectation), so that we must work in the frame of the discrete Gaussian model of paragraph 2.

When mining, the available information will consist in the numerical values of the Y_ℓ associated with

i) the samples Y_α which are now available and

ii) many other samples which are not known at the present time.

In the discrete Gaussian model, the conditional law of X_i given Y_ℓ is normal with the conditional expectation :

$$X_i^* = E(X_i | Y_\ell) = \sum_\ell a_i^\ell \, Y_\ell$$

where the coefficients a_i^ℓ are determined by the usual system :

$$(20) \qquad \sum_\ell a_i^\ell \, \rho_{\ell s} = r_{is}$$

It follows from (20) that the R.V. X_i^* will satisfy the relationships

$$E(X_i \, X_i^*) = E(X_i^{*2}) = \sum_\ell a_i^\ell \, r_{i\ell} = s_i^2$$

Hence, the two normalized Gaussian R.V.'s X_i and X_i^*/s_i admit the correlation coefficient s_i. It follows that the conditional expectation of the block grade

$$Z_i = \phi_r(X_i) = \sum_{n=o}^{\infty} C_n \, r^n \, \eta_n(X_i)$$

given the Y_ℓ will be :

$$Z_i^* = E(Z_i | Y_\ell) = \sum_n C_n \, r^n \, s_i^n \, \eta_n\left(\frac{X_i^*}{s_i}\right) = \phi_{rs_i}\left(\frac{X_i^*}{s_i}\right)$$

In practice, s_i does not depend on i (because at the mining stage, the blocks are all estimated about in the same way), and we may put $s_i = s$. Note that it is possible to compute s by solving the kriging system (20) without knowing the numerical values of the future estimators Z_i^* : s is numerically known at the present time, and the future estimators will be :

$$Z_i^* = \phi_{rs}\left(\frac{X_i^*}{s}\right)$$

with the new transformation ϕ_{rs} (instead of ϕ_r). Let x_o be the number such that

$$z_o = \phi_{rs}(x_o)$$

Then, $Z_i^* \geqslant z_o$ is equivalent to $X_i^*/s \geqslant x_o$. Hence, the valuable tonnage $T(z_o)$ defined in (18) is :

$$(21) \quad T(z_o) = \frac{1}{k} \sum_{i=1}^{k} \theta_{x_o}(X_i^*/s)$$

The D.K. of this expression remains to be calculated. Note first that, for any α, the correlation coefficient $r_{i\alpha}^*$ of the Gaussian pair $(Y_\alpha, X_i^*/s)$ is such that $r_{i\alpha} = r_{i\alpha}^* s_i$, because X_i and Y_α are conditionally independent given X_i^*. Hence, we have :

$$r_{i\alpha}^* = \frac{r_{i\alpha}}{s}$$

It follows that the D.K. of $\frac{1}{n} \sum_i \eta_n(X_i^*/s)$ given Y_α is

$$KD\left[\frac{1}{k} \sum_{i=1}^{k} \eta_n(X_i^*/s)\right] = \sum_{\alpha=1}^{N} \lambda_n^\alpha \, \eta_n(Y_\alpha)$$

with :

$$(22) \quad \sum_\alpha \lambda_n^\alpha (\rho_{\alpha\beta})^n = \frac{1}{k} \sum_{i=1}^{k} \left(\frac{r_{i\alpha}}{s}\right)^n$$

Now, by using the expansion :

$$\theta_{x_o}(x) = 1 - G(x_o) - g(x_o) \sum_{n=1}^{\infty} \frac{H_{n-1}(x_o)}{n!} H_n(x)$$

we obtain the D.K. of the tonnage $T(z_o)$ defined by (21):

$$(23) \quad T_{KD}(z_o) = 1 - G(x_o) - g(x_o) \sum_{n=1}^{\infty} \frac{H_{n-1}(x_o)}{n!} \sum_{\alpha=1}^{N} \lambda_n^\alpha H_n(Y_\alpha)$$

This expansion is identical to (16). The differences between direct and indirect transfer functions are :

- in the indirect case, x_o is defined by $z_o = \phi_{rs}(x_o)$,(instead of $z_o = \phi_r(x_o)$).

- the λ_n^α are given by system (22) whose right hand side contains the term $r_{i\alpha}/s$ (instead of $r_{i\alpha}$).

Hence, it is possible to calculate a density function f_{DK} by relationship (15), and to express the D.K. of the valuable metal tonnage $Q(z_o)$ by a formula similar to (16), i.e. :

$$Q_{KD}(z_o) = \sum_{n=o}^{\infty} C_n(x_o) \sum_{\beta=1}^{N} \lambda_n^\beta \; \eta_n(Y_\beta)$$

with :

$$\begin{cases} z_o = \phi_{rs}(x_o) \\ \\ C_n(x_o) = \int_{x_o}^{\infty} \phi_{rs}(y) \; \eta_n(y) \; g(y) \; dy \end{cases}$$

REFERENCES

1. A. Marechal, 1974, Généralités sur les Fonctions de Transfert, Note CMM (unpublished).
2. G. Matheron, 1974, Les Fonctions de Transfert des Petits Panneaux, Note CMM (unpublished).
3. G. Matheron, 1975, A simple substitute for conditional expectation : the Disjunctive Kriging, NATO Advanced Study Institute, Geostat 75, Rome, Italy, October 1975.
4. A. Journel, 1973, Le formalisme des ressources-réserves; in Revue de l'Industrie Minérale, N° 4, pp. 214-226.

THE PRACTICE OF TRANSFER FUNCTIONS : NUMERICAL METHODS AND THEIR APPLICATION.

A. Maréchal

Centre de Morphologie Mathématique, Ecole Nationale Supérieure des Mines de Paris, Fontainebleau, France.

ABSTRACT. For many people, whose job is ore reserve evaluation, mine planning or exploration strategy, the name of transfer function will be quite new : however, this tool may give an answer to very old problems. After recalling some questions to which classical estimation is unable to give correct answers, I shall present some examples of determination of transfer functions : I shall not insist on the theoretical formulation (to be found better in [1]) but essentially I shall try to give an insight into the overall process.

1. SOME OLD PROBLEMS

1.1. Open-pit design

The main methods developed to obtain a final optimum design use the concept of block : the orebody is divided into many identical "cubes" of the size of the selection unit, each of which being valued. Then, by different combinatorial methods, one determines the set of cubes which yields the maximum profit. Of course the accuracy of the whole method rests on a good valuation of each block, and especially on a correct forecasting of its future destination : ore pile or waste. This forecasting will be achieved in two steps : estimation of block grade, then selection by cut-off on the estimate.

We find here the main source of error in the block valuation : when making the effective decision "ore - waste", that is at the

M. Guarascio et al. (eds.), Advanced Geostatistics in the Mining Industry, 253-276.

mining stage, we usually have a much better information on th block grade than at the estimation stage (generally, we know the blast-hole grades ; if the holes are very close, we may even consider that we know the true block grade). We shall thus apply the cut-off criterion to the (nearly) true block grade, which may be fairly different from its initial estimate. One may think that there will be a compensation of errors, so that the mean result is correct : it is not so. The fact that the ore-waste status is forecast on the estimated block grade (which always has a smoothe distribution than the true values) induces an unavoidable bias : compare the results of selection (in tonnage and mean grade of or by cutting on the 10 x 10 x 10 m. blocks and on their estimation by a drill-hole grid of 50 x 50 m. : if the cut-off grade is fair high, you will find an astonishing difference.

The comparison between true 10 x 10 x 10 m. block grades and their estimated values by drill-holes shows that it is an illusio in most cases, to forecast individually the future ore-waste status. We must then abandon the small cubes in seeking the optimum design and limit ourselves to larger cubes optimum design (which, additionally, will be less time-consuming) : but we must not forg that selection will be made on small units, so that each big cube will contain a certain proportion of small cubes of ore (and wast respectively). The use of transfer functions is to give an estimate, for each big cube, of the proportion of mining units which will be sent to the ore pile, together with the mean grade of thi ore : this allows a correct valuation of each big cube and thus a significant optimum pit.

1.2. Mine Planning

Suppose you mine a rich iron orebody by open-pit method : a very frequent geological situation shows a certain number of pure hematite bodies surrounded by low grade ore. With the action of tectonics, underground waters,... you may reasonably expect to find, in your monthly production, a mixing of high grade and low grade blocks. It is useless to receive from the computer an estimation of your monthly production grade of 50% Fe if you are only interested in the over 60% ore : maybe the estimation of a mean grade of 50% is accurate, but it does not tell you whether it consists of 50% of waste blocks of 40% Fe and 50% of 60% Fe, or 70% at 43% Fe and 30% at 67%. We have seen in the previous example, that it is not generally possible to give a precise estimate of each individual block, so that the convenient method is to give an estimate of the proportion of blocks, in the volume to be mine in the month, which will be found when mining, with a grade highe than 60% Fe.

1.3. Exploration strategy

A given superficial sedimentary layer contains lenses of mineralized ore [2] . You make an exploratory campaign with a 100 x 100 m. grid, a certain number of samples have a good ore grade and you must decide which zone to select to proceed with the exploration on a 25 x 25 m. grid : this will be the ultimate information and you will mine each 25 x 25 m. panel whose estimated grade will be higher than a given cut-off grade. How can you select the 100 x 100 m. big panels that will be drilled again? In many cases, people make an estimation of the big panel grade and make a selection with the same cut-off that is used for selecting the 25 x 25 m. panel. Of course, there is no reason to do so, because the true criterion would be to estimate, with the 100 x 100 m. information, how many 25 x 25 m. panels will be selected after the second campaign and what will their mean grade be. With such information, we can compare for each 100 x 100 m. panel the probable future benefit yielded by the mined 25 x 25 panels with the cost of the second exploration campaign. This kind of information will be given by an "indirect transformation" [1] .

2. SUMMARY OF THE THEORY OF TRANSFER FUNCTION

2.1. Definitions of transfer function (T.F) [1,2]

v being the volume of selection, we consider a big volume V union of n small volumes v_i, i = 1, n. Z_α, α = 1,2,N are the grades of samples located at the points of coordinates x_α, α = 1,N.Using the present information, we try to estimate the number and average grade of the blocks v_i whose grade Z_{v_i} is higher than a given cut-off z_c. These quantities will depend on the conditional law of probability of Z_{v_i} given Z_α, α = 1,N. This law will be called the <u>(direct) transfer function</u> of block v_i and averaging the laws relative to each v_i of V, we find the TF of blocks v_i in V : the estimation of the proportion of selected blocks and of the corresponding mean grade will be respectively the cumulative distribution and the mean of the truncated TF.

In many cases (see Section 1) each block v_i will not be selected according to $Z_{v_i} > z_c$, but according to $Z^*_{v_i} > z_c$, where $Z^*_{v_i}$ will be the estimate of Z_{v_i} built with the latest information available when mining : thus the quantities we try to estimate will depend on the conditional two-dimensional law of $(Z^*_{v_i}, Z_{v_i})$ that we shall call the indirect TF of Z_{v_i}.

2.2. Models and methods

Consider a big block V composed of n identical small blocks v_i. The TF of blocks v_i within V, knowing the information $Z_\alpha, \alpha = 1,N$ is the average in V of the distribution law of the conditional variables $Z_{v_i} | Z_\alpha$, $\alpha = 1,N$. We see that the exact determination of this TF will make use of the joint distribution $(Z_{v_i}, Z_{\alpha_1}, \ldots Z_\rho, \ldots)$ which contains, as "by-products", the a priori distribution of Z_{v_i}, the joint distribution (Z_α, Z_ρ), (Z_{v_i}, Z_α) and so on. In order to reach the exact TF, we need a model for the distribution $(Z_{v_i}, Z_\alpha, Z_\rho, \ldots)$ which would imply complicated calculus : the solutions exposed in [1] consist in building a special unbiased estimator for the TF which actually need only the knowledge of the bivariate distributions (Z_α, Z_β) and (Z_α, Z_{v_i}). According to the problem to solve, we shall make use of two models : the Hermitian model and the discrete model. Each model rests on a representation of the variables Z_α and Z_{v_i} as Gaussian anamorphoses, i.e. :

$$Z_x = \varphi(Y_x) \qquad Z_{v_i} = \varphi_v(X_i)$$

where Y_x and X_i are, individually, two standard Gaussian random variables.

In the Hermitian model, we assume that the joint distribution of all pairs of variables (Y_α, Y_β), (Y_α, X_i) follow a Hermitian distribution

$$f(Y_\alpha, Y_\beta) = \sum_{n=0}^{\infty} T_n(x_\alpha, x_\beta)\ \eta_n(Y_\alpha)\ \eta_n(Y_\beta)\ g(Y_\alpha)\ g(Y_\beta)$$

$$f(Y_\alpha, X_i) = \sum_{n=0}^{\infty} T_n(x_\alpha, v_i)\ \eta_n(Y_\alpha)\ \eta_n(X_i)\ g(Y_\alpha)\ g(X_i)$$

It follows from this assumption [1] that, given the information relative to point variables Z (e.i. given $T_n(x_\alpha, x_\beta)$ and $\varphi(y)$), we can compute any $T_n(x_\alpha, v_i)$ and the anamorphosis $\varphi_v(y)$.

As we have noted before, we have all the information necessary to estimate the TF. However, it must be added that the Hermitian model is mathematically contradictory, which means that the Hermitian laws deduced from our initial assumption may take negative values, for instance. This is a numerical drawback, but which will seldom appear if we are practically concerned with cut-off grade of medium values. The Hermitian model is thus an approximation of the true, but impossible to know, multivariate model (Y_α, X_i).

- In the discrete model, we consider the orebody as the union of n little blocks v_i, each of which is associated with a potential point sample Z_{α_i}. Using again the anamorphosis representation, $Z_{\alpha_i} = \varphi(Y_{\alpha_i})$ and $Z_{v_i} = \varphi_r(X_i)$, we assume that :

- in each block v_i, (X_i, Y_α) is a Gaussian bivariate.

- conditionally to $X_i = x_i$, Y_α is independent of the rest of the R.V. of the model.

- $(X_i, i = 1,n)$ is a Gaussian multivariate.

We see that the model is fully determined if we know the following correlation coefficients :

$$R_{ij} = \mathrm{Cov}(X_i, X_j) \ ; \ r_{i\alpha} = \mathrm{Cov}(X_i, Y_\alpha) \ ; \ \rho_{\alpha\beta} = \mathrm{Cov}(Y_\alpha, Y_\beta)$$

G. Matheron shows in [1] that the whole model can be determined when knowing the point experimental information $\varphi(y)$ and $\rho_{\alpha\beta}$.

Within the preceding theoretical frame, we build various estimators for the TF of v_i in a big block V : the most general method consists in building a disjunctive kriging (D.K) estimator of the conditionalized distribution of X_i, which is then transformed into a distribution of Z_{v_i} by anamorphosis φ_{v_i}.

The D.K estimator will be used either for estimating the direct TF in the frame of the Hermitian model or for estimating the indirect TF in the frame of the discrete model. The estimator will be a pseudo-density function :

$$f_{DK}(y) = g(y) \ \left[1 + \sum_{v=1}^{\infty} \eta_n(y) \sum_\beta \lambda_n^\beta \eta_n(Y_\beta)\right]$$

when the Y_β are the Gaussian values corresponding to the samples Z_β and the λ_n^β are the weights found by resolution of the D.K system of order n. By integration above the cut-off value g_c we find respectively the proportion P of block v_i selected and the corresponding quantity of metal Q :

$$P = \int_{y_c}^{+\infty} f_{DK}(y)\, dy \qquad\qquad Q = \int_{y_c}^{+\infty} \varphi_v(y)\, f_{DK}(y)\, dy$$

In order to avoid some calculations, it is sometimes possible (when the information is close) to replace, as a TF, the distribution of X_i conditionalized by all the Y_α by the distribution of X_i conditionalized by X_{Ki}, X_{Ki} being its kriged estimate : this simplification, possible in the frame of the discrete model, allow a direct determination of the TF.

3. THE SEQUENCE OF STEPS IN A T.F. STUDY

3.1 Definition of the problem

Suppose we are preparing the evaluation and the design of an open-pit explored by vertical drill-holes on an almost regular grid of 100 x 100 m. We consider that each selectionable unit, whe mining, will be a cube of 10 x 10 x 10 m., the ore grade of which will be nearly truly known through sampling of the blast holes. According to the mean grade shown by the blast holes, the mined unit will be sent as ore, if the grade is higher than the plant cut-off z_c. The study of the orebody will be made for different possible plant cut-off z_{c_1}, z_{c_2},...In the classical evaluation method, each 10 x 10 x 10 m. block v_i to be mined will have an estimated value :

$$W = T_e(p_1 Z^*_{v_i} - p_2) \quad \text{if } Z^*_{v_i} \geq z_c$$

$$= - T_e\, p_2 \quad \text{if } Z^*_{v_i} < z_c$$

where : T_e is the tonnage (supposed constant) of each individual block v_i.

p_1 : sale price of metal/ton of metal ; p_2 : mining cost of mineral/ton.

$Z^*_{v_i}$: estimated grade of v_i.

In a TF valuation, we shall not valuate each individual v_i, but bigger blocks V_j containing n blocks v_i. The transfer function will allow us to estimate :

- $P_j(z_c)$: proportion of the n blocks v_i having a mean grade higher than zc .

- $Q_j(z_c)$: quantity of metal contained in the n $P_j(t_c)$ selected blocks. The valuation of V_j will be :

$$W_j = n\, T_e\, [p_1 Q(z_c) - p_2]$$

The total tonnage of ore recovered will be $\sum_j n\, T_e\, P_j(z_c)$, of waste $\sum_i n\, T_e\, [1 - P_j(z_c)]$ and the mean grade of recovered ore $\bar{Z} = \sum_j Q_j / \sum_j P_j$.

The size of the blocks V_j will be chosen according to the grid of samples, so that each block V_j is valued with roughly the same precision. Once we have defined all the geometrical variables of the problem, i.e. the blocks v_i and V_j, and the economical ones z_c, p_1, p_2, we can begin the first step.

3.2 Structural analysis of the point grade distribution.

Although not directly used in the TF formulae, the information drawn from the structural analysis of Z(x) is of prime importance : effectively, the probabilistic models to be used suppose that Z(x) is strictly stationary, at least that it is possible to define different zones of the orebody within which Z(x) is stationary ; it will be very important, in particular, to make a very severe check of the sample values, in order to eliminate any doubtful data. In this step, data analysis will consist in computing the experimental variogram and histogram of the Z_α and eventually of the regularized variable in order to check the theoretical model of the variogram.

Anyway, we shall adjust a stationary model for the variogram (which is always possible locally), to which corresponds a model of covariance S(h) : this covariance will be very important for future tests.

We shall build the experimental distribution law $F^*(z)$ of the Z_α, cumulated from the experimental histogram. To allow future comparisons, we shall try to detail the tail of the histogram for small and large value, and for each class, in addition to the frequency of occurence, we shall compute the mean experimental grade Finally, if the distribution of experimental data allows it, we shall compute the histogram of some linear combination of the samples : for instance with a regular grid it is possible to smooth the Z_α by taking the average of the sampled corners of the grid ; the histogram of such smoothed data will allow a check up of our theoretical "permanence" formulae.

3.3 Numerical determination of the anamorphosis

We represent Z_x as a function φ of a standard Gaussian variable Y, and for future calculus we need to represent φ in an expansion

$$\varphi(y) = \sum_{n=0}^{\infty} \frac{\psi_n}{n!} H_n(y)$$

$H_n(y)$ being the non-normalized Hermite polynomial defined by

$$g(y)\, H_n(y) = \frac{d^n}{dy^n} [g(y)]$$

The Fourier coefficients ψ_n of this expansion are given by :

$$\psi_n = \int_{-\infty}^{+\infty} \varphi(y)\, H_n(y)\, g(y)\, dy$$

and must be determined experimentally.

Notice that the relation $Z = \varphi(Y)$ implys $F(z) = G(y)$, where $F(z)$ and $G(y)$ are the cumulative distribution of Z and Y respectively : the function $\varphi(y)$ is then known only for the couples $[(z_i = \varphi(y_i)]$ when z_i are the limits of the classes of the experimental histogram and the y_i the values defined by the relation $F(z_i) = G(y_i)$. The problem of determination of the ψ_n reduces the to a problem of numerical calculus of an integral ; various solutions exist :

- Interpolate $\varphi(y)$ between the known points $\{ y_{i-1}, z_{i-1}, y_i, z_i$ by a low degree local interpolator $\varphi^*(y)$ (linear or quadratic) an compute for each interval y_{i-1}, y_i the integral

$$\int_{y_{i-1}}^{y} \varphi^*(y)\, H_n(y)\, g(y)\, dy$$

- use a direct Gauss integration method, i.e. :

$$\psi_n^* = \sum_{i=1}^{N} W_i \, H_n(y_i) \, \varphi(y_i) \qquad \text{with :}$$

- ψ_n^* : estimator of ψ_n

- N : number of points of the Gauss method ; N must be greater than the highest degree n of ψ_n to be calculated.

- W_i, y_i : **weights and abscissa in the Gauss integration method.** They are known from numerical tables once N is chosen.

- $\varphi(y_i)$: interpolated value of $\varphi(y)$ for the abscissa y_i.

The highest degree for $H_n(y)$ used in the expansion of $\varphi(y)$ will depend on the shape of $\varphi(y)$. We see in fig. 1, 2, 3 three experimental examples of function $\varphi(y)$ and the corresponding histograms : for an exponential shape of $\varphi(y)$ we have a good approximation with an expansion up to degree 6, but with the more complicated function of fig. 3, we need an expansion up to degree 15.

A last remark about $\varphi(y)$: it is nessary that $Z = \varphi(Y)$ has at least the first two moments equal to the ones adopted in the structural analysis, that is the same mean and variance. The function $\varphi(y)$ will be such that :

$$\psi_o = m \quad \text{and} \quad \sum_{n=1}^{N} \frac{\psi_n^2}{n!} = S(o) \quad \text{(a priori variance of Z)}$$

- $\varphi(y)$ being fully determined by its Fourier coefficients Ψ_n, we now need the inverse function $y = \varphi^{-1}(Z)$: indeed the whole practical calculus will use the Gaussian information $Y_\alpha = \varphi^{-1}(Z_\alpha)$, and the coefficients $T_n(x,x_\alpha)$ of the bivariate Hermitian law of (Y_x,Y_α), $\forall_x$, $\forall_\alpha$; so our use for function $\varphi^{-1}(Z)$ will reduce to the determination of the Y_α, but it is not necessary to have a mathematical formulation for that : actually, we shall solve numerically the equation $Z_\alpha = \varphi(Y_\alpha)$ for each Z_α without any additional determination of the function $\varphi^{-1}(z)$.

3.4 Structural analysis of the Gaussian variables Y_α.

Either in the frame of the Hermitian model or of the discrete

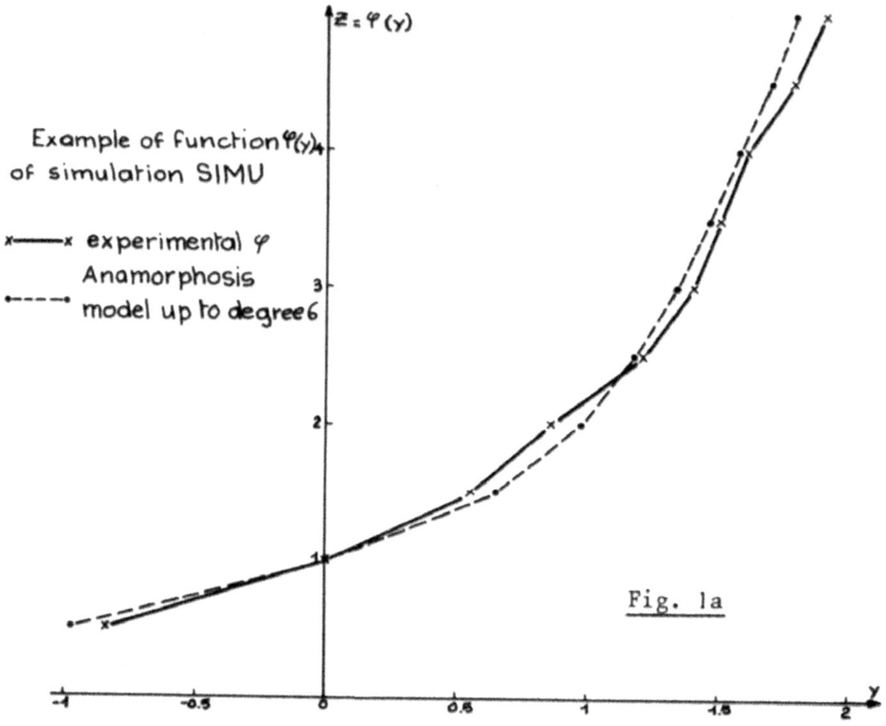
z = φ(y)
Example of function φ(y)
of simulation SIMU
experimental φ
Anamorphosis
model up to degree 6
y

Fig. 1a

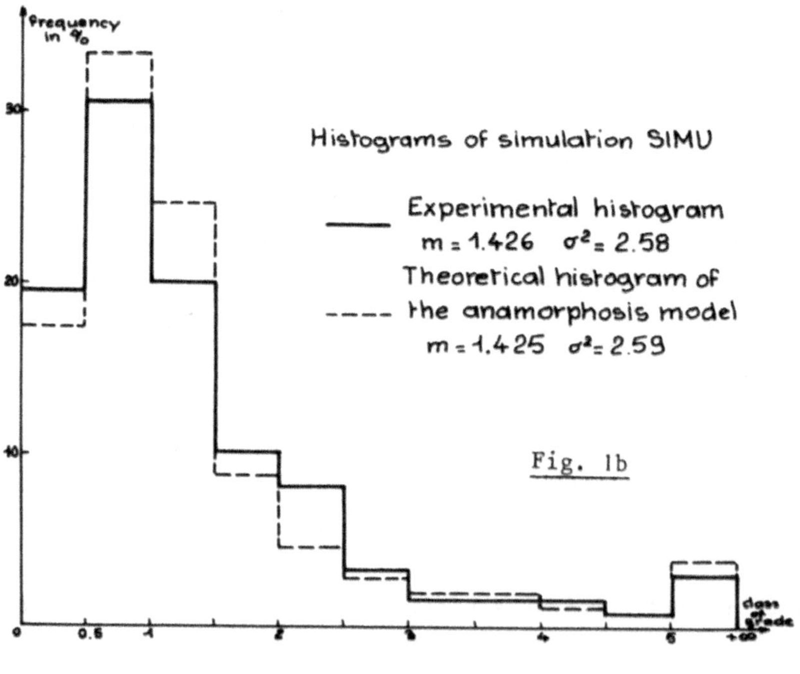
frequency
in %
Histograms of simulation SIMU
Experimental histogram
m = 1.426 σ² = 2.58
Theoretical histogram of
the anamorphosis model
m = 1.425 σ² = 2.59

Fig. 1b

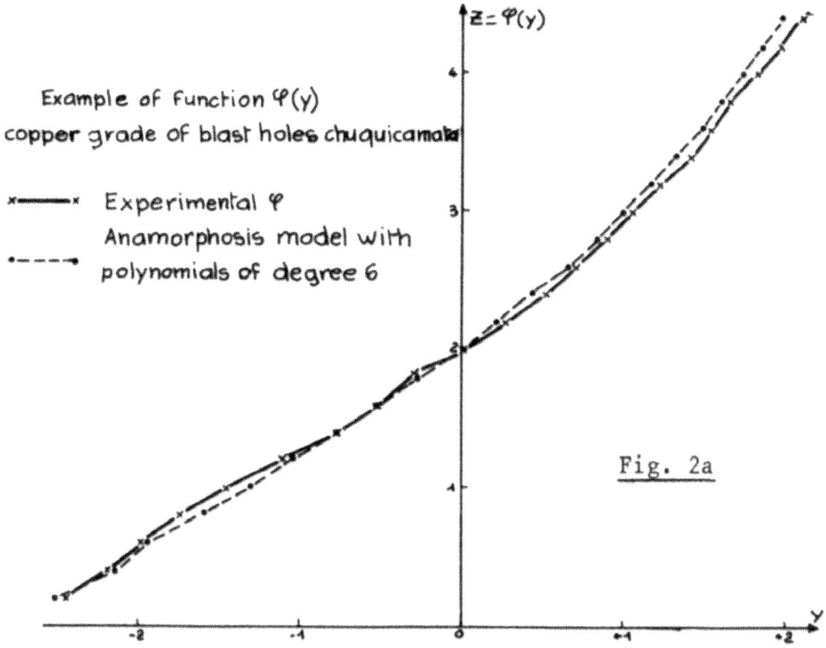
Example of function φ(y)
copper grade of blast holes chuquicamata
Experimental φ
Anamorphosis model with polynomials of degree 6
z = φ(y)
y

Fig. 2a

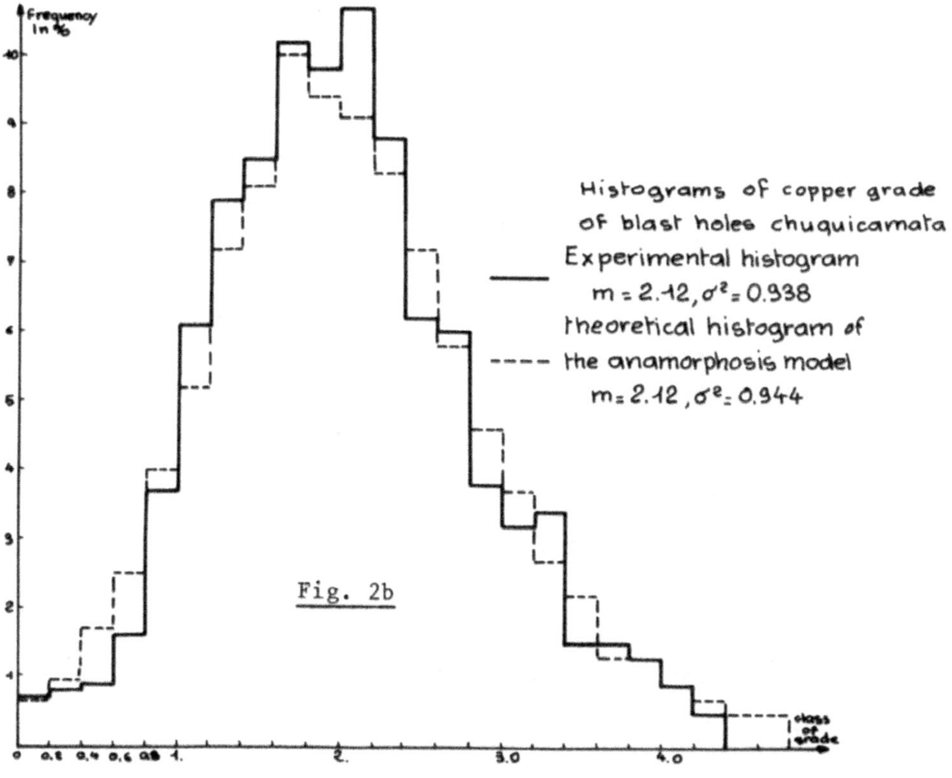
Frequency in %
Histograms of copper grade of blast holes chuquicamata
Experimental histogram
m = 2.12, σ² = 0.938
theoretical histogram of the anamorphosis model
m = 2.12, σ² = 0.944
class of grade

Fig. 2b

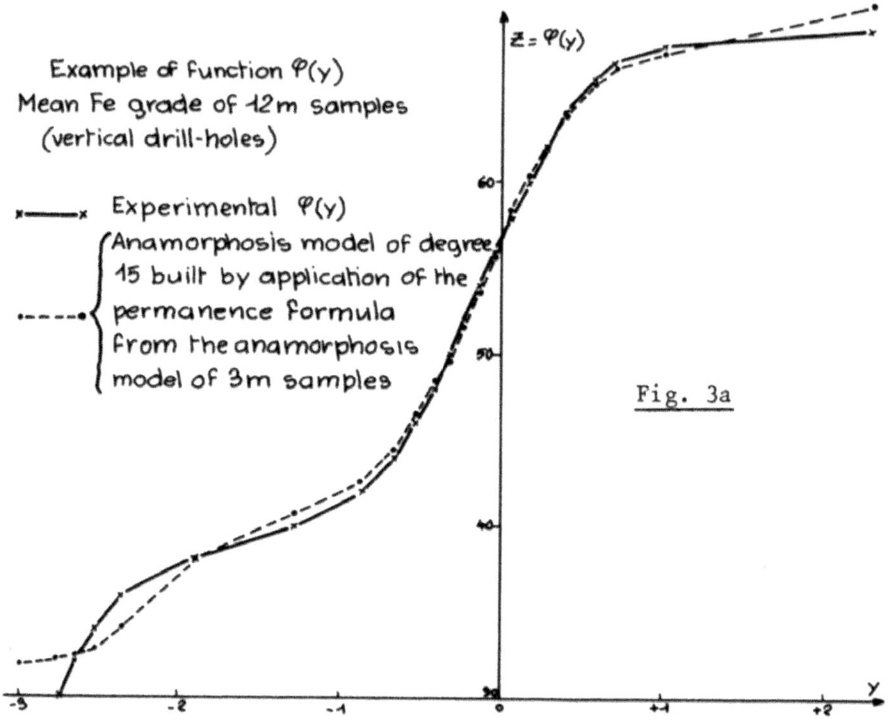
Z = φ(y)
Example of function φ(y)
Mean Fe grade of 12m samples
(vertical drill-holes)
Experimental φ(y)
Anamorphosis model of degree 15 built by application of the permanence formula from the anamorphosis model of 3m samples
60
50
40
-3
-2
-1
0
+1
+2
y

Fig. 3a

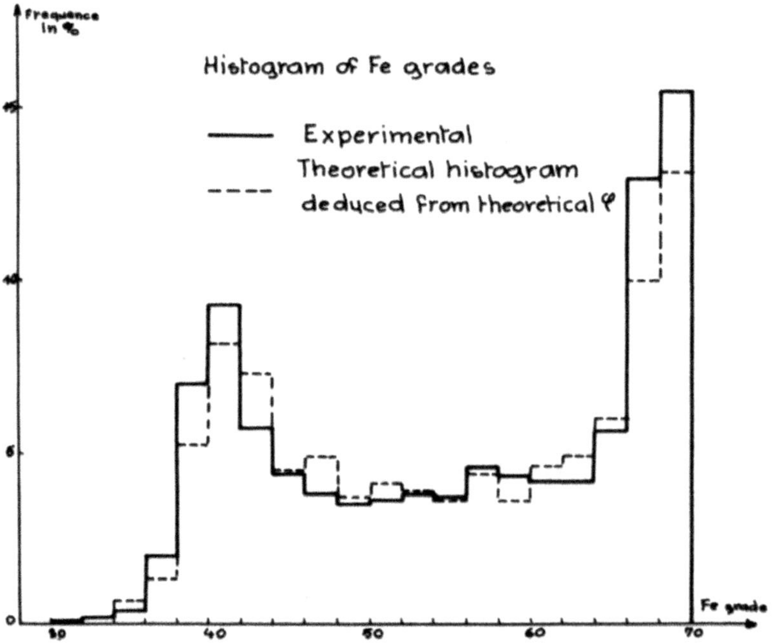
Frequence in %
Histogram of Fe grades
Experimental
Theoretical histogram deduced from theoretical φ
0
30
40
50
60
70
Fe grade

Fig. 3b

model, we need a model of covariance between the point Gaussian (Y_x, Y_y), $\rho(h) = E(Y_x, Y_y)$. This model will be deduced from the structural study of the experimental Y_α. It is noticeable that the corresponding experimental variogram is usually smoother than the variogram of the Z_α and thus fitting a mathematical model is an easier operation.

Both models assume a particular bivariate distribution for each couple (Y_x, Y_y) : Hermitian (usually, it will be Gaussian) or Gaussian. To check this assumption, we compute the two-dimensional histograms of couples (Y_{x+h}, Y_x), for various values of h : this will be done in a manner very similar to the computation of the experimental variogram, i.e., by grouping together all the pairs (Y_x, Y_y) for $(x-y) \# h$. We then compare the experimental histogram to the theoretical Gaussian (or Hermitian) model ; in case of a Gaussian model, when the covariance $\rho(h)$ is already determined, it may be useful to compute directly the histogram of couples

$$Y_{x+h} , \left(\frac{\rho\, Y_{x+h} - Y_x}{\sqrt{1-\rho^2}} \right) \qquad \text{(for h such that } \rho(h) < 1)$$

which is a pair of independent Gaussian variables.

After checking that there is no experimental contradiction with the Gaussian model for pairs (Y_{x+h}, Y_x), a last check will consist in comparing the experimental covariance of the Z_x, $S^*(h)$ with its theoretical value in the Gaussian model, e.i.

$$\sum_{u=1}^{N} \frac{\psi_n^2}{n!} \left[\rho(h) \right]^n$$

3.5 Numerical coefficients for the T.F. estimation

In the Hermitian model, we build a D.K. estimator $f_{DK}(y)$ of the T.F of $X_{\bar{i}}$, inverse anamorphosis of the Z_{v_i} (see ref. 1). So we need first a formulation of the anamorphosis $Z_{v_i} = \varphi_v(X_i)$, which will be determined from the coefficients of the point based transform $\varphi(y)$

$$\varphi_v(y) = \sum_{n=o}^{N} \frac{\Psi_n}{n!} D_n(v)\, H_n(y)$$

with $D_n^2(v) = \frac{1}{v} \int_v \int_v T_n(x,y)\, dx\, dy$

The D.K. estimate of the T.F will be :

$$f_{DK}(y) = g(y) \left[1 + \sum_{n=1}^{N} \left(\sum_{\beta} \lambda_n^{\beta} H_n(Y_\beta)\right) \frac{H_n(y)}{n!}\right]$$

where the λ_n^{β} are solutions of the γ systems :

$$\sum_{\beta} \lambda_n^{\beta} T_n(x_\alpha, x_\beta) = \frac{1}{D_n(v)} \times \frac{1}{V} \int_V T_n(x_\alpha, y)\, dy \text{ , } n = 1, 2, \ldots$$

Thus, the parameters to calculate are $D_n(v)$, and $\frac{1}{V} \int_V T_n(x_\alpha,y)dy$.

Usually, the quantities $T_n(x,y)$ will be $\rho^n(x-y)$ and the corresponding integrals will be calculated by numerical approximation formulae. The integration of the estimator $f_{DK}(y)$ to obtain the two quantities $P(y_c)$ and $Q(y_c)$ used in the evaluation of each V_j is then easy and may be expressed simply as an expansion in $H_n(y_c)$

As a conclusion, all the calculations requiredare similar to ones made in a kriging estimation, except that they must be repeated γ times.

In the discrete model, the procedure will be quite similar except that the formula giving the anamorphosis φ_v is a little different, and the coefficients of the D.K. systems easier to obtain. Moreover, we have seen that the initial assumptions of this model allow a simpler model of T.F obtained by conditioning of the kriging estimate of X_V : in this case the T.F is obtained directly without any system inversion, but this gain in computing time is paid by reduced precision in the estimation of the T.F.

3.6 Conclusion on the sequence of steps

The reader will have noted that a T.F study does not introduce in the practice of geostatistics any new computer algorithm : except for the determination of the ψ_n, all the different steps will be performed by standard geostatistical programs such as variogram, histogram, calculus of covariance between a point and a volume, linear system inversion etc... The practice of such a study will not introduce many changes in the standard geostatistical method, particularly in the organization of the input and output data files : the main change is of course an increase in computing time, but this can be largely diminished in the future by an adequate programming.

4. PRACTICAL EXAMPLES

4.1 Point T.F estimation on a simulation

A two-dimensional point distribution is simulated by the turning band method : the orebody contains 50 x 10 square panels of 22 x 22 m. each block having inside a regular 11 x 11 point distribution.

For each block, a statistic was made of the internal 121 points, which gave the true mean value, the proportion of the 121 values falling within the classes of grade (0-0.5),(0.5-1.2), (1.2 +∞), and the mean grade of the corresponding proportion.

The problem is to build estimators of these quantities if we suppose that each block is sampled in the center. We shall use for these estimators the 9 nearest points : see in Fig. 4 one of the blocks to estimate and its surrounding information. We shall see the different calculation step by step.

The structural study of the Z_x allows us to see that Z_x may be considered as stationary and isotropic, with a lognormal distribution (Fig. 1b). The study of anamorphosis $\varphi(y)$ (Fig. 1a) confirms this impression, and the ψ_n computed by Gaussian integration are very similar to the theoretical ψ_n of an exponential function : for $\varphi(y)$ we shall use the following model : $\varphi(y) = \exp[0.8485y]$ which has the following sequence of ψ_n, n = 0, 1,...5. (We shall use a degree 5 representation).

1.433 ; - 1,215 ; 1.030 ; - 0.8743 ; 0.7458 ; - 0.6423 ;

The standard Gaussian values corresponding to the Z_α are :

$Y_\alpha = (\mathrm{Log}\ Z_\alpha)/0.8485$ (See example in Fig. 4)

The structural study of Y_α was then performed : the Gaussian bivariate model on (Y_x, Y_{x+h}) was checked on the two-dimensional experimental histogram, and was found to be correct for a correlation coefficient $\rho(h)$ which we found by computing the variogram of the Y_α. The following model was adjusted :

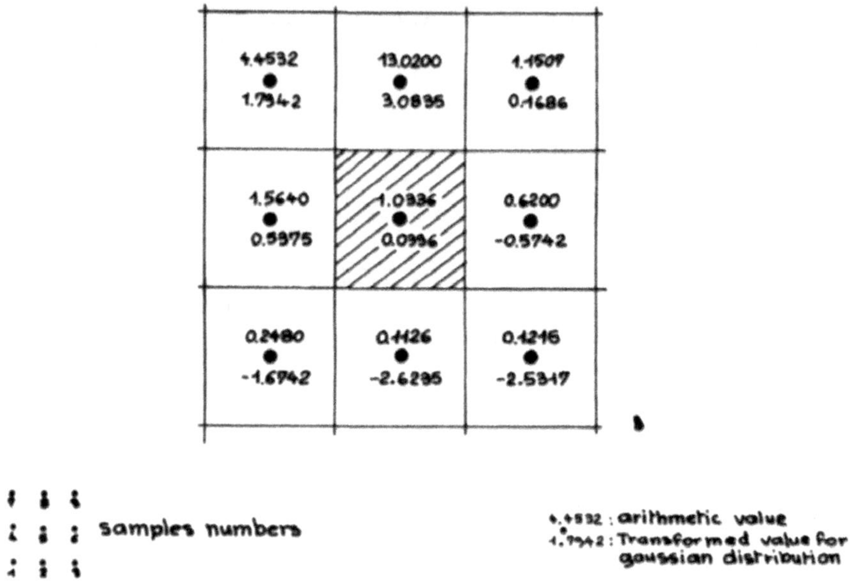

1.4532
1.7942
13.0200
3.0895
1.1507
0.1686
1.5640
0.5975
1.0336
0.0356
0.6200
-0.5742
0.2480
-1.6742
0.1126
-2.6295
0.1216
-2.5317
samples numbers
1.4532 : arithmetic value
1.7942 : Transformed value for gaussian distribution

Fig. 4

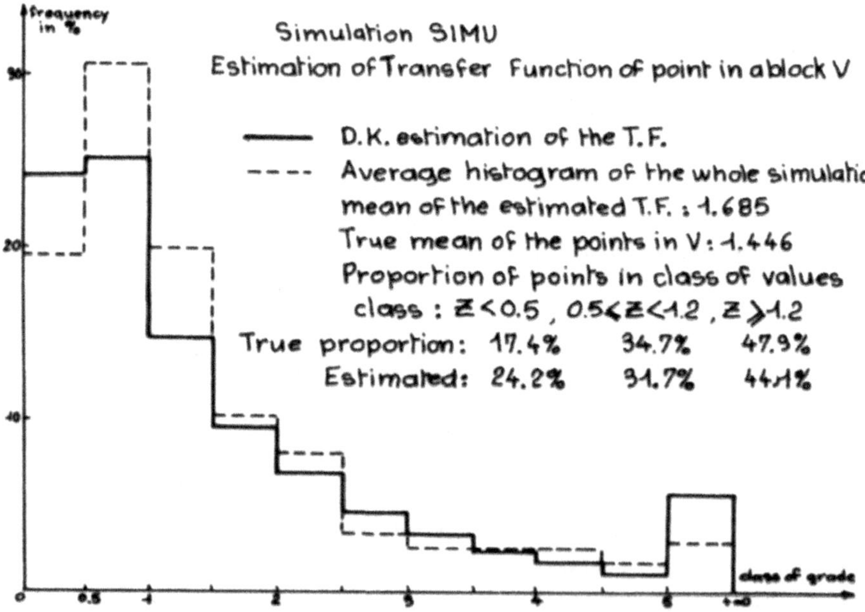

frequency in %
Simulation SIMU
Estimation of Transfer Function of point in a block V
D.K. estimation of the T.F.
Average histogram of the whole simulation
mean of the estimated T.F. : 1.685
True mean of the points in V : 1.446
Proportion of points in class of values
class : Z<0.5 , 0.5≤Z<1.2 , Z≥1.2
True proportion: 17.4% 34.7% 47.9%
Estimated: 24.2% 31.7% 44.1%
class of grade

Fig. 5

$$\rho(h) = 0.16\ \delta(h) + 0.84 \left[1 - \frac{1}{2}\ h/66 + \frac{3}{2}\ (h/66)^3\right] \text{for } h < 66\text{m}.$$

$$\rho(h) = 0 \text{ for } h \geq 66 \text{ m}.$$

We shall now compute two different estimators for the T.F :

- a D.K estimator (as seen above) with the Hermitian model
- an approximate estimator computed by conditionalizing by the kriging Y_K of the mean of Y_x in the block (noted G.M in table 2.)

In table 2, we see for 8 blocks of a same line the estimators of proportion and mean grade in the classes defined above. The first estimator, CO.E, is the best possible estimator, computed by averaging the conditional distribution of each of the 121 inside points. Estimator G.M is the estimator conditionalized by Y_K and the last line gives the observed true values.

We shall now compute the D.K estimator for the block shown in Fig. 4. The D.K estimator of the T.F will be :

$$f_{DK}(y) = g(y) \left[1 + \sum_{n=1}^{\infty} \left(\sum_{\beta=1}^{9} \lambda_n^\beta H_n(Y_\beta)\right) \frac{H_n(y)}{n!}\right]$$

when the λ_n^β are solutions of the system :

$$\sum_{\beta=1}^{9} \lambda_n^\beta \rho^n(x_\alpha - x_\beta) = \overline{\rho^n(x_\alpha, x_V)} \qquad \text{for } n = 1, 2, \ldots 5$$

n/β	5	2	1
1	- 0.3725	- 0.0992	- 0.0265
2	0.1977	0.0456	0.0111
3	- 0.0745	- 0.0144	- 0.00346
4	0.0223	0.00357	0.0077
5	- 0.0062	0.00075	- 0.00014

The results of λ_n^β are given for $\beta = 5, 2, 1$, because we have obviously :

$$\lambda_n^2 = \lambda_n^4 = \lambda_n^6 = \lambda_n^8 \qquad\qquad \lambda_n^1 = \lambda_n^3 = \lambda_n^7 = \lambda_n^9$$

With the numerical values of Y_β appearing in Fig. 5, we compute the terms

$$C_n = \sum_{\beta=1}^{9} \lambda_n^\beta H_n(Y_\beta) \quad , \quad n = 1, 5 \qquad (C_o = 1)$$

$C_1 = -0.0026$; $C_2 = 0.4897$; $C_3 = 0.0763$; $C_4 = 0.235$;

$C_5 = -0.03$

The point anamorphosis $\varphi(y) = \sum_{o}^{5} \frac{\psi_n}{n!} H_n(y)$ allows the immediate computing of the mean value of the D.K distribution $f_{DK}(y)$:

$$Z_V^{DK} = \int \varphi(y)\, f_{DK}(y)dy \quad \text{with } f_{DK}(y) = \sum_{n=o}^{5} \frac{C_n}{n!} H_n(y)\, g(y)$$

so $$Z_V^{DK} = \sum_{n=o}^{5} \frac{\psi_n}{n!} C_n$$

With the numerical values seen above, we find $Z_V^* = 1.685$ (tru value $Z_V = 1.466$).

We see in Fig. 5 the histogram corresponding to our $f_{DK}(y)$. To compute it, we determine the y_i corresponding to the limits of class $z_i = 0{,}5$, 1, 1.5, etc... by $y_i = (\log z_i)/0.8485$, and then the frequency p_i of class i will be $p_i = F_{DK}(y_{i+1}) - F_{DK}(y_i)$.

The cumulative distribution $F_{DK}(y)$ is obtained by integratior of the density $f_{DK}(y)$.

$$F_{DK}(y) = \int_{-\infty}^{y} f_{DK}(y)\, dy \quad \text{or :}$$

$$F(y) = G(y) + g(y) \sum_{n=o}^{4} \frac{C_{n+1}}{n+1} \frac{H_n(y)}{n!} \qquad \text{with}$$

$$G(y) = \int_{-\infty}^{y} g(y)\, dy$$

This density function immediately gives the estimation of the proportion of points in the classes (0 - 0,5), (0.5 - 1.2), (1.2 - +∞).

$$P(0 - 0.5) = F_{DK}(y_{0.5})$$

$$P(0.5 - 1.2) = F_{DK}(y_{1.2}) - F_{DK}(y_{0.5})$$

$$P(1.2 - +\infty) = 1 - F_{DK}(y_{1.2})$$

We compute the quantity of metal in a class by the cumulative quantity of metal

$$Q(y) = \int_y^{+\infty} \varphi(y)\, f_{DK}(y)\, dy$$

With $\varphi(y) = e^{\sigma y}$, The result is straightforward :

$$Q(y) = \sum_{n=0}^{5} \frac{C_n\, d_n(y)}{n!}$$ d_n being computed by recurrence :

$$d_o = e^{\sigma^2/2} \left[1 - G(y-\sigma) \right] \text{ and } d_n(y) = -\sigma d_{n-1}(y) - e^{\sigma^2/2}\, g(y-\sigma)\, H_{n-1}(y)$$

In conclusion, we give in the following table the results of estimation for the block of Fig. 5.

As forecast, the best estimator (but very time-consuming) is the true conditional expectation, followed by D.K and G.M. This can be checked also on the results of table 2. For that precise block, which we chose for the great variability of the surrounding grades, we may suppose that the block is just limited by high and low grade panels, so that its internal distribution will deviate largely from the average histogram of the samples : this is what appears on the histogram of Fig. 5.

4.2 T.F function of blocks of copper ore.

In (4), I present the study of the Chuquicamata orebody : in an already mined zone, it was possible to check the results of T.F function estimation with the true grades (as given by the blast holes). Fig. 7 shows the experimental histogram of mineable blocks of 20 X 20 X 13 m. in the studied zone, and the histogram estimated with the DDH information. As the individual grade of each DDH was not available the T.F was estimated by conditionalization of the kriged values and that is why the result is not as precise as it ought to be. However, this histogram was estimated with DDH samples located irregularly with a mean interdistance of 60 m.:

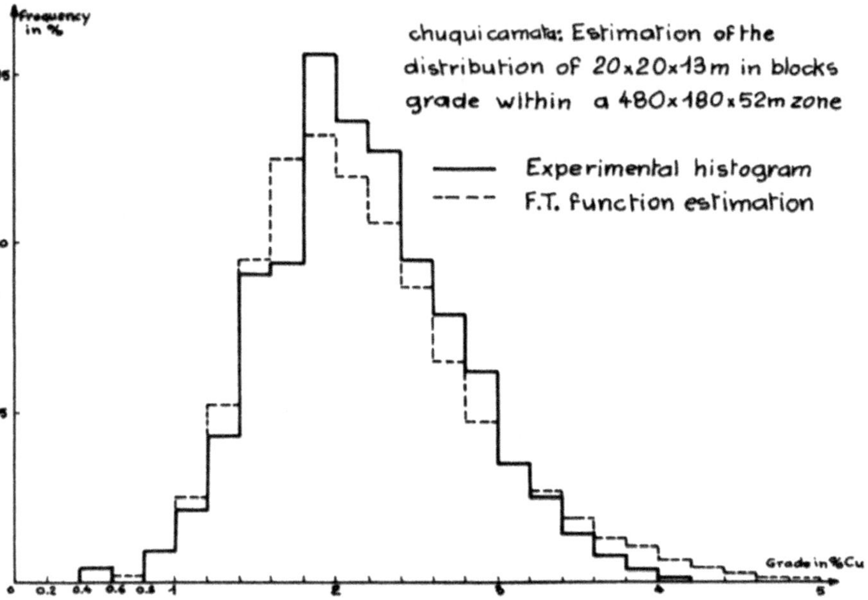

Fig. 6

Estimator	P_1	Q_1	P_2	Q_2	P_3	Q_3	m
CO.E	20.7	0.0704	38.2	0.312	41.2	0.999	1.381
G.M	2.2	0.0089	21.8	0.194	76.	2.1812	2.384
D.K	24.2	0.078	31.7	0.2445	44.1	1.3625	1.685
TRUE	17.4	0.067	34.7	0.264	47.9	1.116	1.446

TABLE 1

P_1, P_2, P_3 : Proportions in classes (0-0.5), (0.5-1.2)(1.2-+∞)

Q_1, Q_2, Q_3 :Quantity of metal in the same classes.

T.F ESTIMATES OF A LINE OF BLOCKS : PROPORTION AND MEAN ORE GRADE OF POINTS IN THE CLASSES OF GRADE : 0-0.5 ; 0.5-1.2 ; 1.2- + ; P_1, m_1, P_2, m_2, P_3, m_3 respectively with M, mean panel grade.

Estimator	P_1	m_1	P_2	m_2	P_3	m_3	M
CO.E	.7927	.2756	.1968	.6860	.0106	1.4826	.3691
G.M	.8041	.2532	.1813	.6979	.0146	1.5630	.3530
TRUE	.8512	.3054	.1405	.7035	.0083	1.4843	.3711
CO.E	.7724	.2808	.2150	.6902	.0126	1.4941	.3842
G.M	.7814	.2597	.2007	.7027	.0178	1.5785	.3721
TRUE	.9587	.2814	.0413	.5177	.0000	.0000	.2911
CO.E	.7939	.2829	.1974	.6796	.0086	1.4508	.3713
G.M	.8085	.2519	.1775	.6969	.0141	1.5597	.3493
TRUE	.9091	.2676	.0826	.5702	.0083	1.4395	.3023
CO.E	.8680	.2593	.1282	.6615	.0038	1.3653	.3151
G.M	.8551	.2362	.1362	.6862	.0087	1.5140	.3086
TRUE	.9421	.2500	.0579	.5611	.0000	.0000	.2680
CO.E	.4706	.3279	.4408	.7484	.0887	1.6568	.6331
G.M	.4181	.3287	.4491	.7668	.1329	1.7510	.7144
TRUE	.4050	.3642	.4380	.7947	.1570	1.6143	.7491
CO.E	.0408	.3959	.2783	.8710	.6809	2.7261	2.1148
G.M	.0107	.4681	.1532	.9028	.8631	3.2496	2.8603
TRUE	.1240	.3948	.3802	.8739	.4959	2.4181	1.5802
CO.E	.0004	.6619	.0200	.9983	.9795	5.6722	5.5764
G.M	.0003	1.0288	.0110	1.1163	.9887	6.8330	6.7683
TRUE	.0000	.0000	.0909	.9724	.9091	4.2727	3.9727
CO.E	.0020	.5453	.0691	.9517	.9289	3.7152	3.5181
G.M	.0027	.6029	.0648	.9318	.9326	4.2490	4.0245
TRUE	.0000	.0000	.0496	1.0442	.9504	3.6943	3.5628

TABLE 2

the result may then be considered as satisfactory.

4.3 Histogram of a random measure.

In the following example, the variable to be estimated is a discrete random measure, i.e. a random quantity which takes integer values when measured on a surface : in a tropical forest, a specialist has counted the okoume trees of each square panel of 100 x 100 m., giving a total of more than 2000 numbers, ranking from zero to 13 trees per hectares. In Fig. 6 one can see the histogram of these measures, which could correspond to a randomized type of Poisson distribution. The random quantity being discrete, it seems inappropriate to use a continuous Gaussian anamorphosis model, and that it would be better to establish a correspondence with a discrete isofactorial variable : this possibility has already been studied theoretically by Matheron [5] , but no practical study was made. Thus we tried, with our Hermitian formulae, to forecast the histogram of the density of Okoumé tree/ha on panels of larger surface. The same procedure as described before was adopted : definition of a point anamorphosis function (in our case, a sum of step functions), calculus of its Fourier coefficient for an expansion in Hermite polynomials,then transformation to give the anamorphosis φ_v of the large panels. We see in Fig. 7, that the result is not so good as in our preceding examples, although the variances are correct and the movement of the mode appears also in the theoretical model. My personal opinion is that the Gaussian anamorphosis is inadequate for a discrete variable, or must be performed with an expansion in polynomials of very high degree(to represent adequately the discontinuities of the step function) : our calculus was made with polynoms of degree 6, which was surely insufficient.

I decided to include this particular example in my paper to emphasize the fact that T.F may be applied to many domains in addition to mining, although special methods had to be developed for particular types of variables.

5. CONCLUSION

The aim of the present paper was to show that T.F estimation is already an operational method : although the formulation of the method is quite recent (Matheron, Maréchal, 1974), there were no special difficulties in its application, at least in academic problems. The practical difficulties will not be of computational type (although it will be necessary to make some effort to simplify the programs) ; they will appear, for instance, when defining with precision the volume of selection and its future estimate ; this will require some practice, because selection when mining is not

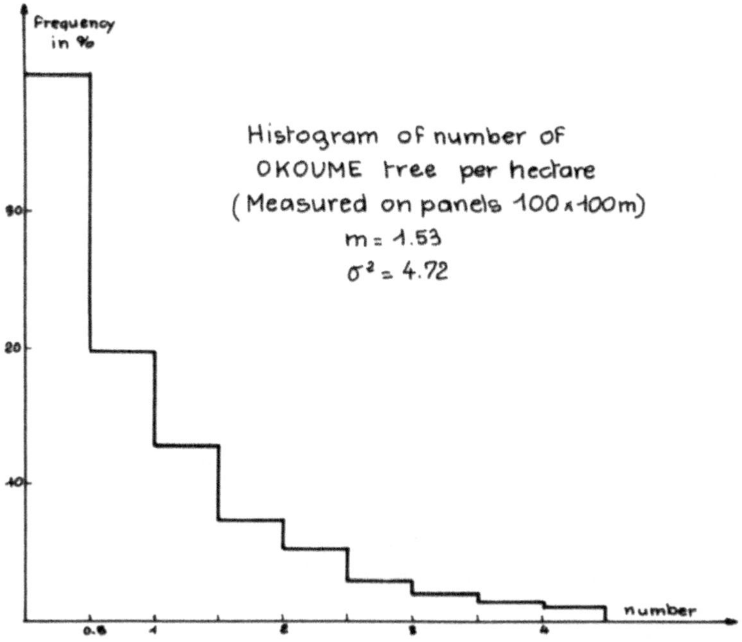
Frequency
in %
Histogram of number of
OKOUME tree per hectare
(Measured on panels 100x100m)
m = 1.53
σ² = 4.72
20
10
number
0.5
1
2
3
4

Fig. 7a

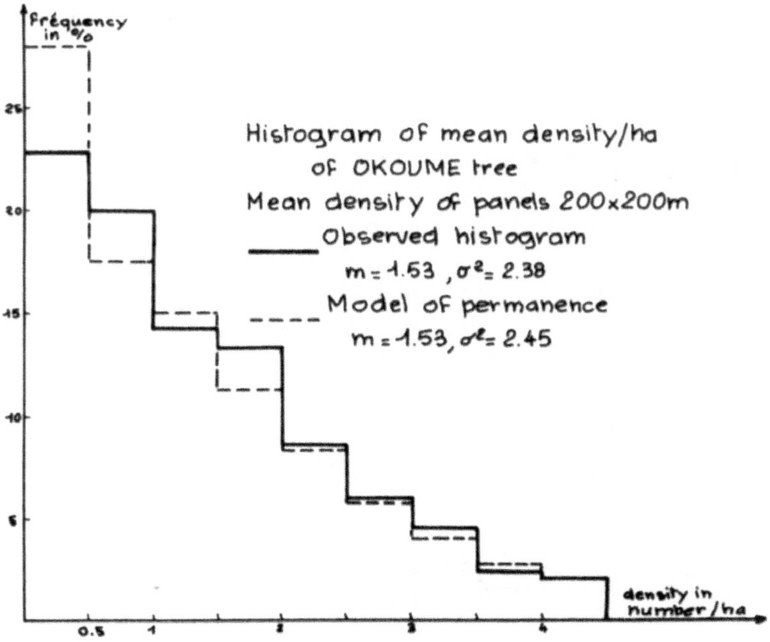
Fréquency
in %
25
20
15
10
5
Histogram of mean density/ha
of OKOUME tree
Mean density of panels 200x200m
Observed histogram
m = 1.53 , σ² = 2.38
Model of permanence
m = 1.53, σ² = 2.45
density in
number/ha
0.5
1
2
3
4

Fig. 7b

usually made on constant volumes.

However, no doubt that T.F estimation will soon become an indispensable tool in estimation procedures, especially for those orebodies which present very variable types of grade (iron orebody for instance). Moreover, it must be emphasized that this method is fully compatible with the conditional simulation technique whic shares with it the same anamorphosis representation : according to the precise problem, an anamorphosis study may lead either to a T.F function estimation or to a simulation.

REFERENCES.

1. MATHERON, G. (1975)" Transfer functions and their estimations Proceedings of NATO A.S.I., Rome.
2. MARECHAL, A. (1974) "Généralités sur les fonctions de transfert". Note interne, Centre de Morphologie Mathématique, Fontainebleau.
3. MARECHAL, A. (1975) "Analyse numérique des anamorphoses Gaussiennes". Note interne, Centre de Morphologie Mathématique, Fontainebleau.
4. MARECHAL, A. (1975) "Forecasting a grade-tonnage distribution for various panel sizes". 13th APCOM Conference, Clausthal, Germany, October 1975.
5. MATHERON, G. (1975) "Les fonctions de transfert des petits panneaux". Note interne Centre de Morphologie Mathématique, Fontainebleau.

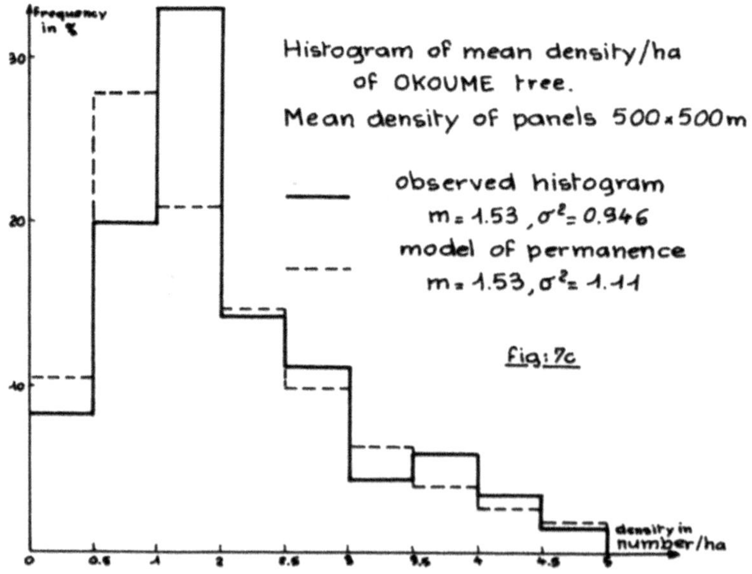

P A R T V

INDUSTRIAL APPLICATIONS

A REVIEW OF THE DEVELOPMENT OF GEOSTATISTICS IN SOUTH AFRICA

D.G. Krige

Financial Engineer Anglo-Transvaal Consolidated Investment Company Limited, Johannesburg, South Africa

ABSTRACT. A historical review is given of the development, stage by stage, of the theory and application of geostatistics in ore-valuation in South Africa up to the concept of "kriging". It is shown, with examples, how the practical examination of problems preceded the development and application of the appropriate theory based on formal mathematical statistics or geostatistics. A brief review is also given of the stages of development and present scope of application of these techniques in the South African mining industry.

1. INTRODUCTION

Geostatistics, both in its title and its contents as developed mainly by Professor Matheron, has not yet been accepted generally by all orthodox mathematical statisticians in South Africa and elsewhere, for reasons which to the author appear to be largely academic. By whatever name it is called, and even if it is not regarded by some as the development of a new branch of mathematical statistics, but rather as the extension of various classical statistical approaches, the substantial advances made in the development of new tools for the better valuation of ores cannot be disputed. The author is, therefore, honoured firstly by having one of the main geostatistical procedures associated with his surname and secondly by the opportunity of presenting this review of how geostatistics started and developed in South Africa.

To date gold mining has overshadowed other mining activities in South Africa and hence the advances made in ore valuation have, until recently, been confined almost entirely to gold ores, and

M. Guarascio et al. (eds.), Advanced Geostatistics in the Mining Industry, 279-293.

specifically to the sedimentary reefs of the Witwatersrand System. With few exceptions these reefs are relatively thin and can for practical valuation purposes be accepted as two-dimensional orebodies. The variations of gold content within these orebodies are extremely wide and such that the definition of some underlying pattern and logic was an impossible task without the aid of Mathematical Statistics and Geostatistics. It is the object of this review paper to sketch briefly the path followed from early intuitive and arbitrary approaches to the introduction stage by stage of both classical and geostatistical disciplines in ore valuation procedures in South Africa.

The review will cover only the following two major aspects of ore valuation ie:

(i) new mining areas to be valued on the results of a small number of surface boreholes, and

(ii) the routine underground valuation of ore reserves.

Developments in both fields will be covered by explaining the position before the advent of statistics and geostatistics, the present position and finally the steps followed in this evolutionary process. Applications such as the economics of stoping throug unpayable areas (Krige, 1962) and others (Krige, 1970) will not be covered in this review.

2. THE ORTHODOX VALUATION OF A NEW GOLDMINE

The procedures which were followed are best explained through an example of a theoretical 'average' new gold mine explored in the 1940's by drilling 10 boreholes from surface on a more or less uniform grid to an average depth of 2 000 metres, with the following results:

Data: cm.gm/ton values: 125 200 500 625 800 1 000
1 250 2 500 4 500 13 500

First stage: Mean grade for total ore body: Arithmetic mean of of all values = 2 500 cm.gm/ton.

Second stage: Payable ore to be mined selectively: Estimated pay limit (ie. break-even value) = 1 300 cm.gm/ton. Mean of 3 payable boreholes: 30% at 6 833 cm.gm/ton accepted as payable ore.

The intuitive acceptance of systematic grid sampling as the most efficient has been proved to be correct on applying modern geostatistical theory. Because the boreholes have approximately the same 'areas of influence', (an intuitive concept which has in part also been confirmed), a straight arithmetic mean was accepted however, arbitrary cuts might have been applied to the highest value. This practice for the <u>first stage</u> of estimating the grade of the total orebody, except for the arbitrary cutting of high val was not wrong but suffered from the following shortcomings:

(i) It was inefficient in not using the data to full advantage.

(ii) It provided no measure of the error associated with the estimate, ie. of the uncertainty or risk involved.

(iii) The procedure of averaging cm.gm/ton values, and not gm/ton values, was followed merely as a correct weighting procedure for gm/ton values, without appreciating the true nature of a cm.gm/ton value, ie. a measure of the gold concentration per unit area of the ore body.

The need for a more efficient estimator will be evident from the very high variability of the gold values shown above, the highest value being more than 100 times the lowest value and accounting for more than half the total gold content of the 10 borehole cores. On redrilling the same mine the highest value could conceivably have been as high as 100 000 cm.gm/t, which would have increased the mean from 2 500 to 11 150.

Also, the lack of a measure of the uncertainty attaching to such an estimate - standard Gaussian theory could not be applied - was a great drawback in view of the substantial capital investment required to be risked and the danger of a mine not proving viable. This had happened with some mines started before the second world war and in fact also with some of the postwar mines.

It was, however, in the <u>second stage</u> of the valuation, ie. in estimating the likely percentage and value of the ore which would prove profitable to mine, that a most serious bias was introduced.

The serious nature of the bias in the orthodox estimate of tonnage and grade of <u>payable</u> ore will be evident from the analysis of the same borehole results using the latest statistical techniques.

3. THE PRESENT BASIS FOR THE VALUATION OF A NEW GOLDMINE

Applying presently available techniques will yield the following estimates based on the 10 borehole values listed above.

First stage: Mean grade for total ore body: Statistical mean

(Sichel, 1966) of 10 Values:		2 309 cm.gm./t
90% confidence limits:	Lower:	1 130 " "
	Upper:	11 234 " "

Second stage: Payable ore to be mined selectively:

Payable Ore:	Percentage	Average cm.gm/ton
Likely	95%	2 367
Lower limit	27%	1 605
Upper limit	100%	11 234

These estimates are based on a natural logarithmic variance for the distribution of ore blocks of 0,1 (Krige, 1951, 1952 1961a, 1961b, 1970).

The indicated biasses in the orthodox valuation relative to the above likely estimate were:
(i) On tonnage = -65/30 = -217%
(ii) On grade = 4466/6833 = +65%

In defining the risk exposure the statistical estimate shows that if a payable grade of say 1 700 cm.gm/t was required to ensure a reasonable return on the investment, the chances of not achieving this were estimated at just over 5% (ie. just above the lower limit shown).

The improved efficiency of the statistical approach is also evident from the estimate corresponding to an alternative set of borehole values with the highest borehole at 100 000 instead of 13 500 cm.gm/t:-

Likely mean of 10 values = 5 060 cm.gm/t; 100% of the ore payable at 5 060 cm.gm/t.
Compared with 11 150 cm.gm/t on the orthodox basis; 30% of the ore payable at 35 667 cm.gm/t.

A further advantage of this approach is that additional information obtained from borehole deflections (ie. deviations drilled within the original hole to yield additional intersections of the orebody close to the original intersection), can be seen in their true perspective. On the assumption of a random distribution of values such a deflection would be worth the same as a completely new borehole, whereas common sense as confirmed by a geostatistical approach, dictates that it is worth the equivalent of only a small fraction of a new independent borehole.

This modern approach is now generally practiced throughout the South African mining industry when dealing with new gold mining propositions.

4. THE EVOLUTIONARY STEPS UP TO THE PRESENT BASIS OF VALUATION OF A NEW GOLD MINE

The first recorded recognition of frequency distribution patterns of gold values was that by Watermeyer (1919). The lognormal model was unknown to him and he tried to use two halves of two normal distributions joined at their modes. This was followed by Truscot (1929) who advocated that the arithmetic mean be replaced by a mean of the individual values after weighting each by the relative frequency in the corresponding grade category of the parent population. Neither had a basic understanding of the true problem for non-normal distributions. The first major step forward was, therefore, only made when the lognormal pattern of distribution was recognised (Sichel, 1947) and used to analyse bias errors in the manual sampling of narrow gold reefs. This was followed by Ross who extended the concept of the lognormal frequency distribution pattern to the means of development stretches and ore blocks. (Ross, 1950).

The author became involved at this stage, (Krige, 1951 and 1952), through Ross' work and as a mining engineer with no formal training in mathematical statistics. In retrospect this was a blessing in disguise because it led naturally to a very elementary and practical approach based on the detailed analysis of many thousands of underground values from several mines.

The approach for the <u>first stage</u>, ie. of estimating the mean grade for the total ore body, was via a practical simulation of the process of exploring a new mine by drilling from surface. Underground chip samples cut across the width of the orebody were accepted as the equivalent of borehole cores. In one case, for example, a matrix of 3 600 underground values was available from a section of the old Welgedacht mine (in their actual relative positions on plan) and from this matrix sets of systematic samples were drawn on regular grids,

ie. 600 sets of 6 values each
360 sets of 10 values each
300 sets of 12 values each
50 sets of 72 values each, etc.

in order to simulate sets of boreholes drilled on a systematic grid.

Similarly the drilling of borehole deflections was simulated by drawing

- 1 800 sets of two adjacent values (equivalent to 1 800 boreholes plus 1 deflection each),
- 1 200 sets of three adjacent values (ie. 1 200 boreholes each with 2 deflections),
- 300 sets of 6 values on a regular grid each with its adjacent value (ie. 6 boreholes each with 1 deflection),
- 200 sets of 6 values each with two adjacent values (ie. 6 boreholes each with 2 deflections), etc.

The arithmetic means of all these sets (as well as the full set of 3 600 individual values) and the statistical means of some of these sets were grouped in value categories to establish their histograms and then to determine their logarithmic variances. These analyses gave the author a very clear insight into the concepts of population, statistical samples of varying sizes and types, sampling distributions etc. and demonstrated inter alia:

(i) The very skew lognormal distribution of the parent 'populatio of 3 600 values,
(ii) the approximately lognormal distribution of the means of the various sets of values and with the variances of these means at levels,
a) slightly lower than those expected on random sampling theory, thus proving the advantage of systematic sampling but nevertheless justifying Sichel's assumption of 'random sampling for his lognormal estimator (Sichel, 1966),
b) diminishing as the size of the sample set increases, in line with classical statistical theory;
c) only slightly lower when an adjacent value is added thus confirming the geostatistical concept of a deflection bein worth the equivalent of only a fraction of a new borehole;
(iii) lower variances for the distribution of the statistical mean thus proving their higher efficiencies.

Such analyses were also carried out on 3 other mines to cover a total of nearly 40 000 underground values (Krige, 1951).

At a later stage a closer study of the patterns of distributi was carried out on some 300 000 values drawn from 24 gold mines an covering gold, uranium and pyrite contents, which proved that the 3 parameter lognormal model was more appropriate (Krige, 1961 a).

For the <u>second stage</u> of the exercise, ie. of estimating the tonnage and grade of payable ore to be mined selectively, the author also analysed some of these underground values (Krige, 1951 on the basis of the distributions and variances for the grades of oreblocks of various sizes.

These studies led to clear definitions of the concepts of:
(i) parent and sub-populations as defined by their physical boundaries and areas;
(ii) members of such populations distributed lognormally and also defined by their physical areas of support, eg. single ore values representative of ore areas of say 40 sq.cm; ore reserve blocks representative of ore areas of say 5 000 sq. metres, etc., and
(iii) the relationships between the logarithmic variances of such populations and subpopulations, and the variance - size of area relationship.

The variance - size of area relationship enabled the variance to be estimated and hence the frequency distribution to be constru ted for values of ore blocks of a size relevant for selective mining on the mining property concerned, given the estimate of the grade of the total orebody from stage 1 above, ie. the mean of the distribution (Krige, 1951, 1952, 1961 b, 1970).

These analyses constituted a formidable task, particularly as a computer was not available, but proved well worth while in establishing from the start an approach not based on theory per se but on practical observation and experimentation and thus confirming theory already available or being developed. Inherent in the approach were three elements which have remained essential for the successful development and implementation of geostatistical techniques; viz,

(i) The model used was established on as broad a data base as possible; this was particularly necessary when dealing with ore values which are highly variable.

(ii) The model was tested and its superiority proved by follow-up studies ie. comparing predictions based on limited data with subsequent actual results established on adequate data.

(iii) The model was not accepted as final and perfect at any stage, and was re-examined from time to time, updated or replaced as more data became available.

In this context and looking to the future, the development of the lognormal small sampling theory for the case of systematic samples, possibly by a merger of Sichel's work (based on random theory) and the geostatistical approach, could prove profitable. A further development which would add to the value of Sichel's estimator is the introduction of Bayesian theory to take account, for example, of the additional information that the new property is also a member of a population of mines already established with known distributions of logarithmic variances and means (geometric and arithmetic). These aspects were originally touched on by the author (Krige, 1952, 1961 b) but not further developed.

5. THE ORTHODOX BASIS FOR ORE RESERVE VALUATIONS

Underground sampling of gold ores in South Africa has always been and is still done almost exclusively on the basis of chip samples cut manually across the width of the orebody at regular intervals along working faces (about 15 ft. previously, now 6 metres) and development ends or tunnels (about 5 ft. previously, now 2 or 3 metres).

On the orthodox basis blocks of ore to be mined were outlined after taking account, (on the basis of personal judgement), of any obvious concentrations or 'shoots' of high grade ore. The mean of the values available around the whole or part of the block periphery, weighted by the sampling interval or 'distance of influence' (where part of the periphery is a working face and part thereof a development end sampled at a closer interval), was accepted as the value of the ore block.

Two main problems arose in these orthodox valuations. The first was that of an exceptionally high value(s) raising the average to what was intuitively felt as being unrealistic, and this le to the system of cutting high values on various arbitrary bases. The second was the serious biasses observed between such block valuations and the subsequent follow-up samplings along advancing faces within the oreblocks until the blocks were completely mined out. Blocks valued in the higher grade categories on average gave lower follow-up internal values whereas blocks valued in the lower grade categories on average had internal values which significantly exceeded the block estimates. Such bias errors were naturally even more evident in the case of ore blocks where exceptionally high values were included in the peripheral average even where these were cut arbitrarily.

In a typical case (Krige, 1951) the undervaluation of the lower grade ore blocks and the overvaluation of the higher grade blocks would both be of the order of 20%, but on some mines this was as high as 50% (Storrar, 1966). On the orthodox approach this phenomenon could not be explained, the bias errors could not be eliminated, and this caused serious valuation problems in the selective mining of payable ore blocks.

6. THE PRESENT BASIS FOR GOLD ORE RESERVE VALUATIONS

At present the major gold mines in South Africa use either orthodox block valuations with regression corrections for bias errors (Storrar, 1966 and others in same volume), or use a more advanced geostatistical kriging procedure (Krige, 1966) which automatically corrects for the bias errors and in addition provides for more efficient individual block valuations.

Regression corrections, which in effect constitute an elementary form of kriging, are based on an analysis of recent block valuations and their corresponding follow-up internal values, following a procedure as outlined below in Section 7. Some details of the more advanced kriging procedures are also given in Section 7.

More recently, the valuation of ore reserves on a kriging basis has also been extended to the new Prieska copper mine (Krige, 1973).

7. THE EVOLUTION OF THE PRESENT GOLD ORE RESERVE VALUATION PROCEDURES

In parallel with the practical studies of underground values to simulate the exploration of new mines, the author in 1950/1 also analysed some of these underground values (Krige, 1951) on the basis of blocks of ore of various sizes with the peripheral values averaged to give orthodox block valuations and the internal values averaged to give follow-up values.

These studies clarified the concepts of:

(i) the correlation between peripheral and internal block values and

(ii) the order of the errors involved in the peripheral valuation of an ore block due to the limited number of values available around the periphery; also the fact that the peripheral average is extended into the unsampled interior, and is compared with the fairly accurate follow-up valuation based on a large number of values obtained internally from the whole block area on a fairly uniform grid.

Having clarified these concepts, the orthodox process of ore reserve valuation for a gold mine was simulated. The results observed can be demonstrated by the simple elementary example shown in Diagram 1. This diagram demonstrates the position for 58 ore blocks with actual values in the range 2 to 6 g/t as shown in the marginal distribution along the y-axis, and assumed symmetrical. Block valuations are assumed subject to error of an order illustrated by the error distribution at the top of the diagram for the 20 blocks with actual values of 4/5 g/t, ie. 10 blocks will still be valued at 4/5 g/t, 4 blocks at 5/6 g/t, 1 at 6/7 g/t etc. If such errors of valuation are imposed on all 58 blocks the overall distribution of ore block estimates will be as shown along the x-axis and the bivariate distribution of estimates vs. actual values will be shown in the body of the diagram. For each grade category along the x-axis the estimated grade for the blocks in the corresponding column will plot on the 45° line AB, whereas the average of the actual values relative to the y-axis will plot approximately along line CD. Line CD is obviously the line of regression of y on x and demonstrates clearly how for example, 3 blocks in the first column with an actual average of 2,83 g/t (2 at 2,5 plus 1 at 3,5) will be valued at between 1 and 2 g/t, ie. undervalued by some 50%.

In the case of lognormally distributed variables such as gold values the same principle will apply but the line of regression will become a curve defined by a formula of the type:

Log (regressed value + a) = k. log (peripheral estimate +a)+b
where b and k are constants, and a is the 3rd parameter for the lognormal distribution where required.

Reference to diagram 1 will also show that such a regressed estimate of an ore block can be regarded as a weighted average of the peripheral estimate and the overall mean value of all the ore blocks. In the formula above this could be demonstrated by

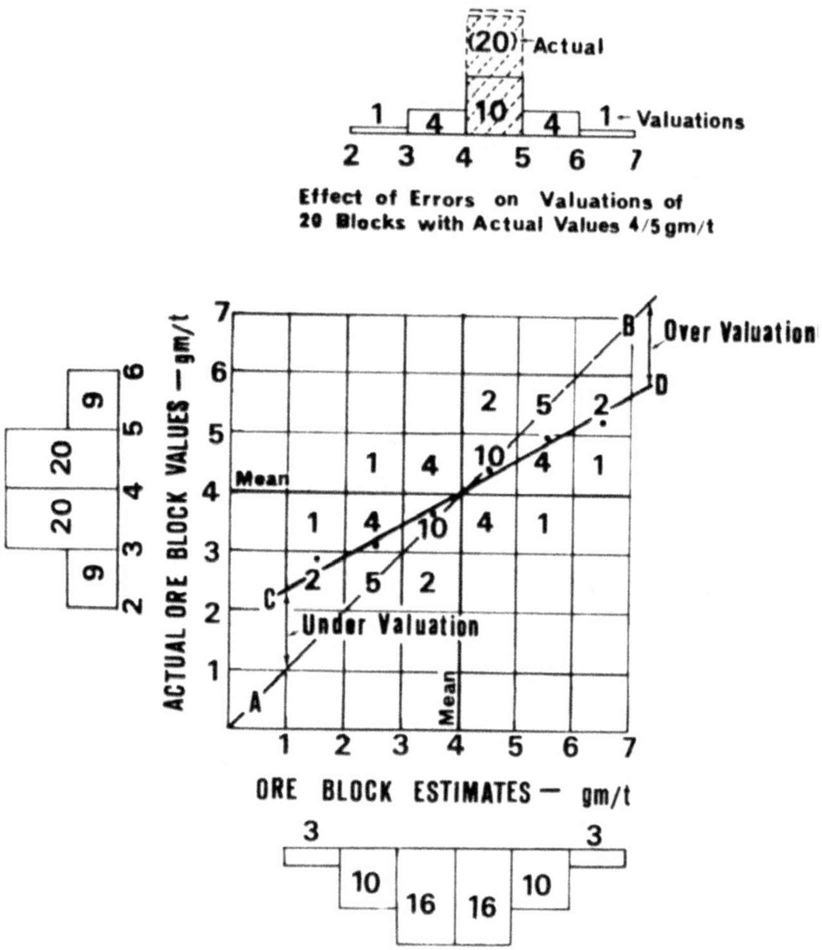

Diagram 1: Relationship between Actual and Estimated Block Values.

replacing the constant b by c. log (mean +a), and k and c would then be the relevant weighting factors.

If the mean of all the oreblocks is seen as the value of a complete peripheral zone or aureole around the oreblock, the regression of block values becomes the first elementary form of the kriging procedure as developed initially by the author and subsequently in its full context by Matheron (Huijbregts and Matheron, 1971).

Parallel with these developments the author did extensive investigations into the covariance and correlation levels between pairs of individual values (and pairs of individual face values) at various distances apart for the two members of each pair (Krige, 1962). This led naturally to the conclusion that the closer together values were the higher the level of correlation between them and hence that in the valuation of an ore block the values outside the periphery will be correlated at progressively lower levels with the actual internal block value as their distances from the block increase, and should, therefore, also carry progressively lower weights. This logic suggested that the efficiency of valuation would be improved by using all available data within, on the periphery of, and outside an ore block on the basis of progressively decreasing relative weights.

The <u>second step</u> in the evolution of the kriging procedure thus involved the introduction of a more local or regional mean, based on areas of about 75 000 sq. metres (Krige and Ueckermann 1963). Such a more local aureole, being based on a large number of available values, could normally be valued reasonably accurately and with the necessary correlations established for data in mined-out sections of the mine, the relative weights to be attached to the peripheral block value, the value of the local aureole and the overall mine average (as a second aureole) could be established and applied to new block valuations. The procedure was in use for some 2 years on a few of the gold mines and proved to be a significant improvement on the straight regression procedure.

The <u>third step</u> in the development of kriging procedures involved further more detailed analyses of large numbers of underground values from several mines. These analyses (Krige, 1966) were conducted on the following basis:

(i) The aim was set at the optimum valuation procedure for a standard size ore block of about 1 000 sq. metres.

(ii) The large numbers of gold values at irregular spacings within mined out areas were condensed in the form of averages within small ore blocks of some 60 sq. metres each, and these were combined again into larger blocks of approximately 250, 1 000 and 4 000 sq. metres.
This was done purely for practical reasons in handling the large numbers of values involved; further marginal improvements can be expected if the data could be used in or as close as possible to its original form and this could now become a practical proposition in view of computer facilities now available.

(iii) Variances of, and two-dimensional covariance patterns between blocks of these various sizes were established in order to calculate the regression weights for the valuation of a 1 000 sq. metre block on the basis of the following data pattern:

(a) the 1 000 sq.m block to be valued divided into 4 potential data blocks of 250 sq. m. each;
(b) a first aureole of twelve 250 sq. m. potential data blocks,
(c) a second aureole of twelve 1 000 sq. m. potential data blocks and
(d) a third aureole of twelve 4 000 sq. m. potential data blocks.

In view of the extreme variability of gold values the fairly wide spacing of individual data points, and the practical need for valuing ore up to 100 m. ahead of exposed ore faces, it was found necessary to consider up to 3 aureoles of increasing size in order to cover where necessary, a total area of up to some 60 000 sq. metres and a distance of some 100 m. from the nearest data. The data blocks actually used for the valuation of any specific 1 000 sq. metre block depends naturally on the pattern of available data; also it was found that two aureoles (or parts thereof) effectively screen off any data outside these aureoles. Furthermore, and again for practical reasons of effort, time and expense, a compromise set of standard weights was determined for each mine or mine section so that the regression constants are not calculated for each available data pattern but are approximated by weighting tables determined and set in advance. Also, in view of theoretical and practical difficulties, the weighting system, although calculated on a logarithmic variance and covariance basis, is applied directly to the untransformed values (Krige, 1966, 1969).

This approach, although not specifically using the variogram as such, is in principle a simplified version of Matheron's kriging system which has been developed by him and his colleagues to a fine art. (Huijbrechts and Matheron, 1971) The author's procedures have been used successfully on the large gold mines of the Anglovaal Group for almost a decade. In recent years various improvements have been incorporated and in essence the system is now based on the following routine:

(i) A complete computerised data base for each mine of all data squares of some 60 sq. metres each, updated at regular intervals,
(ii) the determination of a grid of approximately 30 x 30 metres of kriged values for standard 1 000 m.sq. areas over the whole of the developed portion of the mine,
(iii) value contour plans to represent these kriged values (and copies of which are for example published annually for shareholders in the case of the Hartebeestfontein mine - Krige 1969), and the outlining of oreblocks to be valued

in logical grade ranges using these contours as a guide, followed by

(iv) the integration of the grid of kriged values within each outlined ore block to yield the final tabulations of block values and summary of ore reserves.

The use of a digitiser and modern plotter has greatly facilated these operations. The application of lognormal Kriging is at present under investigation.

8. GEOSTATISTICAL APPLICATIONS AT THE PRIESKA COPPER MINE

During the last 2 to 3 years a comprehensive and integrated set of computer programs has been developed for the calculation of the Prieska mine ore reserves. The system is based on standard kriging procedures (Krige, 1973) for the estimation of grades and specific gravities and requires no further comment. The tonnage estimates depend, however, on hangingwall and footwall definitions of the massive orebody based on economic considerations. The economic outlines of the orebody to be mined thus change as the metal prices and costs of production vary.

The orebody is drilled underground on a grid which yields data points on a somewhat irregular grid. The problem was, therefore, to develop a surface fitting technique which would, in 3 dimensions, closely fit hanging and footwall surfaces to the corresponding data points from the underground boreholes. The physical outline of the orebody is highly variable and the usual computer contouring packages (such as GPCP)* gave anomalous results in local areas. Similarly normal kriging procedures proved unsatisfactory and consequently a modified and simplified version of universal kriging was developed and proved successful (Krige and Rendu, 1975). The system covers essentially the fitting of a plane to an aureole of up to 8 data points around each grid point to be valued, and kriging of the residuals. This is done on a regular grid of 3 m. x 3 m. and the grid values are then contoured using a standard contouring package. The results not only provide the basis for integration of the difference between the two surfaces for tonnage determinations, but also for the plotting of sections through the orebody along any specified plane in order to plan the drilling of blastholes to ensure maximum extraction of economic ore with a minimum of dilution from uneconomic ore and/or waste.

---

* See CALCOMP user's manual, April 1971.

9. CONCLUSION

Mine valuation procedures and more particularly those based on a geostatistical approach have made substantial progress over the last 2 to 3 decades. The main South African contributions to this progress have been reviewed in this paper and it is hoped that progress will continue in future for example in fields such as lognormal kriging, possibly after fitting surfaces over local areas first, limits of error for the variogram function, the introduction of Bayesian concepts etc. The author is indebted to Anglo-Transvaal Consolidated Investment Company Limited for permission to publish this paper.

REFERENCES

HUIJBREGTS, C. and MATHERON, G. (1971). Universal Kriging, Canadian Institute Mining Metallurgy, special Vol. 12, 1971, pp. 159/169.

KRIGE, D.G. (1951): A statistical approach to some basic mine valuation problems on the Witwatersrand, Journal Chemical Metallurgical and Mining Society South Africa, Vol. 52, pp. 119, 201, 264; Vol. 53 pp 25, 255, 1951/2.

KRIGE, D.G. (1952): A statistical analysis of some of the borehole values in the Orange Free State goldfields, Journal Chemical Metallurgical and Mining Society, S. Africa Vol. 53, p. 47.

KRIGE, D.G. (1961a): On the departure of ore value distribution from the lognormal model in South African Gold mines, Journal S. African Institute Mining and Metallurgy, Vol. 61 pp. 231, 333; Vol. 62 p. 63.

KRIGE, D.G. (1961b): Developments in the valuation of gold mining properties from borehole results, Seventh Commonwealth Mining and Metallurgy Congress, South Africa, 1961.

KRIGE, D.G. (1962): Effective pay limits for selective mining; Economic aspects of stoping through unpayable ore, Journal S. African Institute Mining and Metallurgy, Vol. 62 pp. 345, 3(

KRIGE, D.G. and UECKERMANN, H.J. (1963): Value contours and improved regression techniques for ore reserve valuations, Journal S. African Institute Mining Metallurgy, Vol. 63 p 429.

KRIGE D.G. (1966): Two-dimensional weighted moving average trend surfaces for ore valuation, Journal S. African Institute Mining Metallurgy, special symposium vol. p 13, March 1966.

KRIGE, D.G., WATSON, M.I., OBERHOLZER, W.J., DU TOIT, S.R., (1969): The use of contour surfaces as predictive models for ore values, A decade of Digital Computing in the Mineral Industry, S.A.I.M.E., Port City Press, Baltimore, 1969, pp. 127/161.

KRIGE, D.G. (1970): The development of statistical models for gold ore valuation in South Africa, Sixth International Mining Congress, Madrid, 1970.

KRIGE, D.G. (1973): Computer applications in investment analysis ore valuation and planning for the Prieska Copper mine, 11th Symposium on computer applications in the mineral industries, Tucson, Arizona, April 1973.

KRIGE, D.G. and RENDU, J.M. (1975): The fitting of contour surfaces to hanging and footwall data for an irregular ore body, 13th Symposium on Computer applications in the mineral industries, Clausthal-Zellerfeld, West Germany, Oct. 1975.

ROSS, F.W.J. (1950): The development and some practical applications of Statistical value distribution theory for the Witwatersrand auriferous deposits, unpublished Master's thesis University Witwatersrand, 1950.

SICHEL, H.S. (1947): An experimental and theoretical investigation of bias error in mine sampling with special reference to narrow gold reefs, Transactions Institute Mining and Metallurgy, London, Vol. 56 p. 403.

SICHEL, H.S. (1966): The estimation of means and associated confidence limits for small samples from lognormal populations, Journal of S. African Institute of Mining and Metallurgy, special symposium volume, March 1966, pp. 106/123.

STORRAR, C.D. (1966): Ore valuation procedures in the Gold Fields Group, Journal S. African Institute of Mining and Metallurgy, special symposium volume, p. 276, March 1966.

TRUSCOTT, S.J. (1929): The computation of the probable value of ore reserves from assay results, Transactions Institute Mining and Metallurgy, London, Vol. 39.

WATERMEYER, G.A. (1919): Application of the theory of probability in the determination of ore reserves, Journal Chemical Metallurgical and Mining Society S. Africa, Vol 19, Jan. 1919.

THE POTENTIAL OF GEOSTATISTICS IN THE DEVELOPMENT OF MINING

R.W. Rutledge

172 Burns Road, Turramurra, N.S.W. 2074.
Australia.

Why is geostatistics not more widely used as a practical approach to the problems of ore reserve evaluation and mine operation? The results of the use of any mathematical or statistical technique in any field of application are only as good as the model or hypothesis on which the technique is based. The implications of this fundamental proposition are clearly not widely enough understood in ore reserve estimation or mine planning. As a result, unsound or inefficient methods are far too frequently recommended in textbooks and papers, and far too frequently used by practicing geologists and engineers. This appears to be the main reason for the neglect of geostatistics. The power of the geostatistical models in the estimation of mineral resources is not understood. These themes are expanded and illustrated and an attempt is made to develop solutions to the difficulties mentioned. The paper is set out in six sections: (1) Introduction: the objectives of the paper; (2) Geostatistics: the Australian scene; (3) Reasons for the neglect of geostatistics; (4) An outline of a cost-benefit analysis of the geostatistical approach; (5) An outline of an educational program in geostatistics; (6) Some comments on public policy and the measurement of resources.

1. Introduction: the objectives of this paper

Ore reserve computations are made to determine the quantity, grade and location of economically recoverable valuable minerals. However, the estimation of ore reserves and of the grade of blocks of ore is characterised by a lack of precision that seems to be generally accepted by the mineral industry but which would hardly be tolerated in any other branch of applied science.

A report issued in 1972 by a Joint Committee on Ore Reserves set up by the Australasian Institute of Mining and Metallurgy and the

M. Guarascio et al. (eds.), Advanced Geostatistics in the Mining Industry, 295-311.

Australian Mining Industry Council [44] gave definitions, closely following those recommended by the Committee of the Society of Economic Geologists in 1956, of "proved ore reserves", "probable ore reserves" and "possible ore"; and further definitions, followi those adopted by the U.S. Bureau of Mines in 1943, of "measured ore reserves", "indicated ore reserves" and "inferred ore". These definitions clearly indicate the absence of objective measures of precision.

In 1966, Krige [25] remarked that "the need for improved ore valuation techniques is not fully recognized throughout the gold mining industry, probably because the order of errors committed in the valuation of ore blocks and/or working stope faces, and the overall effect of such errors on the mine's profits, are not appreciated".

In view of the importance of more precise measurement in this area this paper has three objectives. The first is to determine the reasons why geostatistics is not widely used in Australia. The second is to demonstrate the power of the geostatistical models a analytical tools, with particular reference to the Australian scen The third is to propose some courses of action which will, hopefu remove the barriers to the wider use of geostatistics. Although the paper draws heavily upon the Australian scene, it is hoped th the conclusions will be of general interest. I stress that the views expressed are personal ones only: I have no authority to sp for Australian industry, or for any part of it.

2. Geostatistics: the Australian scene

Although some Australian mining companies have been sufficiently interested to send officers to attend the Fontainebleau courses r by Professor Matheron, Australian industry is still firmly attach to the "conventional" methods for estimating mineral reserves and the grades to be assigned to blocks of ore. Although there is some awareness of, and interest in, geostatistics, any applicatio have been peripheral. When I talked to friends in, say, the ABC Company, I was told: "we are interested in geostatistics; we have calculated some variograms, and done some estimating. But the people who have really made extensive use of geostatistics are the DEF Company". And, on talking to the DEF people, I would get much the same comment, referring me to the GHI Company. The Australian Mineral Development Laboratories (AMDEL), which is an important industry-supported research organization, has sponsored visits and lectures by geostatisticians, and has done much to spread the message, but the methods it appears to use and recomme for practical work are based on conventional methods. I have been told that research is believed to have established that, in many cases, conventional methods are "as good as" more complicate methods based on a geostatistical approach. This impression is quite widespread.

At Government level, the Bureau of Mineral Resources does not, officially, seem aware of geostatistical ideas or methods. Within the Commonwealth Scientific and Industrial Research Organization (CSIRO), the major research organization in the country, there are a few individuals working in, or interested in, geostatistics, but their work does not appear to have had major industrial impact as yet.

As far as education is concerned, I have found only two tertiary institutions which offer courses on geostatistics, namely, the School of Earth Sciences at Macquarie University, and the Department of Economic Geology at the University of Adelaide. The impact of these courses on geologists and mining engineers is hard to assess. Certainly, the conventional methods, based, for example, on Truscott [39], McKinstry [26] and Baxter and Parks [4] are still widely taught.

3. Reasons for the neglect of geostatistics

The major reason for a lack of interest in geostatistics in Australia is, in my view, the stereotyped approach to ore reserve estimation and block grade estimation which is part of the stock-in-trade of geologists and mining engineers. Their approach appears to be essentially a cook-book approach: "give me a formula, and show me how to use it" is what they seem to say. A variant on this is: "give me a computer program, and show me how to use it". It is,however, clear that before the geostatistical approach can be made routine, it must be thoroughly understood. To acquire this understanding calls for some hard thinking and takes time. We cannot expect busy people to spend time and effort understanding a new approach unless they have some incentive to do so. Hence, a major reason for lack of activity in this area is the absence of a cost-benefit analysis that takes into account all the costs, and all the benefits, of the geostatistical approach. I do not claim to be able to produce such an analysis, but I am prepared to try to point the way in the hope that more experienced and able people will finish the job. Such an analysis would help the practical geologists and mining engineers to decide about the merits of the geostatistical approach. Another major reason for the neglect of geostatistics is the absence of widespread facilities for learning about the geostatistical models and for applying this knowledge in a straightforward way. Educational facilities are underdeveloped. In addition, there is the natural human reluctance to abandon methods which have proved satisfactory in favour of new methods, even when these new methods are believed to be more powerful, and even when there is a financial incentive to make the change. To overcome this inertia, it may be necessary to apply the stick of government policy as well as the carrots of financial incentive.

4. An outline of a cost-benefit analysis of the geostatistical approach.

4.1 A survey of conventional methods of ore reserve and block estimation.

A cost-benefit analysis of the geostatistical approach must start with a consideration of the conventional methods of ore reserve estimation and block estimation. These methods serve as the benchmark for our evaluation.

At the risk of boring you with information with which you are familiar, I will state my understanding of the conventional method In preparing the account which follows, I have relied principally on Popoff [35] but I have also used the textbooks currently relied upon in some Australian tertiary institutions, namely, Baxter and Parks [4] , Truscott [39] and McKinstry [26]. I am also indebted to Mr. L.C. Noakes of the Australian Bureau of Mineral Resources for a copy of a booklet entitled "Interpretation of mineral exploration reports" [45].

According to Popoff, conventional methods may be described as follows:

Homogeneous regions are determined and values are assigned on the basis of judgement and experience. A geological block may be the entire mineral deposit, or a relatively small part of it. "Factors" or grade values are determined from exploratory data, spot sampling, production data, or data from other parts of the same deposit. The data may be extended to the blocks or regions by the "rules of gradual change, or nearest points", or by "generalization", or by "analogy". "Analogy" is the procedure whereby partial resemblances are judged to "imply further similari

The so-called "method of isolines" involves drawing iso-grade or iso-thickness contours to describe the ore-body, and measuring the areas between the isolines. The method depends a great deal on th judgement of the person drawing the contours.

The two so-called "analytical methods" are the method of triangles and the method of polygons. In the method of triangles all drill holes are connected by straight lines and the region is divided in triangles. Popoff points out that there are biases in the triangu method, due to the fact that the manner of dividing the area into triangles, and the manner of forming triangular prisms (in looking at a three dimensional region), are arbitrary. It has been suggested that each corner grade be weighted by its distance from some central point other than the centre of gravity - e.g. the orthocentre, or the centre of the inscribed or the circumscribed circle . The method of polygons is based on the assumption that the "influence" of a sample extends halfway to the "next" sample.

The procedure is to draw lines joining every pair of neighbouring holes, and to construct the perpendicular bisectors of these lines. Where these bisectors intersect defines the corners of a polygon around each drill hole. Each polygon is assumed to have the properties of the drill hole which it contains.

This completes an account of the conventional methods, based on Popoff's paper.

Another frequently used conventional method should be mentioned. This is distance weighting to estimate the value of a block of ore surrounded by drill holes at various distances, in which it is assumed that the observed value at a distance d from a point or block in which we are interested should be weighted according to some function of d. Popular choices for such functions are α/d, α/d^2, $\alpha \exp(-\beta d)$, or $\alpha \exp(-\beta d^2)$, where α and β are suitably chosen parameters.

Another approach to ore reserve estimation that is sometimes used is the following [45]. The drill holes are examined and an outline of the ore body is drawn on the basis of the holes that show economic grades. The grades associated with the economic holes are averaged, and this average is applied to the ore body as a whole. The tonnage is estimated independently from geometric considerations.

This sketch would not be complete without reference to the treatment of what are referred to in the literature as "abnormal assays". The following quotations from Baxter and Parks [4] will illustrate the position: "Any cut and try procedure such as sampling is liable to error; the samples may skip a lean or rich spot or they may, by chance, hit only the lean or only the rich spots.... Some few samples may vary from the mass in such a manner as to be conspicuously high or conspicuously low. These are abnormal samples.. ..The usual procedure is either to ignore them in computing averages or else to raise or reduce the conspicuous samples to the average of the surrounding points. ...Such manipulation demands analysis of the situation on the part of the engineer. He must first of all be certain that the samples really are abnormal or erratic and then decide what, in all probability,they should have assayed". McKinstry [26] includes a lengthy discussion of methods of weighting high or low assays in calculating averages.

4.2 A critique of the conventional methods

A first reaction on looking at the conventional methods is one of amazement that so much hard work should have been done without anyone (it would appear) asking a statistician for comments and advice. Interdisciplinary communication seems to have been totally inadequate. A critique of the conventional methods is not too difficult a task. The inadequacies of the methods are well-known, and no attempt has been made by their proponents to conceal these inadequacies. There are three fundamental objections to the conventional methods. Firstly, the procedures for assigning value to the chunks of ore body are quite arbitrary and without a sound theoretical basis. The so-called "principle of gradual change" and the "rule of nearest points" are an appeal to mysticism, not science. As Hazen [12] has pointed out, in using the polygonal, triangular and cross-sectional methods, "no consideration is given to the mineralization which actually exists between the drill hole The methods are a function of geometry, which simplifies the calculations. They are not a function of the mineralization that the methods propose to predict". Secondly, the procedures can be biased, and there is no way of ensuring that they are free of bias. For example, referring to the method of triangles, Baxte and Parks [4] comment that "particular care must be taken to avoid placing undue emphasis on any hole by centering too many triangles about it". Thirdly, the estimating procedures do not usually incl a method of determining the precision of the estimate, or, if they do, the precision is incorrectly calculated. The Australian Government booklet, "Interpretation of mineral exploration reports [45] remarks that "it is difficult to see how anybody can put a figure on the accuracy except in a purely subjective way, that is, as a matter of opinion".

As regards the weighting of drill hole data by means of an arbitra distance function, this procedure merely formalizes the mystical principle of gradual change. Moreover, it assumes that the observations are independent, and this erroneous assumption means that observations made close together are given too much weight.

Contouring methods based on the fitting of arbitrary mathematical functions by least squares produce absurd results in practice, as is well-known to anyone who has tried to use such methods. The reason for this sterility is that these methods are not based on an adequate model of the process that gives rise to what is obser in the ore body [3,47].

Strong criticism must be reserved for those who computerize procedures before making sure that the procedures are soundly bas In one paper on computer methods in geology [46] the authors stat that "the growing use of computers in the geological sciences has caused geologists to become aware of the mathematical relationshi of geological variables". If this is so, then it is high time th geologists stopped putting the cart before the horse, and curbed their uncritical admiration of computer pyrotechnics.

I next refer briefly to the procedure in which a sample of drill holes is taken over a region of interest, and examined to see wha holes show waste and what ones show economic ore. If all the res are averaged they should yield an unbiased estimate of the averag grade in the whole region sampled. The work of Quenouille [36]

Cochran [7] and Matérn [27] should be consulted to determine the variance of the overall grade estimate; this variance will depend on the way the sampling was carried out, and on the extent of serial correlation present. The practice, however, is frequently adopted of using the results of the sample to draw an area around the economic drill holes, to call this the ore-body, and to discard the waste holes. The economic holes, or those inside the delineated region, are averaged and a variance calculated. It seems to me that this procedure must produce biased results. If the outline of the ore-body is clear, and the boundary between the economic and waste holes is well defined, the bias is probably small. But at the other extreme, when the economic holes and the waste holes are distributed randomly through the region, any attempt to pick and choose is clearly illegitimate, and the bias involved in taking only the economic holes is serious. Intuitively, the test to be applied to the sample data to tell us when it is "safe" to treat the results as indicative of a structure in the region, will depend on the serial correlation between the samples. Jowett [19,20] has developed some tests of this kind, but these are not always easy to apply. However, it is in this work of Jowett's that we approach most closely to the systematic use of the geostatistical models developed by Matheron and his colleagues.

Finally, it comes as somewhat of a shock to learn that in 1975, university students are being taught from textbooks that sampling is a "cut and try procedure" and that it is legitimate for a person of sufficient experience to manipulate assay results.

4.3 The geostatistical models

We have come to the conclusion that the conventional methods are inadequate because they are based on rules of thumb and not on an appropriate analysis of the phenomena under consideration.

What is the basis for an "appropriate analysis?" Unless the scientist has a well defined and realistic model of the actual process he is studying, his analysis is likely to be abortive. The proposition I wish to put is that in geological and mining work, as in any branch of scientific inquiry, the primary need is to understand the phenomena, to make sure that the appropriate model is used to describe the phenomena, and that the conditions for the application of particular mathematical and statistical theorems are satisfied before the theorems are applied. The indiscriminate and arbitrary use of mathematical results and methods is very dangerous, simply because in the real world the conditions which must be met if the methods are valid, are not always met. In the analysis of data, we should avoid any merely mechanical or "cook-book" approach. This theme is developed more fully elsewhere [38].

We are indebted to Georges Matheron for the "geostatistical models". Essentially, Matheron's approach is as follows: (a) He assumes first of all, that there is "local stationarity" in the variables of interest. (b) He uses the semivariogram (which I will define) to measure local serial correlation. (c) He uses the estimates of serial correlation found in this way to calculate the variance of estimates of the values of geological or mining variables of inte (d) He uses the variances to calculate minimum variance, unbiased linear estimates of the values of blocks or panels within the ore body. (e) In the course of these analyses, he derives expressions for the variance of area estimates, and for the variance of diffe sampling patterns. (f) Finally, he relaxes the assumption of "loca stationarity", and allows for the existence of a slowly moving tre in the ore body. He takes this trend into account in computing the linear, unbiased, minimum-variance estimates of the values of bloc or panels in the body.

Matheron's first, simple model is that of a second order stationa stochastic process in which Z(x), the value of the variable of interest at point x is given by $Z(x) = \mu + \varepsilon(x)$ where μ is a const over the whole region (and hence independent of x) and the epsilo are distributed with zero mean, and a constant variance, and thei covariance, cov $(\varepsilon_1, \varepsilon_2)$, depends only on the distance h $(|x_1 - x_2$ which separates the points. We may also consider the differences $Z(x_1) - Z(x_2)$. The model may be restated in terms of this difference for all x's. The expectation of this difference will be zero, and the variogram function

$$\gamma(h) = 0.5\ E\{Z(x_1) - Z(x_2)\}^2$$

may be used to study the region.

In the second model, the deterministic part of Z(x), i.e. μ is no assumed to be constant, but is allowed to vary slowly over any sm part of the region. This movement in μ is called the "trend" or (as Matheron prefers) the "drift", and greatly complicates the analysis.

There were a few earlier workers whose thoughts were moving along somewhat similar lines to those of Matheron. For example, Vistel [40] pointed out that most geological phenomena were stochastic processes, and Whittle [41] and Heine [13], in papers published i "Biometrika" between 1954 and 1956, considered autocorrelated stationary processes in two dimensions and studied the properties of several types of model. (Agterberg [2], reviewed Whittle's papers in 1970 and considered geological applications of his work

Jowett [21,23] made some penetrating studies of local variation in stationary and smoothly hetermorphic stochastic series. He points out that the "sampling properties, and notably the standar errors, of statistics constructed from local comparisons of terms of stationary normal stochastic series were approximately deducib from the short term variational properties of the series themselves. In making practical use of such statistics, it is not necessary to know the mean, variance, or serial correlations of the series, all of which are dependent on the long-term variational properties of the series; it suffices to know the values of the serial and lag variation functions for short lags, i.e. the mean semi-squared differences of terms in the series separated by distances which are short.

This principle is important because in many practical applications the stretches of series which constitute the data are much too short to provide accurate and unbiased estimates of long-term variational properties, whereas accurate and unbiased estimates of the lag variation functions for short lags can be obtained even, say, by combining evidence from short scraps of series having the same variational properties, but different means". He remarks, further, that "long-term serial variation parameters are effectively differenced away by operations involved in the sampling formulae". Hence, he questions whether the application of these techniques and results need be confined to long-term stationary processes. He shows that provided certain smoothness assumptions hold, the assumption of stationarity may be dropped. He establishes the precise conditions under which stationarity is not important, and makes quite precise the idea of smooth variation by defining a process which he calls smoothly heteromorphic. He recommends the term local homomorphy instead of local stationarity. An important result of Jowett's work is that the assumption of stationarity is a robust one and that smoothly heteromorphic departures from stationarity do not matter in practice. "The practicing statistician would usually be content to assume smooth heteromorphy in the absence of conspicuous evidence against it".

Notwithstanding this earlier work, it was the outstanding achievement of Matheron independently to discover the geostatistical models, and to build soundly upon them a tremendous superstructure of theory and practice. It was Matheron and his colleagues who took the theory out of the academic world and put usable results into the hands of the practicising geologists and mining engineers. The work of Jowett is mentioned simply to help those of us who have come to this area from a background of Anglo-American statistics feel more at home with Matheron's work: it cannot detract from the achievements of the Fontainebleau school.

4.4 The "benefits" of the geostatistical models

It will be remembered that I am trying to present an outline of a cost-benefit analysis of the geostatistical approach. The purpose of this section is to summarize briefly what the geostatistical models have to offer, together with references to full accounts of the work.

4.4.1 The variogram. Matheron [28,29,30] and his colleagues identify several types of variogram, characterized by the behaviou of the function near the origin. Behaviour near the origin is important because although the model assumes stationarity, we can only rely on local stationarity. In other words, the variogram averages local behaviour over the whole region of interest. Furth a variogram may be calculated for any variable of interest, e.g. grade, thickness of deposit, accumulation (i.e. grade times thickn impurity level, depth of overburden, and so on. A great deal can learned about the structure of a region from the variogram.

4.4.2 Area estimation. An unbiased method is provided for estimating the area of an ore body, and an objective, though approximate, method of determining the precision of this estimate is given [28,29].

4.4.3 Estimation and extension variances. Methods are provided, based on the variogram, which determine the precision of an estima of grade (or other quantity of interest). It is shown how differe methods of carving up an ore body require different procedures in arriving at estimates and their variances, but that these estimate and variances are independent of the procedure adopted. [28,29,30]

4.4.4 Kriging. Methods are provided, based on the variogram, for determining minimum-variance unbiased estimates of the value of a grade at a point, or in a region, of an ore body [28,29,30,14,15].

4.4.5 Application of kriging to decision-making. A kriging analy will enable the mining engineer or geologist to answer such questi as: "where is the best place for another drilling?", or "what is t effect of additional drilling information on the estimates I now have?" [9,37,5,6].

4.4.6 Contouring. Point kriging will enable an unbiased, minimum variance contour map of an area to be drawn. Such a map is free c the objectionable features of least square fits of arbitrary functions [47].

4.4.7 Selective mining and the grade tonnage relationships. Krigi procedures can be used to provide estimates of the grades of minin blocks for detailed day-to-day planning.[8,17,9,48].

4.4.8 Conditional simulation. A procedure, "conditional simulati is available to produce an uncertainty map of the ore body, for us in detailed mine planning [18].

4.4.9 A priori variograms. Although this idea does not seem to have been developed in the geostatistical literature, it appears that we may be able to build up a "library" of variograms on the basis of long and detailed experience of various types of ore body

If such a library were available, we should be able to say, on the basis of preliminary sampling and general geological and mining experience with similar ore bodies, that the variograms in specified directions through a new ore body were probably of such and such a form, with such and such parameters. This quantitative crystallization of experience could be combined with more extensive sampling using statistical decision theory to produce efficient estimating procedures, perhaps more cheaply than would be possible without the à priori information. Another possible approach might be to assume ore bodies subject to various stochastic models, with various trends, autocorrelations, and geometric patterns, and to compute the corresponding variograms. Any information about the taxonomy of variograms would eventually be useful. Hazen had something like this in mind when he tabulated data on the area of influence of an assay for various deposits [16,11,12].

4.4.10 Application of a broad range of mathematical and statistical techniques to mining problems. The firm statistical basis provided by the geostatistical approach makes it possible to apply with confidence the methods of statistical decision theory, risk analysis, and dynamic and stochastic programming, where appropriate, to mining problems.

These "benefits" appear substantial. It is, however, not part of my case to attempt to value them.

4.5 The "costs" of the geostatistical models.

The principal "costs" of the geostatistical approach appear to be as follows:

4.5.1 It may be difficult to get enough data. That this may be a difficulty with the geostatistical approach appears to confirm that users of other methods are deluding themselves if they draw conclusions from data which are insufficient to show any structure in the ore body. The use of à priori variograms, mentioned earlier, may be worth considering in situations in which data are initially insufficient.

4.5.2 It may be difficult to fit an experimental variogram. Fitting a model to an experimental variogram appears to be largely a matter of experience. There is insufficient published work on this matter to provide any formal guidelines at this stage.

4.5.3 It may be difficult to decide whether drift is present and needs to be allowed for. Once again, whether to use universal kriging is a matter of experience. If the behaviour of the variogram is parabolic close to the origin, then there is a trend which must be removed by universal kriging. Otherwise, universal kriging is probably not necessary. A series of sensitivity analyses of actual cases could, perhaps, provide guidelines. Perhaps such guidelines are available in the unpublished case studies of the Centre de Morphologie Mathématique.

4.5.4 A geostatistical evaluation may be lengthy and time-consuming. Whether or not this is a real difficulty can only be decided when geostatistical theory, practical results, tables, and aids to calculation such as computer programs, are readily available to, and in a form easily understood by, the many English-speaking geologists and mining engineers.

To sum up, it appears that the difficulties that have been mentione could be removed by more discussion and understanding of geostatistical theory, and by more experience with geostatistical practice. This leads me directly to my next topic.

5. An outline of an educational program in geostatistics.

When I heard of the publication of Agterberg's "Geomathematics" [1], I was sure that, at last, we had a textbook in English that would do justice to the geostatistical models and theory. I was greatly disappointed. The basic ideas, that statistics is the science of uncertain inference, that the statistician's task is to draw conclusions from samples and surveys, do not come through at all to a reader of this book. Although Agterberg quotes Chamberlin's caveat that there is "no beguilement more insidious and dangerous than an elaborate and elegant mathematical process built upon unfortified premises", his treatment of geological model and of scientific method in geology is inadequate.

If I may speculate on the structure of a textbook on geostatistics that one could place in the hands of geologists and mining enginee I think that such a book would look something like this: there woul be a section on the conventional methods, pointing out the inadequacies of these methods; there would be a section on samplin referring to the work of people like Cochran, Quenouille, and othe and pointing out the problems arising in sampling in two and three dimensions; this should include a section on the sampling investigations of Krige, the problems he was tackling, and the solutions he proposed; the discussion of sampling would lead naturally to a discussion of the fundamentals of statistics, and t idea of a model; this would lead naturally to the consideration of the kinds of mathematical model appropriate to geological phenomen and of geological phenomena as realisations of stationary stochast processes; this would open up a discussion of stationary stochasti processes, of the ideas of people such as Jowett, Heine, and Whitt and finally of the ideas of Matheron; there should follow the development of the first geostatistical model (without drift),the variogram, the covariance function, the geometric covariogram, and the notion of "support"; at this stage the practical determination of variograms should be introduced, with many examples, and with a discussion of what the variogram tells about the physical structur of a region, and the presence or absence of isotropy; there should follow a discussion of the ideas of estimation and extension variance, illustrated by practical examples; the next topics should be kriging and its application to exploration decisions, to contouring, to estimation, to selective mining and mine planning, (including a section on conditional simulation) all illustrated by detailed practical examples; the next topic should be the problem of "drift", how it can be recognized in the variogram, and how it can be handled by universal kriging; there should be sections on any special topics that require a fuller treatment; there should be a section summarizing the formulae derived from the theory, and providing aids to calculation (e.g. nomograms, tables, graphs, and computer programs); and finally, there should be a section giving complete case-histories to illustrate the problems that would have to be tackled in the field, and the points at which the judgement of the geologist or mining engineer was required.

This account is a speculative outline only, and would need to be enlarged and made more precise by taking into account the experience and ideas of those who have made major contributions to the theory and practice of geostatistics. Two points do need a great deal of emphasis. The presentation of theory must be crystal clear, with the simplest possible notation, and without any explanatory gaps. The presentation of practical examples and of case-studies must make the way the theory is used completely clear. I am sure that the considerable effort needed to prepare examples and case-studies for publication, to ensure that they fully and clearly illustrate the points to be made, without revealing confidential or proprietary data, would be well worthwhile.

6. Some comments on public policy and the measurement of resources.

Attention has been drawn to the lack of precision in the terms used to describe mineral resources, and to the inadequacies in the conventional methods of estimating these resources. This situation has two important implications for public policy.

In the first place, I am sure that, in the future, increasing pressure will be put on public companies and stock exchanges to make more precise and meaningful statements about mineral resources than are at present made in published reports. I am sure that the day is coming when, in the public interest, stock exchanges will require the production of a statistician's certificate giving confidence limits for ore reserves, and commenting on such matters as drilling patterns and sampling methods. I would hope that such a procedure would reduce the likelihood of ore deposits vanishing overnight with investors' funds.

In the second place, public and governmental concern at the depletion of the resources of the planet is bound to lead to pressures to improve methods of measuring resources, and to improved methods of recovering minerals. On this point, the Acting Director of the Australian Bureau of Mineral Resources has recently stated

[33]:"There are many areas in Australia in which mineral exploration obviously calls for improved methods and equipment and for better appreciation of the genesis of mineral deposits. Further breakthroughs in fields of mineral discovery, which will be needed before the end of this century, may largely depend on the effort and the funds allocated to research and exploration. Moreover, an effective mineral industry demands not only efficient exploration and development but also increasing sophistication in the management of known deposits, with the goal of more closely approaching the optimum use of the nation's mineral resources". (My underlining).

It seems to me almost self-evident - leaving aside environmental impact problems - that a national policy about resource utilisation will eventually insist that resources are measured as accurately as possible, and that resources are exploited as efficiently as possib It follows that the harsh realities of life in the last quarter of the 20th century will provide some pressures to reinforce the financial incentives in persuading mining engineers and geologists to use more science and less mysticism in their estimating.

REFERENCES

[1] Agterberg, F.P.: "Geomathematics", Elsevier, 1974.
[2] Agterberg, F.P.: "Autocorrelation functions in geology", in reference [31], pp 113-141.
[3] Anderssen, R.S.: "Note on the fitting of non-equispaced, two dimensional data", Geoexploration, 1970, 8, 41-48.
[4] Baxter, C.H. & Parks R.D.: "Examination and Valuation of Mineral Property" Fourth edition, 1957, by R.D. Parks; Addison Wesley.
[5] Brooker, P.I.: "Optimal block estimation by kriging", Proc. Aust. Ind. Min. Metall., No. 253, March 1975, pp. 15-19.

[6] Brooker, P.I.: "Avoiding unnecessary drilling", Proc. Aust. Inst. Min. Metall., No. 253, March 1975. pp. 21-23.

[7] Cochran, W.G.: "Relative accuracy of systematic and stratified random samples for a certain class of populations", Annals of Mathematical Statistics, 1946, 17, 164-177.

[8] David, M.: "Grade-tonnage curve: use and misuse in ore reserve estimation", Trans. Inst. Min. Metall., 81, (1972) A129-132.

[9] Dowd, Peter: "Mine planning and ore reserve estimation with the aid of a digigraphic console display", C.I.M. Bulletin, Februar 1975, pp. 39-43.

[10] Hazen, S.W. Jr.: "Statistical analysis of sample data for estimating ore", U.S. Department of the Interior, Bureau of Mines R.I. 5835, (1961).

[11] Hazen, S.W. Jr.: "Assigning an area of influence for an assay obtained in mine sampling", U.S. Department of the Interior, Bureau of Mines, R.I. 6955, (1967).

[12] Hazen, S.W. Jr.: "Ore reserve calculations", in Reference [42] pp. 11-32.

[13] Heine, V.: "Models for two dimensional stationary stochastic processes", Biometrika, 1955, 42, 170-178.

[14] Huijbregts, Ch.: "Kriging", Centre de Morphologie Mathématique, Fontainebleau, Report N335, June 1973.

[15] Huijbregts, C. and Matheron, G.: "Universal kriging (an optimal method for estimating and contouring in trend analysis)", Paper on pages 159-169 of Reference [43].

[16] Journel, A.G.: "From geological reconnaissance to exploitation", Centre de Morphologie Mathématique, Fontainebleau, Report N340, August 1973.

[17] Journel, A.G.: "Grades fluctuations at various scales of a mine output", Centre de Morphologie Mathématique, Fontainebleau, Report N348, October 1973.

[18] Journel, A.G.: "Geostatistics for conditional simulation of ore bodies", Economic Geology, 1974, 69, 673-687.

[19] Jowett, G.H.: "The accuracy of systematic sampling from conveyor belts", App. Statistics, 1952, 1, 50-59.

[20] Jowett, G.H.: "Multiple regression between variables measured at the points of a plane sheet", Applied Statistics, (1955), 4, 80-89.

[21] Jowett, G.H.: "Sampling properties of local statistics in stationary stochastic series", Biometrika, 1955, 42, 160-169.

[22] Jowett, G.H.: "Least squares regression for trend-reduced time series", J. Roy Stat. Soc., 1955, 17B, 91-104.

[23] Jowett, G.H.: "Statistical analysis using local properties of smoothly heteromorphic stochastic series", Biometrika, 1957, 44, 454-463.

[24] Krige, D.G.: "Statistical applications in mine valuation", J. Inst. of Mine Surveyors of South Africa, 1962, 12, 1-82.

[25] Krige, D.G.: "Two dimensional weighted moving average trend surfaces for ore valuation", 1966, Journal of the S.A. Institute of Mining and Metallurgy, March 1966, 13-79.

[26] McKinstry, H.E.: "Mining geology", Prentice-Hall, Inc. 1948.

[27] Matérn, B.: "Spatial variation" 1960, Meddelanden Fran Statens Skogsforskningsinstitut.

[28] Matheron, G.: "Les variables régionalisées et leur estimation", Masson et Cie, Paris, 1965.

[29] Matheron, G.: "The theory of regionalized variables and its applications", No. 5, Les Cahiers du Centre de Morphologie

Mathématique de Fontainebleau, Ecole Nationale Supérieure des Mines de Paris, 1971.

[30] Matheron, G.: "Principles of geostatistics", Economic Geology, 1963, 58, 1246-1266.

[31] Merriam, D.F. (ed): "Geostatistics", Plenum Press, 1970.

[32] Noakes, L.C.: "Mineral conservation in Australia - a preliminary analysis", Quart. Rev. of the Bureau of Mineral Resources, Geology and Geophysics, 25, No. 2, 43-64, Canberra, 1972.

[33] Noakes, L.C.: "Mineral resources of Australia", Search 5, No. 1-2, Jan-Feb 1974, 11-16.

[34] O'Brian D.T. & Weiss, A.: "Practical aspects of computer methods in ore reserve analysis", in Reference [42]. pp. 109-113.

[35] Popoff, C.C.: "Computing reserves of mineral deposits: principles and conventional methods", U.S. Department of the Interior, Bureau of Mines. I.C. 8283, 1966.

[36] Quenouille, M.H.: "Problems in plane sampling", Annals of Mathematical Statistics", 1949, 20, 355-375.

[37] Rendu, J.M.: "Some applications of geostatistics to decision-making in exploration", pages 175-184 of Reference [41].

[38] Rutledge, R.W.: "Geostatistics: a survey", Invited paper presented to Section 8, A.N.Z.A.A.S., August 1973.

[39] Truscott, S.J.: "Mine economics", Third edition, 1962, re-printed 1966, Mining Publications Ltd., London.

[40] Vistelius, A.B.: "Studies in Mathematical Geology", Consultants Bureau, N.Y. 1967. (A translation from the Russian).

[41] Whittle, P.: "On stationary processes in the plane", Biometrika, 1954, 41, 434-449.

[42] - "Ore reserve estimation and grade control", Proceedings of a Canadian Conference, Quebec, Sept. 1967, Canadian Institute of Mining and Metallurgy, Special Vol. 9, 1968.

[43] - "Decision-making in the mineral industry", Proceedings, 9th International Symposium on Techniques for Decision-Making in the Mineral Industry, Canadian Institute of Mining and Metallurgy, Special Vol. 12, 1971.

[44] - "Report of Joint Committee of the Australasian Institute of Mining and Metallurgy and Australian Mining Industry Council, on Ore Reserves, issued in April 1972 and published as the Supplement to the A.I.M.M. Bulletin No. 355, July 1972.

[45] - "Interpretation of Mineral Exploration Reports", Issued by the Australian Department of Minerals and Energy, Bureau of Mineral Resources, Geology and Geophysics, in 1973.

[46] Kirk, M.V. and Preston, D.A.: "Fortran IV programs for computation and printer display of maps of mathematically defined surfaces", Geocom Programs, No. 3, 1972, Geosystems Division of Lea Associates, London and Calgary.

[47] Delfiner, P. and Delhomme, J.P.: "Optimum interpolation by kriging", Centre de Morphologie Mathématique, Fontainebleau, Report No. N343, August 1973.

[48] Journel, A.G.: "The resources - reserve relationship", Centre de Morphologie Mathématique, Fontainebleau, Report No. N369, February 1974.

APPLICATION de la GEOSTATISTIQUE au niveau d'un GROUPE MINIER

Jacques Damay

Direction Mines et Exploration du Groupe IMETAL
1, Bd de Vaugirard, 75751 PARIS CEDEX 15,FRANCE.

ABSTRACT. Face à des investissements lourds et des marchés fluctuant, un Groupe minier a besoin de rigueur pour prendre des décisions. La géostatistique a forgé un outil pratique qui permet de passer de la manière la plus rationnelle possible de quelques informations chiffrées à du minerai "bénéficié" en traversant l'effet lissant de la géométrie d'une exploitation. Après les premières applications au niveau de la reconnaissance (maille de sondage, schéma séquentiel de décision) de l'évaluation locale (krigeage), la géostatistique permet par les "simulations" d'aborder tout problème de variabilité (qualité, sélectivité, homogénéisation).

1. INTRODUCTION

Au milieu de tant d'exposés brillants où l'outillage mathématique et scientifique a une place de choix, celui d'un praticien ne peut revêtir que des couleurs assez ternes. Et pourtant, quel dommage que si souvent ce bel arsenal soit conservé dans un temple où quelques cerveaux communiquent d'une façon bien feutrée pour ne pas troubler le repos de la Déesse Science ! Le praticien n'ose pas y entrer, ou, s'il le fait, c'est sur la pointe de ses modestes cellules grises; il ne sait pas exposer son problème et lorsqu'il ressort, il est bien souvent convaincu que les colonnes du temple n'apportent guère d'appui à son édifice de technologie appliquée ! Ne l'accablons pas, car finalement un modèle rigoureux peut toujours être défini et construit (avec plus ou moins de difficultés; mais c'est la grâce de la Mathématique de savoir tirer rigoureusement les conséquences des prémisses) mais pensons

M. Guarascio et al. (eds.), Advanced Geostatistics in the Mining Industry, 313-325.

que c'est lui, le pauvre praticien, qui doit définir le problème et fournir les données d'entrée; ce n'est peut être pas la partie la plus facile et c'est bien souvent là que commencent les vraies difficultés et les grandes incertitudes.

Evitons donc le dialogue de sourd du scientifique retranché derrière sa rigueur mais souvent déçu que l'on utilise mal ses capacités et du praticien qui les a mal jugées et mal jaugées et préfère conclure à leur inutilité qu'à son ignorance propre.

Cela a été longtemps l'attitude des Sociétés minières à l'égard d'un outillage ° (la géostatistique) qu'elles ne maîtrisaient pas. Faisons acte de modestie de part et d'autre : Le modèle ne pourra jamais résoudre intégralement le problème car il est parfait et la réalité ne l'est pas. Mais c'est par itérations successives en utilisant toujours au mieux l'information, en modifiant la théorie avec le résultat pratique et la prévision avec la théorie que l'on progressera et que l'on évoluera avec toutes les erreurs intermédiaires que ce terme implique. De ceci, je pense que les Sociétés minières commencent à prendre conscience et c'est dans ce sens que nous désirons avancer. C'est bien en utilisant "au mieux" l'information que la géostatistique a permis de voir beaucoup plus clair depuis quelques années.

Mon exposé sera donc présenté comme la démarche pratique d'un exploitant minier qui au long du déroulement des différentes phases de reconnaissance du gisement, d'étude du projet et de sa réalisation, se pose un certain nombre de questions. Nous tenterons de voir auxquelles d'entre elles la géostatistique peut (ou pourra) apporter des éléments de réponses et essaierons d'analyser sur un certain nombre d'exemples les contraintes réciproques que cela implique.

2. PREMIERE PHASE : LA RECONNAISSANCE d'un GISEMENT

Au niveau de la reconnaissance d'un gisement, plusieurs problèmes se posent à différents stades :

2.1 Dans un premier temps, il s'agit de délimiter une morphologie et au mieux une teneur moyenne sur l'ensemble d'un gisement potentiel.

C'est un problème essentiellement géologique et la densité d'information est rarement suffisante pour justifier même d'un traitement statistique sans parler de géostatistique. Tout au plus, lorsque la reconnaissance est faite par sondages et les analyses faites sur un support petit par rapport à la puissance minéralisée, une étude structurale peut conforter le géologue dans cer-

° Que l'on me pardonne cet abominable terme de technicien !

taines hypothèses génétiques. Cela ne requiert pas un "outillage" très sophistiqué; le tracé de variogrammes (avec une simple machine à calculer programmable) est ce que nous utilisons couramment et presque systématiquement à ce stade. Les résultats sont utilisés de façon purement qualitative : s'ils ne sont pas fondamentaux, ils sont toujours intéressants.

Nous pensons qu'au stade des structures centimétriques, la morphologie mathématique pourrait souvent être utile pour commencer à réfléchir sur des problèmes de libération et de procédé de traitement (Et nous pensons à ce propos à la thèse de M. Serra sur les phénomènes de transition dans les gisements de fer lorrains). Malheureusement ce genre d'étude n'est pas passé au stade "industriel". Peut être des contacts plus étroits entre les chercheurs du Centre de Morphologie Mathématique et les Services de Recherches des Sociétés privées pourraient être fructueux.

2.2 Très rapidement, apparaissent dans un deuxième stade des problèmes de maille de reconnaissance et des problèmes d'évaluation locale.

Je ne reviendrai pas sur des questions aussi largement clarifiées par de nombreuses publications de M. Matheron et de son Ecole telles que les schémas séquentiels de décision et les problèmes de support. Après bien des années d'incompréhension, je pense que la plupart des mineurs ont maintenant conscience qu'une "teneur de coupure" n'a de sens qu'appliquée à un support bien défini que l'on a pris coutume d'appeler la maille technologique d'exploitation; il s'agit de la dimension moyenne du bloc qui pourra être effectivement sélectionné par la technologie de l'exploitation. Les mineurs savent maintenant qu'un histogramme des carottes par tranches de teneur n'est pas représentatif d'une courbe tonnage teneur sur laquelle on peut effectuer une coupure pour estimer la proportion des réserves économiquement récupérables.

Mais il y a encore trop souvent confusion dans les esprits des mineurs entre la variance d'estimation et la variance de distribution. Ceci est d'ailleurs à l'origine d'un long dialogue de sourd qui commence depuis peu (un an ou deux) à s'éclaircir. Il faut bien là encore séparer des questions d'échelles. Nous préciserons ci-après notre pensée sur ce point car il est fondamental et les applications pratiques sont illustratives de la progression itérative dans la résolution des problèmes.

2.2.1 En ce qui concerne la maille de reconnaissance, nous pouvons dire que, dans ce domaine, la géostatistique est pleinement opérationnelle et que si les exemples ne sont pas encore très nombreux, ils sont "percutants". Nous n'en citerons qu'un seul :
Un gisement de latérite nickélifère reconnu à une maille de 400 m

dans lequel les études structurales ont permis de démontrer que si une maille de 200 m était indispensable pour améliorer la connaissance et poursuivre les études "aval", une maille à 100 m (qui aurait coûté 4 fois plus cher) n'apportait sur l'estimation globale qu'un gain négligeable par rapport à la dépense.

Je n'insisterai pas sur ce stade, un des premiers où des applications pratiques de la géostatistique ont été faites parce que je pense qu'elles sont tout de même connues et que la démonstration de leur rentabilité n'est plus à faire lorsque l'on sait qu'une telle étude coûte le prix d'un à deux sondages.

2.2.2 Lorsque surgissent les problèmes d'évaluations locales, on pense immédiatement "krigeage". Plutôt qu'une théorie déjà faite maintes fois sur les avantages d'une telle pondération ou lissage (pour employer un langage de mineur) par rapport à des méthodes utilisant des fonctions de pondération plus ou moins complexes et empiriques de la distance, je me contenterai de citer une étude pratique faite sur un gisement de molybdène : Ce gisement estimé bloc par bloc à partir d'une maille de sondage assez fine (disons la cinquantaine de mètres pour fixer des ordres de grandeur) par des méthodes classiques a été mis en exploitation. L'écart entre les prévisions et les réalisations a été de 10 % sur 3 ans de marche. La reprise des données de sondages (à l'origine), l'étude structurale qui mettait en évidence des portées de même ordre de grandeur que la maille a permis un excellent krigeage des blocs qui, s'il avait été fait au départ, aurait évité l'erreur de 10 % commise dans l'évaluation °. La superposition du plan de krigeage aux plans de l'exploitation (effectivement réalisée) a montré la parfaite concordance en moyenne (à moins de 2 % près).

Mais (et ici nous rejoignons le point important que nous évoquions au début de ce chapitre) le mineur n'est souvent pas assez "riche" pour se payer la maille de reconnaissance qui lui permettrait une excellente estimation locale pour la maille technologique d'exploitation. En fait, il est pris dans un dilemme difficile que le schéma séquentiel de M. Matheron analyse fort clairement °° mais malheureusement ne permet pas de résoudre en pratique dans les cas marginaux qui sont chaque jour les plus courants : l'information coûte cher; elle coûte d'autant plus cher que l'on a besoin de plus de précisions; on a d'autant plus besoin de précisions que le risque est grand ... on est d'autant moins disposé à dépenser ... que le risque est grand et l'affaire marginale !

° Lorsque l'on sait que ces 10 % de "recette supplémentaire" représentaient à peu près exactement ce qui séparait un projet rentable d'un projet qui ne l'était pas, on peut juger plus sainement l'importance d'un tel traitement.

°° Ce schéma est la clef théorique du dilemme; il a le très grand mérite d'orienter avec une implacable logique la reflexion. Qui ne l'a pas compris "veut" rester aveugle.

Que fait donc le mineur ? Il atteint un niveau d'information qui lui permet une bonne estimation locale sur un support de taille généralement très supérieure à celle du support que lui permettra de sélectionner sa technologie d'exploitation ... Et il ne peut travailler (s'il veut réaliser une coupure) que sur un histogramme trop "lissé" par rapport à la réalité (alors que celui des carottes ne l'était pas assez). La tentation est bien forte d'estimer des petits panneaux en oubliant que variance d'estimation et variance de dispersion sont deux concepts bien différents. Une fois "représenté" le gisement, la tentation est encore plus forte de croire que c'est la vérité ...

Je crois, et c'est là un des apports fondamentaux de la géostatistique, qu'il faut bien séparer 2 ou plutôt 3 problèmes :

. Il y a une "estimation locale" possible et fiable sur un support dont la dimension ne dépend que de la maille de reconnaissance et des structures du gisement. La seule technique valable en est le krigeage et il est opérationnel (Il y a de nombreux exemples d'application).

. Depuis les dernières études du Centre de Morphologie Mathématique sur les analyses de variances sous certaines hypothèses de stabilité des distributions (liées à une information suffisante), on est en mesure de définir des courbes tonnages/teneurs sur n'importe quel support technologiquement bien défini. Ceci permet d'estimer statistiquement (c'est-à-dire sans représentation locale sur plan et/ou coupes du gisement) des réserves exploitables à diverses teneurs de coupure et avec diverses méthodes d'exploitation. Les applications sont évidentes au niveau d'un projet. Nous citerons là encore un exemple traité (il y a près de 10 ans maintenant) alors que les théories sur le sujet étaient encore balbutiantes mais où le principe était déjà défini au moins implicitement. On avait ainsi comparé l'exploitation d'un même gisement par des méthodes aussi sélectives que la carrière et des techniques aussi "globales" que le bloc caving. Là encore les différences étaient considérables entre les réserves économiques ... Ce même type de problème peut maintenant être étudié avec un "outillage" beaucoup plus perfectionné.

. Mais si l'on a besoin de connaître dans un volume relativement réduit le comportement de la minéralisation pour se faire une idée des mélanges possibles, des cycles rationnels, des dimensionnements des aires de stockage en fonction d'une certaine planification, alors il faut une représentation du gisement et l'on en arrive aux techniques de simulation. Nous allons en reparler au stade du projet.

3. DEUXIEME PHASE : LE PROJET DE MISE EN EXPLOITATION

Après ces différentes phases pendant lesquelles (nous l'avons vu), la géostatistique peut être très efficacement utilisée à la fois pour évaluer des réserves et aider à définir des étapes et des "volumes" de reconnaissance suivant les objectifs que l'on se fixe (estimation globale, estimation locale, courbes tonnages/teneur sur support technologiquement définies), on est passé de ce qui était une occurence géologique à ce que l'on peut appeler maintenant un gisement exploitable (dans les conditions économiques et politiques du moment).

A ce stade apparaissent deux types de problème d'échelle différente :

. Ceux concernant les optimisations de contour (en particulier de fosse pour une exploitation à ciel ouvert, mais on peut aussi penser à des optimisations de limites et de séquences de chantiers souterrains).

. Ceux concernant le détail des projets : mise au point de procédés de traitement qui nécessitent la définition et la constitution d'échantillons représentatifs °; dimensionnement des aires de stockage pour régulariser les paramètres d'entrée en laverie; problèmes de qualité et de variabilité tout au long du flux d'écoulement des matières ...

3.1 Les problèmes d'optimisation

Les techniques en sont aujourd'hui bien connues et d'usage assez courant (Lerchs grossmann, multicone, méthode des accroissements) mais si elles utilisent des algorithmes basés sur un arbre de décision, cet arbre cache souvent la forêt de l'imprécision des données. La moindre d'entre ces imprécisions n'est certes pas celle de la valorisation des cubes élémentaires qui aux incertitudes des évaluations de cours et de coûts sur lesquelles nous sommes impuissants ajoute souvent inutilement des estimations biaisées de teneur. De tels appareils assez lourds obligent (on pourrait dire : heureusement !) à prendre en compte des éléments assez grands que l'on peut en général estimer avec une erreur (d'estimation) suffisamment faible et si l'on prend la précaution de le faire par krigeage on réduit cette erreur au maximum possible ...

° Et il est souvent bien difficile de définir simplement la représentativité de l'échantillon !

Mais le problème n'est en général pas résolu pour autant, car l'exploitation sera en général plus sélective que ne l'est le découpage en gros cubes et chacun de ceux-ci n'est pas une unité élémentaire que l'on destinera soit au traitement, soit aux verses à stérile mais bien un ensemble d'unités plus petites de destinations différentes. On voit donc que l'on se trouve à l'intérieur d'un cercle vicieux.

. Ou bien, on estime des éléments de dimensions relativement faibles mais technologiquement séparables et alors les variances d'estimation seront très fortes (La densité d'information n'étant pas ce qu'elle sera ° au moment de l'exploitation). Le coût du traitement sera très élevé (grande quantité de petits blocs); le problème est biaisé et la précision du contour de fosse illusoire.

. Ou bien, on estime des éléments de dimensions très supérieures à la maille technologique de sélectivité mais alors la valeur attribuée à un bloc dont la destination d'ensemble sera la laverie ou la verse à stérile sera nécessairement biaisée et le contour de fosse qui en résultera ne sera pas nécessairement optimal dans la réalité de l'exploitation...

Rejetant péremptoirement une solution aussi coûteuse qu'imprécise, c'est bien sur la valorisation de gros blocs qu'il faut se pencher pour être réaliste. Là encore, nous nous retrouvons face aux problèmes d'échelle et de support et nous voyons que la géostatistique peut nous aider. M. Matheron propose de remplacer comme paramètre physique servant au calcul de la valorisation des grands cubes °° la teneur moyenne (qui nous venons de le voir n'a pas de sens) par une fonction de transfert qui va définir deux "espérances" : celle du nombre de blocs technologiquement sélectionnables dont la teneur est supérieure à celle de coupure (définie sur le même support technologique) et la teneur moyenne de ces petits blocs sélectionnés à l'intérieur du gros (ce sera bien la "partie" du gros bloc qui sera effectivement envoyée en laverie). Le formalisme actuel de la géostatistique permet de calculer ces fonctions de transfert pour peu que la géométrie du support de sélectivité soit définie.

Un certain nombre de Sociétés françaises se sont regroupées pour financer l'étude de ce problème (qui comportera en dehors de la géostatistique proprement dite, un algorithme original d'optimisation) qui doit être exécutée d'ici à la fin de l'année 1975 par le Centre de Morphologie Mathématique avec l'aide des experts des Sociétés intéressées. C'est une des applications de la géostatistique dont nous espérons utiliser les retombées pratiques dès l'année prochaine.

° A de très rares exceptions près : on échantillonnera par exemple tout ou partie des trous d'abattage.

°° Ou parallélépipèdes ou "unités estimées"(avec une variance acceptable).

3.2 Les problèmes de qualité

Au moment de définir (ou d'adopter) un procédé de traitement pour l'exploitation d'un gisement, de nombreux paramètres physiques interviennent : la teneur n'est en fait que l'un d'entre eux et des caractéristiques comme la dureté, la maille de libération, la flottabilité, les proportions entre certains composants du minerai (qui ne sont autres que des teneurs "relatives") sont souvent aussi (voire plus) importants que la teneur en l'élément que l'on désire concentrer.

Pour estimer des paramètres aussi fondamentaux que la récupération °, il est aussi illusoire de prétendre le faire à partir des seules informations pétrographiques et/ou minéralurgiques qu'à partir des seules hypothèses d'exploitation que sans l'une ou l'autre d'entre elles. Là encore il y a des problèmes d'échelles, de structure et de support, des problèmes "gigognes" où la géostatistique n'a pas encore apporté tout ce qu'elle pouvait fair Nous pouvons citer un très grand nombre de cas dans lesquels une laverie (ou plus généralement une usine de traitement) mise au point pour un certain type de minerai a été ensuite amenée à en traiter d'autres ou des mélanges du type prévu avec d'autres et o les périodes d'adaptation ont été longues et coûteuses. Les cas ne sont pas rares dans lesquels des techniciens avertis ont des opinions tout à fait divergentes sur l'effet des mélanges allant jusqu'à affirmer (qualitativement) les uns que certains mélanges ne modifient pas la récupération de chacun et le résultat est une simple pondération, les autres que seul l'un des minerais fait chuter les résultats de l'ensemble. Or il est très souvent difficile de remonter à la constitution du mélange jusque sur le site de la mine, jusque sur le site du (ou des) chantier (s).

Là encore, il y a des problèmes d'échelles. M. Serra avait démontré dans sa thèse l'intérêt d'étudier les plus petites d'entre elles : En dehors de son travail, nous ne connaissons pas beaucoup d'études où la morphologie mathématique ait aidé le pétrographe et/ou le minéralurgiste. Nous pensons personnellement qu'il y aurait là un champ d'applications largement ouvert.

Au-delà de l'échelle centimétrique, c'est la planification de l'exploitation combinée avec les types de minerai (échelle géomorphologique du gisement) qui peut apporter des informations du plus haut intérêt et l'on voit bien alors que les structures du gisement ont leur importance. Les contraintes d'exploitation obligent à certaines séquences, imposent des contraintes et des mélanges. Mais précisément, on peut les prévoir dans une certaine mesure au niveau du projet. Souvent l'échantillon n'est pas "représentatif" parce que l'on n'a pas pensé suffisamment à ce qui s passerait au moment de l'exploitation ou, plus simplement, parce

° A quoi sert de minimiser l'erreur d'estimation d'une teneur si l'on est incapable de prévoir si la récupération sera de 60 ou de 95 % ? ...

qu'il n'y a pas eu assez d'échanges d'idées entre le mineur et/ou le géologue et le minéralurgiste, parce que l'on n'a pas passé assez de temps à définir la "représentativité" de l'échantillon. A l'issue d'une campagne de reconnaissance, il y a en général beaucoup de "matériel" pour constituer un (des) échantillon (s) minéralurgique (s) : c'est alors une simple question de pondération ° qui doit tenir compte à la fois des types de minerai (étude pétrographique, microscopique et ... pourquoi pas étude morphologique par analyseur de texture .., structures à échelles centimétriques) et des contraintes de l'exploitation (étude géologique zonale, définition des types, études structurales à échelle métrique à l'intérieur de zones géologiquement homogènes, krigeage éventuel, séquences d'exploitation, mélanges possibles..)

C'est là où l'on retrouve la tentation du mineur (à laquelle il a cédé bien souvent !) de représenter son gisement à une échelle qui est la sienne, celle de la sélectivité possible ... Et il estime des panneaux sans savoir (ou en oubliant) que son estimation est soit trop lissée, soit entâchée d'une erreur considérable.

Nous entrons maintenant, et nous les comprendrons mieux parce que nous les avons séparées des autres problèmes d'évaluation locale, dans les techniques de simulation. Nous répétons une fois de plus une phrase chère à tous les géostatisticiens : "La géostatistique ne crée pas de l'information". C'est la maille de sondage qui limite les possibilités d'estimation locale et il est impossible d'estimer un très petit panneau à partir d'une grande maille. La géostatistique permet de savoir jusqu'où on peut descendre raisonnablement dans la dimension du panneau à estimer localement, elle ne nous permet pas de le faire au-delà (aucune autre méthode ne nous le permet : c'est nous qui nous le permettons ! Mais nous sommes alors bien gênés quand c'est en connaissance de cause °°).

Donc :

- Généralement l'estimation locale ne nous permet pas de descendre au niveau du panneau sélectionnable.

- La courbe tonnage/teneur nous permet de connaître la récupération possible du gisement (au-dessus d'une "coupure") sur n'importe quel support de sélectivité.

- Mais nous avons besoin, pour des problèmes d'étude de qualité de connaître la répartition relative des panneaux pour savoir ce qu'en fera l'exploitation.

° mais non une question de "pondération simple" ! ...

°° Heureux ceux qui ignorent .... la géostatistique !

D'où l'idée de simulation, c'est-à-dire la construction d'un modèle dans lequel les structures et les variabilités seront les mêmes que dans le gisement réel. Si l'on conditionne cette simulation aux données locales on aura quelque chose qui tiendra compte d'éventuelles tendances du second ordre qui ne seront pas apparues au niveau de l'échelle structurale, une espèce de "correction" de l'hypothèse de stationnarité.

Je n'entrerai pas dans le détail d'un modèle que les spécialistes qui l'ont conçu décriront beaucoup mieux que moi, mais je dirai simplement que l'on construit une représentation d'un gisement (qui n'est pas celui étudié) évalué localement panneau par panneau (aussi petits que la maille technologique permettra de les sélectionner), ce gisement ayant les mêmes caractéristiques structurales que celui étudié (c'est-à-dire même histogramme sur le support qui nous intéresse, même variogramme c'est-à-dire même corrélation moyenne d'un panneau à l'autre ...)

A partir d'une telle simulation de gisement, bien des choses deviennent possibles :

. Reconstituer un plan de reconnaissance par phase (et progressif par exemple : recherche de masses plus riches : maille nécessaire, une fois trouvées les masses riches plan de reconnaissance pour en définir la morphologie : maille nécessaire, à l'intérieur des masses ainsi circonscrites, maille de sondage de préexploitation nécessaire à la sélectivité du plus petit bloc).
Les volumes de travaux afférents à chaque phase peuvent aussi être évalués en coûts et l'on peut ainsi prévoir les volumes de dépenses annuelles et/ou mensuelles d'une exploitation précédée de façon raisonnable par son exploration.
Nous avons ainsi traité un problème précis sur un gisement marginal dans lequel une sélectivité à 2 étages (masses plus riches et exploitation sélective à l'intérieur) était possible.

. Etude comparée de deux méthodes d'exploitation : Etude précise des coûts et des récupérations de gisement. (Application au même cas).

. Problèmes de qualité : Définition des mélanges techniquement possibles; études des aires de stockage nécessaires et du procédé d'homogénéisation, compte tenu des arrivées de lots liées à la structure du gisement et à la technologie d'exploitation.

4. CONCLUSIONS

4.1 Tout ceci n'est pas exhaustif. Nous avons voulu montrer que la géostatistique pouvait devenir un nouvel état d'esprit, créer un langage commun entre géologues, mineurs et minéralurgistes. Bien utilisée, elle permet de passer de la façon la plus rationnelle possible d'hypothèses géologiques et d'informations chiffrées à du minerai "bénéficié" en traversant l'effet "lissant" de la géométrie d'une exploitation minière.

4.2 Après les premières applications au niveau de la reconnaissance basée sur l'étude structurale et le variogramme qui permettait de résoudre les problèmes de maille et les schémas séquentiels, c'est le krigeage qui a permis d'améliorer considérablement le problème de l'évaluation locale.

4.3 Deux voies nouvelles ont été ouvertes récemment :

. La définition plus précise du problème des courbes tonnages/teneurs là où l'évaluation locale est difficile ou trop imprécise parce qu'à un stade trop amont de la reconnaissance

On peut ainsi mieux résoudre des problèmes de choix de méthode d'exploitation (support de sélectivité).

. La mise au point des méthodes de simulation qui seront d'une aide puissante pour la mise au point des projets (tant pour le mineur que pour le minéralurgiste).

4.4 Enfin, avec l'étude d'optimisation de carrière, on pourra désormais éliminer le paradoxe d'une information insuffisante pour une estimation locale fine et de la nécessité d'éclater de grands blocs en éléments effectivement sélectionnables ...

4.5 Nous souhaiterions voir dans un proche avenir plus d'application dans le domaine des structures à petite échelle.

4.6 Le champ d'investigation reste encore largement ouvert. La géostatistique ne pourrait-elle pas aider dans la prévision des cours ? Le vecteur temps étant pris comme variable, le variogramme historique (comme un sondage), ne pourrait-il mettre en évidence des "portées" gigognes faisant apparaître des tendances (krigeage universel) et des fluctuations conjoncturelles caractérisées par des durées moyennes de périodes et des amplitudes ?

De même dans les coûts que l'on analyse souvent par "structures", la variographie ne serait-elle pas d'une aide précieuse si l'on savait bien analyser ces structures.

Et puis, il ne faut pas oublier que l'optimisation d'une carrière n'est souvent qu'un problème partiel : Une société peut avoir un ensemble de gisements à optimiser et, là encore, on change d'échelle et on introduit une nouvelle variable : le temps.

Il convient de noter que l'optimum d'un problème intégré n'est pas la somme des optima de ses composantes : (L'optimum partiel défini pour chaque gisement peut être inutilisable à cause de contraintes de capacités "aval". En outre, il n'a de sens comme partie d'une politique séquentielle et optimale que si les politiques déduites de l'application d'un même critère sont simultanément réalisables). Le problème ne se "décompose" et se simplifie que dans le cas où l'on n'actualise pas. Quel que soit le type d'économie envisagée, il est impossible de ne pas tenir compte d'une dévalorisation des paramètres économiques en fonction du temps dans une Société où l'inflation est devenue endémique.

Les Applications de la Géostatistique au niveau d'un Groupe Minier

Domaine	Type de Problèmes	Méthodes géostatistiques Opérationnelles	Méthodes géostatistiques à l'étude	Champ d'études possibles
Reconnaissance	Maille de reconnaissance versus coût Stades successifs Arrêt des recherches	Etudes structurales de base Etudes de variances Schéma séquentiel de décision	Guide pratique d'application	
Estimation des Réserves	Estimation globale Estimations locales Courbes tonnages/teneurs	Etude structurale/variances Krigeage Etudes de distributions fonction du support	Guide pratique d'application	Etude de variabilité des lois statistiques en fonction des supports
Projets	Distribution spatiale des teneurs sur support technologique	Simulations		
	Simulations séquentielles de stade de reconnaissance, évaluation des coûts	Simulations		
	Problèmes de traitement. Choix des paramètres fondamentaux	Cokrigeage, simulation		Etudes structurales à petite échelle (morphologie) Simulation d'homogénéisation
	Etude des problèmes de qualité, de mélanges, d'aire de stockage	Simulations		
	Etude comparée de méthodes d'exploitation	Courbes Ton./teneur, simulations		
	Optimisation de carrière Optimisation de séquences d'exploitation		Modèle d'optimisation	Optimisation d'un ensemble de gisements
Réalisation	Planification à court terme, études de qualités prévisions d'entrée à l'usine de traitement	Krigeage avec information "riche"		
Etudes économiques				Etude des cours (échelle conjoncturelle ? ...)

LA GEOSTATISTIQUE AU B.R.G.M.

B. LALLEMENT

Département Informatique du B.R.G.M.

RESUME. Une des préoccupations du B.R.G.M. est de promouvoir la recherche minière, en particulier une fois qu'un gîte est découvert son rôle est d'en déterminer les réserves. Il est donc assez naturel que les méthodes géostatistiques se soient développées en son sein.
L'implantation des méthodes géostatistiques a été réalisée par une équipe d'ingénieurs des mines et de programmeurs. Le rôle de cette équipe a été de rendre opérationnelles les méthodes géostatistiques d'estimation des réserves et de les diffuser auprés des géologues et des ingénieurs des mines. L'utilisation intensive des méthodes géostatistiques a nécessité l'emploi de l'outil informatique pour gérer et traiter l'information recueillie en sondages.

L'objectif de cet exposé est de montrer comment l'on peut rendre opérationnelles les méthodes géostatistiques au sein d'une entreprise de recherche minière.
La branche recherche minière du B.R.G.M. est divisée en différents départements autonomes. Ces départements sont libres de décider de l'intervention de l'équipe geostatistique pour l'évaluation des gisements. Aussi dès la création de l'équipe, son rôle a été de diffuser les méthodes géostatistiques auprés des géologues miniers et des ingénieurs des mines. Cette campagne d'information a pour but de faire connaître aux personnes intéressées les possibilités et les limites de la géostatistique, de leur situer le niveau d'intervention optimal de cette équipe, c'est-à-dire dès le début de la campagne.
Rendre opérationnelle une méthode d'évaluation telle que la méthode géostatistique, c'est lui associer des outils permettant d'accélérer le traitement et d'en diminuer le coût. L'outil tout

M. Guarascio et al. (eds.), Advanced Geostatistics in the Mining Industry, 327-332.

indiqué dans ce cas est l'informatique dans la mesure où elle permet de gérer et de traiter facilement et rapidement une information abondante. La mise en place d'une équipe géostatistique s'accompagne donc par la mise au point d'un certain nombre d'outils.
Le fonctionnement de l'équipe peut s'expliquer au travers de l'utilisation de ces outils et des études effectuées.

LES OUTILS.

L'évaluation géostatistique des gisements présente toujours trois phases distinctes :

- l'acquisition et le contrôle des données,
- l'étude structurale,
- l'évaluation et la représentation des résultats.

Pour chacune de ces phases l'équipe géostatistique a mis au point des programmes informatiques appropriés qui permettent d'évaluer au meilleur prix les gisements. Cette équipe, rattachée au département informatique, est constituée de deux ingénieurs, deux analystes programmeurs.

L'ACQUISITION ET LE CONTROLE DES DONNEES.

C'est évidemment la première phase de l'étude et malgré son apparence anodine, c'est une phase très longue et aussi très délicate. L'objectif de cette partie est de rassembler dans des fichiers informatiques toute l'information nécessaire à l'étude. Cette information doit être fiable, donc contrôlée dès l'acquisition car il n'est pas question de revenir sur la validité de telle ou telle donnée en cours de traitement.
Les sources de données étant très diverses, il a fallu mettre au point des programmes de constitution de fichiers très généraux qui permettent d'intégrer des données de sondages verticaux ou inclinés et des données de galeries. Comme une partie des analyses des échantillons peuvent être effectuées au B.R.G.M., et que ces résultats peuvent être automatiquement stockés dans une banque, on a mis au point des programmes permettant d'affecter automatiquement les différentes valeurs d'analyse à l'échantillon concerné. Cette intégration automatique des résultats de laboratoire évite de nombreuses erreurs de report et augmente la rapidité de l'intervention. Il n'en demeure pas moins qu'il est absolument nécessaire de contrôler toutes les données.
Comme il est impossible de vérifier manuellement chaque donnée, on a été amené à utiliser des programmes de représentation des données : tracé des histogrammes des différentes variables, tracé des diagrammes de corrélation entre deux variables, tracé des courbes teneur-profondeur, projection des sondages dans différents plans etc... et à examiner attentivement ces visualisations de façon à déceler les données anormales et les corriger éventuellement. Le contrôle n'est possible que lorsqu'il existe un dialogue

entre le géologue responsable de l'étude et l'équipe géostatistique; bien souvent l'examen des données visualisées se fait conjointement avec le géologue.
Le coût de cette phase est fonction du nombre des données et de leur qualité, mais d'une manière générale il représente une part comprise entre le tiers et la moitié du coût total de l'étude.

L'ETUDE STRUCTURALE.

C'est en fait la première partie de l'étude géostatistique, elle permet de déterminer les paramètres de l'évaluation et doit ainsi être effectuée sur les grandeurs minières qui serviront à estimer le gisement.Les grandeurs minières intéressantes varient d'un gisement à l'autre et en fonction du type de cette variable on peut classer la plupart des corps minéralisés en deux groupes : les gisements stratiformes et les amas.

Pour les gisements stratiformes subhorizontaux le problème est souvent d'estimer, pour une surface minéralisée, la puissance de la couche et sa teneur moyenne. En général, la puissance minéralisée totale n'est pas économique et il est nécessaire de sélectionner en fonction de critères économiques à l'intérieur de la couche minéralisée, une ou plusieurs tranches exploitables.La puissance et les accumulations minerai et métal de ces tranches exploitables deviennent alors les variables utiles de l'étude structurale. La sélection des variables utiles est effectuée par un programme informatique qui permet de faire varier les critères économiques ; le programme peut sélectionner les variables utiles soit sur les données brutes, soit sur les données lissées par la méthode du krigeage universel (calcul des courbes de dérive) lorsque ces données sont très erratiques (nickel de Nouvelle Calédonie)
Les variogrammes des variables utiles sont ensuite calculés et tracés par programme informatique. Le programme calcule les variogrammes dans différentes directions (en général 4) ce qui permet de mettre en évidence une éventuelle anisotropie structurale du gisement.

L'évaluation des amas se faisant directement à partir des données de sondage, il n 'est donc pas nécessaire de définir des variables utiles mais il est en revanche indispensable de définir un support constant pour la teneur des échantillons. En effet, on constate souvent que la longueur des échantillons analysés n'est pas constante le long des sondages, ce qui entraîne des différences de représentativité entre les échantillons. Il est donc nécessaire de regrouper les échantillons en tronçons de longueur égale avant de commencer le calcul des variogrammes. Ces calculs sont effectués automatiquement sur ordinateur. L'étude structurale des amas peut alors être commencée . Bien que le problème soit à 3 dimensions, il se décompose en fait en une étude à une dimension (le long des sondages) et en une étude à deux dimensions (dans les plans perpendiculaires aux sondages).

L'ensemble des calculs et des tracés de variogrammes est réalisé automatiquement sur ordinateur, mais leur interprétation et leur ajustement à un modèle restent du domaine du géostatisticien. L'étude structurale est la phase la plus longue et par là la plus couteuse en temps passé car il est impossible d'automatiser, tout au moins pour le cas des gisements miniers, l'ensemble de ces opérations ; il faut à chaque opération examiner les résultats minutieusement et l'ajustement manuel d'un variogramme peut demander une demi-journée de travail même en utilisant des programmes de déconvolution

L'EVALUATION DU GISEMENT.

C'est la phase la plus en aval de la chaîne de traitement et c'est la partie de l'étude qui peut être la plus automatisée. L'étude structurale a permis de mettre en évidence les corrélations entre les différentes grandeurs minières ; il reste alors, compte tenu de ces résultats, à choisir entre une évaluation globale du gisement ou locale (panneaux par panneaux ou blocs par blocs) puis dans ce dernier cas à déterminer un "plan de krigeage". Le plan de krigeage c'est la détermination de la taille des blocs ou des panneaux à estimer et la détermination du volume des informations à prendre en compte pour l'estimation de chaque panneau ou de chaque bloc. L'établissement du plan de krigeage ne peut être réalisé que par un géostatisticien aidé par le géologue et l'ingénieur des mines. En effet, seul le géologue est capable de déterminer les limites géologiques du gisement et seul l'ingénieur des mines est capable de savoir si la taille des blocs à kriger est compatible avec la méthode d'exploitation. En général, une réunion de travail d'une demi-journée suffit pour établir le plan de krigeage. L'évaluation peut ensuite être effectuée automatiquement par programme informatique ; le temps de calcul est très faible; il est pour un IBM 370/135 de l'ordre de 250 secondes pour évaluer 10 variables utiles sur 200 panneaux.
Si la majeure partie de l'étude est alors terminée, il n'en demeure pas moins qu'il est nécessaire d'en représenter les résultats. La représentation automatique sur plan des résultats du krigeage (puissance minéralisée, teneur moyenne, variance d'estimation) permet de visualiser le gisement et de déterminer une séquence d'exploitation. Pour les amas un programme sélectionne et reporte niveau par niveau les blocs dont la teneur moyenne estimée est supérieure à une valeur donnée ce qui permet de déterminer aisément un avant-projet de carrière nécessaire à la constitution du rapport de faisabilité.
Ainsi la chaîne de programmes mise au point au B.R.G.M. permet de traiter rapidement les données de sondage en libérant le géostatisticien de tout calcul et lui laissant le temps de critiquer les données de base et les résultats. Il est clair que cette chaîne de programmes n'est pas figée et les programmes sont très souvent modifiés de façon à s'adapter à de nouveaux types de problèmes ou

tout simplement pour devenir plus performants. Avec l'évolution de la géostatistique, de nouveaux programmes sont mis au point et vont devenir opérationnels comme par exemple les programmes de simulation conditionnelle de gisement.

LES ETUDES EFFECTUEES.

Pour toutes les études réalisées, le service géostatistique passe des contrats avec les départements de recherches minières intéressés. Cette organisation amène l'équipe géostatistique à établir pour chaque étude des devis et à être entièrement responsable des résultats de l'évaluation.
Il ne s'agit pas ici d'énumérer toutes les études géostatistiques réalisées dans ce domaine au B.R.G.M, mais plutôt de donner un aperçu des différents problèmes traités, puisque la géostatistique au B.R.G.M. ne se limite pas à l'évaluation des gisements, et qu'elle intervient à tous les niveaux de la reconnaissance.
Une partie des études concerne la détermination optimale de la maille de sondages lorsque le gisement est en partie reconnu ce qui se présente assez souvent :

- soit que des gisements considérés comme non économiques soient repris parce que la conjoncture a changé : il importe alors de déterminer avec le plus de précision possible la future maille de sondages.
- soit que des mines abandonnées soient reprises dans l'hypothèse où l'on découvrirait de nouvelles réserves.
- soit, cas le plus fréquent lié à la reconnaissance séquentielle d'un gisement, qu'une première maille ait été implantée et qu'à la suite des résultats, il faille décider si elle doit être resserrée ou non.

Une étude structurale est effectuée dans chaque cas et si elle ne permet pas toujours de déterminer la maille de sondages à employer, elle précise le gain d'information obtenu en fonction de la maille choisie et surtout elle définit le type de maille (rectangulaire ou non) en fonction des caractéristiques du gisement. Dans tous les cas la préétude géostatistique porte ses fruits car en plus d'une information objective sur le choix de la maille elle oblige les chefs de projets à définir les objectifs de la campagne de reconnaissance.
Les autres études réalisées sont relatives à l'estimation des gisements proprement dite ; là aussi l'apport de la géostatistique amène les ingénieurs des mines à mieux définir le problème (exploitation sélective ou non, taille des unités d'exploitation). En effet l'intérêt des méthodes géostatistiques est de pouvoir évaluer des réserves récupérables, mais encore faut-il au moment de l'évaluation accepter des hypothèses d'exploitation très proches de la réalité et non pas admettre par exemple que dans le cas d'une exploitation sélective la sélection peut se faire sur des carottes.

Avec ces méthodes un nombre déjà important de gisements de métaux différents (or, cuivre, fer, phosphate, bauxite, fluorine, nickel, plomb) ont déjà été évalués qu'ils soient stratiformes ou non.

CONCLUSION.

On constate actuellement que le nombre des études géostatistiques est en augmentation ; la raison est probablement que les évaluations géostatistiques sont maintenant reconnues comme les meilleures et que grâce à un bon soutien logistique elles ne coûtent pas plus cher que les évaluations classiques. Il faut bien reconnaître que la géostatistique est maintenant opérationnelle. Dans l'avenir, il semble que la géostatistique doive se développer en intégrant davantage les données géologiques et les données d'exploitation. De nombreux projets sont d'ailleurs à l'étude : détermination de l'influence de la taille des échantillons sur les résultats de l'évaluation, simulation d'une exploitation en utilisant les techniques de simulation conditionnelle.

GEOSTATISTICS IN PETROLEUM INDUSTRY

A. Haas and C. Jousselin

Société Nationale des Pétroles d'Aquitaine, Pau, France

ABSTRACT. Prospection and exploitation of hydrocarbon fields need a large quantity of data and sophisticated processings. Geostatistics and in particular "kriging ", bring an important contribution to working out a satisfactory subsurface model. In practice it is necessary to have a data processing tool for implementing the techniques of kriging and structural analysis, at the various phases of exploration and production (no matter what the variables are). Several complete studies using such a program are presented in this paper : estimation of seismic variables at the major phases of exploration, estimation by layers of the reserves of an oil field, estimation by grid blocks of the reserves of a gas field.

1. INTRODUCTION

Oil prospecting and rational field developing require a good knowledge of the subsurface. The prospected areas are getting more and more hazardous, drilling in such areas is becoming more and more expensive... So, it is necessary to get more and more numerical data, to process them with more and more sophisticated techniques in order to work out synthetic information. This evolution has been possible through Data Processing techniques.

In this connection, emphasis was laid on to the new estimation methods gathered in geostatistics, specially the kriging method. Two oil companies, 'Compagnie Française des Petroles', 'Société Nationale des Pétroles d'Aquitaine' have co-operated with 'Ecole des Mines de Paris', to design a package, KRIGEPACK, which can perform various operations such as structural analysis,

M. Guarascio et al. (eds.), Advanced Geostatistics in the Mining Industry, 333-347.

estimation of several parameters at points or in average over polygonal domains, contour-mapping...

This paper aims to display several applications of geostatistics along the various phases of exploration and production ; its purpose is also to point out all the problems including those that are not quite solved by geostatistics.

2. THE VARIOUS PHASES OF PETROLEUM INDUSTRY

Petroleum industry is usually divided into two main phases : exploration and production (or prospection and development).

2.1. Exploration

The Exploration itself is divided into several steps of prospecting :

. the first step aims to locate the areas which seem to be the best within the prospected zone.

. the following steps have to bring more details in the areas of interest.

. the last step must allow the technician to estimate the commercial value of the discovered oil field, before deciding to develop the field.

At each step one seeks to design a morphological model of the subsurface based upon the few available drill holes, and mainly upon data from the geophysical prospection. Seismic techniques are the most common in geophysics. Seismic data can be roughly described as the measurements of the acoustic responses of the subsurface to a vibration induced for example by an explosion. Receivers put along a line measure the times during which the signal is transmitted from the ground to the geological horizons bearing high acoustic impedance contrasts.

Timing the horizons leads to isochron-contour maps which present a distorted image of some geological layers. Distortion is mainly induced by the fact that the paths of the seismic rays are not vertical. These images may nevertheless show the possible reservoir traps : anticlines, wedge, reef...

If velocities are available, the depth contouring map can be drawn. The velocities are calculated from seismic times related to various seismic courses provided that there is at least one well to adjust the depths.

2.2. Production

While developing an oil field one seeks to acquire more and more accurate knowledge of the reservoir parameters, not only the geometrical ones but also the physical ones. The static model of exploration becomes a dynamic model for Production. It is necessary to forecast the production volume related to the time and the life of the oil field.

Most of the new data is derived from the well measurements : depth, measurements on cores, loggs (resistivity, sonic velocity, radioactivity ...). A set of variables : height, porosity, permeability, saturation ... is tied up with each well. Each variable can be spread over the whole field to estimate the total reserves or over some parts of the field in order to design a dynamic reservoir model (flow and pressure forecasts for each well).

In some cases it may be necessary to simulate the oil field boundary in order to get a probability distribution of the reserves.

3. ESTIMATION OF SEISMIC VARIABLES

The reported survey about exploration deals with marine seismic prospection. Seismic data are recorded on a boat that carries a transmitter and various receivers spread along a seismic cable some km long.

3.1. Prospection phase

The first seismic survey consisted of lines forming a grid of roughly square elements of 4 km x 4 km (fig. 1). The successive records of a line make up a 'section' on which one can usually follow several geological horizons (fig. 2). Time picking is carried out manually ; the results depend greatly upon the interpreter who must try to reduce the differences between the times at cross lines.

Let's look at the horizon H 1 close to a reservoir (porous layer) that may contain hydrocarbons. The structural analysis clearly exhibit great continuity of the variable (fig. 3). The variograms show a strong curvature in the vicinity of the origin.

To get the estimation from the kriging method we need a theoretical model for the variogram. We choose h^{α} with $\alpha \approx 1.4$. We do not take into account the anisotropy which, if real, seems to be very slight. The times are estimated at the nodes of a

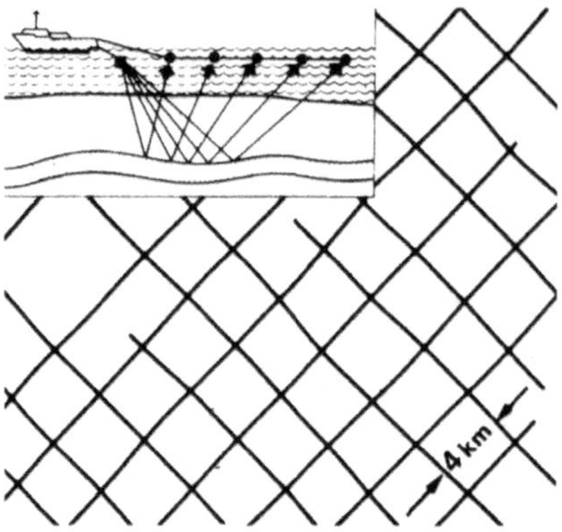

Fig.1. Seismic prospection: lines map

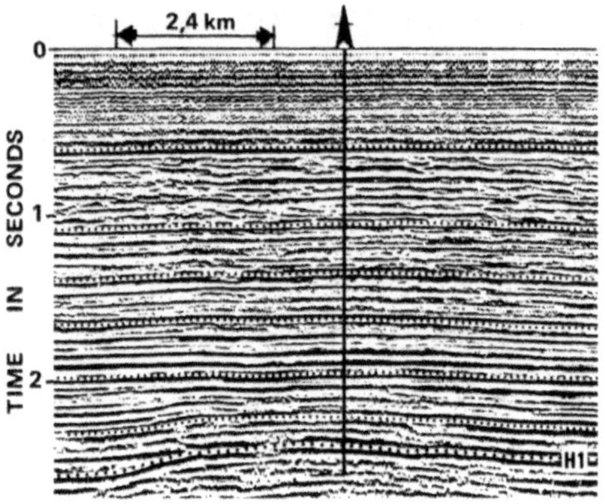

Fig.2. Interpreted seismic record section

square meshed (1 km x 1 km) grid ; from the grid, a contour map is drawn (fig. 4). It can be noted that other methods using empirical weighing formulas lead in this case to very similar estimations due to the continuity of the variable. The main advantage of the kriging method, in this case, is to provide the variance of the estimate or the error of the estimation particularly at the center of the grid elements (where the error is maximum). This isochron-contour map (fig. 4) is used to choose the places to drill ; these locations are supposed to be the tops of structure that should be traps.

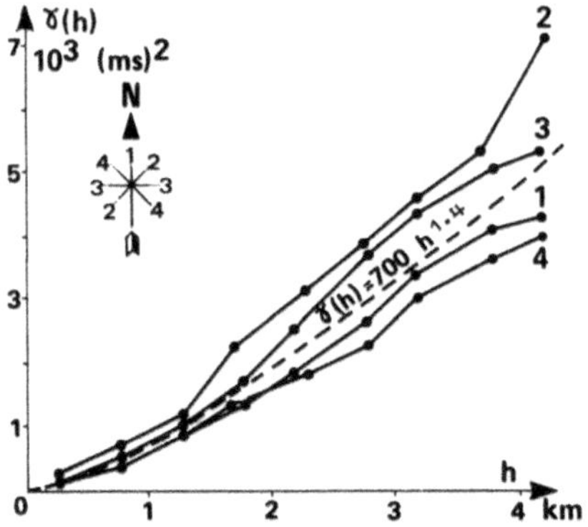

Fig.3. Time variogram of the horizon H 1

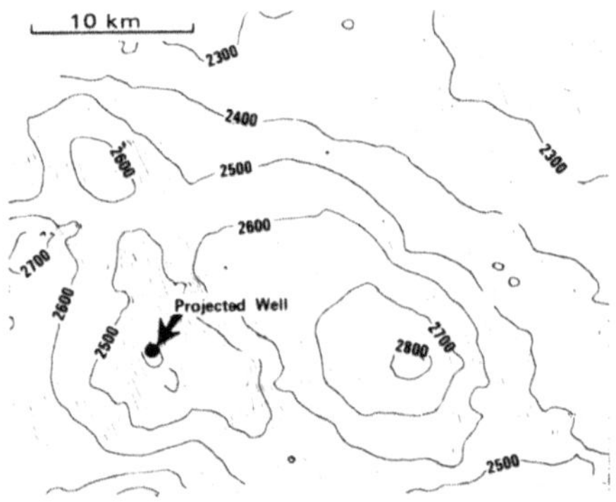

Fig.4. Time contour map of horizon H 1

3.2. Field evaluation phase

If a hole has been drilled through an oil impregnated layer one seeks to evaluate the discovery and to estimate the boundary of this oil field (fig. 5) :
. the lower boundary is a water level,the depth of which can be known from the well (or others in the neighbourhood),
. the upper boundary or the reservoir top is close to a seismic horizon H 2,the depth of which is estimated by means of the data supplied by a second seismic survey limited to the vicinity of the well.

The seismic data are processed in a more sophisticated way than previously :
. time picking for the horizon H 2 is more accurate and the interpretator tries to take the major faults into account.
. velocity analysis provides the apparent velocities (fig. 5).

Structural analysis of the velocities presents great interest (fig. 6) :
. the variogram involves a nugget effet estimated at C_o = 2800 $(m/s)^2$ which represents the variance of the measurement errors (i.e. an error range of about 100m/s which gives an idea of the difference we can expect between two close velocity analyses),

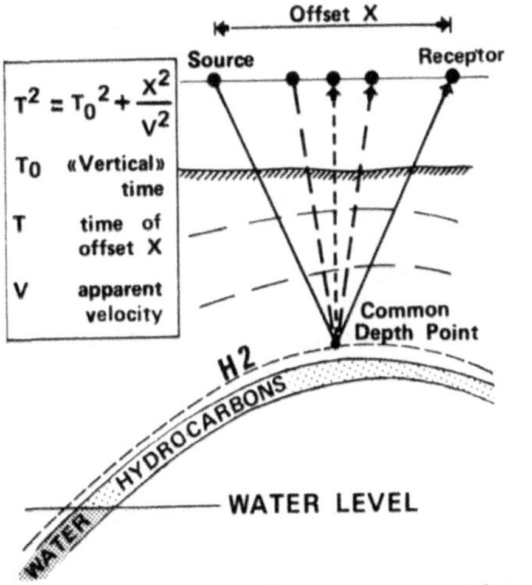

Fig.5. Reservoir cross-section and velocity analysis

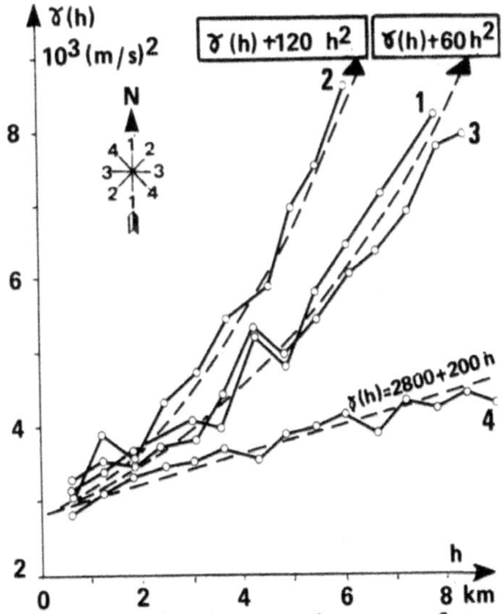

Fig.6. Velocity variogram of horizon H 2

. the behaviour of the variogram for greater distance is different depending on the direction in which it was calculated. This anisotropy can be interpretated as the effect of a linear drift minimum in the North West direction ; this variogram, N-W, corresponds therefore to an estimation of the variogram of the residual variable. In short, the theoretical model that is kept is : $\gamma\ (h) = C_0 + ph$.

Estimation of the depths requires a multistep process (fig. 7) :

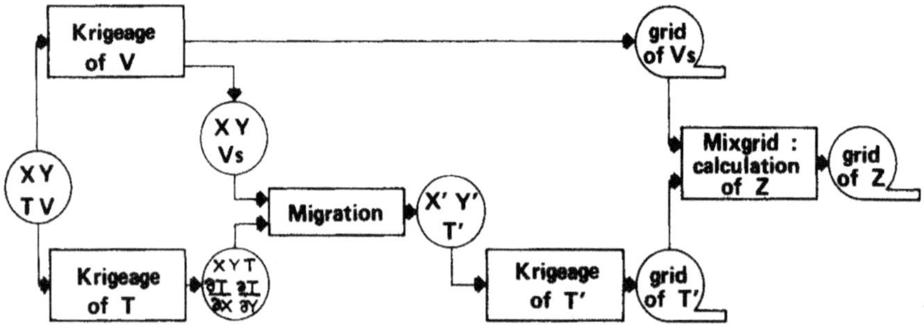

Fig. 7. Flow chart of the estimation

The velocities were estimated first at the data points themselves. The nugget effect results in a rather large smoothing out of the data. The display (fig. 8) of the differences between estimated and measured velocities of the data points underlines the importance of this smoothing. Let us emphasize the fact that the amount of smoothing is not left to the know-how of the interpreter any longer ; it is a function of the variogram which has been determined experimentally, and to some extent, of the number of data points which are taken in the kriging computation. From such a map, it is possible to detect abnormal points, for instance, a lack of homogeneity between lines or surveys. In this case, we have found that the first velocity determination on each line was more irregular than the others, probably due to poor streamer alignment. These points were therefore eliminated. We have also found that a rather large discrepancy exists between the two surveys which supplied the data, probably due to some uncertainty on the streamer lengths. A computed average of 80 m/s was therefore removed from the velocities of the second survey to make them consistant with the velocities of the first survey. Apart from those corrections, we can see on the map that some lines should have been raised or lowered as they obviously include a D.C. component, for some unknown reason ...

Next, velocities were estimated at regular grid points. This enabled us to draw a velocity contour map (fig. 9). The outcome, a fairly regular gradient, looks quite realistic and has been cross-checked with the velocity surveys in the available wells. It is advisable to restrict the estimation process to the area where the variance of estimate is below a reasonable limit. In this case the contours have been cut-off at the standard deviation contour σ_E = 20 m/s. As expected the standard deviation grows very quickly as we go away from the data points.

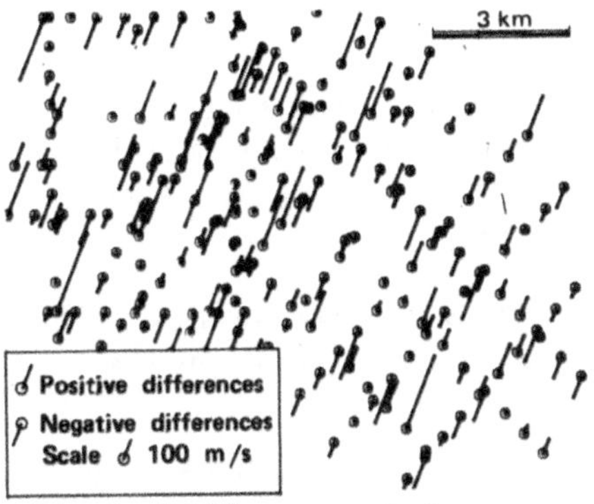

Fig.8. Differences between estimated and measured velocities

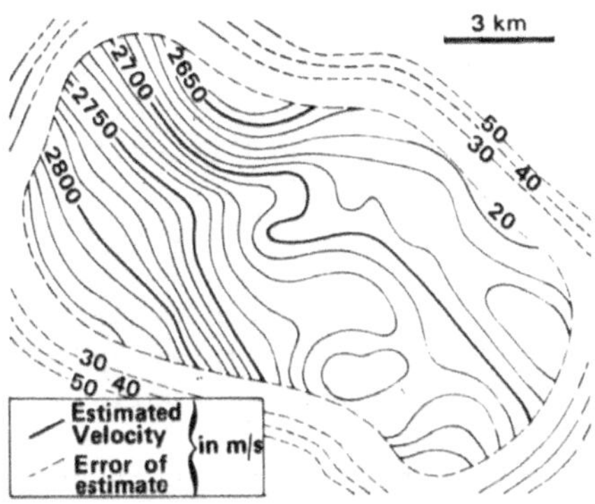

Fig.9. Velocity contour map of horizon H 2

The kriging process was also applied to the times at the data points, not for smoothing purposes, since the variogram does not show the nugget effect, but to compute the derivatives of time with respect to X and Y as a bonus. Adding these time gradients to the file of smoothed velocities makes it possible to come up with the migrated data points and the corresponding vertical times (fig. 10). We can see that the amount of shift between unmigrated and migrated points should not be overlooked even in this case of fairly gentle dip (fig. 11).

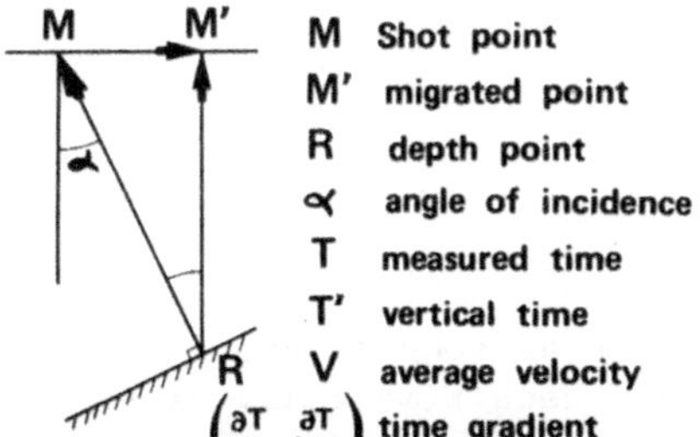

$\left(\frac{\partial T}{\partial X}, \frac{\partial T}{\partial Y}\right)$ time gradient

$T = T' \cos\alpha \qquad \sin\alpha = V\sqrt{\left(\frac{\partial T}{\partial X}\right)^2 + \left(\frac{\partial T}{\partial Y}\right)^2}$

Fig.10. Migration diagram

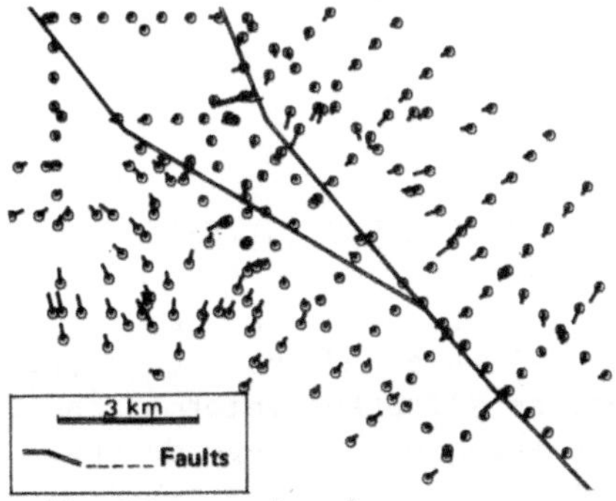

Fig.11. Migrated points map

The file of migrated points was then used to grid the reflected times with the kriging technique and to draw a time contour map (fig. 12). The program took care of the two main faults which divide the field in 3 parts, and considered the data points located on each side of a fault independently.

Finally we could compute the depths by combining time and velocity grids by means of a specific program called MIXGRID. To complete the depth determinations, the following operations were carried out :
. correction of the times to fit the times recorded in the wells, since the horizon picked was not exactly located at the top of the reservoir,
. in order to reduce the seismic quadratic velocities to geological or true average velocities, the seismic velocities must be lowered by about 10 %,
. product of times and corrected velocities.

With enough control wells we can compute, by kriging, a correction, variable in every grid point, in order to reach the exact depths at all the wells.

The depth grid makes it possible to draw an isobath-contour map which shows as expected the same discontinuities as the isochron map (fig. 13).

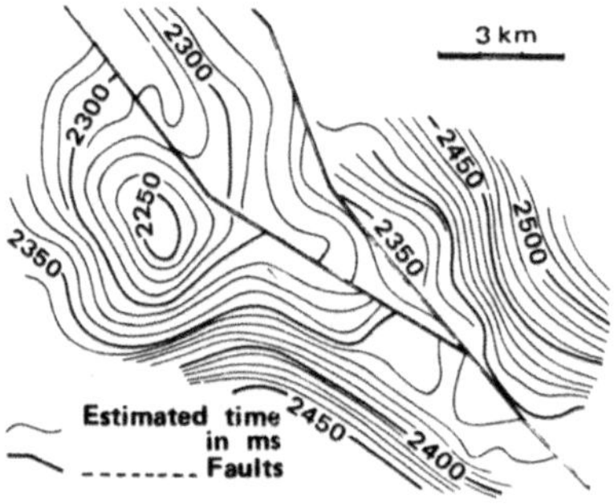

Fig.12. Time contour map of horizon H 2

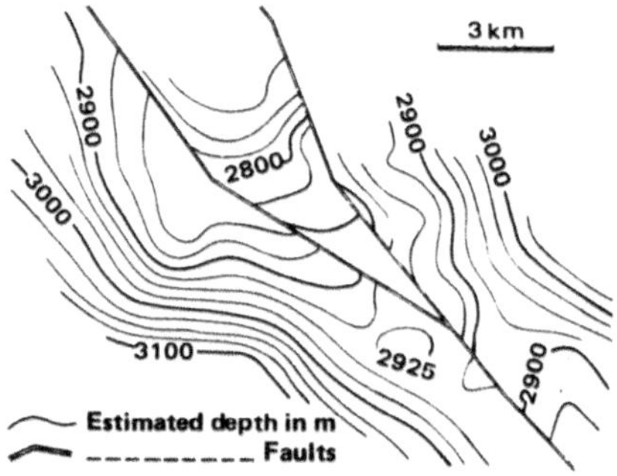

Fig.13. Depth contour map of reservoir top

4. FIELD RESERVES ESTIMATION

The field reserves estimation is undertaken as soon as some wells are available and must be worked out again each time a new well produces different information from that which was expected. The calculation method depends upon the field shape as shown in the two following examples :

4.1. Field estimation by layers

The field we are dealing with is an oil field, the shape of which is a well marked dome (fig. 14). The base of this field is make up of a water level. In this type of field the transition zone (where the water saturation goes from 100 %, at the water level, to a residual saturation of a few %) is particularly important ; therefore the oil porosity is considerably smaller in the lower layers.

In order to estimate the reserves (and to sep up a model making it possible to simulate the rise of the water level as the wells are producing) it is necessary to divide the field into thin horizontal layers (20 m). Each of these 7 layers corresponds to :

. various numbers of samples (a flank well does not cut through the upper layers ; conversely a top well does not usually cut through the lower layers ...),

. various boundaries made up of 2 isodepths (difference 20 m) (the depths of the top have been estimated in a previous step by means of all the available data),

. various oil porosity variograms ; one can nevertheless choose the same type of theoretical variogram, the spherical one with a range of 800 m, assuming the true variograms differ only by a multiplicative factor.

The average porosity ϕ of every layer is estimated by 'spanned kriging' . The table of the results (fig. 15) emphasizes the decrease of porosity in the lower layers.

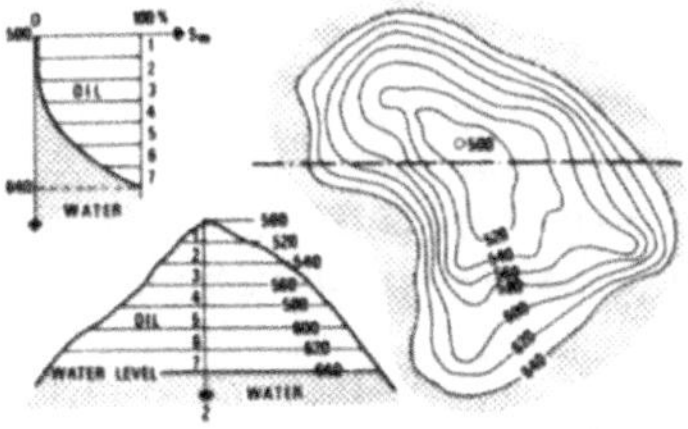

Fig.14. Field estimation by layers

LAYER	NUMBER OF WELLS	ROCK VOLUME V (10^6 m^3)	OIL VOLUME (RESERVED) R (10^6 m^3)	AVERAGE OIL POROSITY $\bar{\phi}$ (%)
1	5	4	0.3	7.8
2	15	19	1.2	6.2
3	23	40	2.8	7.0
4	32	63	4.5	7.2
5	29	84	4.6	5.5
6	16	106	3.9	3.7
7	12	128	2.7	2.1
TOTAL		444	20.0	4.5

Fig.15. Kriging of the layers' average porosities

It is interesting to connect an estimation variance σ^2_R to the global oil reserves R worked out in this way.
The calculation connot be carried out with the conventional geostatistic methods alone : indeed porosity krigeage takes no account of the uncertainty about the reservoir geometry. In this connection we have used a simulation method to draw lots for :

. water level depth between two fixed limits,
. reservoir top depth taking the exact depths known at the wells into account.

In pratice the field boundaries are supposed to be random polygons (fig. 16) making possible the calculation of the distribution of the oil field volume V, then the distribution of the reserves R and the corresponding variance σ_R^2 . This survey shows that, in this case, it would not have been necessary to make a kriging estimation of the average porosity for each simulation, because the results are nearly independent of the geometrical boundaries.

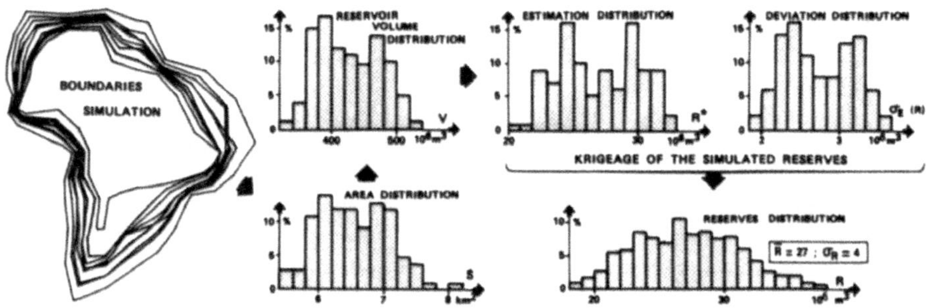

Fig.16. Simulation of the field boundaries : reserves variance calculation

4.2. Field estimation by grid blocks

This example is related to a gas field more complex than the oil field of the previous example : one deals with a dolomitic reservoir situated at the base of an ancient limy "cuesta" (cliff shaped outcrop) covered with discordant posterior deposits (fig. 17). The gas impregnated layer dips steeply into an aquifer (the dip is about 30°). The field therefore makes up a ribbon a few km wide which spreads over about 25 km.

The field has been divided into square blocks (250 m x 250m) making up a grid of 21 rows and 93 columns. The processes that were carried out (fig. 17) involve the following stages :

a. Estimation of the reservoir top depth at the center of the blocks by means of a 'generalized kriging ' method, using :
. the depth Z_i at the various wells (i = 1 to 25),
. the gradient $\left(\frac{\partial Z_j}{\partial x}, \frac{\partial Z_j}{\partial y}\right)$ of the depth at the wells where a dipmeter logging has been recorded (j = 1 to 14),

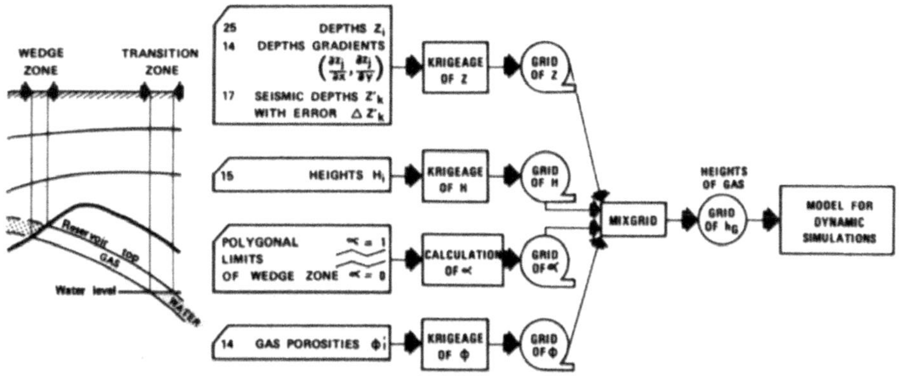

Fig. 17. Flow chart of the estimation by grid blocks of the field reserves.

. the depth Z'_k calculated from the seismic data at "fictitious wells" selected along seismic lines, in areas where information brought by the real wells is not sufficient, mainly outside the field (k = 1 to 17). The estimator which has been chosen is expressed by :

$$Z^* = \sum_{i=1}^{n} p_i\, Z_i + \sum_{j=1}^{m} \left(q_j \frac{\partial Z_j}{\partial x} + r \frac{\partial Z_j}{\partial y}\right) + \sum_{k=1}^{p} s_k\, Z'_k$$

The weights p_i , q_j , r_j , s_k are solutions of a linear system of equations involving :

. the values of the variogram γ_z (h) for vectors h between wells (real or fictitious),

. the values of the first and second derivatives of the variogram for the same vectors :

$$\frac{\partial \gamma_z}{\partial x}, \frac{\partial \gamma_z}{\partial y}, \frac{\partial^2 \gamma_z}{\partial x^2}, \frac{\partial^2 \gamma_z}{\partial x \partial y}, \frac{\partial^2 \gamma_z}{\partial y^2},$$

the theoretical model chosen must therefore have a parabolic behaviour in the vicinity of the origin (fig. 18a) ;

. the variance $(\Delta Z'_k)^2$ of the measurement error at the fictitious wells (corresponding to the conventional range $Z'_k \pm 2\,\Delta Z'_k$) ;

. a quadratic trend.

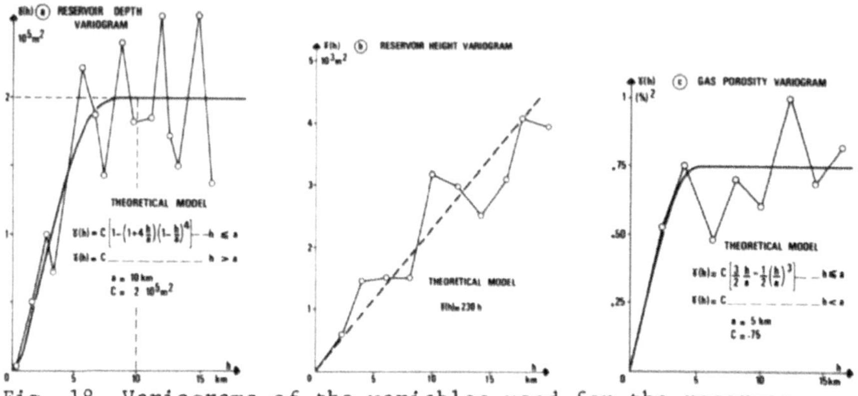

Fig. 18. Variograms of the variables used for the reserves calculation

The grids of estimated values enable the depth contouring (fig. 19). The boundaries of the reservoir may be displayed :
. North, the intersection with the water level (Z_W is about 5000m)
. South, the area where the reservoir vanishes gradually or 'wedge zone'.

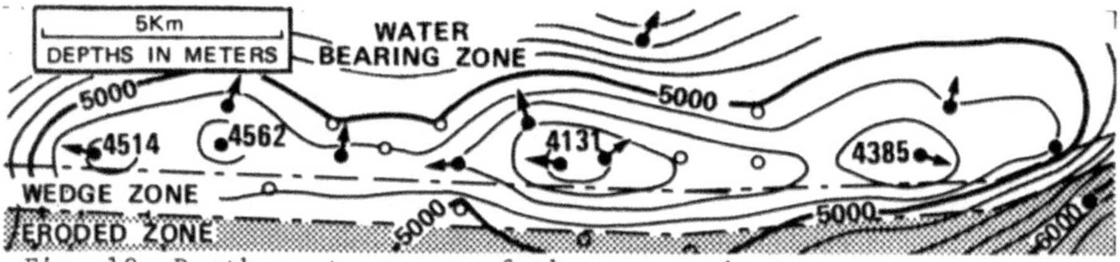

Fig. 19. Depth contour map of the reservoir top

b. Estimation of the average height H of the reservoir in each elementary block. The available data are much less numerous than previously : only 15 holes have been drilled through the whole reservoir. (The wells situated in the partially eroded area cannot be used). Under these conditions the choice of a theoretical variogram from the experimental data appears to be a tricky question. The linear model (fig. 18 b) was used for calculating the average heights in the blocks. The corresponding grid is used to get the contouring map (fig. 20).

c. In the partially or completely eroded zone it can be assumed that computed values represent estimations of the average height before erosion. Therefore to take this into account it is necessary to introduce a wedge factor which varies from o to 1 when going from the completely eroded reservoir to the complete reservoir. In practice we use a program that can calculate by simple interpolation an average wedge factor in each block; the boundaries of the wedge area are introduced in the form of broken lines. It must be noticed that these lines are not accurately known: they are estimated from different sources, especially from qualitative geological information ...

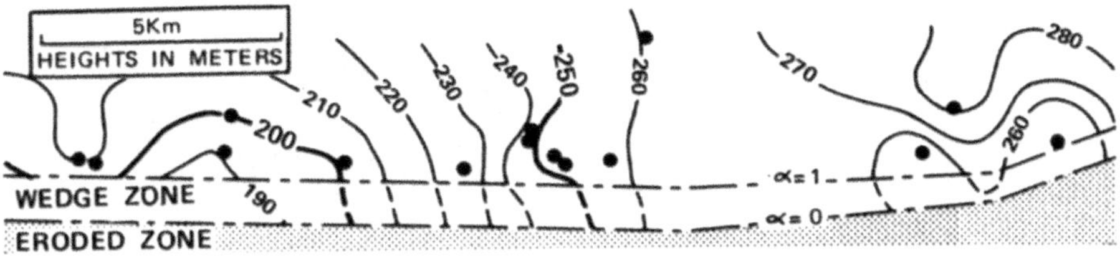

Fig. 20. Height contour map of the reservoir

d. Estimation of the average gas porosity in the elementary blocks : as previously, the choice of the variogram (fig. 18 c) and the krigeage must be carried out from a few data : only 14 wells reached the gas reservoir. The contour map of the porosity obtained from the average gridded values displays variations that must be rather far from reality (fig. 21).

e. Average heights : one has to mix the various grids (with the program MIXGRID) in order to calculate the average height h of the reservoir and the corresponding average height of the gaz for every block : $h_G = h\phi_G$ (fig. 22) ; the following logical operations are carried out :

. if $\alpha = o$ .... h = o (eroded reservoir)
. if $\alpha \neq o$ and :

$Z \geq Z_W$ .... $h = o$ (water-bearing reservoir)
$Z < Z_W \leq Z + H\alpha$ .... $h = Z_W - Z$ (water-and-gas-bearing reservoir)
$Z + H\alpha < Z_W$ ..... $h = H\alpha$ (gas-bearing reservoir)

Fig. 21. Gas porosity contour map

f. Volume : One comes up with the reservoir volume V and the in-situ gas volume in addina together the previous values :

$V = 9$ billionsm^3 , $V_G = 270$ millions m^3

(therefore the average porosity ϕ_G is about 3 %).

The standard gas volume is the product of V_G by an expansion factor F which equals about 300 :

$$R = F\ V_G \approx 80 \text{ billions standard m}^3.$$

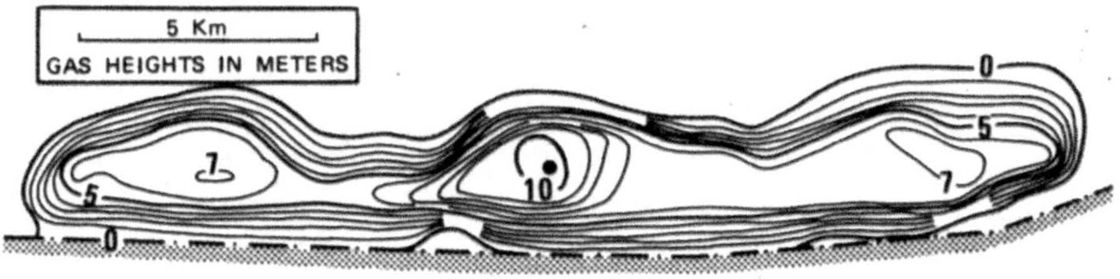

Fig. 22. Gas height contour map

g. The grids previously calculated are the basic data for a model, making it possible to study the behaviour of the field during the production phase. One is particularly interested in the rise of the water level with respect to the time (fig. 23) in order to forecast and possibly prevent the drowning of the wells.

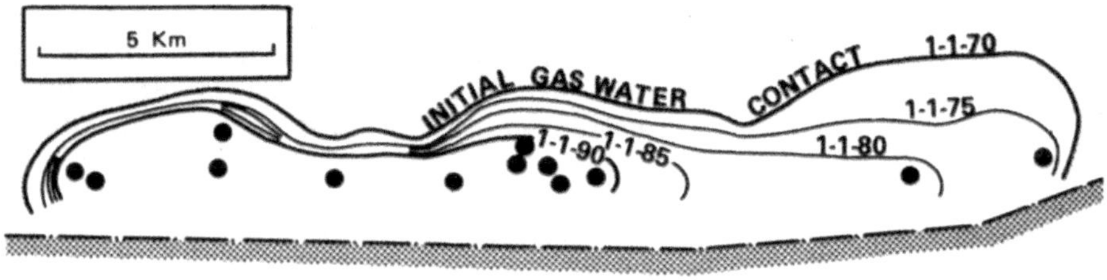

Fig. 23. Forecasts of water level rise during production

5. CONCLUSIONS

The best estimation is not worth more than the data it comes from. And in this connection it must be noticed that the kriging method is a good stimulation to criticize the data.

Besides other advantages already mentioned, the kriging method constitutes a very flexible tool to synthesize many of the data available in the petroleum industry and this feature should be emphasized by the new interactive processing systems.

But, of course, we expect still more from geostatistics, for example, in the field of the co-kriging or more simply about the replacement of the estimation variance with a probability. Some answers to our questions should probably be given very soon.

ACKNOWLEDGMENTS

The authors are indebted to the Société Nationale des Pétroles d'Aquitaine which allowed us to present this paper.

REFERENCES

MATHERON, G.F., 1965, "Les variables Régionalisées et leur estimation", Doctoral Thesis, University of Paris, Masson et Cie. PARIS.

HAAS A. and MOLLIER M., 1974, "Un aspect du calcul d'erreur sur les réserves en place d'un gisement", Revue de l'Institut Français du Pétrole, Vol XXIX, n° 4, p. 507-527.

HAAS A. and VIALLIX J.R., 1975, "Krigeage applied to geophysics", to be published in Geophysical Prospectings.

PART VI

CASE STUDIES

IMPROVING THE URANIUM DEPOSITS ESTIMATIONS (THE NOVAZZA CASE)

Massimo Guarascio
Istituto di Geologia Applicata and C.S. per la Geologia Tecnica, Facoltà d'Ingegneria, Università di Roma, Rome, Italy

ABSTRACT

This paper presents the ore reserve estimation of the Novazza (Italy) uranium deposit. The approach used in the first stage of the study is merely based on the chemical analyses of samples and can be considered as a "classical" geostatistical study of a thick stratiform low-grade deposit. In the second stage an attempt is made to use more efficient techniques than standard kriging in order to take into account additional information (rarioactivity measurements). For this purpose, cokriging has been adopted. A short introduction to this method is given.

1. INTRODUCTION

This paper refers to the geostatistical estimation of a very thick stratiform uranium deposit (Novazza, Central Alps, Italy). This deposit was discovered by the AGIP staff after having carried out extensive surveys throughout Italy.

The structural study, developed by means of the experimental variograms, had to take into account the particular sampling conditions, i.e., random locations and bearings of the diamond drill-holes. An approach to the study of the spatial coregionalization between U_3O_8 grade and radioactivity was also made.

The estimation of the Novazza potential ore reserve was made using available DDH data (core chemical analyses). The volumes (elementary blocks; ore-body total envelope) that could be estimated were determined in accordance with the geological and sam-

M. Guarascio et al. (eds.), Advanced Geostatistics in the Mining Industry, 163-183.

pling conditions. A random kriging pattern, suitable to the local conditions, was used to estimate the elementary blocks.

The limited amount of available data, while allowing to get a sufficiently exact idea of the possible reserves at the various average-grades (grade - tonnage curve) and to evaluate the fluctuation of the grade from one zone to another of the deposit, did not give reliable local estimates. However, since radiometric data were also available —though their interpretation may not be very easy— it was thought proper to use them in order to make more reliable local estimates.

The technique adopted was the cokriging which is especially useful when a few grade data are available. This method can be used in the future even at the production planning stage.

2. STRUCTURAL STUDY

2.1. The Geological Framework and Nature of the Data

The mineralization is located in a stratified formation of Permian porphyritic tuffs dipping 20°-30°. The economic ore —pitchblende— is present in a particular layer whose actual thickness is about 25-30 m (Fig. 1).

Drilling were made at various dips and bearings starting from level drifts (mostly from the third and the sixth level) without following a regular pattern. Furthermore core samples (whose U_3O_8 grade was chemically determined) had different lengths.

Radiometric measurements were made in DDH and in a large supplementary number of bore-holes.

2.2. Structure of the Mineralization

The experimental variogram of the U_3O_8 grade (regionalized variable) was computed for each drill-hole.

Since the values of the variogram depend upon the volume of the sample (geometric support of the variable), samples having different dimensions cannot be mixed. The experimental variograms were therefore computed along drill-holes whose cores had been reduced to the same length (1 m).

The curves thus obtained were examined both individually and

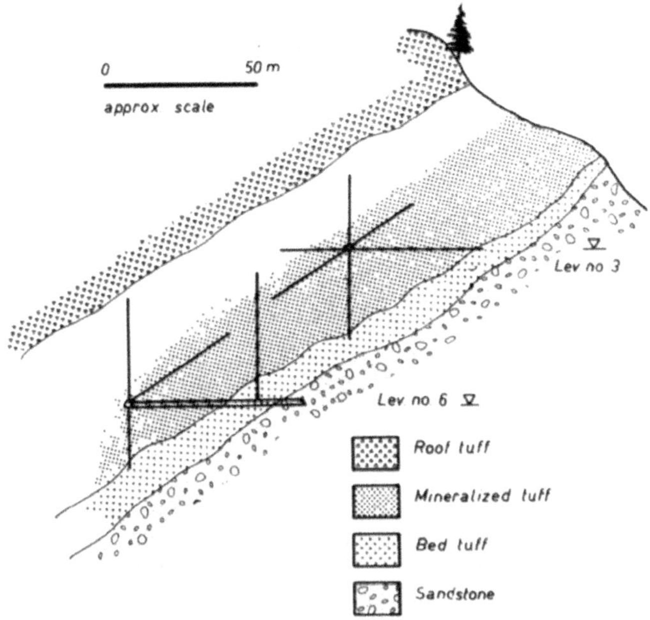

Fig. 1. Cross-section of the Novazza ore-body. Bold lines: drill -holes.

grouped into three directional (vertical, North-South, East-West) classes so as to get significant curves representative of the average behaviour of the variogram in the deposit. Classes have been named according to the prevalent directions of drill-holes with an approximation ranging from 0° to 30°. We shall keep account of this approximation in fitting variogram models.

At first glance the absolute variograms (Fig. 2-A) present very different values in the three directions even though all of them reach their sill approximately at the same value of h; their behaviours are roughly the same. However, when comparing sill values with square average-grades, there is a definite linear proportionality between the sill value and the square average -grade in each drill-hole. Therefore the anisotropy observed from the absolute variograms is only apparent and is in fact due to this proportional effect. This may physically be explained by the fact that along the drill-holes the presumed recurrence of rich and poor intervals does not vary from one drill-hole to another, while the grade values of the rich intervals may vary. In fact, the anisotropic behaviour disappears if we calculate the relative variograms (Fig. 2-B).

The global average relative variogram (Fig. 3-B) is obtained

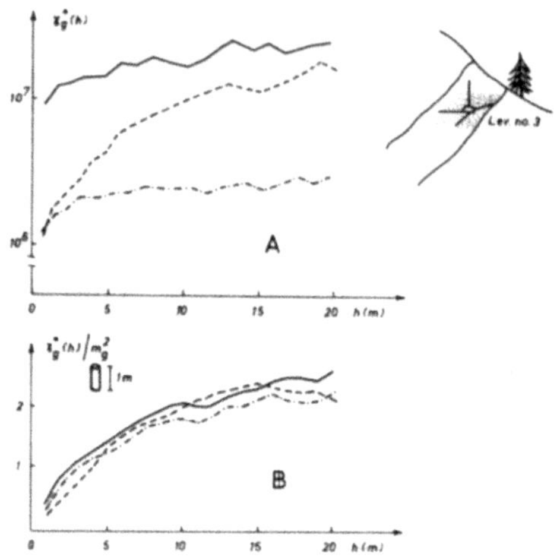

Fig. 2. Absolute (A) and relative (B) variograms of the Novazza ore-body level 3 regularized on 1 m support. The 3 curves in (A) and (B) refer to the different directional classes (see text): Bold line = E-W class; Dashed line = N-S class; Dash-dotted line = vertical class.

by grouping the directional relative variograms (Fig. 3-A).

From the experimental variograms regularized on 1 m and 2 m supports, through a deconvolution procedure, a model for the theoretical punctual variogram was obtained.

The chosen model shows two intermeshed (nested) isotropic structures with a small nugget effect

$$\gamma_g(h) = C_0^g + C_1^g \gamma_1^g(h) + C_2^g \gamma_2^g(h)$$

γ_1 and γ_2 are spherical variograms. The following figures were obtained.

$C_0^g = 0.4$

$\gamma_1^g(h)$: range $a_1^g = 2$ m ; sill $C_1^g = 0.9$

$\gamma_2^g(h)$: range $a_2^g = 23$ m ; sill $C_2^g = 1.9$

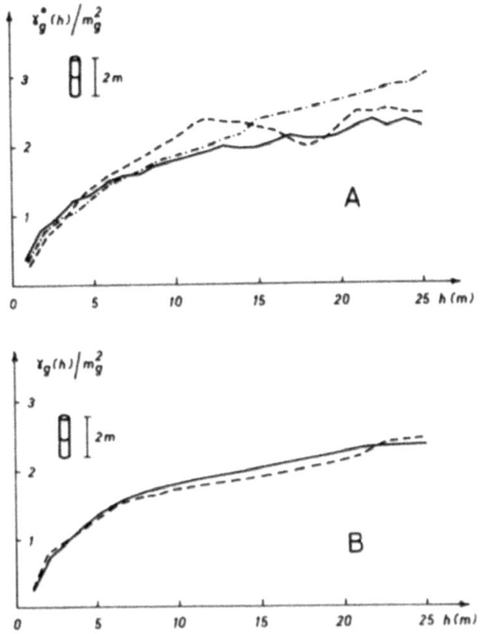

Fig. 3. Relative directional variograms (A) and global relative variogram compared to the model variogram (B) for the entire Novazza ore-body. The variograms are regularized on a 2 m support. (A) Bold line = E-W class (see text and Fig. 2); Dashed line = N-S class; Dash-dotted line = vertical class. (B) Dashed line = experimental variogram; Bold line = model variogram.

2.3. Radioactivity - U_3O_8 Grade Coregionalization

Radioactivity was measured in all the drill-holes, whereas only a few chemical analyses were made because a fair amount of holes had not been core-drilled. It was therefore necessary to devise procedures for interpreting the radiometric logs in order to use them for estimation purposes.

In the single holes, radioactivity was measured every 50 cm which has proved[1] to be a sufficiently accurate spacing in characterizing the radioactivity profiles within the deposit of Novazza.

---

1 - In order to test the 50 cm spacing, in some drill-holes the radioactivity was measured at intervals of 5 cm.

The correlation between the logarithms of the grades and of the radioactivity depends strongly upon the local characteristics of the different sections of the mine. Instead, the analysis of the relative variograms and cross-variograms provides much more constant and reliable results.

The global relative variogram of radioactivity is shown in Fig. 4. The model, after correction of the proportional effect, shows —exactly as for the grade— two nested structures:

$$\gamma_r(h) = C_0^r + C_1^r \gamma_1^r(h) + C_2^r \gamma_2^r(h)$$

where

$$\gamma_1^r(h) \text{ and } \gamma_2^r(h)$$

are spherical variograms; and

$$C_0^r = 0$$

$$\gamma_1^r(h): \quad \text{range } a_1^r = 3 \text{ m} \quad ; \quad \text{sill } C_1^r = 0.8$$

$$\gamma_2^r(h): \quad \text{range } a_2^r = 27 \text{ m} \; ; \quad \text{sill } C_2^r = 1.4$$

These figures, compared with those obtained for the grade, show:

- that there is no significant difference in the ranges if we consider that these are such as to make the model variogram fit well to the experimental curve. It seems, moreover, that the Novazza deposit has two structures: one around 2 m, and the other around 25 m;

- that, since radioactivity integrates a larger volume in space than core grade measures, it is normal that radioactivity appears to be somewhat less variable; the nugget effect vanishes and the sill is lower;

- that the very similar results are in accordance with the steady-state observed in this deposit (the radioactive equilibrium has been reached).

Cross-variograms allow to study the spatial correlation be-

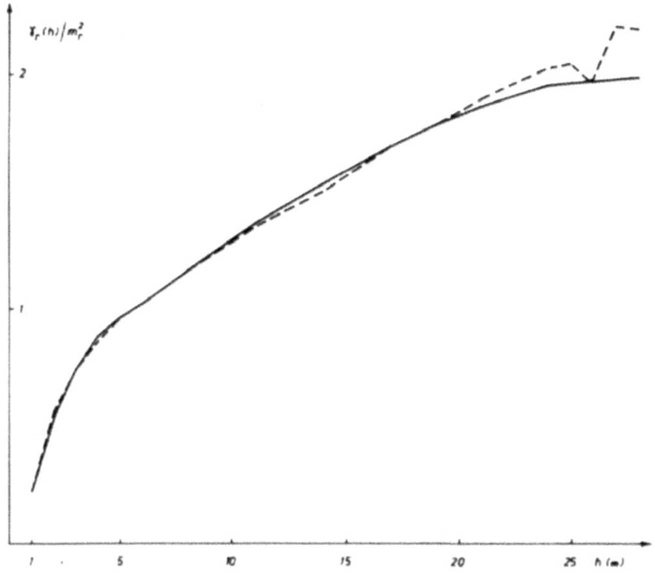

Fig. 4. Global relative radioactivity variogram, Novazza ore-body. Bold line = model variogram; Dashed line = experimental variogram.

tween grade and radioactivity. The cross-variogram is defined as the co-variance of the increments of two different regionalized variables:

$$\gamma_{rg}(\vec{h}) = \frac{1}{2} E \left[(Y_r(x+h)-Y_r(x))(Y_g(x+h)-Y_g(x)) \right]$$

where: $Y_g(x)$ and $Y_r(x)$ are, respectively, grade and radioactivity.

The Novazza experimental global relative cross-variogram, shown in Fig. 5, enabled us to find a model corresponding to the following equation:

$$\gamma_{rg}(h) = C_0^{rg} + C_1^{rg}\gamma_1^{rg}\gamma_1(h) + C_2^{rg}\gamma_2(h)$$

where it is assumed:

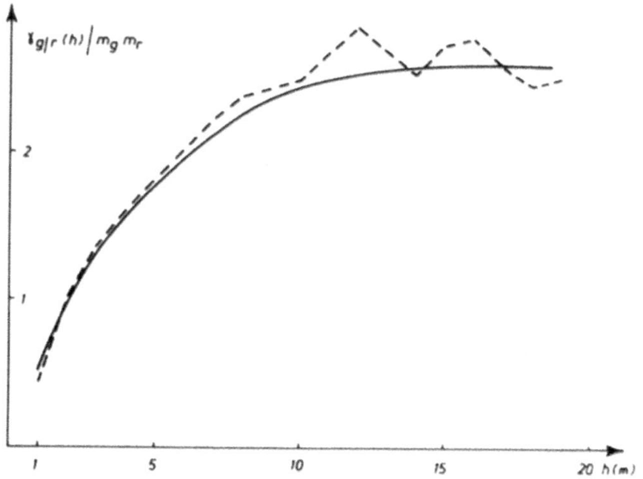

Fig. 5. Global relative cross-variogram (grade-radioactivity) for the entire Novazza ore-body.

$C_0^{rg} = 0.1$

γ_1^{rg} : range $a_1^{rg} = 3$ m ; sill $C_1^{rg} = 0.9$

γ_2^{rg} : range $a_2^{rg} = 14$ m ; sill $C_2^{rg} = 1.7$

From this cross-variogram, we see:

- that, as understandable, the cross-variogram lies between the two variograms;

- that, here again, the general behaviour is the same. However, there does not seem to be a clear intrinsic correlation.

Thus, these three variograms serve to establish a co-estimation procedure in order to get a more accurate ore-deposit estimation in the zones with an insufficient number of DDH. Radioactivity can then be used easily for the estimation of the U_3O_8 grade.

3. ESTIMATION OF THE POTENTIAL RESERVE

The estimation was made by taking into consideration the grade obtained from chemical analyses of core samples.

3.1. Local Estimation

The estimation of the average grade of elementary blocks is the preliminary phase in the global estimation of potential reserve of a mineralized volume.

According to the available information, we defined a total envelope containing the whole Novazza deposit using several parallelepipeds. It must be noted, however, that the ore-body contour is not very regular and not sufficiently proved, and, on the other hand, any attempt of a more precise definition of such contour is impossible. In dividing the envelope we shoose elementary blocks whose dimensions were in keeping with the following facts:

- it is illusory to estimate small blocks because of the low average density of information. In fact, there would be small differences in grade and significant differences in accuracy;

- the major density of drill-holes in the rich zones of the deposit must be taken into account because very large blocks would cause boder effects, particularly around the rich zones;

- blocks must be more or less of the same size and shape as the possible mining units.

The chosen elementary blocks were, therefore, horizontal parallelepipeds 24 x 24 x 4 m in size.

3.2. Kriging Plan

A random kriging plan was set up considering both the sampling characteristics and mineralization structure (Fig. 6). Random kriging has the same properties of the classical kriging, but it does not take into account the exact position of the drill-hole intersections within volumes taken as information sources. On one hand this fact makes the calculations simpler and avoids the risk of an overestimation of poor zones. On the other hand, the estimation may be less accurate as shown by the increase of variance.

In the present case, three information sets were used for the evaluation of any block V_1:

1) the average Z_1 grade (weighted by the core lengths) of the

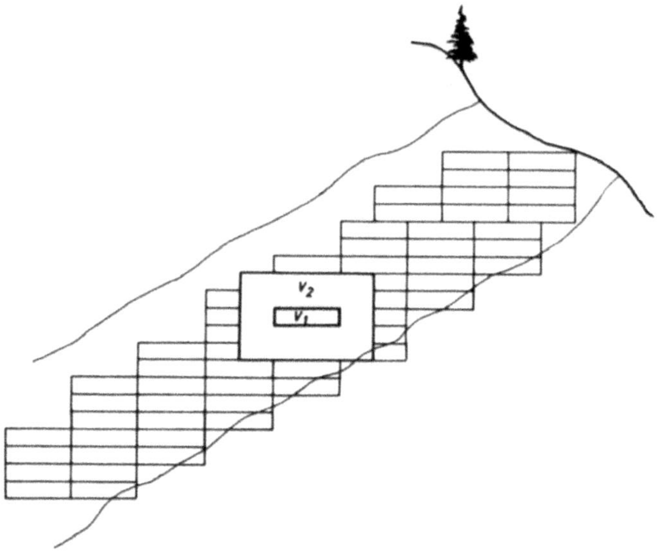

Fig. 6. The Novazza ore-body divided into blocks for kriging purposes. V_1 = block used as an example embodied by a volume V_2.

drill-hole intersections within V_1;

2) the average Z_2 grade of the DDH intersections within a volume V_2 centered on V_1, whose dimensions are two times those of the a_2 range;

3) the average grade Z_3 of the DDH intersections within a very large volume (even the whole deposit) embodying V_2 and V_1.

As to the bocks, only those containing at least one intersection, or with three intersections in the surrounding V_2 volume were considered for the estimation.

For each mine level it was computed the estimated planimetric position of the blocks, their kriged grade, Z, and the respective relative standard deviation (Tab. 1).

It was evident from the results obtained that the accuracy of the local estimation is often very low and that it may be different from one block to another.

Therefore a greater amount of systematically arranged information must be gathered in order to obtain a more accurate local estimation.

1110	1002	575
0.42	0.45	0.52
1137	1137	876
0.39	0.40	0.50
1096	1106	847
0.43	0.43	0.50
728	797	770
0.56	0.53	0.54

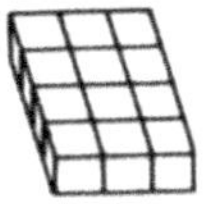

Tab. 1. Partial plan of a level with kriged grade values and respective relative standard deviations.

3.3. Global Estimation

The ways of attaining the global estimation and its results are of extreme importance from an economic point of view because the long-term planning is based just on this estimation.

According to the scope of the estimation, and to the quality of data, one must be careful whether the results are significant and representative, and should be very cautious in extrapolating such results.

At Novazza, global estimation was aimed at:

- controlling the grade fluctuations of the blocks interesting from the kriging point of view in the various zones of the deposit;

- estimating the available tonnage of the in-situ ore for different average-grades.

The histograms of the kriged block grades and those of the cores are shown in Fig. 7. The histogram on the left of Fig. 7 must be used for all considerations concerning the expected grade differences among the various exploitation units. Similarly, the grade-tonnage curve must be drawn by using the estimated block grades, whereas the core grades give a strongly biased image.

Kriged values are free of bias (overestimation and underestimation), which is inevitable when blocks are selected on the basis of only the inner cores. In fact, the additive property of kriging allows an unbiased estimation of the global metal content in any set of selected blocks simply by compounding the kriged values

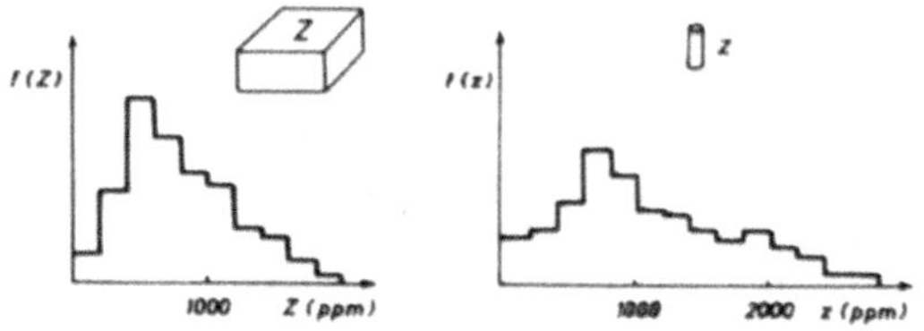

Fig. 7. Histrograms of the kriged block grades (left) and of the core sample grades (right), Novazza.

of the single blocks. Besides, it is possible to compute the global estimation variance by combining the variances of the single blocks.

The average-grade - tonnage curve is shown in Fig. 8. Each point of the curve corresponds to a given cut-off. Assumed as normal the distribution of the global estimation errors, we drew the confidence zones of the curve at a 5% significance level.

In conclusion, in our case, the estimates of the single blocks are representative when they are taken in their whole (e.g., histogram and grade-tonnage curve), whereas each local estimate is not reliable because of a high variance. In order to improve local estimates such as to be meaningful for selection purposes, it was believed proper to process also the radiometric data by a specific technique, i.e., the cokriging.

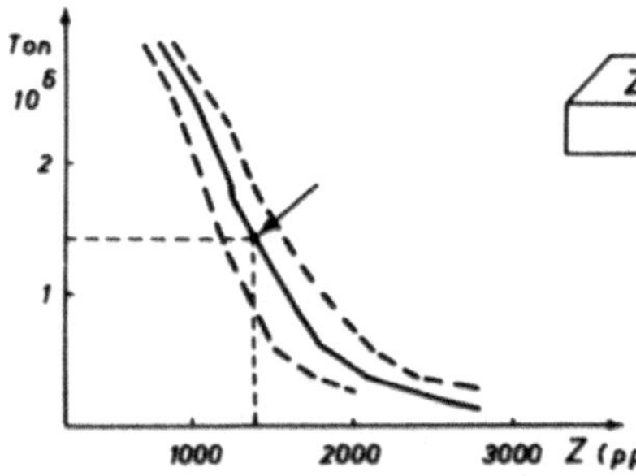

Fig. 8. Grade tonnage curve (bold line) of the Novazza ore-body. Dashed curves delimit the 5% confidence zones. The solid circle shown by the arrow represents the tonnage selected by 900 ppm cut-off grade.

4. IMPROVEMENT OF ESTIMATIONS BY COKRIGING

The aim of cokriging is to improve local estimations by taking into account additional information on a variable different from the one we wish to estimate. Obviously this procedure may give a substantial improvement only if:

- the available information on the variable of interest is too scarse to provide good estimates;

- the spatial correlation between the two variables is so strong that the additional variable provides enough indirect information on the first one.

It is also necessary to test whether the use of both sample grades and radioactivity measures entails such an improvement in accuracy that a significant increase in the complexity of calculations can be afforded.

4.1. The Cokriging System

Let us consider a volume V with an unknown U_3O_8 grade, Z_V, and a number of samples in the neighbourhood of V of which are known either both the radioactivity and the grade or only the radioactivity. We wish to obtain the best possible linear estimates of Z_V using all available information, i.e., sample grades and radioactivity (see Fig. 9).

If x_i and y_i are the locations of the sample points, $g(x_i)$ the grades, and $r(y_i)$ the radioactivity, the unknown grad, Z_V,

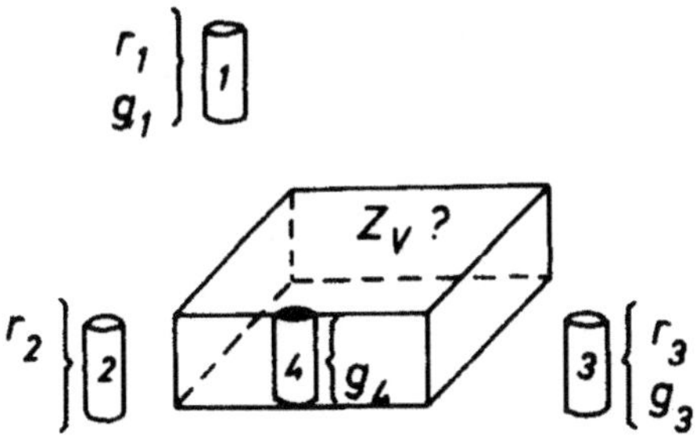

Fig. 9. Unknown grade Z_V to be estimated by using core-sample grades (g) and radioactivity (r) measured in the drill-holes. For details, see text.

will be estimated by the following combination:

$$Z_V^* = \sum_{i=1}^{n} \lambda_i \, g(x_i) + \sum_{j=1}^{m} \nu_j \, r(y_j)$$

where the weights λ_i ($i = 1, \ldots n$) and ν_j ($j = 1, \ldots m$) will be determined by minimizing the estimation variance of Z_V by Z_V^* and with the condition (non-bias condition) that

$$\sum_{i=1}^{n} \lambda_i = 1 \quad \text{and} \quad \sum_{j=1}^{m} \nu_j = 0$$

Let γ_g, γ_r and γ_{gr} be the variograms previously considered. The estimation variance of Z_V by Z_V is then:

$$\sigma_E^2 = E\left[(Z_V^* - Z_V)^2\right] = 2 \sum_{i=1}^{n} \lambda_i \bar{\gamma}_g(x_i, V) +$$

$$+ 2 \sum_{j=1}^{m} \nu_j \bar{\gamma}_{gr}(y_j, V) - \bar{\gamma}_g(V,V) - \Sigma_i \Sigma_{i'} \lambda_i \lambda_{i'} \bar{\gamma}_g(x_i, x_{i'}) +$$

$$- \Sigma_j \Sigma_{j'} \nu_j \nu_{j'} \bar{\gamma}_r(y_j, y_{j'}) - \Sigma_i \Sigma_j \lambda_i \nu_j \bar{\gamma}_{gr}(x_i, y_j)$$

The minimizing of σ_E^2 under the above non-bias condition yields the following Lagrange system with two additional unknown μ_1 and μ_2.

$$\left[CK\right] \times \left[\Lambda\right] = \left[M\right]$$

where:

$$
[CK] = \begin{bmatrix}
\bar{\gamma}_g(x_1,x_1) & \cdots & \bar{\gamma}_g(x_1,x_n) & \bar{\gamma}_{rg}(x_1,y_1) & \cdots & \bar{\gamma}_{rg}(x_1,y_m) & 1 & 0 \\
\vdots & & \vdots & \vdots & & \vdots & \vdots & \vdots \\
\bar{\gamma}_g(x_n,x_1) & \cdots & \bar{\gamma}_g(x_n,x_n) & \bar{\gamma}_{rg}(r_n,y_1) & \cdots & \bar{\gamma}_{rg}(x_n,y_m) & 1 & 0 \\
\bar{\gamma}_{rg}(y_1,x_1) & \cdots & \bar{\gamma}_{rg}(y_1,x_n) & \bar{\gamma}_r(y_1,y_1) & \cdots & \bar{\gamma}_r(y_1,y_m) & 0 & 1 \\
\vdots & & \vdots & \vdots & & \vdots & \vdots & \vdots \\
\bar{\gamma}_{rg}(y_m,x_1) & \cdots & \bar{\gamma}_{rg}(y_m,x_n) & \bar{\gamma}_r(y_m,y_1) & \cdots & \bar{\gamma}_r(y_m,y_m) & 0 & 1 \\
1 & \cdots & 1 & 0 & \cdots & 0 & 0 & 0 \\
0 & \cdots & 0 & 1 & \cdots & 1 & 0 & 0
\end{bmatrix}
$$

$$
[\Lambda] = \begin{bmatrix}
\lambda_1 \\ \vdots \\ \lambda_n \\ \nu_1 \\ \vdots \\ \nu_m \\ \mu_1 \\ \mu_2
\end{bmatrix}
\qquad
[M] = \begin{bmatrix}
\bar{\gamma}_g(x_1,V) \\ \vdots \\ \bar{\gamma}_g(x_n,V) \\ \bar{\gamma}_{rg}(x_1,V) \\ \vdots \\ \bar{\gamma}_{rg}(x_m,V) \\ 1 \\ 0
\end{bmatrix}
$$

The resulting cokriging (estimation) variance will be:

$$
\sigma_c^2 = -\bar{\gamma}(V,V) + {}^t[\Lambda] \times [M]
$$

It can be noticed that this system does not present major difficulties with respect to the usual kriging.

4.2. Comparison with Usual Kriging Procedures

It may be convenient to compare the cokriging procedure to that of the standard approach by random and strict kriging. To do this, we will discuss here the strict kriging case, i.e., when a weight is assigned to the grade of each sample according to the exact relationship with the block to be estimated. There are many ways to make such a comparison. However, in order to remain very close to the Novazza situation, the following two patterns (see Fig. 10) can be considered:

a - one drill-hole in the centre of the block (standard bloc] 24 x 24 x 4 m in size) and 4 drill-holes close to the block;

b - a central drill-hole and four drill-holes far from the block (a distance of the same order of magnitude as the range).

At first, it was considered that these drill-holes had chemically been analysed. The kriging system yielded the following relative standard deviations of the estimation:

case a) $\sigma_K = 27\%$

case b) $\sigma_K = 41\%$

In general, since there are few chemical analyses it is necessary to derive grade values by regression from the radioactivity measurements. This necessarily leads to discrepancies, and hence to using an additive term to the above mentioned standard deviations in order to take into account the heterogeneity of the ficticious grade data.

The second step was a cokriging procedure assuming that the

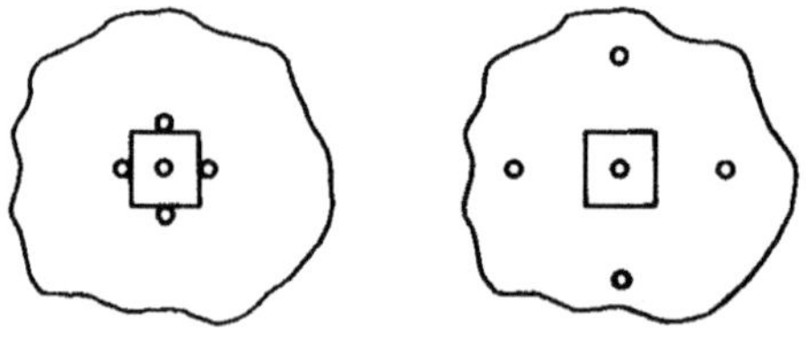

Fig. 10. Geometry used in comparing strict kriging to co-kriging. Drill-holes (open circles) close to the block to be estimated (left) and drill-holes far from the block. The illustration must be seen as in space.

five drill-holes were analysed both chemically and radioactively. Cokriging gave the following figures:

case a) $\sigma_c = 25\%$

case b) $\sigma_c = 33\%$

It is evident that there is a significant improvement when using cokriging, especially when the drill-holes are distant. Therefore, cokriging gives better results than kriging performed on true-grades only. Furthermore, when for some drill-holes true-grades are not known, cokriging will provide more reliable results than kriging performed on fictitious grade data (i.e., radiometry converted into grade by a deconvolution or regression procedure), since cokriging is not conditioned by problems of homogeneity. Anyway, in order to be really feasible and meaningful, cokriging needs at least some true-grade data.

5. CONCLUSIONS

The simultaneous use of grade and radioactivity has shown at Novazza that the "classical" estimation can be improved when a proper method —cokriging— is adopted.

When a density of radioactive measurements much more greater than that of grade analyses is available —as in the case of the Novazza level 3 located in the rich central zone of the deposit— cokriging appears to be the tool that will enable better estimations to be made at the mining works planning stage.

6. ACKNOWLEDGEMENTS

The author wishes to thank AGIP S.p.A. for the kind permission given in publishing this paper. For reasons of proprietary rights, the data used in this paper are multiplied by a coefficient.

A 2-DIMENSIONAL GEOSTATISTICAL STUDY OF A SKARN DEPOSIT, YUKON TERRITORY, CANADA

A.J. Sinclair and J.R. Deraisme

Dept. of Geological Sciences, Univ. of British Columbia, Vancouver, B.C., V6T 1W5, Canada

ABSTRACT. 2-dimensional geostatistical study of the Little Chief copper deposit of Whitehorse Copper Mines, Yukon, Canada, is a practical case study of a copper-magnetite skarn deposit. Kriging of thickness and assay data provided unbiased grade and tonnage estimates of stopes, pillars and sills that compare favourably with estimates by empirical methods. An attempted optimization study for stope-pillar locations in the low levels requires more information than was available to us. A drilling grid 100 x 100 feet will provide grade estimates within 10% (rel. std. dev.).

INTRODUCTION

Little Chief deposit is about 6 miles south of Whitehorse, Yukon near the Alaska highway (Kindle, 1964). The deposit is a copper-bearing, magnetite-rich skarn zone contained in a wedge of sedimentary rock, principally limestone and quartzite, surrounded on three sides by dioritic rocks of the Whitehorse batholith. Geometric form is that of a near vertical tabular sheet that extends about 700 feet horizontally and 1,000 feet vertically with an average thickness of about 60 feet and a northwesterly strike direction. Ore minerals are bornite and chalcopyrite in a magnetite-rich zone that also contains various calcsilicates, calcite and serpentine. Small but significant amounts of gold and silver are present. Valleriite occurs sporadically in the upper part of the deposit.

The ore body has been defined by an irregular grid of horizontal drill holes each of which penetrates the ore zone (Fig. 1). For each drill hole our data base consisted of 2-dimensional co-ordinates, (in the plane of Fig. 1), thickness of the mineralized intersection and the average Cu grade (as %) over the preceding

M. Guarascio et al. (eds.), Advanced Geostatistics in the Mining Industry, 369-379.

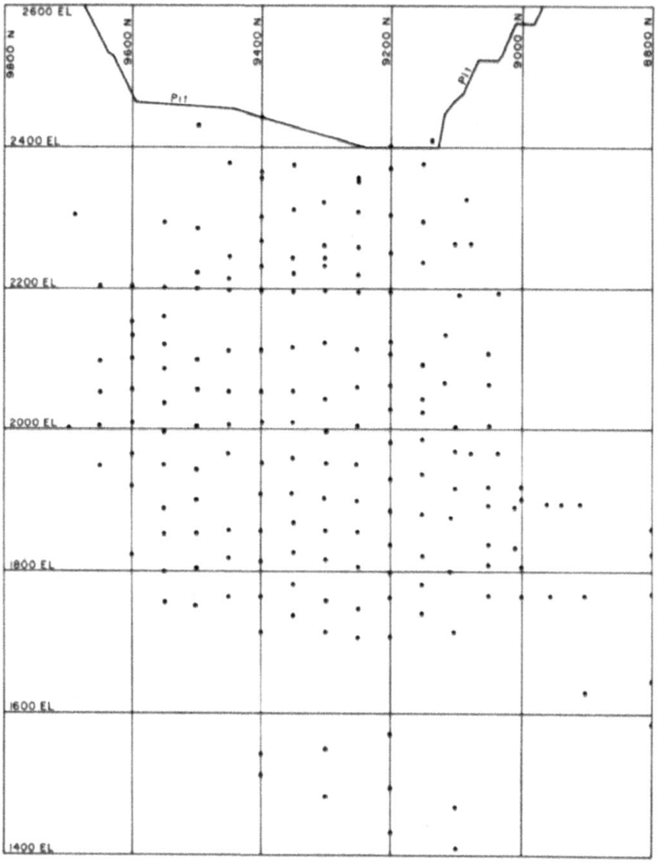

Fig. 1. Location of drill holes on a vertical longitudinal section.

thickness. Several remarks are in order:

(1) The uneven sample density for the deposit means that estimation quality will differ considerably locally depending on available data.

(2) Definition of thickness is based on a cut-off grade of 1.4 Cu and corresponds to a geological limit of mineralized rock.

(3) Dip of the deposit has been assumed constant and equal to 70°.

(4) Density of ore is a regionalized variable that should be estimated for each ore panel. Unfortunately, insufficient values were available and a constant conversion factor of 10 cu. ft. of ore per ton has been used throughout, where tonnage estimates are quoted.

In this study our data base has restricted us to estimation of in situ resources and a 2-dimensional geostatistical approach to the problem. The purpose of the geostatistical investigation is

3-fold: (1) to provide a comparison between kriged estimates and mine estimates for various stopes and pillars, (2) to optimize the exact location of a fixed stope-pillar configuration below the 1680 level where development was about to be undertaken, and (3) to determine a general drilling grid for ore below the 1680 level such that copper grades would be known with a relative standard deviation of about 10 percent.

STRUCTURAL ANALYSIS

A detailed structural analyses has been done, based on derivation of experimental semi-variograms from available data, and fitting spherical models to these experimental curves. Two variables were studied in two dimensions; (1) thickness, t, of the mineralized zone, and (2) metal accumulation, A(grade x thickness). Experimental semi-variograms for each variable were determined in each of 4 directions. A computer program that grouped data into distance and angle categories was used for this purpose.

For both thickness (Fig. 2) and accumulation (Fig. 3), the shape of variograms is essentially the same in all four directions. Consequently, a theoretical isotropic spherical model with nugget effect, C_0, was fitted to the average variogram of each of the two variables (See Fig. 2 and 3), the mathematical formula of which is:

$$\gamma(h) = \begin{cases} C_0 + C\left(1.5\dfrac{h}{a} - 0.5\dfrac{h^3}{a^3}\right) & \text{if } h<a \\ C_0 + C & \text{if } h \geq a \end{cases}$$

Values of the parameters are listed in Table 1. Note that these parameters define a smooth model that approximates the experimental curves extremely well (Figs. 2 and 3). Several remarks are nevertheless in order:

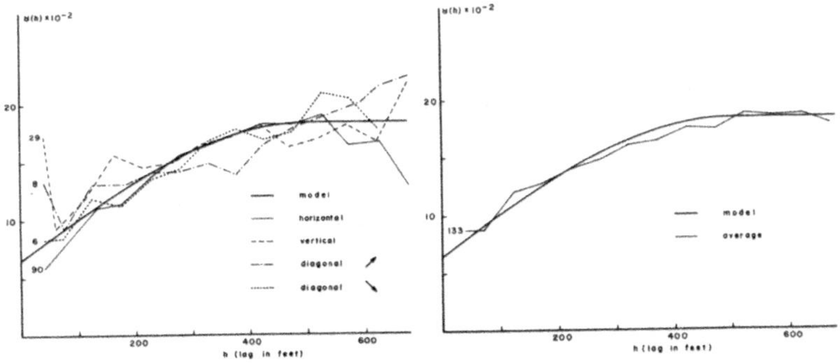

Fig. 2. Experimental semi variograms and fitted isotropic model for thickness.

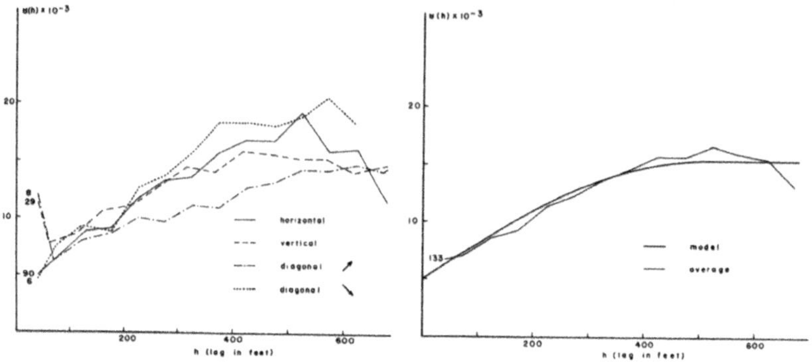

Fig. 3. Experimental semi variograms and fitted isotropic model for accumulation.

1) The parameters for both range (a = 500 feet) and relative nugget effect ($C_0/(C+C_0)=30\%$) are comparable for both variables. It is not surprising therefore that a pronounced correlation (r = 0.9) exists between the variables.
2) For Little Chief deposit, and for skarn deposits generally, a strong local variability of thickness exists; it is indicated by the nugget effect of the variogram. In reality, the nugget effect shows the existence of another structure on a scale smaller than a sample spacing of 25 feet (first known point).
3) The range of 500 feet is well-defined on the experimental and theoretical curves. Both curves thus signify that values of the variables are independent only if separated by distances of 500 feet or more.

	THICKNESS t	ACCUMULATION A
range a	500 ft	500 ft
nugget effect, C_0	650 ft^2	5,000 $ft\text{-}\%^2$
sill, C	1200 ft^2	10,500 $ft\text{-}\%^2$

Table 1. Parameters of spherical models for variograms of deposit thickness and accumulation.

ESTIMATION OF IN SITU RESOURCES

Stopes, pillars and sills to be estimated are shown in Fig. 4. We concern ourselves only with kriging (Matheron, 1971) of panels with rectangular outlines in two dimensions. These blocks of ore (cf. Fig. 4) include 6 slopes, 6 pillars and 4 sills between levels 1950 and 2050. Drill hole information used to make estimates for the foregoing blocks have been taken in the following manner:

S_0:drill hole data within the panel

S_1:drill hole data from the first aureole around the panel, i.e. 50 feet or less from the panel

S_2:drill hole data from the second aureole around the panel, i.e. between 50 and 100 feet from the panel.

Using stope 7 as an example, let us examine the variable "thickness" and the weights that exact kriging gives to information from each of the 55 drill holes retained (Fig. 5) according to the foregoing scheme. S_0 consists of 11 drill holes, S_1, 18 drill holes and S_2, 26 drill holes. Fifty-nine percent of the total weight is assigned

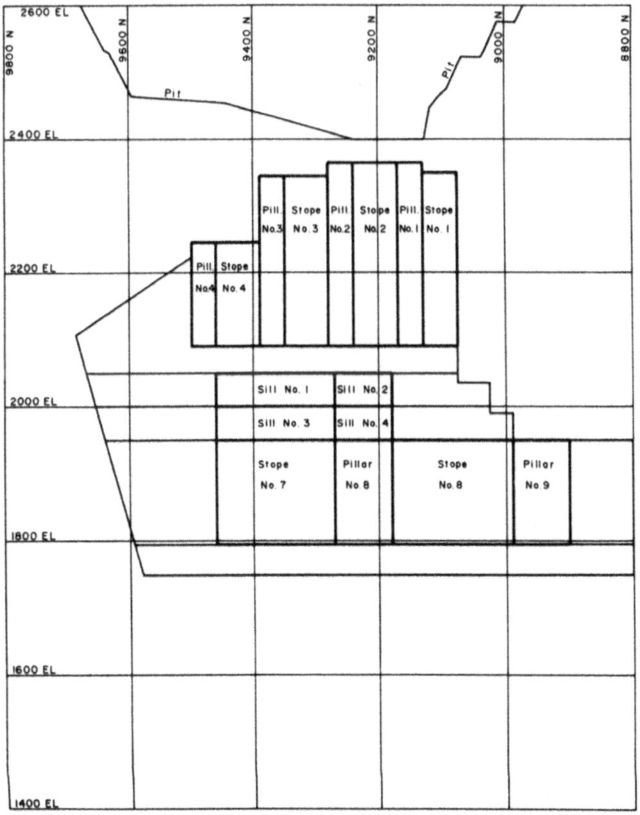

Fig. 4. Outlines of kriged stopes, pillars and sills.

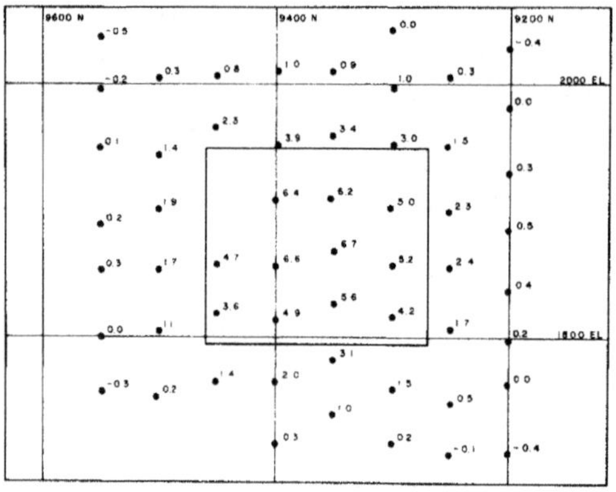

Fig. 5. Calculated kriging weights (as percentages) for thickness of stope 7.

to S_0, 36% to S_1, and 5% to S_2. This example shows clearly several properties of kriging: (1) The notion of zone of influence: the closer drill information is to a panel being estimated, the higher is its weight, (2) drill information external to a panel has a significant weight in estimations made for that panel, (3) a screen effect is apparent. Since the range of the structure (500 feet) is large relative to the drill hole spacing, the importance of data

Panel Estimated	Thickness	Accumulation	Grade
Stope 1	25%	37%	18.5%
Stope 2	11%	16.5%	8%
Stope 3	11.5%	13.5%	6%
Stope 4	20.5%	22%	9.5%
Stope 7	6.5%	6.5%	3%
Stope 8	9.5%	12.5%	6%
Pillar 1	18.5%	27.8%	13.5%
Pillar 2	9.5%	13.5%	6.5%
Pillar 3	19.5%	19.5%	8.5%
Pillar 4	23%	27.5%	12%
Pillar 8	10%	11.5%	5%
Pillar 9	25.5%	33.5%	15%
Sill 1	8.5%	10%	4.5%
Sill 2	16%	22%	10%
Sill 3	8%	9.5%	4%
Sill 4	17.5%	25%	12%

Table 2. Relative standard deviations of estimation for kriged stopes, pillars and sills.

outside a panel, in estimating that panel, decreases rapidly with distance. Hence, the weighting factor of the second aureole is only five percent for the total data (26 drill holes) within that aureole, to give an average weighting factor of 0.2% which is negligible. Additional aureoles add little useful information and result in time consuming and costly calculations.

Let us now examine the estimation variances that allow us to determine confidence intervals of the estimators. To best appreciate the quality of in situ reserve estimations, the relative standard deviation of the three variables, thickness, accumulation and grade, are given in Table II for each of the panels estimated. The grade (g) is not kriged directly but is calculated from kriged estimators of thickness, t, and accumulation, A. The kriging variance is by definition the minimal estimation variance; it varies inversely with the quantity of information and the size of the block estimated. Because of the high value of the correlation coefficient, grades are better estimated than are other variables. Estimations of thickness and accumulation are of good quality for about half the stopes and pillars. The poorest estimates are for panels located in the border zone of the deposit or for those with relatively limited information. In general, the grade estimates are relatively good.

COMPARISON OF KRIGED AND MINE ESTIMATES

In the upper levels, particularly near the extremities of the

Estimated Unit	Area $S(ft^2)$	Kriged thickness t(ft)	Tonnage T(tons)	Tonnage T'(tons)	Grade g(% Cu)	Grade g'(% Cu)
Stope 3	18200	64.0	124000	136700	2.39	2.48
Stope 7	29450	90.7	284300	306000	2.77	2.92
Stope 8	29450	63.3	198400	191300	2.09	1.89
Pillar 2	11000	80.9	94700	116300	1.94	1.78
Pillar 8	13950	73.1	108500	107100	2.44	2.72
Sill 1	9500	90.3	91200	112700	2.36	2.38
Sill 2	4500	58.51	28000	36000	2.09	2.54
Sill 3	9500	94.1	95200	77500	2.40	2.43
Sill 4	4500	54.8	26200	10100	2.00	2.16

Table 3. Comparison of estimators by kriging and by method used at the mine.

ore zone a different data base was used by mine personnel than was used by us in kriging: a direct comparison of the two methods can not be made in such cases. In addition mine estimates for pillar are not yet completed. Thus 9 units remain for which it is possib to compare kriging estimates (T and g) with mine estimates (T' an g') for tonnage and grade respectively, (Table III).

A useful means of comparing results of the two estimation pro cedures is with respect to mean values for the deposit as a whole. Global estimates are $\bar{t}$ = 62.5 and $\bar{g}$ = 2.48% Cu. On the average, a kriged estimate is lower than the mine estimation if a panel has a value greater than the mine average, and vice versa. This illustrates the unbiased aspect of kriging and the tendancy of present techniques at the mine site to overestimate high grade zones and underestimate low grade zones.

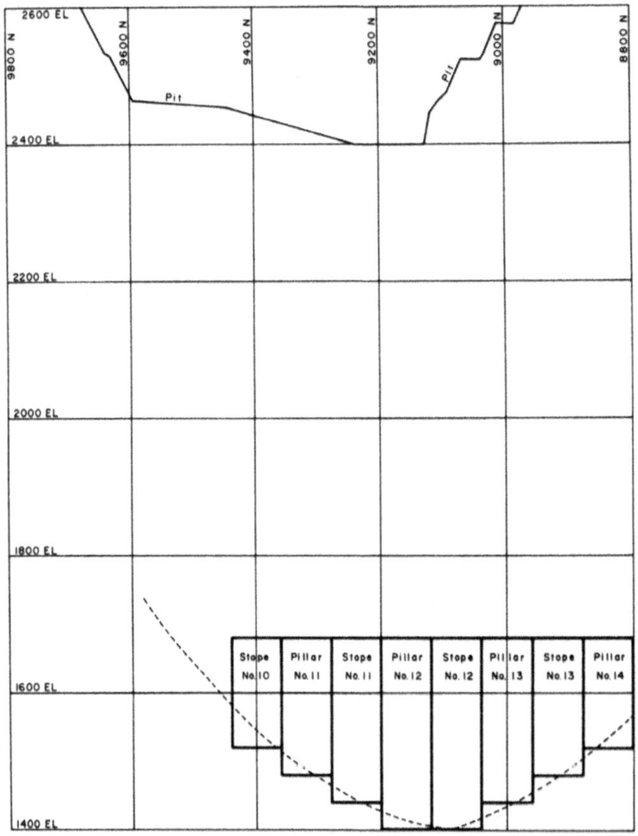

Fig. 6. One of 8 positions of the stope-pillar configuration below 1680 level.

OPTIMIZATION OF STOPES AND PILLARS BELOW 1,680 LEVEL

The lower part of the deposit is to be exploited by a series of alternate stopes and pillars extending between the 1,680 and 1,400 levels, and all having an extent of 80 feet horizontally along the strike direction. Development for this pattern was underway at the time the geostatistical study began but flexibility still existed such that the whole pattern could be shifted up to 80 feet in either direction along the length of the levels. From a geostatistical point of view this problem simplifies to that of finding the optimum position of the first stope (or any stope) in order to maximize the quantity of in situ metal in stopes and to minimize the in situ metal in pillars.

An initial location of stopes and pillars was fixed arbitrarily to give the position shown in Fig. 6. Each stope and pillar was kriged using information from all 35 drill holes located between the 1,400 and 1,800 levels. A single estimation for the 4 stopes was obtained by cumulating the four estimations, and a similar cumulated estimate was made for the four pillars. The foregoing procedure was repeated seven times, shifting the stope-pillar assemblage 10 feet further along the strike direction for each estimate. As an example of the magnitude of error involved in these estimates, relative standard deviation for the four stopes of the initial configuration (Fig. 6) are 8%, 19%, 31%, and 37% respectively. The large magnitude of these errors rules out the possibility of recognizing significant differences among metal contents of stopes and pillars for various positions of the stope-pillar configuration. From a practical point of view this means that more information will be required for a realistic optimization study.

Individual stopes and pillars are large (e.g. 80' x 280' in longitudinal section) so they will have a distribution of mean values of variables, clustered closely about the true mean values below 1,680 level. The dispersion variance $D^2(v/V)$ of a volume v within a larger volume V is calculated (cf. Journel, 1974) from

$$D^2[v/V] = \bar{\gamma}(V,V) - \bar{\gamma}(v,v)$$

where $\bar{\gamma}(V,V)$ and $\bar{\gamma}(v,v)$ are the mean values of the variogram in volumes V and v respectively. V represents the total volume of ore between 1,680 and 1,400 levels and v is the volume of a stope or pillar. If we consider the simpler problem of in situ dispersion variance of 4 identical stopes, L x l (L = 280 feet; l = 80 feet), separated from each other by pillars of the same dimension we can express $D^2[v/V]$ in terms of the auxiliary function F (a, b):

$$D^2[v/V] = F(V) - \frac{7}{16}F(L,1) + \frac{3}{2}F(L,21) - \frac{45}{16}F(L,31)$$
$$+ 4F(L,41 - \frac{75}{16}F(L,51) + \frac{9}{2}F(L,61) - \frac{49}{16}F(L,71)$$

The foregoing formula applies only if v is small relative to V, a condition not strictly true in this case. However, we might expec an indication of the true dispersion variance to obtain from the formula. We get here, $D^2[v/V] \approx 0.09$ C. Thickness has a relative standard deviation of dispersion of about 17% i.e. assuming a gaus ian distribution, the mean values of the Stopes will be within the limits $m \pm$ 20 feet with a probability of 95%.

Every estimate, whatever the method used, smooths the dispersion of true values. For a kriging estimator Z_K^* of a true value Z the so-called "smoothing relationship" between the dispersion variances of Z^* and Z is

$$D^2[Z] = D^2[Z^*] + \sigma_K^2$$

which necessarily requires that, the less precise are the estimati the more closely grouped are the estimators. To overcome this prc lem more data are required.

OPTIMUM DRILLING GRID BELOW 1,680 LEVEL

With the present knowledge of ore thickness and copper assay values, metal contents of stopes (and pillars) can be estimated or very poorly. Mine operators were interested in the configuration additional horizontal drill holes that would provide them with gra estimates for stopes and pillars, with relative standard directior of about 10 percent. This problem is routine in geostatistics. Results for Little Chief, given in Table IV, are based on exact kriging using two aureoles of data. Assume that the dispersion be tween true and estimated values is Gaussian. If we require grade ± 10% (relative standard deviation), with a 32 percent risk, a squ grid 100 feet x 100 feet is adequate. On the other hand a 50 feet x 50 feet grid will provide thickness estimates having a relative standard deviation of 9%.

Consider the earlier problem concerning optimal location of t fixed stope-pillar configuration. To resolve this problem will re quire very precise kriging because the true dispersion is very sma to begin with. One cannot compute the kriging variance of the con

	Thickness		Grade	
	σ_K^2	σ_K/t (%)	σ_K^2	σ_K/g (%)
50' grid	38.8	8.9%	0.012	4.8%
100' grid	115	15.3%	0.037	8.4%

Table 4. Variance and relative standard deviation of estimation of thickness and grade for 2 drilling grids below 1,680 level.

ination of 4 stopes from the results of 4 individual krigings. Nevertheless, if each stope is estimated with a precision of 10% we can be sure that the estimation error of the average of the 4 stopes is even less. In that situation a square grid (50 x 50 feet) would provide estimation of thickness for the 4 stopes, having relative standard deviation of dispersion less than 13 percent. To decide if this precision is sufficient one must compare the confidence interval of an estimator with the histogram of kriged values. The confidence interval should be small relative to the dispersion of the histogram.

CONCLUSIONS

1) Geostatistical estimation procedures have been applied successfully to a skarn deposit.
2) Exact kriging of stopes, pillars and sills give in situ estimations that compare favourably with estimations made at the mine site by an empirical procedure. Kriging pointed to errors of under- and over-estimation of grade and tonnage relative to results of empirical methods.
3) Insufficient data were available to attempt optimization of the location of a fixed stope-pillar pattern between 1,680 and 1,400 levels.
4) A 100 x 100 feet drilling grid of horizontal holes is required between 1,680 and 1,400 levels to produce grade estimates with a relative standard deviation of about 10 percent.

ACKNOWLEDGEMENTS

This work has been supported by the National Research Council of Canada. A. Bentzen provided technical assistance. Co-operation of Mr. V. Jutronich, and Mr. D. Tenney, Manager and Chief Geologist respectively of Whitehorse Copper Mines, is appreciated.

REFERENCES

Journel, A., 1974, Grade fluctuations at various scales of mine output; Proc. 12th APCOM Symp. Colo. Sch. Mines, April.

Kindle, E.D., 1964, Copper and iron resources, Whitehorse Copper belt, Yukon Territory; Geol. Surv. Canada Paper 63-41.

Matheron, G., 1971, The Theory of regionalized variables and its applications; Les Cahiers du C.M.M., Fontainebleau, Fasc. 5.

A CASE STUDY: MULTIVARIATE PROPERTIES OF BENTONITE IN NORTHEASTERN WYOMING

L. E. Borgman and R. B. Frahme

University of Wyoming
Laramie, Wyoming

Bureau of Land Management
Denver, Colorado

ABSTRACT

Principal component factor analysis is applied to multivariate physical properties of bentonite clay for seventy-eight samples taken from the Northern Black Hills District. The semi-variogram for any linear combination of the physical properties is shown to be approximated by a function of five constant vector factors and five uncorrelated, factor-weight semi-variograms. This concise summary of the interdependent structure for the physical properties of bentonite serves as a convenient basis for studies of economic value which can be updated as economic conditions change.

THE MINERAL RESOURCE AND ITS GEOLOGICAL FRAMEWORK

Bentonite is a montmorillonite clay resulting from the chemical alteration of volcanic ash. The economic significance of bentonite is related to the swelling capacity, viscosity, and gel strength of the clay when water is added. Because of these properties, bentonite is used as a constituent of oil-well drilling mud, as a binder in foundary sand and in the pelletizing of taconite.

There is general agreement that extensive volcanism and the production of the thick layers of ash which later became bentonite were associated with the emplacement of the Idaho Batholith during Cretaceous time. Deposition appears to have been in a shallow marine and estuarine environment.

M. Guarascio et al. (eds.), Advanced Geostatistics in the Mining Industry, 381-390.

Bentonite beds of highly variable thickness occur throughout the Cretaceous formations in the Northern Black Hills area. Thicknesses vary from a few inches to as much as fifteen feet in places The thickness can change abruptly and individual beds frequently pinch out.

Knechtel and Patterson (1956) have described nine bentonite beds in the Black Hills area. These range from the "A" bed in the middle lower Cretaceous Newcastle sandstone, to the "I" bed which lies in the Mitten black shale member of the Late Cretaceous Pierr shale. The "C" bed in this designation is called the "Clay Spur" and is the most economically significant bentonite bed in the region. It forms the uppermost member of the Mowry shale and marks the top of the Upper Cretaceous. Most of the beds in the area are flat or gently dipping. The latter typically lie on the flanks of anticlines or in hogbacks around the Black Hills uplift.

The general formula for montmorillonite, the principal mineral constituent of bentonite is $Al_2Si_4O_{10}(OH)_2 \cdot XH_2O$. Substantial deviations from this formula, involving cation substitution in the crystal lattice, are often present. The cations usually involved are Na^+, Ca^{++} and H_3O^+ which are adsorbed between the layers. Wher bentonite comes into contact with water, the cations go into solution and the positive end of the water dipole is then attracted tc the negative position left by the removal of the cation. Water mol ecules attach in chain-like fashion, one-to-another. The length c the chain depends on the magnitude of the negative charge on the lattice (Thorson, 1968). By this process, sodium bentonites are able to swell from fifteen to twenty times their original volume while calcium bentonites swell an amount equal once or twice theil original volume.

Bentonite deposits are of commercial importance only if they are relatively high in sodium bentonite. Although industrial specifications vary somewhat, the main properties of importance and their acceptable levels are given below. (See the Appendix for the definitions of these terms.)

Yield	$\geq$ 75 Bbl
Green Compression Strength	$\geq$ 5 psi
Dry Compression Strength	$\geq$ 50 psi
Grit	$\leq$ 8 %

In addition, economic considerations dictate that the overburden should not be more than 75 feet for 3-foot thick beds, or 50 feet for 2- to 3-foot thick beds, or 35 feet for 1.5 to 2-foot thick beds.

Mining is generally accomplished by scraping and loading the clay, and hauling it up to 80 miles for blending or processing to meet the required specifications. For low-dip deposits, pits as small as one acre are developed. Thus, the mining is highly selective. Typically, bentonite having certain qualities is mined, stockpiled, and later blended with bentonite from another pit which may be deficient in those qualities. Hence, small pits are sometimes developed, abandoned, and later developed again.

THE DATA TO BE ANALYZED

Knechtel and Patterson (1956) tabulate measurements of 29 relevant physical properties for bentonite samples taken from a number of locations in the Northern Black Hills District. Of these, the following eleven were selected for analysis in the present study.

(1) Percent nonclay material
(2) Percent grit (by weight) retained on a 200 mesh screen.
(3) Green compression strength in psi for 2% tempering water using sand bonded with 4% clay.
(4) Dry compression strength in psi for 2% tempering water using sand bonded with 4% clay.
(5) Swelling capacity of 2 grams of bentonite in milliliters.
(6) Yield in barrels of 15 centipoise slurry that can be made from one ton of bentonite.
(7) pH
(8) Viscosity in centipoises for a slurry containing 6% clay by weight.
(9) Thickness of filtrate after 30 minutes for a suspension containing 6% clay by weight.
(10) Initial gel strength in grams for a slurry containing 6% clay by weight.
(11) Gel strength in grams after 10 minutes for the slurry used in (10) above.

Let the column vector, $\underline{x}$, represent the location of a particular sample. The column vector of eleven measurements given by Knechtel and Patterson for the sample at location, $\underline{x}$, will be designated by $\underline{v}(\underline{x})$. Seventy-eight samples of the Clay Spur bed for which all eleven properties were measured were selected from the tabulation for further analysis. Thus the data consisted of $\underline{v}(\underline{x}_i)$ for i = 1, 2, ..., 78. The data will not be listed here since it is tabulated in detail by Knechtel and Patterson.

THE QUESTION PROPOSED

Let $\underline{c}$ be an eleven-component column vector. Supose that it is contemplated that at some later date a quantity of the form

$$Q(\underline{x}) = \underline{c}'\underline{v}(\underline{x}) \qquad (1)$$

will be important. (The prime denotes the vector transpose). The actual values of the components of $\underline{c}$ may change from time to time.

How should one analyze the data to facilitate the computation of the semi-variogram for Q for whatever $\underline{c}$ vector may be important at the future time?

$Q(\underline{x})$ has a very clear interpretation if one is dealing with metallic deposits containing various metal contents such as copper, gold, silver, etc., each with its own market value. Thus, if v_1 is the grams gold per kilogram of ore and c_1 is the monetary value per gram of gold, then c_1v_1 is the monetary value of the gold in a kilogram of ore. If this is done for all the metallic components, the sum given by eq. (1) would be the total monetary value of all the metals per kilogram of ore.

The interpretation of Q for bentonite is somewhat more subtl Value might be assigned approximately by some linear expression o the physical properties and used in operations research analysis or in property evaluation within a company. Bentonite with high yields would have high value so the corresponding coefficient would be large and positive. Grit is an undesireable property, so its coefficient would be negative -- and so forth for the rest of the properties.

THE MATHEMATICAL MODEL

The cross semi-variogram between $v_i(\underline{x})$ and $v_j(\underline{x})$ is defined

$$\gamma_{ij}(\underline{h}) = (1/2)E[\{v_i(\underline{x})-v_i(\underline{x}+\underline{h})\}\{v_j(\underline{x})-v_j(\underline{x}+\underline{h})\}] \qquad (2)$$

where "E" denotes the expectation operator.

The matrix of semi-variograms, having elements $\gamma_{ij}(\underline{h})$, will be

$$\gamma_{\underline{v}}(\underline{h}) = (1/2)E[\{\underline{v}(\underline{x})-\underline{v}(\underline{x}+\underline{h})\}\{\underline{v}(\underline{x})-\underline{v}(\underline{x}+\underline{h})\}'] \qquad (3)$$

For the case of eleven components, $\gamma_v(\underline{h})$, will consist of the eleven functions on the main diagonal and 55 functions above the diagonal -- a total of 66 functions. By symmetry, the functions below the diagonal are identifcal with those above it.

The semi-variogram for Q would be obtained from

$$\gamma_Q(\underline{h}) = c'\gamma_{\underline{v}}(\underline{h})\underline{c}$$

Thus, if one had the 66 semi-variograms, the variogram for Q coul be easily computed.

However, is there an easier way which is almost as accurate? Principal component factor analysis (Klovan, 1975) can often be used to express data vectors as mixtures of several fundamental vector components common to all the data. Could this procedure be used to reduce significantly the number of semi-variograms which must be tabulated?

Suppose

$$\underline{v}(\underline{x}) \approx \underline{A} + a_1(\underline{x})\underline{F}_1 + a_2(\underline{x})\underline{F}_2 + \ldots + a_k(\underline{x})\underline{F}_k \qquad (5)$$

where A is some constant vector and k<<11. ("$\approx$" means "approximately equal to".) Consequently, from eq. (3)

$$\underline{\gamma}_{v}(\underline{h}) \approx \sum_{i=1}^{k} \sum_{j=1}^{k} \underline{F}_i\underline{F}_j' \ (1/2)E[\{a_i(\underline{x})-a_i(\underline{x}+\underline{h})\}\{a_j(\underline{x})-a_j(\underline{x}+\underline{h})\}]=$$

$$= \sum_{i=1}^{k} \sum_{j=1}^{k} \underline{F}_i\underline{F}_j' \ \gamma_{a_i a_j}(\underline{h}) \qquad (6)$$

where $\gamma_{a_i a_j}(\underline{h})$ is the cross semi-variogram between $a_i(\underline{x})$ and $a_j(\underline{x})$.

This may involve a substantial reduction in effort if k is much less than the number of components in $\underline{v}(\underline{x})$. For example, suppose k is 5. Then only 15 semi-variograms and cross semi-variograms are needed to compute eq. (6) as contrasted with the 66 functions needed for eq. (3).

The variogram for Q may then be obtained approximately from

$$v_Q(\underline{h}) \approx \underline{c}'[\sum_{i=1}^{k} \sum_{j=1}^{k} \underline{F}_i\underline{F}_j'\gamma_{a_i a_j}(\underline{h})] \ \underline{c} \qquad (7)$$

ESSENTIALS OF FACTOR ANALYSIS

The mathematics for R-mode may be outlined as follows. Let the 11x78 matrix D represent the bentonite data. Thus D_{ij} is the data for the i-th physical property in the j-th sample. Then

$$\overline{D}_i = \frac{1}{78}\sum_{j=1}^{78} D_{ij} \quad ; \quad \sigma_i^2 = \frac{1}{77}\sum_{j=1}^{78} (D_{ij} - \overline{D}_i)^2 \qquad (8)$$

give the mean and variance for the i-th property. Let

$$\overline{D} = \begin{bmatrix} \overline{D}_1 \\ \overline{D}_2 \\ \cdot \\ \cdot \\ \cdot \\ \overline{D}_{11} \end{bmatrix} , \qquad \sigma = \begin{bmatrix} \sigma_1 & 0 & 0 & \cdots & 0 \\ 0 & \sigma_2 & 0 & \cdots & 0 \\ 0 & 0 & \sigma_3 & \cdots & 0 \\ \cdot & \cdot & \cdot & \ddots & \cdot \\ \cdot & \cdot & \cdot & & \cdot \\ \cdot & \cdot & \cdot & & \cdot \\ 0 & 0 & 0 & \cdots & \sigma_{11} \end{bmatrix} \qquad (9)$$

For notational convenience, let $\underline{1}$ be a 78 component column vector every component of which is unity.

The normed data matrix, Z, obtained from

$$Z = \sigma^{-1}(D-\bar{D}\underline{1}') \tag{10}$$

is usually the starting point for the R-mode factor analysis. The correlation matrix R for the eleven physical properties is obtained from

$$R = \frac{1}{78} ZZ' \tag{11}$$

The ordered eigenvalues $\lambda_1 > \lambda_2 > \ldots > \lambda_{11}$ for R and the corresponding eigenvectors $\underline{E}_1, \underline{E}_2, \ldots, \underline{E}_{11}$ provide a principal component decomposition after a little algebra. If the eigenvalues are each different from each other, as is usually the case, the eigenvecto will form an orthogonal basis for the eleven dimensional space. The quantity

$$\rho = \left(\sum_{i=1}^{k} \lambda_i\right)/11 \tag{12}$$

will give the fraction of the variance of the data explained by the first k eigenvectors. The approximation to Z, based on k-eigenvectors will be

$$Z \approx (\underline{E}_1, \underline{E}_2, \ldots, \underline{E}_k) \begin{bmatrix} \sqrt{\lambda_1} & 0 & 0 & \ldots & 0 \\ 0 & \sqrt{\lambda_2} & 0 & \ldots & 0 \\ 0 & 0 & \sqrt{\lambda_3} & \ldots & 0 \\ 0 & 0 & 0 & \ldots & \sqrt{\lambda_k} \end{bmatrix} \begin{bmatrix} W_{11} & W_{12} & \ldots W_{1,7} \\ W_{21} & W_{22} & \ldots W_{2,7} \\ \vdots & \vdots & \vdots \\ W_{k1} & W_{k2} & W_{k,7} \end{bmatrix}$$

$$= E\,\lambda^{1/2}\,W \tag{13}$$

where E, λ, and W are defined by position and W may be computed f

$$W = \lambda^{-1/2} E' Z \tag{14}$$

($E^{-1} = E'$ since the eigenvectors are orthonormal.)

From a combination of eqs. (10) and (13)

$$D \approx \bar{D}\,\underline{1}' + \sigma E \lambda^{1/2} W \tag{15}$$

In terms of a given sample, since $\underline{v}(\underline{x})$ is the column of D corresp ing to that location, it follows that

$$\underline{v}(\underline{x}) \approx \bar{D}\,\underline{1}' + \sum_{i=1}^{k} a_i(\underline{x})\,\underline{F}_i \tag{16}$$

with

$$a_i(\underline{x}) = \sqrt{\lambda}_i W_i(\underline{x}), \qquad \text{for } i = 1, 2, \ldots, k \qquad (17)$$
$$\underline{F}_i = \sigma\, \underline{E}_i$$

CONFRONTATION OF THE MODEL WITH DATA

R-mode principal component factor analyses for the bentonite data yielded the first five eigenvalues as (4.84, 1.78, 1.60, 0.82, 0.64). Thus the first five eigenvectors "explain" 88% of the data variance. The corresonding five vectors $\underline{E}_1$, $\underline{E}_2$, ..., $\underline{E}_5$ and eleven scalars, σ_i are given in Table I below.

i	σ_i	$\underline{E}_1$	$\underline{E}_2$	$\underline{E}_3$	$\underline{E}_4$	$\underline{E}_5$
1	4.14	.179	.250	.493	-.105	-.285
2	1.59	.144	.291	.395	-.536	.584
3	0.72	-.141	-.555	-.120	.019	.510
4	10.80	.021	.501	-.020	.727	.400
5	7.91	-.400	-.106	.048	.065	.142
6	19.66	-.429	.012	.083	-.098	.014
7	0.84	-.216	.324	-.460	-.262	-.263
8	15.89	-.429	.076	.145	-.022	-.030
9	5.49	.188	-.411	.428	.244	-.224
10	23.55	-.390	.041	.313	.133	-.120
11	48.44	-.407	.042	.251	.111	-.047

Table I. The first five eigenvectors for the bentonite data and the standard deviations, σ_i.

The weight semi-variograms, obtained by Gaussian smoothing with $\sigma = 0.4$ (Borgman, 1974) are shown in Table II, assuming isotropy.

	$h = \lvert\underline{h}\rvert$ in miles					
i	0	1	2	3	4	5
1	4.80	3.23	3.54	5.06	3.84	3.52
2	2.07	1.28	1.56	1.51	1.60	1.90
3	1.61	1.72	1.44	1.79	1.96	2.26
4	.94	.63	.77	.64	.61	.79
5	.62	.71	.93	.69	.84	.76

Table II. Weight semi-variograms $v_{a_i a_i}(\underline{h})$

By examination of computer results, the cross semi-variogram values were found to be relatively negligible compared with the principal semi-variogram functions and therefore they have been excluded from Table II. This result was not unexpected since R-mode eigenvectors provide a coordinate system within which the total set of data coordinates are uncorrelated. This lack of correlation between coordinate weights would not necessarily extend to th spatial semi-variograms, but it seems reasonable that it would in most cases.

If the negligibility of cross semi-variograms between weights is introduced, eqs. (6) and (7) become

$$\underline{\gamma}_{\underline{V}}(h) \approx \sum_{i=1}^{k} \underline{F}_i \, \underline{F}_i' \, \gamma_{a_i a_i}(\underline{h}) \quad (18)$$

$$\gamma_Q(\underline{h}) \approx \underline{c}' \left[\sum_{i=1}^{k} \underline{F}_i \underline{F}_i' \, \gamma_{a_i a_i}(\underline{h}) \right] \underline{c} \quad (19)$$

A comparison was made of the eleven principal diagonal elements of $\gamma_V(\underline{h})$ with the approximations given by eqs. (6) and (18) Equation (18) seemed to compare at least as well as eq. (6), and so was adopted as the best approximation The eleven comparisons of $\gamma_{ii}(\underline{h})$ with its approximation by eq. (18) are shown in Table III.

CONCLUDING STATEMENTS

Greater accuracy can be achieved by including more eigenvectors; however, for most purposes, five factors would seem to provide a reasonable approximation for bentonite. Some of the semi-variograms appear horizontal (the independent sample case). Other: such as variables 8, 9, 10, and 11, seem to have a zone of influence of about 3 to 4 miles. Rather than imposing zones of influence on the weight semi-variograms, it seems more reasonable to permit such decisions to be made on $\gamma_Q(\underline{h})$ after it is computed.

In summary, the R-mode factor analysis reduces the number of tabled functions needed to compute $\gamma_Q(\underline{h})$ from 66 to 5, while providing a fairly accurate approximation. This seems to be an appreciable increase in representational efficiency that would be particularly valuable if the data set involved many more variable and sample locations.

	h = |h| in miles					
Variable	0	1	2	3	4	5
1 data	13.9	14.5	12.2	31.8	26.9	19.1
approx	13.2	12.0	11.6	13.6	13.9	15.3
2 data	2.51	1.79	2.89	3.83	3.07	2.09
approx	2.56	2.20	2.45	2.36	2.39	2.73
3 data	.73	.43	.42	.49	.51	.45
approx	.48	.35	.42	.40	.42	.46
4 data	184	79	82	109	100	93
approx	130	90	110	97	100	119
5 data	65	53	54	64	52	52
approx	51	35	38	53	41	38
6 data	309	286	304	364	352	323
approx	349	236	258	367	280	259
7 data	.57	.39	.68	.75	.52	.48
approx	.62	.52	.53	.61	.61	.67
8 data	272	149	149	208	159	159
approx	235	161	175	247	192	178
9 data	32.9	17.8	24.1	25.6	26.5	26.5
approx	27.2	21.7	22.5	25.2	25.5	28.5
10 data	629	380	387	445	358	320
approx	508	378	393	537	444	434
11 data	2203	2141	2164	2099	1709	1713
approx	2140	1535	1620	2259	1810	1734

Table III. Comparison of data semi-variograms with the eq. (18) approximation.

REFERENCES

Borgman, L. E. and Daud, B. (1974) "Computer Simulation of Ore Estimates to Determine Sensitivity of the Ultimate Pit." Proceedings 12th Annual International Symposium on Application of Computers in the Mineral Industry, April, 1974, Golden, Colorado

Klovan, J. E. (1975), "R- and Q-mode Factor Analysis": Concepts in Geostatistics (edited by R. B. McCammon) pp. 21-69, Springer-Verlag, New York.

Knechtel, M. M. and Patterson, S. H. (1956) "Bentonite Deposits of the Northern Black Hills District, Montana, Wyoming, and South Dakota," Mineral Investigations Field Studies Map MF36, U.S. Geol. Survey, Dept. of Interior, Washington, D.C.

Thorson, T. A. (1968), "Wyoming Bentonite": Wyoming Geological Association Guidebook, Black Hills Area (edited by G.R. Wulf), pp. 195-197, Wyoming Geol. Assoc., Casper, Wyoming.

APPENDIX - Some definitions

Yield - number of barrels of 15 centipoise mud slurry which can be made from 1 ton of bentonite. (Stormer type visometer).

Green Compression Strength - Strength measured in psi at failure of a cylinder 2" in diameter, 2" long composed of 5% bentonite, 3% water and 92% foundry sand.

Dry Compression Strength - Strength measured in psi at failure of above cylinder after being baked 3 to 4 hours at 220° F. and cooled to room temperature in a dessicator.

Grit - percent by weight of particles which are retained on a 200 mesh screen.

SOME PRACTICAL COMPUTATIONAL ASPECTS OF MINE PLANNING

Isobel Clark,
Dept. of Mining and Mineral Technology, Imperial College, Prince Consort Road, London, SW7, England.

INTRODUCTION

During the planning stage of a new mine, a company often requires ore reserve estimates on a "mining block" scale, as well as large scale or global estimates. The ideal report contains plans on a bench by bench basis, showing the average grade of each block with perhaps an associated confidence limit.

Many papers published to date (cf. Journel and Huijbregts 1973) dealing with three dimensional estimations using borehole data, have produced estimates in two stages: firstly, "minable thickness" is established for each borehole in turn, together with an average grade; secondly, global and other estimates are made in two dimensions, treating the boreholes as "points" on a surface. This is very useful for planning optimal open-pit outlines (cf. Journel and Sans, 1974), and for locating generally high and low grade areas. However, for actual day-to-day or month-to-month mine planning it is often necessary to produce estimates on a block by block and bench by bench basis.

The estimation of blocks in three dimensions from borehole data can be very simple, if: all boreholes are drilled on a regular grid; are of roughly the same length - at least in the area of concern; and are continuous over the lengths which have been assayed. However, problems of several kinds may be encountered in practice: the boreholes may not have been drilled on a grid - or, if they were, all the grid points may not have been (or may never be) included; the boreholes and/or their intersections with the ore body may be of widely differing

M. Guarascio et al. (eds.), Advanced Geostatistics in the Mining Industry, 391-399.

lengths; there may be gaps in the cores which have not been assayed for one reason or another; core sections may have been valued in different lengths; there may be differential core recovery within different areas of the deposit or at different points down the same borehole.

KRIGING

For the purposes of kriging it is necessary to calculate the interrelationships (in terms of the semi-variogram) between the samples used in the estimation process and the unknown area, and also between all possible combinations of pairs within the sample set. This is usually expedited by the use of standard Auxiliary Functions, which define the value of the semi-variogram for a small number of standardised geometrical situations. Since the auxiliary functions in three dimensions are sometimes difficult (especially for spherical schemes) and tedious to evaluate - consuming a lot of subjective work time - practical computational evaluation in three dimensions usually takes one of two forms.

The standard auxiliary functions can be evaluated by setting up numerical approximations to the integrals involved. For instance, the auxiliary function for the average semi-variogram between a block measuring ℓ by b by h units and a point on one corner of that block would be defined as:

$$H(\ell,b,h) = \frac{1}{\ell bh} \int_0^h \int_0^b \int_0^\ell \gamma(\sqrt{x^2+y^2+z^2})\, dxdydz$$

This would be evaluated numerically using, say, Simpson's rule or some such standard method.

Alternatively, the integrals could be substituted by summations over a very large number of points and calculated as:

$$H'(\ell,b,h) = \frac{1}{(n_1+1)(n_2+1)(n_3+1)} \sum_{i=0}^{n_1} \sum_{j=0}^{n_2} \sum_{k=0}^{n_3} \gamma(d_{ijk})$$

$$\text{where} \quad d^2_{ijk} = \left(i\frac{h}{n_1}\right)^2 + \left(j\frac{b}{n_2}\right)^2 + \left(k\frac{\ell}{n_3}\right)^2$$

The kriging procedure could then be carried out as normal - provided that the standard auxiliary functions were adequate for the situation.

The other method is to forget the auxiliary functions and to represent each sample or block by a series of points. For example, a block may be represented by a network of points throughout the volume. A borehole used in estimating the block could be approximated by a one-dimensional series of points very close together. The average semi-variogram between core and block would then be approximated by the average semi-variogram for all pairs of the type {point on core, point in block}. As an illustration in two dimensions, the configuration in Figure 1a could be approximated by the sets of points shown in Figure 1b.

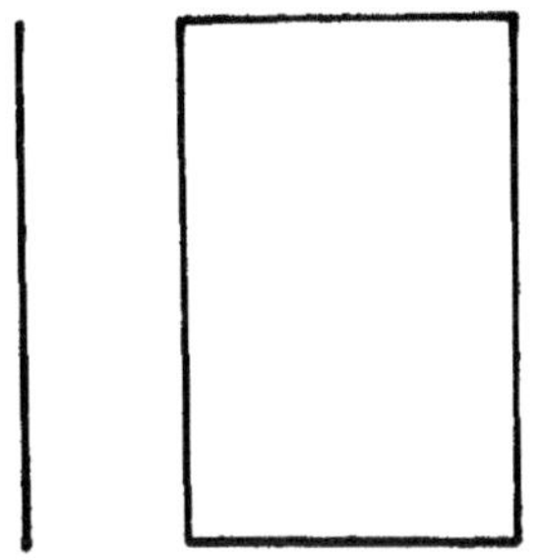

Figure 1a

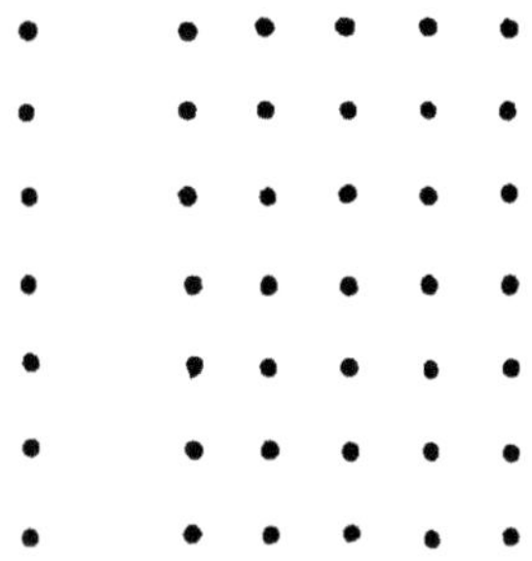

Figure 1b

This approach avoids the problem of having to reduce all the practical geometric situations to the ideal ones. For instance, for evaluating a core to block relationship, the configuration shown in Figure 2 is the only one covered by an auxiliary function.

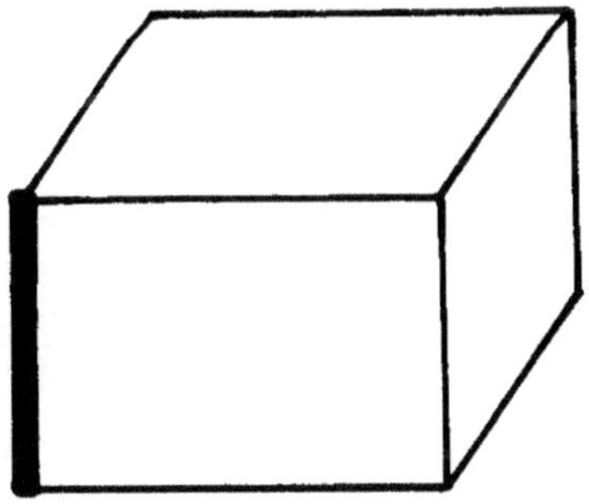

Figure 2

However, this allows only for cores of the same length as one side of the block, and parallel to that side. This means that only the borehole intersection with each 'bench' could be used to estimate the block if the standard auxiliary functions were used -- and this assumes no gaps in the borehole intersection.

If the bench width is much smaller than the range of influence, this is obviously unrealistic. Whilst the second numerical approach avoids the problems mentioned, it does involve a lot of computer time and a fair amount of approximation error.

THE FUNCTION ℷ

The introduction of a new auxiliary function would seem to ease some of the necessary approximations inherent in both of the aforementioned procedures. A new function is proposed to cope with the situation illustrated in Figure 3. That is, the average semi-variogram between two parallel segments of lengths ℓ and b, a distance h apart, whose ends are offset by a distance d.

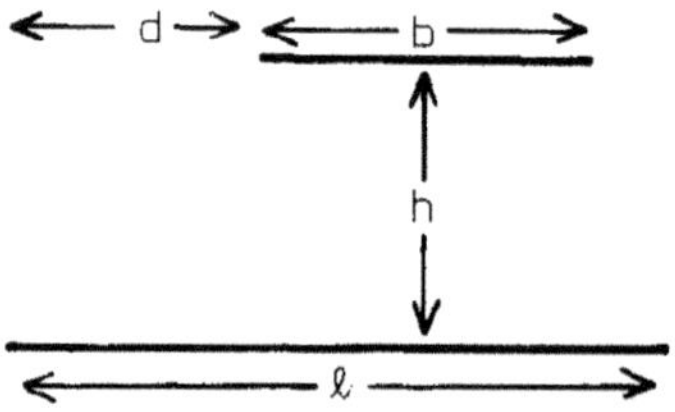

Figure 3

In practice, it has been found advantageous to define the function so that b is always less than ℓ, h is always positive, and d may take any value - positive or negative. To distinguish this function from the auxiliary function $\gamma(h;\ell)$ for two parallel segments of length ℓ a distance h apart, it has been designated as $ℷ(\ell,b,h,d)$. ℷ is the Hebrew letter Gimel. The definition is:

$$ℷ(\ell,b,h,d) = \frac{1}{\ell b}\int_0^{\ell}\int_d^{d+b} \gamma\left(\sqrt{(x-y)^2+h^2}\right)\, dx dy$$

USES OF THE FUNCTION

The function will cope easily with different lengths of borehole cores, and with differential recovery rates, since it will compare any length of core with any other. Cores along the same borehole can also be handled simply by setting h equal to zero.

The problem of representing blocks still remains. It is suggested that instead of a network of points distributed evenly within the block, a suitable representation for the block would be as a "matrix" of *segments* perpendicular to the plane of the bench. That is, looking down on the block, one would view a grid of points, and from any side one would see a set of vertical segments distributed evenly along the side.

The block with block relationship would then be approximated by averaging all possible pairs of the segments within the block - these relationships being simply evaluated by the auxiliary function $\gamma(h;\ell)$. Core with block relationships can also be evaluated by using $\lambda(\ell,b,h,d)$ to furnish the semi-variogram between the core length and each of the segments within the block in turn. This allows relatively rapid calculation of core with block semi-variograms for *any* relative positions of core and block. It also allows the use of core lengths above and below the bench containing the block to be included in the estimation procedure.

THE SPHERICAL MODEL

It is the authors experience that most mineral deposits - particularly those of low concentration minerals, cassiterite, nickel, copper, uranium - follow the Spherical or Matheron model of the semi-variogram, or mixtures of this model. Since this is also the only model that poses any real problems in the production of auxiliary functions, the remainder of this paper is couched in terms of this model.

The function λ was produced for the spherical scheme, but the necessity for brevity in this paper prevents the publication here of either the numerous formulae or the FORTRAN IV FUNCTION segment written by the author. However, copies of these may be obtained from the author on personal request.

Various investigative work was then necessary to determine an acceptable level of approximation for the block relationships - i.e. an acceptable level of density for the segments representing the block. It seemed intuitively sound to assume that the approximation of a two dimensional panel by a grid of points would be equivalent to representing a three dimensional block by a grid of segments. Therefore, a considerable amount of work was done on the simpler approximation. For illustration, the auxiliary function $F(\ell,b)$ for a panel with itself was chosen. This can be evaluated accurately with ease (cf. Clark 1975), so that the errors involved in grid approximation can be calculated precisely.

Two different grids were tested for accuracy, and are shown in Figures 4a and 4b.

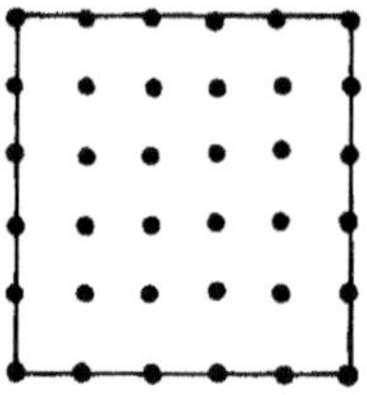

Figure 4a

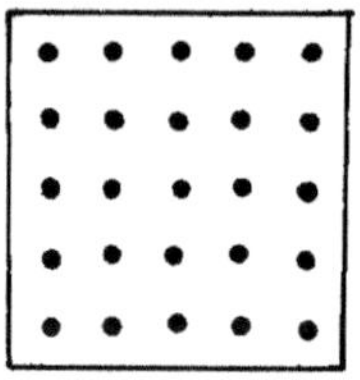

Figure 4b

It was quickly discovered that the latter grid produces remarkably more accurate approximation than 4a. It is obvious that 4a will, to some extent, overestimate the function, and 4b will underestimate it. To illustrate the difference in accuracy Table 1 shows the percentage error incurred in the two approximations for equivalent grid spacings. That is, the first line of the table, giving grid space 5, means that a five by five grid of points was used in Figure 4b. To achieve the same spacing in Figure 4a, a six by six grid is necessary, and so on for each entry. The panel size used in this example was ½a by ½a, where a is the range of influence of the model.

Table 1: Percentage Approximation Error

Grid Spacing	Grid Type a	Grid Type b
5	-16.28	2.1151
6	-13.85	1.4204
7	-12.05	1.0185
8	-10.66	0.7656
9	-9.55	0.5962
10	-8.66	0.4774
11	-7.92	0.3908
12	-7.29	0.3257
13	-6.76	0.2757
14	-6.29	0.2363
15	-5.89	0.2048
16	-5.54	0.1792
17	-5.22	0.1581
18	-4.94	0.1406

Since the second type of grid is obviously far superior, it remains to choose a level of acceptable approximation. It can be seen from Table 1 that an 18 by 18 grid give four times the accuracy of a ten by ten grid. However, it takes almost eleven times as much computation time. It seemed that a one half per cent error was probably acceptable in practical situations, especially as the computation time for a ten by ten grid was within reasonable bounds Table 2 shows the percentage error for various panel sizes using such a grid. The Table shows that the error remains fairly consistent over widely varying panel sizes.

Table 2: Percentage Approximation Error for Panels

			ℓ/a			
$\frac{b}{a}$	0.1	0.2	0.3	0.4	0.5	1.0
0.1	.520	.525	.535	.543	.549	.535
0.2	.525	.515	.513	.511	.508	.458
0.3	.535	.513	.506	.501	.494	.429
0.4	.543	.511	.501	.494	.486	.413
0.5	.549	.508	.494	.486	.477	.401
0.6	.553	.504	.487	.476	.467	.390
0.7	.553	.497	.476	.465	.455	.378
0.8	.550	.487	.464	.450	.440	.364
0.9	.544	.474	.448	.433	.422	.349
1.0	.535	.458	.429	.413	.401	.332
1.1	.526	.443	.412	.394	.382	.316
1.2	.521	.433	.397	.379	.366	.303
1.3	.528	.432	.393	.371	.357	.293
1.4	.527	.426	.384	.362	.347	.284
1.5	.543	.434	.387	.361	.343	.279

A brief study was also undertaken to illustrate situations in which it may be desirable to use cores above and below the bench containing a block under consideration. The extension variance of a central borehole to a block was calculated for various lengths of core. This example could obviously be repeated for an infinite number of combinations of size of block and range of influence. However, a simple example, encountered by the author on a disseminated nickel deposit in northern Norway was chosen. Here, there was a range of influence of fifty metres, a bench width of ten metres and a block size of 25 by 25 metres. Taking a length of core centred within the block and varying that length from two metres to fifty, the results in Table 3 were produced. For comparison, the same evaluations were made for a 10 by 10 metre block.

Table 3: Extension variance of a Central Core to a Block for sill equal to 1.0

Core length	10m by 10m	25m by 25m
2	.0716	.1760
4	.0563	.1589
6	.0440	.1436
8	.0347	.1302
10	.0282	.1186
12	.0241	.1086
14	.0221	.1002
16	.0219	.0932
18	.0231	.0875
20	.0255	.0829
22	.0289	.0795
24	.0332	.0770
26	.0382	.0755
28	.0438	.0748
30	.0500	.0749
32	.0568	.0757
34	.0639	.0772
36	.0716	.0793
38	.0796	.0821
40	.0879	.0854
42	.0967	.0892
44	.1057	.0936
46	.1151	.0985
48	.1248	.1038
50	.1348	.1096

The Table shows that for a 25m by 25m block the optimal estimation is made from a 30m core - that is, the core intersection with not only the bench containing the block, but also with the bench above and the bench below should be considered. However, for a 10m by 10m block, a core length of about 16m is optimal.

This kind of study is very valuable for aiding decisions on the amount of data to be included in the kriging procedure to produce truly optimal estimators.

CONCLUSION

The uses of the function λ in practical mine planning are obviously many and varied. They are not restricted to three dimensional applications, since the function itself is actually two-dimensional. One disadvantage of the function as defined is that it will deal only with approximately vertical boreholes, since the segments must be parallel. However, it is hoped to produce a truly three dimensional version of ג in the near future.

ACKNOWLEDGEMENTS

The author wishes to thank the Norwegian Geological Survey under whose auspices the derivation of the function ג was initiated, and Mr A.A. Heidecker of the Mining Dept. at Imperial for introducing me to the Hebrew alphabet. The final form was completed at Imperial College, and implemented on the CDC 6400 installation.

REFERENCES

Clark, I 1975 "Some Auxiliary Function for the Spherical Model of Geostatistics", Computers & Geosciences Vol 1 No 4.

Journel, A.G. & Huijbregts, Ch. 1973 "Estimation of Lateritic Type Orebodies" International Symp. on Computers in Mineral Industry, S.A.I.M.M., Jo'Burg.

Journel, A.G. & Sans, H 1974 "Ore-grade control in sub-horizontal deposits" Trans. Inst. Min. Metall. Vol 83.

P A R T V I I

INTERFACE WITH OTHER DISCIPLINES

NEW PROBLEMS AT THE INTERFACE BETWEEN GEOSTATISTICS AND GEOLOGY

F.P.Agterberg

Geomathematics Section, Geological Survey of Canada, Ottawa

ABSTRACT. A quantitative theoretical approach is proposed for solving the problem of assigning to unit areas on the map probabilities of existence for hidden objects of a specific type if data are available on known geological features both inside and outside the unit areas. The hidden objects may be punctual deposits of metals or hydrocarbons. In this paper, the theory is developed on the basis of pyritic massive sulphide deposits of a volcanic exhalative origin as occur in the Abitibi area of the Canadian Shield and the Paleozoic rocks of the Canadian Appalachian Region.

1. INTRODUCTION

Geostatistics has grown from its primary roots about 25 years ago into a discipline offering tested techniques for practical application and new problems for further research.

This paper explores methods for the statistical analysis of geological features systematically quantified for large regions. The primary objective is to provide new mathematical tools for the evaluation of hypothetical mineral potential.

Mineral potential consists of surmised and speculative resources, the existence of which is much less certain than that of the reserves of known deposits. For regional planning, it is necessary to learn,

M. Guarascio et al. (eds.), Advanced Geostatistics in the Mining Industry, 403-421.

before the actual discovery, as much as possible about the parameters of the undiscovered deposits in a region, the environments most likely to contain them, and their spatial pattern in relation to the geological framework.

Mineral deposits are characterized by their genetic type and by a number of geometrical parameters such as the total amount of ore enclosed by the boundaries of a deposit, and the amounts of the metals contained in this ore. A careful definition of the genetic type of a deposit is desirable in order to obtain statistically homogeneous populations.

Mineral deposits are rare events;numerous features can be observed at the relatively localized sites of individual deposits. Because it differs in a number of aspects from all other deposits, every mineral deposit can be regarded as a unique event. Grouping them for statistical analysis requires consultations with geologists who know the deposits, if this is feasible, and consideration of existing metallogenic theory regarding the origin of the deposits.

Initially, the aim of exploration for orebodies is knowledge of the places of occurrence of new mineral deposits; after discovery, a more detailed knowledge of higher-grade zones within deposits is required. In this respect, genetical considerations are relevant only if they contribute to practical knowledge of the geometrical configurations.

It is well known that geologists often have different opinions regarding the origin and geometry of the phenomena of interest. Moreover, patterns of geologic thought are known to change with time. For example, at present, many metallogenic concepts are subject to a major revision as they are being brought into agreement with the new theory of global tectonics which is revolutionizing geology.

Most geological phenomena, including the pattern of locations of orebodies in a region, can be regarded as realizations of "regionalized" random variables as defined by Matheron (1965). Geomathematical models of features from large regions generally should not be restricted to attempts to reconstruct the geometrical patterns from punctual data, because these features are normally almost completely hidden from direct observation. Geologic theory on the origin of the features can often be used to obtain more or less plausible reconstructions of geological environments. This is required not only for the definition of statistically homogeneous populations, but also for the design of the systems of mathematical equations that are needed.

Major difficulties of a more mathematically oriented approach to regional geological problems are lack of suitable geomathematical techniques and also a lack of well established geological "facts" which can be used as a foundation for method development.

1.1 Metallotects

Most geological features are part of an environment that can be characterized in many different ways. Laffitte et al. (1965) have proposed to use the name "metallotect" for a geological entity to which the occurrence of abnormally high concentrations of metals (mineral deposits) is likely to be related. They have pointed out that larger metallotects may contain smaller metallotects, and that generally several maps at different scales are required for their graphical representation.

The definition of a mineral deposit also depends on the relative size of the objects with which it is considered simultaneously. Within a single deposit, the element concentration values may change gradationally according to regionalized random variables, but on a slightly smaller scale map, the principal feature of interest may well be the possibly irregular surface constituting the boundary of a deposit. On a regional scale, the deposits of a specific metallogenic type can often be regarded as points emplaced by a two- or three-dimensional stochastic point process.

1.2 Pyritic massive sulphide deposits near Noranda, Quebec, and Bathurst, New Brunswick.

Examples of the regional occurrence of deposits of a specific type are given in Figures 1-3. The contours in Fig. 1 (after Agterberg, 1974b) exemplify an empirical result, many of which have been obtained during the past seven years by our geomathematics group in Ottawa. The contour value represents the first moment of a discrete, approximately Poisson probability

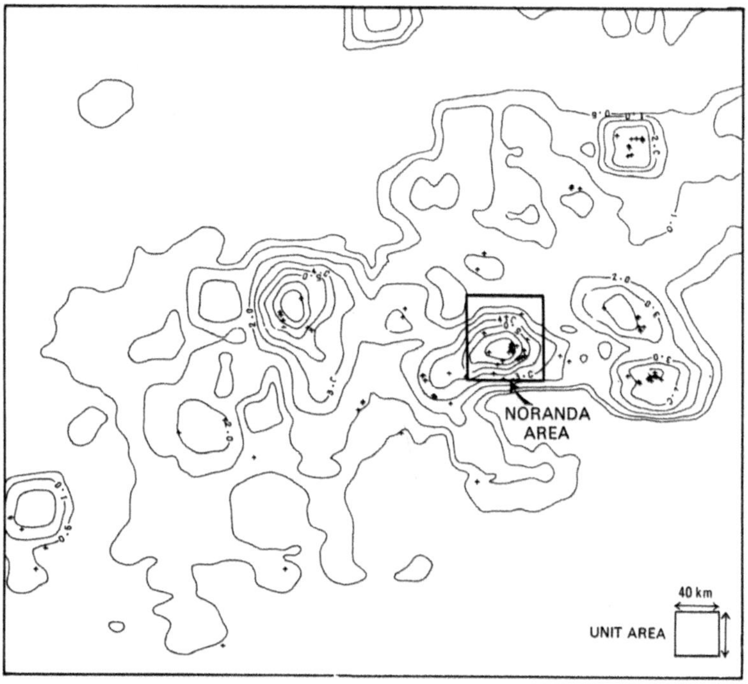

Fig. 1. Distribution of Archean massive sulphide deposits (crosses) in part of Superior Province, Canadian Shield. Frame of Fig. 2 is depicted. For explanation of contours, see text (after Agterberg, 1974b).

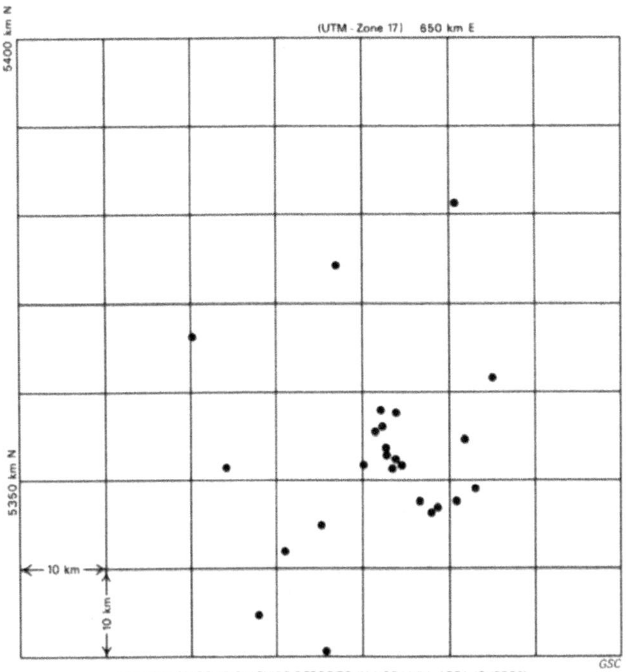

FIGURE 2 MASSIVE SULPHIDE DEPOSITS IN NORANDA AREA (QUEBEC)

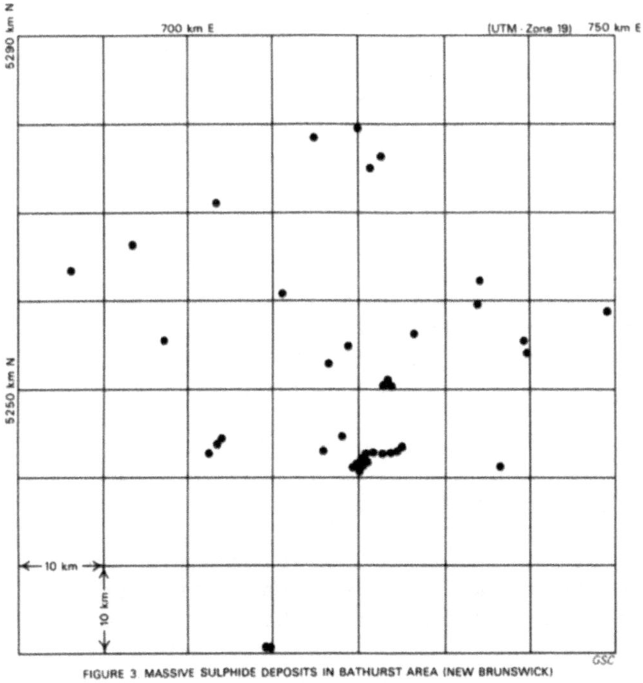

FIGURE 3 MASSIVE SULPHIDE DEPOSITS IN BATHURST AREA (NEW BRUNSWICK)

distribution for number of "events" falling in the surrounding unit area measuring 40 km on a side. An "event" is defined as a 10 km x 10 km cell that contains one or more deposits. For example, Figs. 2 and 3 contain 12 and 17 events, respectively, because no distinction is made between cells with 1, 2, 3, or 10 deposits. A good reason for lumping deposits which are physically close can be that they may be controlled by the same local structural or lithological factors. Nevertheless, any strict lumping rule seems arbitrary when increasingly larger metallotects can be defined. Very large (continental-scale) metallotects for the massive sulphides of Figs. 1-3 are generally well defined belts with abundant calc-alkaline volcanic rock Intermediate-size metallotects (of the order of 1000 km^2 in area) are less well defined ancient volcanic centres with abundant rhyolites and pyroclastics.

The approach on which the contours of Fig. 1 are based is that, if large groups of geological features are systematically quantified for large regions, their patterns and combinations of patterns can be correlated with the pattern for places of occurrence of mineral deposits of a specific type. The advantage of this approach is that many types of potential, possibly overlapping, metallotects are considered simultaneously, and assigned weighting factors by objective multivariate methods of least squares. Drawbacks are that there may be too few deposits in a region for the construction of patterns, and it is generally difficult to evaluate the computed weighting factors in metallogenic terms. This approach will be more formally presented in section 2.

1.3 Elementary statistical results

Tables 1 and 2 contain the results of a preliminary statistical analysis of the point patterns of Figs. 2 and 3. These deposits are not randomly distributed. The simple Poisson model does not provide a good fit, but the number of deposits per cell is well described by the negative binomial model, in particular if the Bliss-Fisher (1953) method of maximum likelihood is employed. The results for 2½ km x 2½ km subcells containing one or more deposits are also shown in Tables 1 and 2. It illustrates the effect on the results exercised by the relatively strong localized clustering occurring at a few places. The flexibility of the negative binomial distribution is indicated in the bottom part of Table 1 where the observed frequencies are for an area of 36 cells that is smaller than the 70 km x 70 km square of Fig. 3. The smaller area more closely approximates the outcrop pattern of the geological formation actually containing the sulphide deposits in the Bathurst area.

Table 1. Frequencies for number of deposits, and 2.5 km x 2.5 km subcells (with one or more deposits), per 10 km x 10 km cell for Figs. 2 and 3. Calculated frequencies satisfy negative binomial distributions fitted by maximum likelihood method; m = mean, var = variance.

Number of elements/cell			0	1	2	3	4	≥5
Noranda area (Fig. 2)	Deposits (m=0.51, var.=2.29)	observed	37	8	2	1	0	1
		calculated	37.4	6.0	2.5	1.3	0.7	1.1
	Subcells (m=0.41, var.=0.98)	observed	37	8	3	0	0	1
		calculated	37.2	7.2	2.6	1.1	0.5	0.4
Bathurst area (Fig. 3)	Deposits (m=0.82, var.=2.88)	observed	32	8	4	2	2	1
		calculated	32.1	7.9	3.7	2.0	1.2	2.1
	Subcells (m=0.57, var.=0.82)	observed	32	9	5	3	0	0
		calculated	31.4	11.1	4.1	1.5	0.6	0.3
Bathurst area (36 cells only)	Deposits (m=1.11, var.=3.60)	observed	19	8	4	2	2	1
		calculated	19.3	7.4	3.9	2.2	1.3	1.9

The fitting of a singlediscrete distribution to populations of clustering points does not consider the autocorrelation effects which arise when the cell boundaries intersect the clusters. The two-dimensional autocorrelation functions of Table 2 suggest that these effects are significant in both Figs. 2 and 3. It should be kept in mind that the autocorrelation coefficients in Table 2 were computed from relatively few data.

2. BASIC POISSON MODELS

Consider points randomly distributed in 2-dimensional Euclidean space (R^2) according to a stochastic point

Table 2. Two-dimensional autocorrelation functions for number of deposits, and 2.5 km x 2.5 km subcells, per 10 km x 10 km cell for Figs. 2 and 3; k indicates lag (in units of 10 km) in west-east direction; ℓ is lag for north-south direction.

Noranda area (Fig. 2)

deposits						subcells					
	k= -2	-1	0	1	2		k= -2	-1	0	1	2
ℓ=0	0.00	0.09	1.00	0.09	0.00	ℓ=0	0.05	0.14	1.00	0.14	0.05
1	-0.09	0.29	0.23	0.08	-0.00		-0.05	0.44	0.23	0.13	0.02
2	0.02	0.02	-0.09	0.01	-0.15		0.09	0.05	-0.08	0.05	-0.17

Bathurst area (Fig. 3)

deposits						subcells					
	k= -2	-1	0	1	2		k= -2	-1	0	1	2
ℓ=0	0.15	0.46	1.00	0.46	0.15	ℓ=0	0.26	0.61	1.00	0.61	0.26
1	0.04	0.21	0.19	-0.02	-0.27	1	0.23	0.22	0.15	-0.05	-0.18
2	-0.13	-0.14	-0.13	-0.10	-0.22	2	-0.36	-0.19	-0.11	-0.03	-0.04

process; u represents location in R^2; u_k is the locatio of the k-th point counted in a bounded region A of R^2. A continuous random variable X(u) assumes values X_k representing a parameter of the event occurring at the k-th point. Two random variables of interest are N(A) for number of points contained in A, and Y(A) $= \Sigma X_k$ representing the sum of the realizations of X(u) at the N points in A. For example, Y(A) may represent the total amount of ore contained in the N deposits of a given type in region A.

The values contoured in Fig. 1 can be interpreted as $E\{N(A_u)\}$ where A_u is a unit area of 40 km on a side, centered around a point with location u, and with north-south and east-west directed boundaries. A particular constraint forced upon this situation is that only a single event can occur in any one of the 16 cells of 10 km on a side contained in the unit area. $E\{N(A_u)\}$ was estimated as a function of a number of lithological variables Z_j (j=1,...,p) measured for the cells in A_u.

In general, suppose that $A_1,\ldots,A_n$ are mutually exclusive subareas contained in the area A. A natural definition of randomness then is to assume that the probability of a single point falling in A_i is given by the ratio $m(A_i)/m(A)$ where m denotes Lebesgue measure. For an arbitrary number of points, this results in the independent Poisson variables $N(A_1),\ldots,N(A_n)$ with parameters $\lambda\cdot m(A_1),\ldots,\lambda\cdot m(A_n)$, where λ is a constant. Consequently, $P\{N(A_i) = k\} = \{\lambda\cdot m(A_i)\}^k e^{-\lambda\cdot m(A_i)}/k!$ with probability generating function (p.g.f.): $g_{A_i}(s) = E\{s^{N(A_i)}\} = \exp\{\lambda\cdot m(A_i)\cdot(s-1)\}$. This model is known as the simple Poisson-process model. Its most important property is that the number of points in any region is a Poisson variable controlled by constant λ and size of the region only.

In the so-called doubly stochastic Poisson process (cf. Bartlett, 1964;Matern, 1971), $\lambda(u)$ depends on location and the areas A_i $(i= 1,\ldots,n)$ are assigned independent Poisson variables $N(A_i)$ with parameters $\lambda_i = \int_{A_i} \lambda(u)\,du$.

In the examples of Figs. 1-3, clustering effects are obvious and the simple Poisson model is not applicable. However, the doubly stochastic Poisson model may be used as follows. The values for unit areas contoured in Fig. 1 were obtained by adding 16 smaller values estimated for the 10 km x 10 km cells. Each of these smaller values can be regarded as the "probability" that an event will occur in a cell; alternatively, it can be interpreted as the expected value of a Poisson variable with parameter λ_i depending on location of the i-th cell.

In general, the number of events falling in a larger area, consisting of n disjoint cells A_i, satisfies the random variable $\sum_n N(A_i)$ with p.g.f. $E\{s^{\Sigma N(A_i)}\} = \exp\{(s-1)\Sigma\lambda_i\}$. It follows that $\Sigma N(A_i)$ is also a Poisson variable. In particular, $E\{N(A_u)\}$ as shown in Fig. 1 can be interpreted as λ_u which is the parameter of a new Poisson variable.

In turn, the parameter λ_i for a 10 km x 10 km cell can be interpreted as the sum of the parameters for other Poisson variables operative in mutually exclusive subcells. A model tentatively called the "simple coloured map" model is as follows. Every cell is divided into a sufficiently large number of small subcells, each of which may be assigned a single colour on a map occupied by mutually exclusive fields interlocking according to complicated patterns. This may be a geological map on which every colour represent a specific lithological or stratigraphical unit. Suppose that the occurrence of points in the r-th map unit ($r = 1,\ldots,p$) is controlled by a simple Poisson process with constant λ_r. The Poisson variable of the i-th cell then has parameter $\Sigma\lambda_r z_{ir}$ where z_{ir} denotes the number of subcells occupied by the r-th colour in the i-th cell.

Applications of the simple coloured map model may identify the relatively few map units particularly favourable for a specific type of mineral deposit. For example, the Archean rocks occurring in the area of Fig. 1 can be subdivided into a number of types. The simple coloured map model in this situation has identified acidic volcanics as the single rock type containing most of the points. This illustrates that the simple coloured map model can occasionally be used as a procedure for the identification of metallotects. The contours of Fig. 1 do not reflect presence of acidi volcanics only, because the set of simple lithological variables Z_j was amplified by product-variables of the type $Z_j Z_k (j \neq k)$ to account for interaction effects of lithological variables in 10 km x 10 km cells. As a result, acidic volcanics have relatively high contour values only in places where they coexist with other types of rocks such as acidic and mafic intrusives.

The preceding approach differs from the method of Table 1 where the number of events per cell is regarded as a random variable K. For a doubly stochastic Poisson process, this yields a so-called mixed Poisson distribution with $P(K = k) = \int_0^\infty \{\lambda^k e^{-\lambda}/k!\}\, dF(\lambda)$, where $F(\lambda)$ is the distribution function of λ which is regarded as a random variable. Two well known results are $E(K) = E(\lambda)$ and $\sigma^2(K) = E(\lambda) + \sigma^2(\lambda)$. Numerous empirical tests (e.g. Table 1) have shown that K is generally well fitted by the negative binomial distribution. The latter arises if $F(\lambda)$ is a gamma distribution which is also known to be very flexible. This approach will not be pursued further here.

A third method of attacking the problem consists of adopting a so-called Neyman-Scott model. The basic assumptions for this model are (1) the points occur in clusters, the centres of which are distributed according to a simple Poisson process; (2) the number of points per cluster is a random variable; and (3) if a cluster centre occurs at location u, the points belonging to this cluster are randomly distributed according to a probability distribution $f(x|u)$ where x denotes distance from the centre. Neyman and Scott (1972) have discussed many applications of this model including some in mathematical ecology and astronomy. An application of this theory to the present problem will be explored in the next section.

3. DEVELOPMENT OF A NEYMAN-SCOTT TYPE CLUSTERING MODEL FOR MASSIVE SULPHIDE DEPOSITS

The copper and zinc deposits of Figs. 1 and 2 are Archean in age. They are well described in literature. Their prototype is a concordant lens of massive sulphides, mainly pyrite and pyrrhotite, and also chalcopyrite and sphalerite. The zinc concentration decreases in the stratigraphically downward direction. Below the deposit, there may occur a pipe-shaped body with disseminated copper ore from which zinc is nearly absent. Similar features have been observed in so-called Kuroko-type deposits of Miocene age in Japan, suggesting a similar origin. However, the Archean deposits have been subjected to more intense processes of regional metamorphism and structural deformation. The features of the prototype are not equally well developed in all deposits. In fact, significant parts such as the zinc-rich zone or the chalcopyrite bearing pipe may be missing. The Louvem copper deposit in Quebec is completely without a massive sulphide lens and consists of disseminated "stringer" ore only. As a rule, only mineral deposit geologists can identify the genetic type of deposit in more complicated situations of this nature.

Kuroko-type deposits and also the deposits of Figs. 1-3 have a volcanic exhalative origin; hydrothermal solutions rose to the surface at the final stage of a cycle of submarine calc-alkali type volcanism. The deposits were formed at or near the seabottom. A single volcanic cycle generally commenced with the formation of basalt lavas; near the end of the cycle, extensive acidic volcanism occurred with the formation of rhyolites and pyroclastics, which are particularly well developed at the volcanic centres. Upon completion, a new cycle may have started, or sedimentary rocks may have been deposited. Many of the deposits in the Abitibi area (Figs. 1 and 2) are enclosed by acidic volcanic rocks. Most of the deposits in the Bathurst area of Fig. 3 are enclosed by sedimentary rocks, mainly graywackes, at or near the contact with acidic volcanic rocks.

The sulphide deposits of the Bathurst area are Ordovician in age. Although this area is now situated within the continent, in the Appalachian region of Canada, it has recently become clear that the rocks and the synsedimentary sulphide deposits were formed on a volcanic island arc at the continental margin above a subduction zone during the closing of the former (Paleozoic) Atlantic Ocean. D.F. Sangster (personal communication, 1974) has suggested that the Bathurst area of Fig. 3 contains three major volcanic centres with abundant rhyolites and associated volcanic exhalative mineral deposits. Because clusters of deposits may occur at a distance from major volcanic centres, the latter are not necessarily cluster centres in terms of the Neyman-Scott model that will now be developed.

A generalization of the p.g.f. for a single discrete random variable K with $g(s) = E(s^K)$ is to consider two variables K_1 and K_2 for numbers of deposits falling in two different cells. This is useful for explaining autocorrelation effects as shown in Table 2. The p.g.f. becomes

$$g(s_1,s_2) = E(s_1^{K_1} s_2^{K_2}) = \sum_{i=0}^{\infty} \sum_{j=0}^{\infty} p_{ij}\, s_1^{k_{1i}} s_2^{k_{2j}} \qquad (1)$$

where $p_{ij} = P(K_1 = k_{1i},\ K_2 = k_{2j})$ represents the joint probability that k_{1i} deposits fall in one cell while, simultaneously, k_{2j} points fall in the other cell. Means, variances, and covariance can be derived from the general expression

$$\frac{\partial^{r_1+r_2} g(1,1)}{\partial s_1^{r_1}\, \partial s_2^{r_2}} = E\{K_1(K_1-1)\ldots(K_1-r_1+1)\cdot K_2(K_2-1)\ldots(K_2-r_2+1)$$

Because $g(1,1) = 1$, and setting $h(s_1,s_2) = {}^e\log g(s_1,s_2)$, it follows that

$$\frac{\partial^{r_1+r_2}h(1,1)}{\partial s_1^{r_1}\,\partial s_2^{r_2}} = E\{K_1(K_1-1)\ldots(K_1-r_1+1)\cdot K_2(K_2-1)\ldots(K_2-r_2+1)\} \qquad (2)$$

Let $x|u$ represent the location with respect to the cluster centre at location u; $f(x|u)$ represents a two-dimensional density function so that a deposit falls in a cell A_i with probability $p_i(u) = \int_{A_i} f(x|u)\,dx$. Consider a sequence of independent events each consisting of the emplacement of a single deposit. Any event has probability $p_i = P(\alpha_i=1) = p_i(u)$ of falling in cell A_i; α_i denotes a Bernoulli-type random variable. The p.g.f. for two cells, A_1 and A_2, becomes

$$g_{\alpha_1,\alpha_2}(s_1,s_2) = E(s_1^{\alpha_1}\,s_2^{\alpha_2}) = 1 - (1-s_1)p_1 - (1-s_2)p_2$$
$$= 1 - \Sigma(1-s_i)p_i(u)$$

If K orebodies are deposited independently with $p_k = P(K=k)$, and p.g.f. g_K, K_i of these may fall in cell A_i. Consequently, for two cells:

$$g_{K_1,K_2}(s_1,s_2) = E(s_1^{K_1}\,s_2^{K_2}|u) = \Sigma p_k\{g_{\alpha_1,\alpha_2}(s_1,s_2)\}^k$$

or,
$$g_{K_1,K_2} = g_K\{1 - \Sigma(1-s_i)\,p_i(u)\}$$

So far, only a single cluster with known centre at u has been considered. Suppose that the centres are randomly distributed according to a simple Poisson process with p.g.f. $G(t) = \exp\{\lambda\,(t-1)\}$. It can be shown that the p.g.f. $g_{N_1,N_2}(s_1,s_2) = E(s_1^{N_1}\,s_2^{N_2})$ for numbers of deposits in cells A_1 and A_2 and originating from all clusters, satisfies

$$g_{N_1,N_2}(s_1,s_2) = \exp\{\lambda \int_{-\infty}^{\infty}\{g_{K_1,K_2}(s_1,s_2) - 1\}\,du\}$$

A relatively simple proof of this result has been given by Neyman and Scott (1958, p. 17-18). A very flexible method of solving problems of this type makes use of the so-called "probability generating functional" (cf. Vere-Jones, 1970; Fisher, 1972). When the final result is written in full,

$$g_{N_1,N_2}(s_1,s_2) = \exp\{\lambda \int (g_K\{1 - \Sigma(1-s_i)\cdot p_i(u)\} - 1)\, du\} \quad (3)$$

Let $Q_{ij} = \int p_1^i p_2^j \, du$, then application of Eq. (1) yields for an arbitrary cell, and a pair of different cells:

$$E(N) = \lambda\kappa_1 Q_{10}; \quad \sigma^2(N) = \lambda\kappa_1 Q_{10} + \lambda(\kappa_2-\kappa_1)Q_{20};$$
$$\sigma(N_1,N_2) = \lambda(\kappa_2-\kappa_1)Q_{11} \quad (4)$$

where κ_1 and κ_2 represent the first two moments of K.

Additional assumptions must be made for a practical application of the model. This will now be performed for the pattern of sulphide deposits in the Bathurst area (Fig. 3). Each of the values of Table 2 is regarded as an estimate of $\rho(k,\ell) = \sigma(N_1,N_2)/\sigma^2(N)$. It means that A_1 and A_2 are selected in such a way that they are k lags apart in the horizontal (WE) direction and ℓ lags in the vertical (NS) direction. Keeping in mind that $\rho(k,\ell) = \rho(-k,-\ell)$, substitution of some of the values of Table 2 gives: $\rho(1,0) = 0.46$; $\rho(0,1) = 0.19$; $\rho(1,1) = 0.00$ (for -0.02); and $\rho(-1,1) = 0.21$. Setting $E(N) = 0.82$, and $\sigma^2(N) = 2.88$ (cf. Table 1), and using Eq. (4), it follows that the value of the continuous function $\rho(k,\ell)$ at the origin is equal to $\rho(0,0) = (2.88 - 0.82)/2.88 = 0.72$.

The preceding 5 values are closely approximated by the function $R(k,\ell) = 0.67\cdot\exp(-0.331k^2 + 0.375k\ell - 1.213\ell^2)$ with $R(0,0) = 0.67$, $R(1,0) = 0.48$, $R(0,1) = 0.20$, $R(1,1) = 0.10$, and $R(-1,1) = 0.21$. The contours of $R(k,\ell)$ are ellipses with a long axis in the east-west direction (E12°N). The eccentricity of these ellipses is $e = 0.78$. The departure from isotrophy is probably realistic because it is also reflected in the trends in the geological framework; however, for convenience, further considerations will be based on the simpler form $R(k,\ell) = 0.72\cdot\exp\{-0.78(k^2+\ell^2)\}$ with $R(0,0) = 0.72$, and $R(1,0) = R(0,1) = 0.33$.

Suppose that the two-dimensional function $f(x,y)$, according to which the points are distributed around a cluster centre, is of the form

$$f(x,y) = \frac{1}{2\pi\sigma^2}\exp\{-\frac{1}{2\sigma^2}(x^2+y^2)\} \quad (5)$$

In this exploratory analysis, it is assumed that $p_i(x,y) \simeq f(x,y)$. After some manipulation, the quantities Q_{10}, Q_{20}, and Q_{11} of Eq.(4) are then found to satisfy:

$$Q_{10} = 1; \; Q_{20} = \frac{1}{4\pi\sigma^2}; \; Q_{11}(k,\ell) = Q_{20} \exp\{-\frac{3}{4\sigma^2}(k^2+\ell^2)\}$$

Equating this result to the isotropic empirical function $R(k,\ell)$ gives $3/4\sigma^2 = 0.78$; $\sigma^2 = 0.96$; and $\sigma = 0.98$ (= 9.8 km). Let r represent the distance of a point from its cluster centre; from elementary statistical theory it is known that r^2 is a random variable distributed as $\sigma^2\chi^2(2)$. A few selected probabilities are $P(r<\sigma) = 0.39$; $P(r<2\sigma) = 0.63$; and $P(r<4\sigma) = 0.86$. In this respect, all points of Fig. 3 could originate from a single cluster. However, this assumption had to be dropped in the following extension of the model. Substitution of $\sigma = 0.98$ gives $Q_{20} = 0.0829$. Setting as before, $E(N) = 0.82$ and $\sigma^2(N) = 2.88$, Eq. (4) yields $\lambda\kappa_1 = 0.82$ and $\lambda\kappa_2 = 25.67$.

Let K have a negative binomial distribution with

$$\kappa_1 = E(K) = rq/p; \quad \kappa_2 = \sigma^2(K) + \kappa_1^2; \quad \sigma^2(K) = rq/p^2; \quad q = 1-p$$

It is readily shown that the assumption of a single cluster centre cannot be satisfied under these conditions. However, suppose that there are ten cluster centres within the area of 49 cells (Fig. 3). Then, $\lambda = 10/49 = 0.204$; $\kappa_1 = 4.02$; $\sigma^2(K) = 109.62$; and $\kappa_2 = 125.78$. The three parameters of the negative binomial distribution are $p = 0.0367$; $q = 0.9633$; and $r = 0.1532$. The probabilities satisfy

$$P(K=0) = p^r = 0.603; \quad P(K=m+1) = \frac{r+m}{m+1} q \cdot P(K=m)$$

which, for m= 0, 1, ..., 9, generates the sequence: 0.089, 0.049, 0.034, 0.026, 0.021, 0.017, 0.015, 0.013, 0.011, 0.010. There is a 60 per cent probability that a cluster centre has no deposits associated to it, and a 20 per cent probability that there are 5 or more deposits.

It is concluded that the Neyman-Scott type clustering model can explain patterns of clustering pyritic massive sulphide deposits. From a geostatistical point of view, it considers the spatial covariance function. From a metallogenic point of view, the model also has several desirable features. Although the volcanic exhalative type deposits are distinct events individually, they are likely to occur in clusters which are genetically related to ancient volcanic centres. It is noted that, in the present application of the model, there would exist cluster centres without any sulphide deposits. This assumption is not unrealistic because, on a regional scale, there are known to exist centres with abundant acidic volcanics from which other features, notably massive sulphide deposits, are missing. Also, locally only one or two of several, otherwise equally well developed volcanic cycles may have been terminated with a significant exhalative phase and the emplacement of orebodies.

So far, the parameters of the deposits such as size and average grade of the metals present have not been considered in the mathematical model. The final section will deal with some aspects of this additional problem.

4. COMPOUND RANDOM VARIABLES

Suppose, as before, that the number of deposits in a region A is a discrete random variable K with probabilities $p_k = P(K=k)$, k=0,1,..., and p.g.f.

$$g(s) = E(s^K) = \sum_{k=0}^{\infty} p_k \cdot s^k$$

Suppose that the parameter being considered (e.g. deposit size in tons of ore) is a continuous random variable X with distribution function F(x), and characteristic function

$$\phi(u) = E(e^{iuX}) = \int_{-\infty}^{\infty} e^{iux}\, dF$$

Some well known results are: $g^{(r)}(1) = E\{K(K-1)\ldots(K-r+1)\}$

and $E(K) = g'(1)$; $\sigma^2(K) = g''(1) + g'(1) - \{g'(1)\}^2$.

Also, $E(X^r) = i^{-r}\, \phi^{(r)}(0)$.

The "compound" random variable $Y = X_1 + X_2 + \ldots + X_K$ has characteristic function

$$\phi_Y(u) = g_K\{\phi_X(u)\} = \sum_{k=0}^{\infty} p_k\{\phi_X(u)\}^k$$

The moments satisfy $E(Y^r) = i^{-r}\,\phi_Y^{(r)}(0)$. Hence,

$$\phi_Y'(u) = \phi_X'(u)\sum_{k=1}^{\infty} k\cdot p_k\cdot \phi_X^{k-1}(u),$$

and,

$$\phi_Y''(u) = \phi_X''(u)\sum_{k=1}^{\infty} k\cdot p_k\phi_X^{k-1}(u) + \{\phi_X'(u)\}^2\sum_{k=2}^{\infty} k\cdot(k-1)\cdot p_k\phi_X^{k-2}(u);$$

$$E(Y^2) = E(X^2)\cdot E(K) + E^2(X)\cdot E\{K(K-1)\}$$

From these expressions, it follows for the mean and variance that:

$$E(Y) = E(X)\cdot E(K); \quad \sigma^2(Y) = E(K)\cdot\sigma^2(X) + \sigma^2(K)\cdot E^2(X) \qquad (6)$$

This result was presented without proof in Agterberg (1974a, Eq. 7.72) with several applications to mineral resource evaluation problems. The method is applicable only if X and K are stochastically independent. The size (in tons of ore) of the deposits shown as points in Figs. 1-3 is approximately lognormally distributed with logarithmic mean (base 10) equal to 6.0 and logarithmic variance of 0.9. The median is almost exactly 1 million metric tons of ore, and the population includes several giants with a size of about 10^8 tons of ore. The distribution function F(x) seems to be more or less independent of location; for example, the deposits shown in Fig. 2 for the relatively small Noranda area, with a strong clustering of deposits, have a size-distribution which is representative for the deposits from a much larger part of the Abitibi volcanic belt.

The deposit grades (= tons of metal present/tons of ore) of copper, zinc, and lead in the pyritic massive sulphides can also be regarded as random variables but the first moments of these depend on location. Median grades of the 25 deposits of Fig. 2 are 1.7% Cu, 2.3% Zn, and 0.0% Pb. Published data were available for only 23 of the 40 deposits plotted in Fig. 3 with median grades of 0.5% Cu, 4.5% Zn, and 1.0% Pb. At the present time it is a difficult task to establish "facts" regarding the parameters of deposits. However, the quality and quantity of data of this type are increasing relatively rapidly now. One of the reasons for this is the more widespread application of geostatistical methods for ore reserve evaluation.

The methods presented in this paper can be used for the quantification of regional mineral resources. This quantification mainly consists of assigning to geological features probabilities that orebodies will be associated with them. It is speculated that deposits of a specific genetic type may occur in places with geological environments similar to those containin known deposits of the same type.

REFERENCES

Agterberg, F.P., 1974a: Geomathematics; Mathematical background and geo-science applications; Elsevier, Amsterdam, 596 p.

Agterberg, F.P. 1974b: Automatic contouring of geological maps to detect target areas for mineral exploration; Jour. Intern. Assoc. Math. Geol., vol. 6, pp. 373-395.

Bartlett, M.S., 1964: The spectral analysis of two-dimensional point processes; Biometrika, vol. 51, pp. 299-311.

Bliss, C.I. and Fisher, R.A., 1953: Fitting the negativ binomial distribution to biological data and Note on the efficient fitting of the negative binomial; Biometrics, vol. 9, pp. 176-200.

Fisher, L., 1972: A survey of the mathematical theory of multidimensional point processes; in P.A.W. Lewis, Editor: Stochastic point processes: Statistical analysis, theory and applications; Wiley, New York, N.Y., pp. 468-513.

Laffitte, P., Permingeat, F., and Routhier, P., 1965: Cartographie métallogénique, métallotect et géochimie régionale; Soc. France Miner., Bull., vol. 88, pp. 3-6.

Matérn, B., 1971: Doubly stochastic Poisson processes in the plane; in G.P. Patil, E.C. Pielou, and W.E. Waters, Editors: Statistical Ecology, Volume 1: Spatial patterns and statistical distributions Penn. State Univ. Press, University Park, Penn., pp. 195-206.

Matheron, G., 1965: Les variables régionalisées et leur estimation; Masson, Paris, 305 p.

Neyman, J. and Scott, E.L., 1958: Statistical approach to problems of cosmology; Jour. Royal Statist. Soc., Series B, vol. 20, pp. 1-29.

Neyman, J. and Scott, E.L., 1972: Processes of clustering and applications; in P.A.W. Lewis, Editor: Stochastic point processes: Statistical analysis, theory, and applications; Wiley, New York, N.Y., pp. 646-681.

Vere-Jones, D., 1970: Stochastic models for earthquake occurrence; Jour. Royal Statist. Soc., Series B, vol. 32, pp. 1-62.

GEOSTATISTIQUE ET ANALYSE DES DONNEES

J.P.ORFEUIL

RESUME. Nous souhaitons situer Analyse des Données et Géostatistique l'une par rapport à l'autre. Nous examinerons d'abord leurs domaines d'application et leurs objectifs. Puis nous ouvrirons une discussion méthodologique, concernant les hypothèses, le cadre conceptuel et le recours à la notion de modèle. Enfin, nous analyserons les possibilités d'utilisation conjointe des méthodes au cours d'un travail.

1. OBJECTIFS ET DOMAINES D'APPLICATION.

Les deux méthodes sont nées dans des contextes très différents: la psychologie pour l'Analyse des Données, l'industrie minière pour la Géostatistique. Ces domaines ont marqué les méthodes dans leur esprit et leurs objectifs, même si depuis leurs champs d'application se sont considérablement étendu. Un peu d'histoire n'est donc pas inutile.

I.1. NAISSANCE ET DEVELOPPEMENT DE L'ANALYSE DES DONNEES.

I.1.1. Les origines. Comment mettre en évidence des "facteurs explicatifs indépendants", tels l'intelligence ou la volonté, à travers des tests psychologiques ? Tel était le problème auquel étaient confrontés les psychologues américains. Les Mathématiciens modifient légèrement la question, en demandant: quels sont les facteurs qui expliquent au mieux la variabilité de la population que l'on étudie ? Mathématiquement, les "Facteurs" sont des combinaisons linéaires des descriptifs initiaux satisfaisant un critère d'optimalité: la tâche du psychologue est de les identifier à des concepts connus, ou de proposer de nouveaux outils. L'intérêt

M. Guarascio et al. (eds.), Advanced Geostatistics in the Mining Industry, 423-434.

d'une telle démarche est double: d'une part, on définit de nouvelles variables (en nombre réduit) qui synthétisent bien le phénomène étudié et qui ont un sens souvent plus profond que les variables initiales ; d'autre part, sur ces nouvelles échelles, on peut représenter la population, la classer,la structurer, la segmenter de façon d'autant plus efficace que le nombre de facteurs retenus est plus réduit.

Ce besoin de synthèse et de classification existe dans bien d'autres domaines que la psychologie, d'autant plus que l'avènement des ordinateurs permet d'acquérir et de stocker des banques de données toujours plus considérables. C'est ce qui explique le succès des méthodes d'Analyse des Données, non seulement dans les Sciences Humaines (sociologie, économie, linguistique, marketing) mais aussi dans les sciences de la nature (zoologie, botanique, écologie, géologie, haute atmosphère, pollution, métallurgie, etc.

I.1.2. La diversification des objectifs. Au contact de domaines - et souvent de problèmes - nouveaux, les méthodes s'affinaient tout en demeurant au sein d'un même cadre conceptuel, le cadre linéaire quadratique dont on parlera plus loin: description et synthèse relèvent toujours de l'Analyse en Composantes Principales, mais d'autres méthodes, d'esprit voisin, s'avèrent mieux adaptées dans certains cas: l'Analyse factorielle des Correspondances, par exemple, est la méthode de choix pour la synthèse des associations. L'Analyse sur tableau de distances permet de représenter un ensemble d'individus dont on ne connaît que les distances mutuelles.

D'autres méthodes ont été développées pour atteindre des objectifs plus spécifiques: l'Analyse Canonique a pour but de comparer les potentiels descriptifs de deux groupes de variables mesurés sur les mêmes individus (par exemple, pour l'étude d'un réservoir, la lithologie et la géochimie). L'Analyse Discriminante peut être utile quand une population est à priori segmentée en quelques unités (population d'échantillons prélevés dans des couches géologiques différentes, par exemple). L'Analyse calcule des "Fonctions discriminantes" permettant d'affecter un nouvel individu, de provenance inconnue, à l'une des Familles. Il faut citer aussi l'ensemble des méthodes de Classification Automatique plus proches de l'Analyse des Données par les objectifs que par la méthodologie. L'objectif est simple: trouver une partition (optimale au sens d'un critère) d'une population donnée. La méthode est toujours une voie pour éviter le problème de l'infini combinatoire (à titre d'exemple, il y a $2^{n-1}-1$ partitions à 2 eléments d'une population de cardinal n).

I.1.3. Intérêt des méthodes pour les industries extractives

Prenons l'exemple de l'industrie pétrolière: une formation est reconnue par differents profils (logs soniques, diagraphies diverses, pétrographie, lithologie, etc...) Ces différentes mesures ont pour but la connaissance de la structure du gisement. Les conditions d'exploitation spécifiques de l'industrie pétrolière font que la mesure de la seule porosité est insuffisante pour décider la mise en route d'un puits. Connaître le gisement, c'est synthétiser au mieux les informations acquises, en éliminer les redondances.

L'Analyse des Données - et en particulier l'Analyse des Correspondances qui permet de traiter les tableaux logiques (présence-absence de tel constituant pétrographique, de tel type de pore, etc...) est un auxiliaire précieux pour la réalisation de ce travail. De la masse d'informations acquise, on retiendra quelques variables explicatives, généralement bien correlées avec les facteurs: on aura simplifié les données, sans perdre trop d'information. Mais d'autres résultats peuvent être obtenus à peu de frais par analyse de données. Citons par exemple l'obtention d'une typologie en quelques zones le long d'un sondage, et un raccordement des zones de sondage à sondage. Des exemples montrent qu'on obtient souvent un assez bon accord avec la succession des courbes mises en évidence par les géologues, et qu'il est parfois possible d'affiner leurs analyses. Il peut arriver également qu'un facteur de l'Analyse ait une signification intéressante: ce fut le cas pour l'étude d'un réservoir tunisien, dont nous reproduisons ici les grands traits.

Le réservoir est reconnu le long des sondages par sa pétrographie, sa lithologie, ses fossiles et par des mesures concernant la structure geométrique du réseau poreux lui-même. Pour chaque échantillon, on connait la granulométrie des pores. Une analyse effectuée sur ces données met en évidence un deuxième facteur manifestement lié aux propriétés d'écoulement: côté positif, les structures à gros pores connectés, la porosité de fissuration et la porosité vacuolaire (dissolution dans les formations dolomitiques). Côté négatif, on trouve surtout les structures fines, sans connection: porosité des fossiles eux-mêmes, surface spécifique (d'autant plus élevée que le réseau poreux a une structure fine), etc... Ce deuxième facteur réalise donc une synthèse, à partir des données initiales, des propriétés d'écoulement des différentes parties du réservoir.

Dernier point, et peut-être le plus important : l'Analyse des Données permet de réaliser une sélection préalable des variables devant intervenir dans une prévision (cf.chapitre III).

I.2. LE DOMAINE DE LA GEOSTATISTIQUE

La démarche geostatistique est, depuis ses origines, opposée dans son esprit à celle de l'Analyse des Données. Elle est née des problèmes complexes de l'industrie minière: estimer la teneur d'un panneau à l'aide de l'information disponible n'est pas un mince problème. L'information peut être de type "naturaliste" (genèse du gisement, description lithologique, etc...) ou numérique (teneur des sondages).

Les psychologues ont besoin d'expliquer certaines différences de comportement, les zoologistes de comprendre certains mécanismes: ces comportements, ces mécanismes sont, au niveau actuel de nos connaissances, assez simples. Quelques phrases suffisent à les expliquer. La génèse d'un gisement, et en particulier sa génèse à l'échelle - restreinte - de l'exploitation est toujours extrêmement complexe: le plus pauvre des modèles intègrerait presque certainement un grand nombre de paramètres dont la plupart sont inaccessibles expérimentalement. La géostatistique admet que, pour le but qui est le sien (l'estimation locale ou globale du gisement) les teneurs des sondages constituent l'information qui synthétise au mieux l'histoire de la formation. On renonce à toute visée explicative, pour rester volontairement au niveau des effets Finalement, la seule information réellement nécessaire à l'exercice de la géostatistique est constituée de la teneur des sondages et de leurs implantations respectives.

Cette information minimale, on la retrouve dans bien d'autres domaines que celui de la Mine: l'estimation forestière, la cartographie (terrestre et sous-marine), l'estimation pétrolière, la météorologie, la pollution.

D'importantes études géostatistiques y ont déjà été menées. D'autres disciplines, au premier rang desquelles il faut citer la démographie, l'épidémiologie, l'écologie, l'urbanisme, pourraient utiliser ces méthodes avec profit.

Tout phénomène présentant un caractère régionalisé (spatial, temporel, ou spatio-temporel) est un champ d'étude potentiel pour les méthodes géostatistiques.

II.LES METHODES

II.1 LES HYPOTHESES

II.1.1. L'homogénéité des individus en Analyse des Données.

Un problème d'Analyse des Données se présente souvent sous la forme suivante: un certain nombre d'individus sont décrits par un certain nombre de variables. Il peut arriver que des informations supplémentaires existent: les individus peuvent être répartis par exemple en plusieurs groupes distincts. (en Analyse Discriminante en particulier). En dernier ressort, à l'intérieur de chaque groupe, les individus sont considérés comme équivalents, c'est-à-dire comme autant de réalisations d'un aléa statistique unique.

Cette hypothèse, presque toujours implicite, est en fait fondamentale: elle seule permet l'inférence statistique des moments, et en particulier le calcul des corrélations (Analyse en Composantes Principales, Analyse Canonique, Analyse Discriminante, Regression) ou des associations (Analyse des Correspondances). Elle implique également la notion d'espérance mathématique, qui, si on y regarde d'un peu près, n'est pas à priori évidente. Faire une analyse des corrélations entre les diverses consommations des ménages à l'aide de sondages effectués à différentes epoques serait incorrect. De même, il serait erroné d'étudier les relations entre plusieurs minerais en mélangeant les informations en provenance des zones riches et des zones pauvres.

II.1.2. L'ensemble des individus n'est pas à priori structuré.

L'ensemble des individus soumis à des tests psychologiques peut être à juste titre considéré comme "tiré au hasard" au sein d'une certaine population. Les rats, les souris ou les singes qu'analysent les zoologistes n'ont à priori pas de liens spéciaux; d'une façon générale, on ne postule aucune proximité à priori entre les individus qu'on analyse. Cette hypothèse est tout à fait justifiée dans les cas ci-dessus. Elle le devient moins lorsqu'en géochimie on analyse les constituants de divers sondages d'un même domaine: les relations spatiales existent, il convient d'en tenir compte.

II.1.3. L'homogénéité en Géostatistique.

Il existe une hypothèse voisine, adaptée à la structure régionalisée des données. L'hypothèse stationnaire généralisée postule qu'il existe des combinaisons linéaires des données invariantes par translation.

En mine, l'hypothèse intrinsèque d'ordre 0 est la plupart du temps satisfaite: on suppose (et on vérifie expérimentalement) que les increments d'ordre 1 $^{1}(T) = T(x + h) - T(x)$ sont autant de réalisations d'un même aléa (ie leur loi ne dépend pas du point x). Dans d'autres domaines, par exemple en cartographie, il faut assouplir l'hypothèse. On recherche un ordre k tel que les increments $^{k}(T)$ d'ordre k soient réalisations d'un même aléa. On examinera:

$^{2}(T) = T(x+2h) - 2T(x+h) + T(x)$, $^{3}(T) = T(x+3h) - 3T(x+2h) + 3T(x+h) - T(x)$, ..., et différents tests permettent de choisir l'ordre convenable.

La géostatistique a ainsi adapté à la structure euclidienne une hypothèse toujours présente en statistique, même si elle n'est pas explicite, qui est celle d'homogénéité d'un certain phénomène.

II.2 LE CADRE METHODOLOGIQUE : LE CADRE LINEAIRE - QUADRATIQUE.

Aussi bien en Analyse de Données qu'en Géostatistique classique, le cadre méthodologique est celui du modèle linéaire et des formes quadratiques. Citons d'abord quelques exemples pour illustrer notre propos:

+ les facteurs d'une Analyse de Données sont des combinaisons linéaires - optimales en un certain sens - des variables initiales. Pour les calculer, il suffit de connaître la matrice de covariance - forme quadratique - des variables.

+ le Krigeage simple est le meilleur estimateur linéaire. Pour calculer les coefficients d'un Krigeage, il suffit de connaître les covariances estimants-estimants et estimés-estimants.

+ la projection d'éléments supplémentaires en Analyse des Données est la projection orthogonale (optimale au sens de la métrique- forme quadratique - de la covariance). On a montré ailleurs (J.P.ORFEUIL- 1975) que les formalismes du krigeage simple et de la projection d'éléments supplémentaires sont identiques.

Un même cadre conceptuel unit donc les deux méthodes, et ce à un double titre :

+ d'une part, parce que les problèmes d'optimum concernant les combinaisons linéaires des variables ne nécessitent que la connaissance des moments d'ordre deux (covariances).

+ d'autre part, parce que les deux méthodes ne font appel qu'aux relations deux à deux à deux entre les variables. Cette condition tient pour partie aux théories, et pour partie à la possibilité de l'inférence statistique. C'est cette seconde raison qui a amené G.MATHERON a proposer le Krigeage disjonctif: (1973) l'espérance conditionnelle - meilleur estimateur possible - n'est généralement pas calculable, car il faut connaître la loi spatiale dans son intégralité. La mise en oeuvre du Krigeage disjonctif ne nécessite que la connaissance des lois à 2 variables.

Il convient de remarquer, à propos du Krigeage disjonctif, ce retour à l'utilisation directe des lois de probabilité(et non plus seulement de leurs moments) : déjà l'Analyse des Correspondances avait opéré ce transfert pour les méthodes d'Analyse des Données. Le principal intérêt est la possibilité d'estimations non linéaires.

C'est dans ce domaine que les recherches les plus intenses et les plus intéressantes sont menées aussi bien en Géostatistique Minière qu'en Analyse des Données. Il faut aussi remarquer que les lois de probabilité offrent un cadre plus souple que les moments : on verra plus loin un exemple d'étude par Analyse des Correspondances d'une loi à 3 variables; de même, si on dispose d'un nombre suffisant de données (i e permettant une inférence correcte pour les lois à 3 variables), on pourrait envisager une extension du Krigeage Disjonctif dans ce sens.

II.3 LE PROBLEME DU MODELE

II.3.1. Discussion de quelques principes.

J.P.BENZECRI énonce dans son introduction à"l'Analyse des Données" deux principes qu'il est intéressant de discuter.

1 - "Statistique n'est pas Probabilité"

2 - "Le modèle doit suivre les données, et non l'inverse".

En vertu du premier principe, J.P.BENZECRI s'en prend aux auteurs "qui ont édifié une pompeuse discipline, riche en hypothèses qui ne sont jamais satisfaites dans la pratique". La critique porte, tant il est vrai qu'on trouve plus de théories abstraites, tributaires d'hypothèses nombreuses et souvent invérifiables, que de théories de l'adéquation de données à un modèle. Mais le $chi2$, le modèle linéaire sont très liés - par leur origine - à la loi normale . Plus encore , et là nous rejoignons la discussion du deuxième principe, le fait d'analyser un ensemble fini, issu d'une population généralement infinie (du moins potentiellement) suppose un cadre probabiliste.

Le deuxième principe conduit J.P.BENZECRI à s'élever contre "l'abondance de modèles, forgés à priori puis confrontés aux données par ce qu'on appelle des tests. Et tantôt le test sert à justifier un modèle où il y a plus de paramètres que l'on a déterminé de données, tantôt au contraire il sert à rejeter comme invalides les plus judicieuses remarques de l'expérimentateur. Mais ce dont nous avons besoin, c'est d'une méthode rigoureuse qui extrait des structures à partir des données."

Là, encore, la critique ne manque pas de poids. L'exemple type est constitué par les modèles "économiques" (bien qu'ils ne soient porteurs d'à peu près aucune analyse économique) ajustés tant bien que mal aux données du jour et donnant une image pas trop déformée du futur très proche. Mais il faut aller plus loin, et demander par exemple, ce que l'on appelle "données". Supposons que nous ayons réalisé une série de mesures d'intensité et de différences de potentiel aux bornes d'un certain nombre de résistances Que sont les données ? La série U_i, I_i, R_i ou la loi $U = RI$? Quelle analyse de données permettra de trouver cette loi ?

L'exemple suivant - réel cette fois - permet d'illustrer cette difficulté (cf. J.P.ORFEUIL,1975)

II.3.2. Des données à l'Analyse : un exemple.

Un fichier d'environ 50.000 observations rassemble des données relatives à la haute atmosphère. On y trouve les valeurs des densités atmospheriques, mesurées pour différentes conditions de position (altitude, latitude, heure locale, date) et d'activité solaire (flux moyen, variation instantanée, activité géomagnétique.) Un modèle physique permet par ailleurs de calculer la valeur de la densité en fonction de ces 7 paramètres. On estime la qualité du modèle par le coefficient :

f = densité observée/densité théorique.

Pour des densités variant dans un rapport de 1 à 10 milliards,le coefficient f varie entre 1/3 et 3. Le modèle est donc excellent. Il n'en reste pas moins que f présente des variations assez régulière en fonction de certains paramètres.

Pour avoir une vue synthétique de cette évolution, on calcule les histogrammes de f dans différentes situations : au voisinage du pôle, de l'équateur, en basse altitude, en haute altitude, etc... Chaque situation est caractérisée par le fait qu'un des 7 paramètres est astreint à rester dans certaines limites. On obtient un tableau F_{ij} donnant le nombre d'observations satisfaisant aux deux conditions.

\+ le point appartient à la situation j.

\+ la valeur de f appartient à la tranche numéro i de l'histogramme

Ce tableau est analysé par Analyse des Correspondances. Certaines tendances apparaissent nettement: par exemple, le coefficient f décroit avec l'activité géomagnétique. D'autres tendances n'apparaissent pas. Il semble en particulier que le coefficient f soit peu sensible à la latitude. Or des études précédentes avaient montré une nette évolution parabolique (f faible aux pôles et fort à l'équateur).

Nous avons alors tracé les courbes expérimentales d'évolution de f en fonction de la latitude pour différentes circonstances. On remarque alors que l'évolution de f en fonction de la latitude s'inverse à mesure qu'on s'élève en altitude : A une évolution du type sous estimation au pôle et surestimation à l'équateur, se substitue une évolution du type surestimation aux pôles et sous estimation à l'équateur : on masque un phénomène réel et important en mélangeant les données de différentes altitudes.

Nous avons alors effectué une autre analyse de correspondances, bâtie sur de nouveaux principes : une situation est définie comme la conjonction de plusieurs évènements : par exemple, l'observation a été effectuée au pôle en hiver à altitude basse. Nous avons alors retrouvé et précisé les évolutions précédentes.

Au travers de cet exemple, des problèmes méthodologiques réels sont posés, qu'il convient de formaliser quelque peu. Désognons par $A^i (i = 1,7)$ les sept variables et appelons A^i_j l'évènement,"la variable numéro i est dans sa modalité j".
Par exemple "l'altitude est basse", ou encore "l'observation est faite au pôle" Désignons par $1_{A^i_j}$ les indicatrices de ces modalités

$(1_{A^i_j}(\omega) = 1$, si l'observation ω satisfait A^i_j, $1_{A^i_j}(\omega) = 0$ sinon

On appelle de même ${}^1F_k$ l'indicatrice de l'évènement " Le coefficient F est dans sa modalité k". Par exemple F est compris entre 0.7 et 0.8 On peut présenter l'Analyse des Correspondances comme la recherche des combinaisons linéaires

$$\sum_i \sum_j \lambda^j_i \; 1_{A^i_j}$$

décrivant au mieux l'ensemble des modalités de F. Les évènements dont il est nécessaire de connaître la probabilité sont du type " F est dans la modalité k et tel paramètre est dans la modalité j".

Pour la seconde analyse, il faut connaître les lois à 3 variables, c'est-à-dire les probabilités d'évènements du type "F est dans la modalité k, tel paramètre dans la modalité j_1 et tel autre dans la modalité j_2.C'est en allant jusqu'à cet ordre d'interactions qu'on peut trouver la structure effective de l'effet en latitude.

Concluons : l'Analyse des Correspondances est tributaire de très peu d'hypothèses. Elle nous permet de mettre en évidence des structures si celles-ci existent dans le tableau numérique qu'on soumet à ses algorithmes.

Le passage important est la constitution du tableau à analyser à partir des données brutes.
Là, la collaboration du statisticien et du spécialiste doit être étroite. Là, les connaissances déjà acquises par celui-ci peuvent se révéler précieuses.

Il ne s'agit pas à proprement parler de modèle, mais d'intégration aux données d'éléments extérieurs : théories existantes, idées à vérifier, etc...

Fort heureusement, les principes des méthodes d'Analyse de Données sont suffisamment simples pour être compris des non-mathématiciens. Le dialogue statisticien-spécialiste est donc généralement aisé, et il est fondamental pour que les méthodes fournissent des résultats probants.

II.3.3. Le modèle, pont entre le connu et l'inconnu.

Enonçons nous aussi un principe qui nous semble fondamental: Pas de prévision sans modèlisation.

Illustrons ce principe par un exemple emprunté à un travail en cours.

Une zone polluée est contrôlée par un réseau de 30 capteurs, donnant une teneur journalière en polluant. Chaque série chronologique $T_i(t)$ est stationnaire dans le temps. L'abondance des données permet de connaître l'espérance $m_i = E(T_i(t))$ avec un excellente précision. On peut alors estimer dans de bonnes conditions la covariance centrée

$$C_{ij} = E \quad (T_i(t) - E\ (T_i(t)))(T_j(t) - E\ (T_j(t))\ )$$

Le fait de posséder une multitude de réalisations nous dispense d'une hypothèse de type stationnaire généralisé, qui est nécessaire pour disposer au sein d'une même réalisation spatiale de différentes occurences d'un même aléa.

Est-ce à dire que cette multitude de réalisations nous soustrait à l'obligation d'une hypothèse quant à la régionalisation spatiale ? Oui, si on se limite aux capteurs eux-mêmes : description des "proximites" des capteurs, des évolutions antagonistes, prévision de la série chronologique d'un capteur par celles de ses voisins immédiats. Non si on souhaite faire des prévisions pour des points de l'espace où il n'y a pas de capteur. Pour prévoir la teneur en un point x dépourvu de capteur, il faut connaître un lien entre ce qui se passe en x et ce qui se passe aux points i : Une hypothèse de type stationnaire généralisé permettra de passer du tableau C_{ij} (ou plutôt d'un tableau K_{ij} légèrement plus compliqué) à une fonction K(h), covariance généralisée de la régionalisation spatiale, exprimant un lien entre deux points quelconques de l'espace. (connus ou inconnus).

Concluons : un algorithme de prévision est une méthode liant le connu à l'inconnu. La nature du lien est liée au choix d'un modèle; l'estimation du lien est liée aux données.

III-L'UTILISATION CONJOINTE DES METHODES.

Il n'est pas question ici de faire une théorie de la combinaison des méthodes. Une solution - ou plusieurs d'ailleurs - doit être trouvée pour chaque cas. Nous voulons simplement, à l'aide d'un exemple, indiquer quelques problèmes.

Sur une zone polluée, on dispose d'information concernant:

1) l'évolution temporelle d'un certain nombre de polluants (en général de 1 à 10)
2) l'état météorologique souvent caractérisé par une vingtaine de paramètres connus en quelques stations.

Aussi bien dans l'optique du co-krigeage que dans celle de la regression, il n'est pas possible de conserver un aussi grand nombre de paramètres pour prévoir: plusieurs voies peuvent être explorées.

On peut penser définir des situations météorologiques types, par un algorithme de classification automatique. On étudiera par exemple, la série des vingt paramètres météorologiques. Chaque jour est caractérisé par un vecteur à une vingtaine de composantes. L'étude des proximités de ces points, dans un espace de dimension faible (par exemple obtenu par Analyse en Composantes Principales ou Analyse des Correspondances) permettra de définir des situations-types . Ces situations une fois définies, on travaillera sur chaque situation, indépendamment des autres, et on aura autant d'algorithmes de prévision qu'on a défini de situations météorologiques. On peut améliorer quelque peu l'idée en analysant un tableau croisant les situations météorologiques avec les variables de pollution: la typologie obtenue ne sera pas une typologie "en soi" de la météo, mais une typologie de la météo tenant compte de son influence sur la pollution.

On peut aussi tenir un raisonnement différent. En croisant la pollution avec la météo, on peut déceler les variables qui ont réellement une influence sur la pollution. Celles-ci pourront être des variables initiales, ou encore des facteurs (combinaison des variables initiales). Les variables retenues seront alors intégrées à l'algorithme de prévision.

Le même raisonnement peut s'appliquer aux polluants eux - mêmes. Notons $T(i, x_\alpha\ t)$ la teneur en polluant i, au point x_α, au temps t. Pour prévoir cette teneur, les informations disponibles sont les $T(j, x_\beta, \tau)$ (avec $\tau < t$). Si on ne retient que les 4 instants qui ont précédé, et les 4 points les plus voisins dans l'espace, il reste encore 16 valeurs de chaque polluant. Il est donc tout à fait fondamental de sélectionner les polluants les plus liés au polluant qu'on cherche à prévoir.

Concluons : quand de nombreuses variables interviennent (dans le formalisme géostatistique, les paramètres sont rapidement nombreux dès que les données sont spatio-temporelles) le recours à une méthode d'Analyse de Données est indispensable pour ne retenir, dans chaque cas, que les informations essentielles.

BIBLIOGRAPHIE

J.P.BENZECRI (1) l'Analyse des Données - Dunod 1973

CAILLEZ, MAILLES, (2). Analyse des Données Multidimensionnelles 3 volumes CEEE Paris 1972

COOLEY (3) Multivariate Data Analysis . Wiley N.Y. 1971

G.MATHERON (4) Le Krigeage Disjonctif.Note interne CMM Fontaine--bleau 1973

J.P.ORFEUIL (5) Krigeage Simple et Analyse des Distances. Note interne CMM.Fontainebleau 1973

J.P.ORFEUIL (6) Projet de thèse 3ème cycle. 1975

BAYESIAN DECISION THEORY APPLIED TO MINERAL EXPLORATION AND MINE VALUATION

J.M. Rendu

Head Operations Research Section
Anglo-Transvaal Investment Company, Johannesburg
South Africa

ABSTRACT. The decision process in mineral exploration and mine valuation is analysed. Statistical decision theory is a powerful tool which can be used to quantify the value of any exploration decision. A short review of this theory is given emphasizing the various applications of subjective and objective probabilities, and the difference between Bayesian and classical approaches to probability assessment. Indications are given on how the concepts in this theory can be progressively introduced in an exploration company to improve any existing decision process.

1. INTRODUCTION

The aim of exploration is to prove the presence and estimate the value of economic mineral deposits. Exploration is a multistage process the stages of which can be defined as follows:

Stage 1: Exploration feasibility planning
Stage 2: Regional exploration, or reconnaissance
Stage 3: Follow-up exploration
Stage 4: Detailed investigation
Stage 5: Ore body valuation

At the beginning of each stage, a decision must be made, whether or not to continue exploration, and in the affirmative, which exploration technique should be used. During each stage of exploration, information is obtained concerning the presence or economic value of mineralizations. Once a stage of exploration has been completed, this information must be taken into consideration to make a decision concerning the following stage. The last

M. Guarascio et al. (eds.), Advanced Geostatistics in the Mining Industry, 435-445.

decision to be made is whether or not to open a mine. The factors which will influence the decisions made are:

- The probability that there are mineral deposits in the geographical area explored, the probability that these deposits will be discovered, and the probability that they will be of economic value.
- The economic value of the deposits to be discovered assuming that they exist.
- The cost of discovering these deposits, ie. the cost of exploration.

We are faced with a typical multistage problem of decision under uncertainty, where the "State of the World", ie. the geology in the area considered and the economic conditions at the time of exploration and mining, is unknown, but more information about it can be obtained at a cost. The uncertainty about the State of the World is due to the lack of knowledge of polytico-economic and geological variables. These two sets of variables are not independent; a mineralization will be of economic value provided the polytico-economic conditions are right but conversely a profitable operation might affect the polytico-economic climate. In this analysis, the only uncertainty considered is the geologica uncertainty, or uncertainty about the "State of Nature." The polytico-economic uncertainty could however, be included and treat ed using the same techniques.

2. THE BAYESIAN STATISTICAL DECISION THEORY

For obvious reasons, all the models which have been proposed in the literature, to find a mathematical solution to the problem of decision making in mineral exploration, have made use of the statistical decision theory. Both Bayesian and non-Bayesian ("classical") solutions to the problem can be found in the literature. A brief review of the theory is given here. An excellent introduction to statistical decision theory has been published by Raiffa (1968). More mathematically oriented decision makers can refer to Raiffa and Schlaiffer (1961). A general description of how this method can be used in exploration is given by Davis, Kisiel and Duckstein (1973).

Statistical decision theory is used for the making and analysis of decisions where the factors affecting the decisions are uncertain. Let θ be a possible state of nature eg. presence of an orebody of economic value. Before exploration, we do not know whether θ exists, but we have some idea of whether or not it exists. We can define the a - priori or prior probability that θ exists: $P'(\theta)$. Let's consider the feasibility of an exploration project e, for example a geochemical survey of the area. If e is completed, an observation z will be made, e.g. geochemical anomalies will be observed. Given z, we could reestimate the probability distribution of Θ and obtain an a - posteriori, or posterior distribution of Θ given z, $P''(\Theta/z)$. But x has not yet been observed. To make the decision whether or not to choose e we must also estimate the chances that z will be observed, ie. the probability P(z).

To use the statistical decision theory, it is necessary to be able to estimate the three types of probabilities mentioned. These probabilities are not independent but are related as follows:

$$P'(\Theta) = \sum_{z} P''(\Theta/z)\ P(z) \tag{1}$$

If $P''(\Theta/z)$ and P(z) are estimated directly and $P'(\Theta)$ is deduced using the above formula, the approach to decision making is classical, or non-Bayesian. Let's define $P(z/\Theta)$ as the probability that z will be observed given that the state of nature is Θ. For example $P(z/\Theta)$ is the probability that a geochemical anomaly z will be observed, assuming the presence of an economic orebody Θ. The following relations between probabilities exist:

$$P(z) = \sum_{\Theta} P(z/\Theta)\ P'(\Theta) \tag{2}$$

$$P''(\Theta/z) = \frac{P(z/\Theta)\ P'(\Theta)}{P(z)} \tag{3}$$

Equation (3) is known as Bayes Theorem. If $P'(\Theta)$ and $P(z/\Theta)$ are estimated directly and P(z) and $P''(\Theta/z)$ are deduced using equations (2) and (3) the approach to decision making is known as Bayesian.

3. THE DECISION TREE

All exploration decision problems are composed of at least two stages. In the first stage, or exploration stage, an exploration decision e must be made. In the last stage, or mining stage, a mining decision m must be chosen. The exploration decision e can be chosen among a set of possible decisions. For example, one might have to decide between not doing any exploration ($e=e_0$), or choosing any of two exploration methods, $e=e_1$ or $e=e_2$. The result of exploration will be an observation z function of the decision e chosen and of the unknown state of nature Θ. The mining decision can also be chosen among different options. One may decide to give-up the venture ($m=m_0$) or to open a large low-grade mine ($m=m_1$) or a selective operation ($m=m_2$). The validity of the choice made will be a function of the state of nature Θ.

The logical relation between the different possible decisions and observations can be represented on a decision tree (Figure 1).

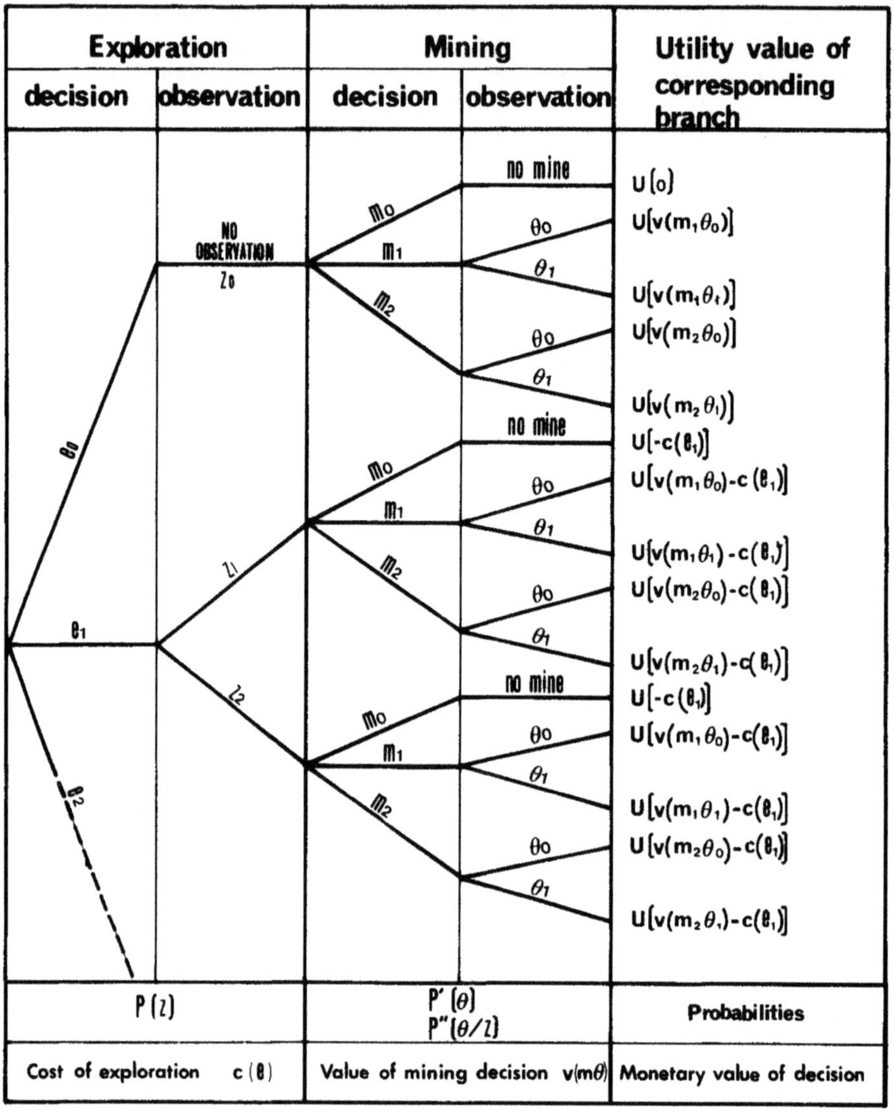

Figure 1; Simplified decision tree

4. UTILITY DEFINITION

To choose between two exploration decisions, say e_1 and e_2, we must compare the cost of completing exploration according to the decision chosen, with the value of the information we might obtai from exploration. The cost of exploration can be estimated with reasonable precision, but the value of the information obtained is much more difficult to quantify. A geochemical anomaly has no value per se : its value comes from the fact that its presence might be due to an underlying economic mineralization. The value of an information can be measured by the price at which the company who owns this information would be willing to sell it. This price should have nothing to do with the amount of money spent to get the information but should be a function of the value of any mine which might be discovered using the information, and of the chances of discovering such a mine. Calculating the monetary value of a potential mine assuming a known state of nature is a classical mine valuation problem. Detailed calculation must be made during the later stages of exploration, but simplifying assumptions can be made when only very little information is available about the state of nature. This point is illustrated by Cooper, Davidson and Reim (1973).

However, a monetary unit is not necessarily a valid unit to use for comparison of options in the presence of uncertainty. To illustrate this point, consider the following example. Two options a_0 and a_1 are available to you. You can choose a_0, do nothing and gain or lose nothing, or choose a_1 which gives you a chance to gain or lose $1 000 000. If your assets are valued at $100 000 000 and there is at least a 50/50 chance that action a_1 will result in a success, you might choose a_1. In other words you might consider that a 50/50 chance to lose or win $1 000 000 is equivalent to the certainty of a zero gain. But if your assets are only $1 000 000 or less, you would never choose a_1 unless there was no chance whatsoever that you might lose. The same opportunity to play the game a_1 does not have the same value, depending on the assets of the gambler. Also two gamblers having the same assets will give a different value to the same opportunity because of their different attitude towards risk.

When dealing with mining exploration problems, it is therefore necessary to define a "utility function" which represents the policy of the exploration company towards risk. How to estimate a utility function has been described by Raiffa (1968), and examples of utility functions of petroleum exploration companies have been published by De Geoffroy and Wignall (1970) and Harbaugh (1973). An example follows which illustrates how a utility function can be calculated.

Let's assume that a company has assets of $1 000 000 and we wish to calculate the utility curve of the company. We know that the utility of $ - 1 000 000 must be infinitely negative. Let's set arbitrarily the utility of $0 equal to zero and the utility of $500 000 equal to 1. To calculate the utility of any other dollar amount, three types of questions must be asked of the management.

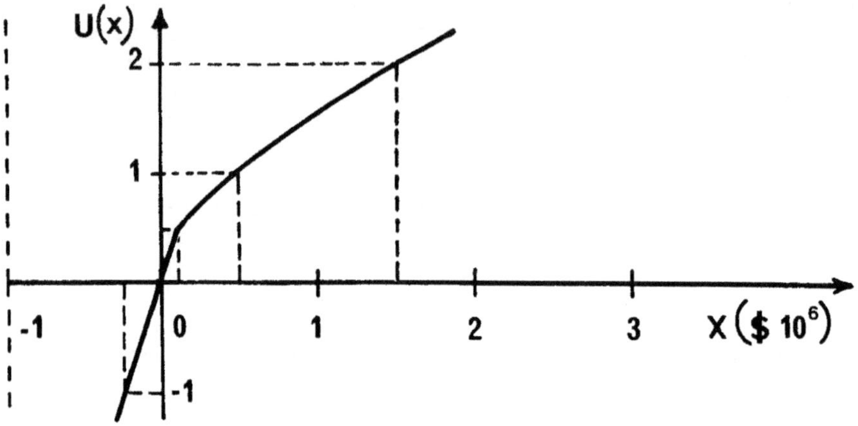

Figure 2; Example of utility curve

Question 1. The management must choose between two options. Either to toss a coin and gain $500 000 or $0, depending on whether head or tail is observed, or to take a fixed sum Vo. For which value of Vo would the management consider the two alternatives as equivalent? Let's assume that the answer is Vo = $150 000. We deduce:

$$U\ (150\ 000) = \tfrac{1}{2}\ U\ (500\ 000) + \tfrac{1}{2}\ U\ (o) = 0{,}5$$

Question 2. The choice is now between a 50/50 chance to gain $0 or $$V_1$ and the certainty to gain $500 000. Let's assume that the first alternative is preferred if V_1 is at least equal to $1 500 000. We deduce:

$$U\ (500\ 000) = \tfrac{1}{2}\ U\ (o) + \tfrac{1}{2}\ U\ (1\ 500\ 000)$$

hence U (1 500 000) = 2

Question 3. The management must choose between a 50/50 chance to gain $500 000 or $$V_2$, and a certainty to gain $0. Let's assume that the second alternative is preferred as soon as V_2 is smaller than $- 250 000:

$$U\ (o) = \tfrac{1}{2}\ U\ (500\ 000) + \tfrac{1}{2}\ U\ (-250\ 000)$$

hence U (-250 000) = -1

The relationship between utility and monetary values is plotted on figure 2. Repeating the same questions as above, but for values other than $0 and $500 000, we can obtain any number of points on the utility curve. Utilities should be used in the early stages of exploration, but monetary values give acceptable results in the later stages. The utility must also be used whenever the gains or losses cannot be measured in monetary terms only.

5. PROBABILITY ASSESSMENT

We saw earlier that to decide the value of a project, it is necessary to be able to estimate:

- $P'(\theta)$, the prior probability that a given state of nature θ is present in the area considered.
- $P(z)$, the probability that the exploration project e will result in an observation z.
- $P''(\theta/z)$, the posterior probability that θ prevails, given that z has been observed. Note that $P''(\theta/z)$ must be estimated before exploration has taken place.

To estimate these probabilities, we can use the classical approach, estimate $P(z)$ and $P''(\theta/z)$ directly, and calculate $P'(\theta)$ using equation 1 above. Or we can use the Bayesian approach, estimate $P'(\theta)$ and $P(z/\theta)$ directly and calculate $P''(\theta/z)$ and $P(z)$ using equations 2 and 3 above. Both approaches have been used with success. Also the probabilities can be estimated subjectively by asking the geologist to quantify his opinion about the chances of success of a project, or objectively, by measurements made in similar areas already explored.

As soon as enough samples have been taken from an orebody so that a geostatistical model can be built, a non-Bayesian objective approach to probability assessment can be used, as illustrated by Matheron and Formery (1963) and Rendu (1971-a). In some circumstances, subjective probabilities and/or Bayesian approach could be considered (Krige, 1961; Rendu 1971-b).

In the early stages of exploration, it is also possible to use both subjective and objective probabilities. The methods of probability assessment can be either classiçal or Bayesian. A non-Bayesian approach to the estimation of objective probabilities for reconnaissance in large areas has been proposed in the original paper by Alais (1957). The method used consists in defining control areas which have been well explored and whose metal endowment is well known. The necessary probabilities can be calculated in these areas. The assumption is made that the same probabilities apply to the unexplored area considered. This methodology is also followed by Harris (1965) and Agterberg (1971). Let θ be the state of nature and z some information which is available in the control area and could be or has been made available in the study area using exploration. Using a non-

Bayesian objective approach the probabilities $P'(\theta)$, $P''(\theta/z)$ and $P(z)$ are calculated in the control area.

A Bayesian approach to assessment of objective probabilities has been preferred by De Geoffroy and Wignall (1970). In this analysis $P'(\theta)$ and $P''(\theta/z)$ are calculated directly from the control area.

Subjective posterior probabilities have been estimated by Harris, Freyman and Barry (1971). The probabilities $P''(\theta/z)$ are calculated directly by asking geologists to quantify their opinion about the state of nature θ taking into consideration their experience and knowlege z of the area considered. If subjective probabilities are used the notion of control area may disappear. A similar, but extremely simplified approach to the same problem is given by Cooper, Davidson and Reim (1973) to help individual geologists in their daily decisions.

A thorough analysis of how subjective probabilities of the type $P(z/\theta)$ and $P'(\theta)$ can be calculated, and how the posterior probabilities $P''(\theta/z)$ can be deduced using a Bayesian approach has been published by Harris and Brock (1973). The Bayesian approach for utilization of subjective probabilities is also illustrated by Fuda (1971) and King (1974).

6. OPTIMIZATION

The value of any exploration decision is a function of the cost of exploration, the value of any mine which might be discovered and the probability that such a mine will be discovered. We briefly mentioned how these quantities can be calculated separately. We must now see how they can be combined to give a final answer.

Let's consider the decision tree on figure 1. Each branch is studied successively. For example, let's assume that we choose e_1, observe z_1, then choose m_2 and observe θ_o. The cost of exploration being $c(e_1)$ and the value of the mining decision being $v(m_2\theta_o)$ we can give to this path a utility:

$$u(e_1\ z_1\ m_2\ \theta_o) = U(v\ (m_2\ \theta_o) - c\ (e_1)\ )$$

where the function U is given by figure 2. For each branch we can thus calculate a "terminal utility", as shown in the last column ot figure 1. Moving towards the trunk of the decision tree we can calculate the expected utility of choosing m_2:

$$u(e_1\ z_1\ m_2) = \underset{\theta}{E}\ u(e_1\ z_1\ m_2\ \theta) = \sum_{\theta} u(e_1\ z_1\ m_2\ \theta)\ P''(\theta/z_1)$$

If the decision is made to stop exploration ($e = e_o$) then the prior probability $P'(\Theta)$ must be substituted for the posterior probability $P''(\Theta/z)$.

Let's now define the utility of choosing e_1 and observing z_1. Once z_1 has been observed it is possible to maximize the utility by choosing the decision m which has the highest utility $u(e_1\ z_1\ m)$. Therefore the utility of observing z_1 is:

$$u(e_1\ z_1) = \max_m (u\ (e_1\ z_1\ m)\ )$$

The utility of choosing e_1 is given by the expected utility of $u(e_1\ z\ )$:

$$u(e_1) = \underset{z}{E}\ u\ (e_1\ z) = \sum_z u(e_1\ z)\ P\ (z)$$

We can now decide which exploration decision should be made. We should choose the exploration decision which has the highest utility u(e). The utility value of the information we now have is given by:

$$u^* = \max_e u(e)$$

Reading u* on the vertical axis of figure 2 we deduce its monetary equivalent. This is the price at which we should consider to sell the information we presently have to an eventual buyer.

7. CONCLUSION

Statistical analysis appears to be a logical tool for optimization of decisions in mineral exploration. However, geologists might find it difficult to quantify their opinion, decision makers might consider that a utility function gives an over-simplified representation of their preferences. Some aspects of the statistical decision theory, such as the use of a decision tree and the rigorous structurization of the decision process will be more easily accepted and can be used as a starting point for introduction of the theory in an exploration company.

Permission by Anglo-Transvaal Cons. Inv. Co. Limited for the publication of this paper is acknowledged.

REFERENCES

AGTERBERG, F.P. (1971) A probability index for detecting favourable geological environments, Decision Making in the Mineral Industry, Canadian Inst. Min. and Metall., Special Vol. 12, 82 - 91.

ALAIS, M.(1957) Methods of appraising economic prospects of mining exploration over large territories, Management Science, 3, 4, July 1957, 285 - 367.

COOPER, D.O., DAVIDSON, L.B., and REIM, K.M. (1973) Simplified financial and risk analysis for minerals exploration, Eleventh International Symposium on Computer Applications in the Minerals Industry, University of Arizona, J.R. Sturgul ed., B1 - B14.

DAVIS, D.R., KISIEL, C.C. and DUCKSTEIN, L. (1973) Bayesian methods for decision - making in mineral exploration and exploitation, Eleventh International Symposium on Computer Applications in the Minerals Industry, Unversity of Arizona, J.R. Sturgul ed., B55 - B67.

DE GEOFFROY, J. and WIGNALL, T.K. (1970) Application of statistical decision techniques to the selection of prospecting areas and drilling targets in regional exploration, Canadian Min. and Metall. Bulletin, August 1970, 893 - 899.

FUDA, G.F. (1971) The role of decision-making techniques in oil and gas exploitation and evaluation, Decision Making in the Mineral Industry, Canadian Inst. Min. and Metall., Special Vol. 12, 130 - 138.

HARBAUGH, J.W. (1973) The Kansas oil exploration (KOX) decision system, Eleventh International Symposium on Computer Applications in the Minerals Industry, University of Arizona, J.R. Sturgul ed., B15 - B54.

HARRIS, D.P. (1965) Multivariate statistical analysis - a decision tool for mineral exploration, Short Course and Symposium on Computers and Computer Applications in Mining and Exploration, University of Arizona, J.C. Dotson and W.C. Peters ed., C1 - C35.

HARRIS, D.P. and BROCK, T.N. (1973) A conceptual Bayesian geostatistical model for metal endowment: a model that accepts varying levels of geologic information with a case study, Eleventh International Symposium on Computer Applications in the Minerals Industry, University of Arizona, J.R. Sturgul ed., B113 - B180.

HARRIS, D.P., FREYMAN, A.J. and BARRY, G.S. (1971) A mineral resource appraisal of the Canadian northwest using subjective probabilities and geological opinion, Decision Making in the Mineral Industry, Canadian Inst. Min. and Metall., Spec. Vol. 12, 100 - 116.

KING, K.R. (1974) Petroleum exploration and Bayesian decision theory, Twelfth International Symposium on the Applications of Computers and Mathematics in the Minerals Industry, Colorado School of Mines, T.B. Johnson and D.W. Gentry ed., D77 - D117.

KRIGE, D.G. (1961) Developments in the valuation of gold mining properties from borehole results, Seventh Commonwealth Min. and Metall. Congress, Johannesburg, April 1961, 20.

MATHERON, G. and FORMERY, P. (1963) Recherche d' optimum dans la reconnaissance et la mise en exploitation des gisements miniers, Annale des Mines, Mai 1963, 23 - 42, June 1963, 2-30.

RAIFFA, H. (1968) Decision analysis - introductory lectures on choices under uncertainty, Addison - Wesley, U.S.A., 309.

RAIFFA, H. and SCHLAIFFER, R. (1961) Applied statistical decision theory, Harvard University, U.S.A., 356.

RENDU, J.M. (1971 -a) Some applications of geostatistics to decision-making in exploration, Decision Making in the Mineral Industry, Canadian Inst. of Min. and Metall., Spec. Vol. 12, 175 - 184.

RENDU, J.M. (1971 -b) Some applications of statistics to decision making in mineral exploration, unpublished Eng. Sc. D. thesis, Columbia University, New York, 273.

P A R T V I I I

GLOSSARY OF FRENCH-ENGLISH GEOSTATISTICAL TERMS

TENTATIVE GLOSSARY OF GEOSTATISTICAL TERMS AND NOTATIONS

On request of several participants of the Institute, we include herewith a glossary of the most important geostatistical terms both in English and in French.

Geostatistics, however, is in constant development; therefore, some of the terms have not reached their definite meaning or translation yet. This glossary should therefore be considered as tentative.

Readers wishing to make suggestions about notations and terminology are kindly requested to write to the author(s) of the articles concerned.

General Notations

$x = (x_1, x_2 \ldots\ldots x_n)$ $dx = (dx_1, dx_2 \ldots\ldots dx_n)$ $h = (h_1, h_2 \ldots h_n)$ or $\vec{h}$	A point (x), an elementary interval (dx), a vector $(\vec{h})$ defined by a system of coordinates in a space of dimension n (the notations $\underline{x}$ and $\underline{h}$ are preferably not retained).
$\int f(x)\,dx = \int_{-\infty}^{+\infty} f(x)\,dx$	Integral of the function f(x) in a n-dimensional space; when no limits are precised the integration extends over $\{-\infty, +\infty\}$ or over the whole space of definition.

M. Guarascio et al. (eds.), Advanced Geostatistics in the Mining Industry, 449-461.

$\int_D dx = \int_D dx_1 \int_D dx_2 \ldots \int_D dx_n$

If D is of dimension n, $\int_D$ means that the integration extends over the domain D.

Glossary

Indicatrice d'un volume V: Indicator function (or simply indicator) of volume V:

$$k_V(x) = \begin{matrix} 1 \text{ if } x \in V \\ 0 \text{ if not} \end{matrix}$$

N.B.: The following notation is sometimes used in French:

$$1_V(x) = k_V(x)$$

~~~~~~

Transposée d'une fonction f(x): Transposed of a function f(x)

$$\check{f}(x) = f(-x)$$

N.B.: The notation f'(x) is not retained.

~~~~~~

Produit de convolution de $f_1(x)$ par $f_2(x)$: Convolution product of $f_1(x)$ by $f_2(x)$:

$$P(u) = \int f_1(x)\; f_2(u-x)\,dx = \int f_2(x) f_1(u-x)\,dx \equiv$$
$$\equiv P = f_1 * f_2 = f_2 * f_1$$

~~~~~~

Régulariser To regularize

~~~~~~

Régularisée d'une fonction f par une fonction de pondération p:

Regularization of a function f by the weighting function p:

$$f_p(u) = \int p(x) f(u+x) dx) = \int p(-x) f(u-x) dx \equiv$$

$$\equiv f_p = f * \check{p}$$

N.B.: "Regularization" is an English expression used by Yosida Hörmander.

Actually, the expression "weighted moving average" could be used instead of "regularization", but it is preferable to use the latter because it is shorter and not misleading.

The mean value over a moving volume V corresponds to the particular weighting function $\frac{1}{V} k_V(x)$, $V = \int k_V(x) dx$ being the measure of volume V, and $k_V(x)$ the indicator function of volume V:

$$f_V(u) = \frac{1}{V} \int k_V(x) f(x) dx = \frac{1}{V} f * k_V$$

N.B.: Regularization of function f on the volume V.

The process of taking average grades of cores along the 1-dimension alignment defined by the drill-hole (the section of the core being neglected with regard to its length ℓ) is called "regularization <u>along</u> cores of length ℓ":

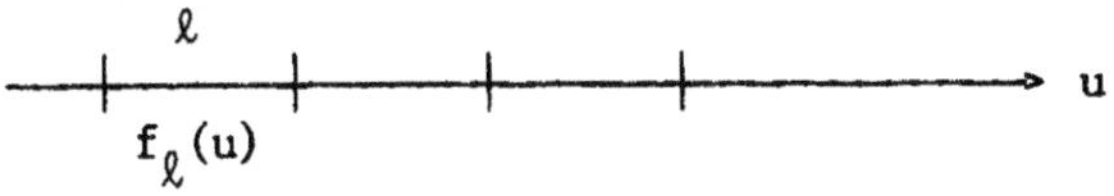

N.B.: French term: Régularisation par carottes de longueur ℓ).

The process of taking the average $Z_\ell(x_1,x_2) = \frac{1}{\ell} \int_0^\ell Z_0(x_1,x_2,x_3) dx_3$ of a 3 dimension function $Z(x_1,x_2,x_3)$ over a segment ℓ, and to study the variability of $Z_\ell(x_1,x_2)$ in the plane (x_1, x_2)

orthogonal to the direction of ℓ is called:

Montée orthogonale sous puissance constante ℓ — Montée orthogonal over a constant thickness ℓ

N.B.: The former misleading expression "grading" should be forgotten. The French word "montée" is then kept in English. The function $Z_\ell(x_1,x_2)$ itself is called "montée".

~~~~~~

Covariogramme transitif d'une fonction p(x): — Autoregularized function:

$$P(u) = \int p(x)p(u+x)dx = p * \check{p}$$

N.B.: The former "transition covariogram of function p" can be kept if it is wanted to stress the analogy of P(u) with a covariance function.

~~~~~~

Demi-variogramme ponctuel: — Point semi-variogram (i.e., with a point support):

$$\gamma(h)$$

~~~~~~

Effet de lissage (≠ régularisation) — Smoothing effect (≠ effect of regularization)

~~~~~~

≃: Quasi egal — ≃: Asymptotic equality

N.B.: Used also for approximate equality.

~~~~~~
~~~~~~

Théorie des variables régionalisées	Theory of regionalised variables

N.B.: The expression "spatial variables" is not retained.

Conceptualisation	Conceptualization

Estimation globale	Global estimation

Estimation locale	Local estimation, i.e. to make precise estimation of values at precise locations

Support	Support
ex. 1) taille de l'échambillon 2) volume de regularisation	i.e. 1) sample size 2) geometry of the volume on which the variable is regularized

Panneau: ensemble de blocs	Panel: set of blocks

Sondages:	Drill-holes or bore-holes:
1) carottés-diamant 2) percutants	1) diamond drill-holes (DDH) 2) percussion holes

---

Fonction aléatoire (F.A.): | Random function (R.F.):

$$Z(x)$$

Réalisation d'une F.A.: | Realization of a R.F.:

$$z(x)$$

N.B.: Numerical function: Cramer or Hannan.

"Sample function" is misleading and is not retained.

Variable aléatoire (V.A.) au point x_α: | Random variable (R.V.) at lo cation x_α:

$$Z(x_\alpha) \quad \text{or} \quad Z_\alpha$$

Loi spatiale de la F.A. | Finite multidimensional distribution of the R.F.

Fonction de répartition de la V.A. Z ou simplement loi de Z: | Cumulative distribution func tion (c.d.f.) or distributic function of the R.V. Z:

$$F(z) = \text{Prob.}\ \{Z < z\}$$

Densité f(z) de la loi de Z	Probability density function (p.d.f.) of Z

~~~~~~

Loi marginale	Marginal distribution
Loi marginale à 2 variable	Bivariate marginal distribution
» » » 3 »	Trivariate » »
» » » n »	n-variables » »
d'une loi à (n+1) variables	of a (n+1) variables distribution

~~~~~~

Histogramme	Histogram (estimator of the density function)
Histogramme cumulé	Cumulative histogram (estimator of the c.d.f.)

~~~~~~

Espérance de Z:	Expectation of expected value of Z:

$$E\{Z\}$$

~~~~~~

Moment d'ordre k de Z (non centré si on ne le précise pas):	k^{th} moment of Z (not about the mean if not precised):

$$E\{Z^k\}$$

~~~~~~
~~~~~~

Variance de Z(x):	Variance of Z(x):

$$\text{Var.}\ \{Z(x)\} = E\{(Z(x)-m(x))^2\}$$

Covariance (toujours centrée) de la F.A. Z(x):	Covariance (meant always about the mean) of the R.F. Z(x):

$$\text{Cov.}\ \{Z(x),Z(x+h)\} = E\{(Z(x+h)-m(x+h))(Z(x)-m(x))\}$$

N.B.: The Cov. is often denoted by C (x,x+h).

Stationnarité stricte	Strict stationarity
» faible d'ordre 2	Weak » of order 2
Quasi stationnarité	Quasi »

F.A. intrinsèque	Instrinsic random function (IRF)
F.A. stationnaire (FAS)	Stationary random function (SRF)

Combinaison linéaire autorisée	Admissible linear combinatio

Variogramme 2γ	Variogram 2γ
Demi-variogramme γ	Semi-variogram γ

$$2\gamma(x,x+h) = \text{Var.}\ \{Z(x+h)-Z(x)\}$$

~~~~~~

Hypothèse intrinsèque ≡ Stationnarité d'ordre 2 des accroissements $Z(x+h)-Z(x)$:	Intrinsic hypothesis ≡ Stationarity of order 2 of the increments $Z(x+h)-Z(x)$:

$$E\{Z(x+h)-Z(x)\} = m(h)$$

$$\text{Var.}\ \{Z(x+h)-Z(x)\} = 2\gamma(h)$$

N.B.: The first two moments of the increments $Z(x+h)$, $Z(x)$ do not depend upon the location x. Furthermore, if $m(h) = 0$, the variogram can be written in its more usual and practical form:

$$2\gamma(h) = E\{(Z(x+h)-Z(x))^2\}$$

~~~~~~

Schéma intrinsèque	Model of semi-variogram

~~~~~~

Effet d'échelle	Scale effect
Echelle d'observation	Scale of observation

~~~~~~

Anisotropie géométrique	Affine anisotropy

N.B.: Affine anisotropy can be reduced by an affine transformation of coordinates.

Anisotropie zonale	Stratified anisotropy

~~~~~~

Effet de pépite, ou bruit blanc	Nugget effect, or white noise

~~~~~~

Portée : Range :

Palier : Sill:

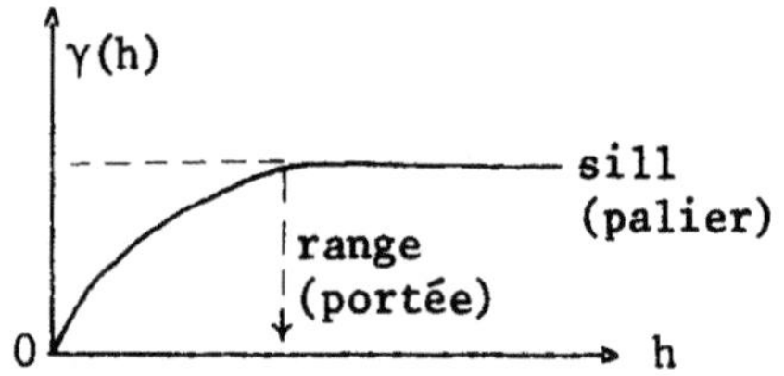

〰〰

Schémas gigognes — Nested structures

N.B.: "Intermeshed" is not exactly a proper term.

〰〰

Champ de définition d'une F.A. — Domain of definition of a R.F.

〰〰

Estimateur $z^*(x)$ de $z(x)$, interprété comme une réalisation de la F.A. $Z^*(x)$ — Estimator $z^*(x)$ of $z(x)$, interpreted as a realization of the R.F. $Z^*(x)$

〰〰

Biais d'estimation de $Z(x)$ par $Z^*(x)$: — Bias of the estimation of $Z(x)$ by $Z^*(x)$:

$$E\{Z(x)-Z^*(x)\}$$

〰〰

Variance d'estimation de — Variance of the estimation of

Z(x) par Z*(x):

Z(x) by Z*(x):

$$\text{Var.}\ \{Z(x)-Z^*(x)\}$$

∿∿∿∿∿∿

Variance d'extension de v dans V ≡ Variance d'estimation de la valeur moyenne Z_V sur V par la valeur moyenne Z_v sur v:

Extension variance of v <u>into</u> V ≡ Estimation variance of the mean value Z_V over V by the mean value Z_v over v:

$$\sigma_E^2(v,V) = \text{Var.}\ \{Z_V - Z_v\}$$

N.B.: v being, e.g., a sample volume; whereas V is the volume of a panel to be estimated.

∿∿∿∿∿∿

Variance de dispersion de v dans V:

Dispersion variance of v <u>within</u> V:

$$\sigma_D^2(v/V) = \frac{1}{V}\int_V E\{(Z_v(x)-Z_V)^2\}dx \qquad v\subset V$$

∿∿∿∿∿∿

Maille régulière
» aléatoire
» aléatoire stratifiée

Regular sampling pattern
Random » »
Stratified random »

∿∿∿∿∿∿

Principe d'approximation par composition de termes

Principle of approximation by combining components of estimation variance

∿∿∿∿∿∿

Terme de ligne (1 dim.)	Line (1 dim.)
Trance (2 dim.)	Slice (2 dim.)
Section (3 dim.)	Section term (3 dim.)

~~~~~~

Estimateur affine Z^* de Z_o (C'est à dire, combinaison linéaire des données disponibles plus une constante):	Affine stimator Z^* of Z_o (i.e., a linear combination of the data plus a constant value):

$$Z^* = a+\sum_\alpha \lambda_\alpha Z_\alpha$$

~~~~~~

<u>Krigeage</u> (sous-entendu: Krigeage intrinsèque d'ordre 0): Meilleur estimateur linéaire avec l'unique condition de non biais:	<u>Kriging</u> (understood as: Intrinsic kriging of order 0): Best linear estimator with the single unbiased condition:

$$Z^* = \sum_\alpha \lambda_\alpha Z_\alpha = 1$$

<u>Prerequisite</u>: le variogramme (ou schéma intrinsèque)	<u>Prerequisite</u>: the model of semi-variogram which can be inferred with the intrinsic hypothesis

~~~~~~

<u>Krigeage stationnaire</u> (KS): Meilleur estimateur affine	<u>Stationary kriging</u> (SK): Best affine estimator

N.B.: <u>Prerequisite</u> of SK: Statistical inference of:
a) all the expectations $E\{Z_\alpha\}$, $E\{Z_o\}$;
b) the covariance $C(x,x+h)$.

In practice this inference, hence the SK, is possible only in the stationary case when:
a) all the expectation are equal to a constant (m);
b) the stationary covariance C(h) is known.
~~~~~~

~~~~~~

Krigeage universel ou Krigeage intrinsèque d'ordre k (KI-k)	Intrinsic kriging of order k (k-IK)

N.B.: Prerequisite: The generalized covarinace of order k.

The former expression "Universal kriging" should be forgotten.

~~~~~~

Conditions d'universalité d'ordre k	Unbiased conditions of order k (used in IKk)

~~~~~~

Dérive:	Drift:

$$E\{Z(x)\} = m(x)$$

~~~~~~

Fonction de transfert: parametrage local des reserves (PLR)	CRF, i.e., conditionally recovery function

~~~~~~

Anamorphose graphique	Graphical transformation (by a non decreasing function)

N.B.: Do not use the expression "Monte Carlo" technique unless there is a random drawing in the procedure used.
~~~~~~

GPSR Compliance

The European Union's (EU) General Product Safety Regulation (GPSR) is a set of rules that requires consumer products to be safe and our obligations to ensure this.

If you have any concerns about our products, you can contact us on ProductSafety@springernature.com

In case Publisher is established outside the EU, the EU authorized representative is:

Springer Nature Customer Service Center GmbH
Europaplatz 3
69115 Heidelberg, Germany

Batch number: 10816188

Printed by Printforce, the Netherlands